钻井液完井液实用技术丛书

现代钻井液概论

王中华　编著

中国石化出版社

内容简介

本书是以介绍现代钻井液基本知识、钻井液体系组成与性能为主，兼顾介绍有关应用技术的专著，全书共分七章。书中简要介绍了现代钻井液的现状与发展方向、现代钻井对钻井液的要求。详细介绍了抑制性水基钻井液、超高温和超高密度钻井液、油基钻井液、合成基钻井液、气体型和气液混合型钻井流体，以及海洋深水钻井液的配方、性能与应用。力求取材新颖、理论联系实际，突出实用价值，既概括了国内外成功经验，又反映了最新技术进展。

本书可供从事钻井完井液研究和现场工程技术人员，以及从事油田化学专业的研究、生产、设计的人员阅读，也可作为钻井液岗位操作人员培训、相关专业的大学生和研究生的技术参考读物或教学参考书。

图书在版编目（CIP）数据

现代钻井液概论 / 王中华编著 . —北京：中国石化出版社，2020.5
（钻井液完井液实用技术丛书）
ISBN 978-7-5114-5744-8

Ⅰ. ①现… Ⅱ. ①王… Ⅲ. ①钻井液 – 概论
Ⅳ. ① TE254

中国版本图书馆 CIP 数据核字（2020）第 056255 号

中国石化出版社出版发行

地址：北京市东城区安定门外大街 58 号
邮编：100011 电话：(010)57512500
发行部电话：(010)57512575
http://www.sinopec-press.com
E-mail：press@sinopec.com
北京柏力行彩印有限公司印刷
全国各地新华书店经销

*

787×1092 毫米 16 开本 18.25 印张 390 千字
2020 年 5 月第 1 版 2020 年 5 月第 1 次印刷
定价：108.00 元

丛书前言

为了满足现代钻井完井工艺技术发展的需要，也为了系统地总结钻井液完井液方面的成果、技术和应用经验，以利于提高对现代钻井液完井液的认识、加强钻井液现场监督、安全使用、选择与管理，以及有效地开展钻井废弃物处理技术，中国石化出版社策划出版了这套《钻井液完井液实用技术丛书》，以奉献给钻井液完井液专业和相关专业的广大读者。

钻井液完井液是一类重要的油田化学作业流体，是油田化学的重要组成部分，在石油勘探开发中占据重要的地位。它是保证钻井、完井以及井下作业安全顺利高效实施的关键。自20世纪70年代我国钻井液完井液技术开始系统地研究与应用以来，经过50来年的发展，钻井液完井液专业学科已趋于成熟，并逐步形成了门类齐全的钻井液完井液处理剂和系统的钻井液完井液体系，基本能够满足复杂地层和特殊工艺井等现代钻井、完井和井下作业工程的需要，从而为现代钻井完井工艺技术的成熟配套奠定了基础，也促进了石油勘探开发的进程。

为配合钻井液完井液工艺技术的学习、培训、教学和应用等，国内自20世纪70年代以来，先后出版了一些关于钻井液完井液工艺技术方面的教材及专业书籍，为钻井液完井液工艺技术和相关知识的学习和应用提供了参考。纵观50年来钻井液完井液的发展，特别是近年来，一些新型高性能钻井液完井液处理剂和钻井液完井液体系的不断开发应用，以及钻井液完井液类型的不断增加和完善，钻井液完井液技术水平不断提高，尤其是随着深井超深井、页岩气水平井和深水钻井的增加，再加之对环保的要求越来越严格，对钻井液完井液的综合性能、环保性能等提出了更高的要求，同时对钻井完井废弃物排放也有了严格的限制，绿色高性能钻井液完井液成为未来的发展方向。而与钻井液完井液技术的发展相比，关于钻井液完井液专业的教材和技术参考书在内容更新方面显得有些滞后，且系统地和全面涵盖钻井液完井液各相关技术方面的书籍依然很少。显然，编写一套系统完整、且能够为现场作业、监督管理、技术培训和职业技术教育等提供有益参考作用的钻井液完井液系列技术读物，已成为石油工程与油田化学领域的迫切要求。

这套丛书立足于实用和基础，兼顾新知识、新技术，主要面向生产一线人员，不仅介绍了钻井液与完井液的基本知识及新产品、新工艺和新技术，还介绍了钻井废弃物处理技术、钻井液安全使用，以及钻井液监督和工程师需要掌握的相关知识。编者结合所从事的钻井液完井液研究与应用实践，并在广泛吸收相关研究与应用成果、专业文献、环保法律、法规的基础上，确定了丛书的构架。该丛书包括《现代钻井液概论》《钻井液监督与工程师读本》《油气井完井工作液》《钻井废弃物处理技术》和《钻井液安全使用必读》5册。分别介绍了现代钻井液技术，钻井液监督管理和钻井液相关知识，固井水泥浆、酸化液和压裂液化学剂和体系，钻井废弃物处理技术和钻井液使用中的安全及环保要求等。

该套丛书可供从事石油工程、油田化学等专业的研究与现场工程技术人员阅读，也可以作为钻井液完井液岗位操作人员的培训教材，以及石油工程等相关专业的本科生参考读物。

前　言

随着石油勘探开发技术的不断发展，深井、超深井以及特殊工艺井钻探越来越多，页岩油气、地热资源开发以及环境保护的要求越来越高，这对钻井液提出了更高的要求。围绕现代钻井完井液技术和“安全、健康、高效”这一发展主题，以满足复杂条件的钻探技术，油气层保护，油气测、录井与评价，环保要求以及提高油气勘探开发综合效益等为目标，开展了大量基础理论和应用技术研究，取得了一系列的研究和应用技术成果，如研制并推广了聚合醇钻井液、正电胶钻井液、甲酸盐钻井液、微泡钻井液、抑制性胺基钻井液和烷基糖苷钻井液等高性能的水基防塌钻井液新体系以及无毒油基钻井液、环保性能优良的第二代合成基钻井液和可逆转乳化钻井液新体系。这些研究在很大程度上体现出当前钻井液技术发展的方向。

回顾国内钻井液技术的发展，钻井液及处理剂是一个不断进步、不断完善的过程，其发展与石油勘探开发及钻井工程技术的发展密切相关，每一个进步都是建立在需要的前提下，是对钻井液性能认识不断提高的过程。钻井液从分散（粗、细分散）到不分散，再到低黏土相、甚至无黏土相发展过程中，钻井液体系不断完善，技术水平不断提高。然而从整体水平来看，由于国内和国外在管理模式和认识上存在差异，钻井完井液技术水平与国外还存在一定的差距，但基本能够满足不同地层条件下安全钻井的需要，并朝着安全高效、绿色环保的方向发展。

尽管国内钻井液已经有了很大的发展，但还缺乏对现代钻井液技术和经验的系统总结，为此便产生了编写一本介绍现代钻井液技术和应用知识方面书籍的想法，该想法也得到中国石化出版社程天阁老师的支持。为便于更好地了解和应用现代钻井液技术，作者结合钻井液研究和应用实践，基于传统的技术，在广泛吸收国内外有关文献及现场实践经验的基础上，对现代钻井液技术和应用等进行了系统的总结，几经修改最终成书，并定名为《现代钻井液概论》。作者希望本书对提高现代钻井液的认识、促进钻井液技术的发展和广泛应用，尤其对绿色钻井液及处理剂的研制开发能起到有益的启迪作用。也希望本书对从事钻井完井液的研究和工程技术人员、相关专业的本科生、研究生，以及油田化学界人士有所裨益。

本书作为《钻井液完井液实用技术丛书》之一，共分七章，对于人们所熟悉的传统的钻井液相关知识，本书不再涉及，内容以现代钻井液基础知识、近期取得的钻井液配方成果与性能为主，兼顾介绍有关应用技术及实践经验。第一章为绪论，第二章介绍抑制性水基钻井液，第三章介绍超高温和超高密度钻井液，第四章介绍油基钻井液，第五章介绍合成基钻井液，第六章介绍气体和气液混合钻井流体，第七章介绍海洋深水钻井液。本书的完成是基于作者对钻井液的认识，更是结合近期的研究成果及有关文献，在此向所有为本书积累素材的同志表示由衷的谢意，同时也向有关文献的作者表示衷心的感谢。由于所涉及的文献较多，对于部分文献，尤其是电子文献没有一一列出，也请相关文献作者和提供者予以谅解。

由于作者学识水平所限，认识肯定存在局限性，书中难免有疏漏之处，恳请广大读者批评指正，并提出宝贵意见。

目　　录

第一章　绪论

国内自20世纪70年代系统地开展钻井液及处理剂研究与应用以来，钻井液技术发展经历了50年的历程。自1977年原石油工业部第一次全国油田化学会议之后，钻井液处理剂研制与应用逐步受到重视，特别是1985年石油工业部第二次油田化学技术交流会后，钻井液处理剂开始了快速发展，并由当初的由外专业引进，到专用的钻井液处理剂研发，从而促进了钻井液技术的进步。50年来钻井液及处理剂是一个不断进步、不断完善的过程，其发展与石油勘探开发及钻井工程的发展密切相关，每一个进步都是建立在需要的前提下，是对钻井液性能认识不断提高的过程。钻井液的发展从分散（粗、细分散）到不分散，再到低黏土相、甚至无黏土相的发展过程中，膨润土含量控制水平是根本标志，钻井液从“遇山开山，遇水搭桥”的现象，逐步走向学科的处理，就整体水平而言，由于国内和国外在管理模式和认识上存在差异，很难确切对比，但可以肯定，国内钻井液技术水平，尤其是钻井液处理剂研究水平居国际领先。由于习惯不同（膨润土含量控制）、复杂程度不同（淡水、盐水，高温、高压）和就地取材（原材料差异），国内不同地区钻井液技术水平也存在一些差异，但都能够基本满足不同地层条件下安全钻井的需要，并朝着安全高效、绿色环保的方向发展。

近年来，随着石油勘探开发技术的不断发展，特别是深井、超深井以及特殊工艺井钻探越来越多，深井、超深井以及特殊工艺井等现代钻井技术得到了快速发展和广泛应用，为满足现代钻井技术的需要，对钻井液提出了更高的要求。“安全、健康、高效”的现代钻井液技术，标志着钻井液技术研究和应用进入了一个全新的发展阶段。围绕钻井液技术和“安全、健康、高效”这一发展主题，国外一些公司相继投入了大量的人力和财力，以满足复杂条件的钻探技术，油气层保护，油气测、录井与评价，环保要求以及提高油气勘探开发综合效益等为目标，开展了大量基础理论和应用技术研究，取得了一系列的研究成果和应用技术，如研制并推广了聚合醇钻井液、正电胶钻井液、甲酸盐钻井液、微泡钻井液、抑制性胺基钻井液和烷基糖苷钻井液等水基防塌钻井液新体系，以及无毒油基钻井液、环保性能优良的第二代合成基钻井液和可逆转乳化钻井液等新体系。这些研究在很大程度上体现出现代钻井液技术发展的方向。

就国内来说，在实践经验的基础上，借鉴国外技术与经验，结合国内实际，逐步形成了两性离子聚合物钻井液、正电胶钻井液、有机盐钻井液、甲基葡萄糖苷钻井液、聚合醇钻井液、$CaCl_2$钻井液和抑制性胺基钻井液等一系列钻井液体系，尤其是超高温和超高密度钻井液体系的研究与应用，为我国钻井液技术的进一步发展奠定了基础。在气体钻井方面，尤其是针对普光气田的需要，通过引进、消化、吸收，逐步完善了一套适合普光气田安全施工要求的气体钻井（包括雾化和泡沫）技术。随着页岩气水平井钻井的发展和对油基钻井液的需要，油基钻井液也有了长足的进步。

本章从国内现代钻井技术和钻井液的发展历程、钻井液体系的设计与选择、钻井液性能控制与维护处理，以及钻井液发展方向等方面介绍现代钻井液的基本情况[1]。

第一节　现代钻井技术及钻井液发展简述

任何一次钻井技术的发展，都会给油气勘探开发带来极大的效益，并拓宽了钻井技术的应用范围，同时，由于油气勘探开发程度的加深，难度的加大，对钻井的质量和效益的要求相应提高，更为迫切要求钻井技术不断革新和进步。而钻井技术的革新和进步又要求钻井液体系和性能与之相匹配，因此，满足现代钻井需要的钻井液技术是安全高效快速钻井的关键。为方便对现代钻井液的认识，本节简要介绍现代钻井技术和钻井液的发展。

一、现代钻井技术的发展

从20世纪至今钻井技术已经历了经验钻井、科学化钻井、自动化智能钻井3个阶段。20世纪70年代末期出现了PDC钻头，是钻井技术向前推进的一个明显的进步标志；进入20世纪80年代，相继出现了随钻测量（MWD）仪器，可控井下马达以及水平井钻井技术等。同时，随钻测井（LWD）和随钻地震（SWD）等先进测量技术不断投入使用，大位移井、多分支井钻井技术以及连续管技术等得到迅速发展和应用。目前，水平井技术、老井重钻技术、复杂结构井，诸如多分支井、三维多目标井等钻井和完井技术，高温高压钻井技术，深井及超深井钻井技术、大位移钻井与完井技术、连续油管钻井技术、套管钻井技术、小井眼钻井技术、欠平衡钻井技术，以及油气层保护技术等一系列现代钻井技术已经成熟或正在逐步完善[2]。

（一）深井、超深井钻井技术

深井，是指完钻井深为4500~6000m的井；超深井是指完钻井深为6000m以上的井。深井、超深井技术，是勘探和开发深部油气等资源必不可少的关键技术。进入21世纪，我国西部及东部深层钻探工作逐步加强，完成的深井、超深井比例越来越多。实践证明，由于地质情况复杂，诸如高温高压、高陡构造、难钻地层、多压力系统及不稳定岩层等，我国在这些地区（或其他类似地区）的深井、超深井技术虽然积累了一些经验，但在钻井效率和安全方面还存在一些不足，其中钻井液井底高温下的长期稳定性是关键的制约因素。

（二）特殊工艺水平井钻井技术

目前，我国钻的水平井大多属于中半径水平井。而水平井技术中特别引人关注的是特殊工艺水平井，它包括径向水平井、侧钻水平井及多分支井钻井技术等。径向水平井，又称超短半径水平井钻井技术，要求配备专门的井下钻井系统，并采用高压射流破岩方法，可从直井（一般是老井或工程报废井等）中径向打小井径（一般为100mm）水平孔，水平段长度为15~50m。它需要的地面设备较少。侧钻水平井技术，可以用来在老井和工程报废井中侧钻水平井（主要是小井眼短半径水平井），这特别有利于老油气田的挖潜开采。多分支井钻井技术，允许在同一主干井眼（直井、定向井、水平井及老井等）中侧钻两口或多口分支定向井（通常是水平井）、以便更高效地开发离散的“布袋”油藏，节省平台和投资，特别适合于海洋及“破碎”油气藏的开发，也有利于稠油开采。与直井相比，多分支井一口井可以节省井场，而产量却能大幅度提高，它在环境保护方面的作用与小井眼类似，可减少钻屑和其他要处置废物的数量，如果用连续管钻井会进一步减轻对环境的污染。

（三）大位移井技术

大位移井目前有两种定义：一是指测深等于或大于垂深两倍的定向井或水平井，当大于三倍时，则称为特大位移井；二是指水平位移等于或大于垂深两倍的定向井或水平井，这种定义法主要来源于英国的BP公司和美国的ARCO公司。由于多种类型油气藏的需要，从不变方位角的大位移井，又发展了变方位角的大位移井，这种井称为多目标三维大位移井。即使中等垂深的大位移井，由于位移大，斜深长，测量井深实际达到了深井、超深井的深度。所以大位移井，实际上是定向井、水平井、深井、超深井技术的综合体现，加上多目标三维大位移井技术复杂、要求高，因此大位移钻井技术，实际上是体现了目前世界上各个方面的最先进钻井技术。大位移井在开发海上油气田方面具有较大的优势。开发近海或海上油气田，用常规定向井、水平井钻井，需要建的人工岛或固定平台的数量多，打井也多，投资大；如果钻大位移井，可少建人工岛或固定平台，少打井，可节省大量投资。靠近海岸的油气田，可钻大位移井进行勘探开发。此外，不同类型油气田钻大位移井可提高经济效益。小断块的油气田或几个不相连的小断块油气田，可钻一口或两口大位移井开发，节省投资，便于管理；对于几个油气田，油气层不在同一深度，方位也不一样时，可钻多目标三维大位移井，以节省投资，对于一些在环保要求高的地区的油气藏开发，利用大位移井可以满足环保要求。

（四）连续柔管技术

连续柔管技术（Coiled Tubing，简称CT）是最近十几年在石油工业中引起广泛重视的一项新技术。CT是一种高强度、低碳钢管，连续制造，一般长约914.4~7620m。与传统的技术比较，由于CT具有经济合算、操作高效及有益环保等特点，因而在油气钻井、完井、修井及测井等作业中逐渐得到推广应用。单就钻井而言，CT技术在侧钻水平井及小井眼钻井中已获得成功应用。

此外，还有小井眼钻井技术也越来越多地应用于老井加深、侧钻水平井、多分支水平井、欠平衡钻井及CT钻井等，为老油田增产和提高采收率提供了一个有效的途径。

为适应现代钻井技术的发展，随钻测井和随钻地震技术也得到发展和应用。随钻测井是测井技术与钻井技术相结合的一种新技术，利用该项技术可帮助识别底部钻具组合相对“地质靶子”的位置，从而可将实钻井眼保持在适当轨道内，更好地达到地质勘探和油藏开发的目标。随钻地震技术是地震技术与钻井技术相结合的一种新技术，利用它可获得高分辨率的地震信息，从中可挖掘出有用的地层信息，不仅对勘探开发具有重要的参考价值，而且可为优化钻井设计与施工提供有用的基础数据。在丛式定向井、大位移井及多分支井钻井中，利用钻井三维可视化技术可以更好地理解大量井眼轨迹或设计剖面数据，以避免井眼之间发生相碰事故。

国外还长期致力于研究和开发一种“智能钻井系统”。它一般由执行机构、钻测量（或测井）及智能控制等子系统组合而成，代表着钻井与掘进技术的未来发展趋势。它能够自动测量和适应钻头周围和前方的状况以钻达理想目标，当测量结果偏离所期望的状态时，它可以利用一种遥控系统从地面导向或自动导向来修正钻进轨迹。

二、国内钻井液技术的发展

由于钻井液发展依赖于新处理剂的出现和现代钻井技术对钻井液的要求，若以处理剂为主线，国内钻井液发展可以大致分为起步、发展、完善、提高四个阶段[3]。四个阶段是一个连续的过程，各阶段间并无明显的时间界限，且还存在着交叉与重叠。

（一）起步阶段

概括起来，将20世纪60、70年代，分散钻井液体系及处理剂初步应用的阶段看作起步阶段。该阶段在新中国石油工业发展之初积累经验的基础上，完成了钻井液由自然造浆阶段向分散钻井液体系的过渡，并使钻井液体系的应用逐渐走向系统化，然而由于仪器、技术及处理剂的限制，该阶段经验性钻井液设计与处理仍然占主导。加之当时高校还没有钻井液方向的人才培养，从事该专业的人员很少有高等教育的经历，对钻井液认识不充分，故该阶段各方面相对都比较粗放。

该阶段初期，普遍应用的是羧甲基纤维素铁络盐，两碱（纯碱、烧碱）、栲胶腐殖酸等，由于缺乏专门的处理剂，以及材料质量及品种的限制，钻井液稳定性差、造浆严重，流变性和膨润土含量控制困难，如果遇到盐膏污染，甚至出现“一个人一把锹，一锹一锹往前赶”的现象，处理剂消耗量很大，维护处理频繁，并常常大量放浆，不仅使钻井液处理费用高、处理强度大，而且会产生大量的废弃物，不利于环保（好在当时对环保要求不高）。

针对起步阶段可用的处理剂少且简单的现状，以及钻井的需要，在以淀粉（糊化、膨化）、纤维素（CMC）、FCLS、两碱、栲胶、单宁酸、褐煤等处理剂为主形成的最基本的钻井液体系——分散钻井液的基础上，不断探索开发新的钻井液处理剂。水解聚丙烯腈钠（Na-HPAN）、水解聚丙烯腈铵盐（NH_4-HPAN），磺化沥青（SAS）、磺甲基酚醛树脂（SMP）、磺化褐煤（SMC）的研制与应用，保证了钻井液的抗温抗盐能力，使得抗高温钻井液体系得到初步发展。尤其是聚丙烯酰胺（PAM）和水解聚丙烯酰胺（HPAM）的应用，使钻井液体系由钙处理等粗分散体系逐步发展到聚合物不分散体系，并实现了从无机絮凝剂到有机絮凝剂的过渡，奠定了低固相不分散聚合物钻井液体系的基础。

（二）发展阶段

20 世纪 70 年代末至 80 年代，尤其是 1985 年原石油工业部第二次油田化学技术交流会后，这一阶段，可以说是钻井液处理剂及钻井液体系的快速发展阶段。此阶段，SMP、SMC、磺甲基单宁（SMT）等处理剂构成的“三磺”钻井液体系已逐渐成熟，并在各大油田推广应用，有效地降低了深井、超深井井下复杂情况，顺利打成了一批深井和高难度井。

尤其值得强调的是，PAM 对钻井液及处理剂的发展起到了关键作用。首先，不同相对分子质量、不同水解度的 HPAM 产品，有效解决了固相及黏土（尤其是劣质土）含量控制的难题，保证了钻井液的清洁。

同时，以 PAM 水解产物为基础衍生的 HPAM、水解聚丙烯酰胺钾盐（俗称“大钾”）、聚丙烯酸钙（CPA）等产品，在钻井液中可以起到絮凝、包被、井壁稳定、降滤失和调流型等作用，使钻井液性能控制更方便。尤其是 PAM 的水解、磺化、季铵化等产品的出现，不仅促进了低固相不分散聚合物钻井液体系的发展，改变了以往以分散钻井液体系为主的现象，也使聚合物钻井液的抗温抗盐能力有了明显提高。受 PAM 水解、磺化和季铵化反应产物的启示，通过配方及工艺优化，先后研制并应用了与水解聚丙烯酰胺结构相近的 80A-51、PAC-141、PAC-142、PAC-143，SK-1、SK-2 等一系列聚合物处理剂，由于这些产品分子中的基团及相对分子质量已经进行了优化，其性能比 PAM 的水解产物明显提高，其应用有力地推动了钻井液技术的进步。可以说 HPAM 不仅是聚合物处理剂发展的基础，也是形成低固相钻井液体系的基础，此时无论是钻井液的流变性、滤失性、润滑性、抑制性等，与过去相比都有了大的提高，钻井液固相控制的水平也有了进一步提高，并使钻井液由粗分散体系逐步过渡到不分散钻井液体系，低固相钻井液体系逐渐形成并逐步完善，配合高压喷射钻井，大大提高了钻井速度。由于这些聚合物处理剂具有良好的降滤失、井壁稳定、抑制、絮凝等作用，利用其与氯化钾配合形成的钾盐聚合物钻井液，以及钾盐聚磺钻井液体系，有效地解决了水敏性、易塌地层的坍塌及深井钻井的难题，为安全快速钻井提供了有效的技术支撑。

从提高钻井液体系抑制性的需要出发，还开发了吸附能力强，有效期持久的阳离子化合物处理剂及阳离子聚合物钻井液体系，由于缺乏配伍的处理剂，加之缺乏有效的评价方法及人们对其良好的性能缺乏足够的认识，最终没有大面积推广。

此外，油基钻井液方面，20 世纪 80 年代初期，油基钻井液和油包水乳化钻井液在华北、新疆和中原等油田得到成功应用，有效地解决了钻遇大段岩膏层和水敏性泥岩、页岩地层时所遇到的各种问题。随后一段时间，只是零星的在一些特殊地层进行了应用，由于应用的量少，相对于国外，不仅油基钻井液技术发展严重滞后，且缺乏熟练掌握油基钻井液技术的人员。

该阶段，钻井液处理剂品种迅速增加，质量不断提高，配套的评价方法和检测手段不断完善，并启动了钻井液处理剂质量标准制订工作，使钻井液处理剂管理不断规范，处理剂基本满足了不同类型的钻井液配制与维护处理的需要。

20 世纪 80 年代末，尤其是 90 年代以来，针对钻井液处理剂在现场应用中存在的问题与不足，通过一系列研究（如基团类型、基团比例、相对分子质量等优化），使处理剂整体水平有了进一步提高，从而使钻井液性能更加完善，钻井液工艺技术有了长足的进步。

（三）完善阶段

两性离子聚合物钻井液和正电胶钻井液体系是该阶段形成并广泛应用的典型体系。在阴离子丙烯酸、丙烯酰胺等单体的多元共聚物及阳离子聚合物应用的基础上，针对阴离子聚合物抑制性不足，阳离子聚合物过度絮凝的现象，采用二甲基二烯丙基氯化铵、（甲基）丙烯酰氧乙基三甲基氯化铵、烯丙基三甲基氯化铵等阳离子单体，通过阴离子、阳离子和非离子单体配方优化，制备了以 FA-367、JT-888 等为代表的不同相对分子质量的两性离子型共聚物处理剂，并配合 XY-27 两性离子稀释剂等，在降滤失、降黏、抑制和絮凝等作用机理研究分析的基础上，形成了两性离子聚合物钻井液体系，并成功地在国内各油田推广应用，取得了良好的效果，从而使国内钻井液技术逐步跨入国际先进行列。在 SMP 应用的基础上，针对 SMP 分散作用强，为了减少分散性，提高其抑制能力，研制了两性离子磺化酚醛树脂[4]，同时还针对阳离子黏土稳定剂存在的不足，通过结构优化研制了钻井液用阳离子黏土稳定剂 HT-201 和固相化学清洁剂 ZSC-201。这些处理剂，特别是两性离子型聚合物处理剂的应用，使聚合物钻井液性能，特别是膨润土含量及低密度固相的控制能力有了进一步提高，促进了钻井液技术水平的提高。

受羟基铝等应用的启发，在分析天然无机凝胶结构的基础上，通过优化原料、配方及合成工艺，研制了混合金属层状氢氧化物（MMH）（又称为正电胶），并形成了正电胶钻井液体系。由于该钻井液具有独特的流变特性以及强抑制性、防漏、减少油气层损害程度、有利于提高钻速等性能，因而迅速在全国推广使用[5]。尽管正电胶优势明显，由于仅把它看作一种剂，没有形成配套的处理剂及完善的钻井液体系，最终出现了应用越来越少的局面。

此外，水平井钻井液技术逐步完善，成功地解决了水平井钻井中所遇到的托压、携岩、井壁稳定、防漏堵漏、钻井液润滑性和储层保护油等难题，为水平井安全顺利施工提供了保证。钻井液处理剂经过不断发展、完善，并逐步系列化，投入现场的品种达到250余种。

（四）提高阶段

自21世纪以来，以2-丙烯酰胺基-2-甲基丙磺酸（AMPS）聚合物为代表的聚合物处理剂的研制与应用，使钻井液技术水平得到了进一步提高，钻井液体系也更为完善。由于AMPS聚合物在抗温、抗盐及抑制能力等方面明显优于丙烯酸多元共聚物，一段时间以来，倍受钻井液行业人员重视，并相继有PAMS-601、CPS-2000等一系列产品投入现场应用，取得了良好的效果。AMPS的引入尽管使聚合物钻井液处理剂的水平上了一个新台阶，处理剂抗温抗盐能力、抑制能力都有了明显的改善，使聚合物钻井液的抗温能力和稳定性进一步提高，但聚合物处理剂的链结构并未改变，热稳定性仍然有限。

这一阶段人们对钻井液抑制性的认识有了提高，并逐步重视。高钙盐、有机盐和硅酸盐等强抑制性钻井液体系得到了进一步应用和发展。为了提高钻井液的抑制性，聚合醇得到重视，由于聚合醇具有浊点效应，当钻井液的井底循环温度高于聚合醇浊点时，聚合醇发生相分离，不溶解的聚合醇封堵泥页岩的孔喉，阻止钻井液滤液进入地层，可以根据不同地层温度选择不同浊点的产品，以达到有效地控制井壁稳定的目的。此外，聚合醇通过在泥页岩表面产生强烈吸附（吸附量随温度升高而增加），形成一层类似油的憎水膜，不仅可以阻止泥页岩水化、膨胀与分散，且能够提高钻井液的润滑性。以聚合醇为主剂配制而成的环保型水基钻井液体系（聚合醇钻井液），不仅具有油基钻井液的优异性能，而且不存在污染环境和干扰地质录井问题。但由于品种混乱（润滑剂、抑制剂、防塌剂、防卡剂等五花八门），产品质量差别大，产品价格不一，其结果反而掩盖了聚合醇的优势，尽管有一些关于聚合醇钻井液体系的研究与应用，也见到了良好的效果，遗憾的是，由于聚合醇的主体作用没有体现，聚合醇钻井液的优势没有充分发挥，也没有形成真正意义上的聚合醇钻井液体系。

甲基葡萄糖苷（MEG）钻井液进一步受到重视，由于以MEG为主剂所形成的MEG钻井液体系在防塌机理及常规钻井液性能方面类似油基钻井液，能有效抑制泥页岩水化膨胀，维持井眼稳定，具有良好的动、静态携砂能力和流变性能、抗污染能力、润滑能力以及储层保护能力，并且无毒、易生物降解，对环境影响极小，并在应用中见到了明显的效果，应用前景广阔。阳离子型甲基葡萄糖苷进一步提高了钻井液的抑制防塌能力。

近期，基于国外的经验，人们对伯胺在钻井液中的抑制性和井壁稳定能力有了新的认识，具有绿色环保的高性能抑制性胺基钻井液体系逐步受到重视。实践证明，有机胺类处理剂具有优异的抑制能力，尤其以胺基聚醚（或称聚醚胺）（APE）最为典型[6]，其独特的分子结构，能很好地镶嵌在黏土层间，并使黏土层紧密结合在一起，从而起到抑制黏土水化膨胀、防止井壁坍塌的作用。APE 具有一定的降低表面张力的作用，对黏土的 Zeta 电势影响小，且其抑制性持久，具有成膜作用，有利于井壁稳定和储层保护。APE 对钙膨润土分散体系的流变性无不良影响，可以用于高温高固相钻井液体系中，改善体系的抑制性和流变性，这些优势奠定了 APE 钻井液体系发展的基础[7]。

近期超高温钻井液研究与应用逐步受到重视，并代表了国内钻井液的发展方向。超高温钻井液体系的关键是处理剂，在传统的基础上如何针对超高温钻井液性能控制的需要，研制高性能处理剂是当前的重点。在研究中，提出了抗高温钻井液处理剂的设计思路，并研制了一些处理剂，如 PFL[8]、LP527[9]、HTASP[10]，其中 PFL 已在现场见到良好的效果。

超高密度钻井液及配套处理剂的研制[11]，不仅展示了国内特殊钻井液体系研究的水平，而且保证了超高密度钻井液的流变性和悬浮稳定性，解决了流变性和滤失量控制的矛盾，并成功地实施了官深 1 井超高压地层的安全顺利钻进，钻井液最高密度 2.87g/cm^3，打破了用重晶石加重不能超过 2.6g/cm^3 密度的禁区，创造了 2.87g/cm^3 超高密度钻井液成功钻进的世界纪录，为超高压地层开发提供了技术支撑。

除上述几方面外，21 世纪初期以来，在井壁稳定、防漏堵漏及固相控制等方面也有了一些新的认识。

井壁稳定方面。井壁稳定的方法和措施更接近实际，更能满足现场需要，在认识上（理念上）由强调封堵、抑制到封固（封堵、近井地带加固）过渡，并在近井地带加固方面取得了一些进展与认识。从近井壁加固角度讲，钻井液滤液中足够的防塌、固壁成分是关键，也就是说固壁作用材料的量要充分，有效的封堵剂、钻井液活度等是影响井壁稳定的主要因素，要同时考虑。在井壁失稳的岩石力学和钻井液化学因素的耦合研究，以及盐岩层蠕变规律研究的基础上，通过钻井液优化设计，有效地解决了钻遇复杂泥页岩地层和大段盐膏层时出现井壁不稳定问题；并通过准确地确定地层孔隙压力和坍塌压力剖面，以及水化力、膨胀力、地应力的实验数据和计算，来确定钻井液体系、配方及钻井液密度。

堵漏方面。充分认识到防漏的重要性，以防为主，防堵结合。堵漏方法由单一方法向多元化方向发展，在堵漏材料上，凝胶、可反应凝胶（化学堵漏）、反相凝聚等材料的出现，拓宽了堵漏的手段，有效地提高了堵漏一次成功率和效果。但在堵漏强度、驻留能力，以及漏点、漏型判断（找漏）仍然存在问题，总体而言，堵漏仍然存在盲目性。

固相控制方面。认识到内在的清洁有利于提高固相控制设备的效率，利用固相化学清洁剂，采用机械与化学相结合的新理念，使固相控制的水平进一步提高，主要体现在低密度固相进一步降低，而直观表现在振动筛目数由几十到二百多目（孔径 0.075mm）。结合重晶石回收利用，有利于控制钻井液性能，减少钻井液的排放。

气体钻井和泡沫钻井技术，以及欠平衡压力钻井条件下的钻井液技术等有了发展，使钻遇易漏失地层、低压层的手段更完善，尤其是气体钻井，有力推动了普光气田的开发速度。深水钻井液逐步得到重视，近年来，围绕深水钻井液技术陆续开展了一些基础研究工作，研制了深水钻井液水合物抑制性评价实验装置和深水钻井液循环模拟装置等，探讨了深水钻井液中水合物的生成规律，优选了水合物抑制剂，形成了深水恒流变钻井液体系，并实验考察了温度、压力等因素对深水水基钻井液流变性的影响[12~14]。

第二节　钻井液体系的设计与选择

现代钻井液不仅针对性更强，且更注重影响环境保护和油气层保护的因素。对钻井液的设计、选择及维护处理不仅要满足地质、工程等对钻井液体系和性能的要求，更要注重作业过程控制，还要重视早期性能及维护处理预案的制定。但现场常常由于过分的控制钻井液的成本而影响钻井液作用的发挥，这些必须尽力克服，以保证体系设计与选择的科学性和针对性，为安全、高效、快速钻井奠定基础。

一、基本内容

（一）钻井液设计的依据和内容

钻井液设计通常是基于钻井地质设计、钻井工程设计及其他相关资料，依据有关技术规范、规定和标准来实现的，并在分析影响钻井作业安全、质量和效益的基础上，制定相应的钻井液工艺技术措施。归纳起来，设计的依据主要包括：地层岩性、地层应力、地层泥页岩理化性能、地层流体、地层压力剖面（孔隙压力、坍塌压力与破裂压力）、地温梯度等信息；储层保护要求；本区块或相邻区块已完成井的井下复杂情况和钻井液应用情况；地质目的和钻井工程对钻井液作业的要求；适用的钻井液新技术、新工艺；国家和施工地区有关环保方面的规定和要求等。

钻井液设计的主要内容为：邻井复杂情况分析与本井复杂情况预测；分段钻井液类型及主要性能参数；分段钻井液基本配方、钻井液消耗量预测、配制与维护处理；储层保护对钻井液的要求；固控设备配置与使用要求；钻井液仪器、设备配置要求；分段钻井液材料计划及成本预测；井场应急材料和压井液或重浆储备要求；井下复杂情况的预防和处理；钻井液 HSE 管理要求。

需要强调的是，就滤失量而言，在钻井液性能（指标）设计上，要转变观念，要认识到钻井液的滤失量低不利于提高机械钻速，在设计时可根据具体情况适当地放宽滤失量指标，特别是抑制性强的钻井液不应该过分的降低滤失量。而实际上无论从设计或是从过程控制中，总是过分强调降低钻井液的滤失量，一般而言，钻井液滤失量越低，胶体性和黏滞性越强。有时候为了将钻井液的滤失量降到一定值，需要增加很多材料，进一步增加钻井液的液相黏度。特别是高密度和超高密度钻井液，常会出现控制滤失量和流变性的矛盾。只要钻井液的抑制性足够强，综合性能能够满足井下安全的需要，在非产层将滤失量适当放宽有利于提高机械钻速，有利于节约成本。因此可以根据不同地区的地层特点，在保证井眼稳定的前提下适当控制钻井液整体滤失量指标。

（二）钻井液体系选择

1. 钻井液体系选择原则

钻井液体系选择的基本原则是满足地质目的和钻井工程需要，具有经济性和低毒、低腐蚀性，有利于储层和环境保护等。

2. 不同地层钻井液类型选择

（1）在表层钻井时，一般选用较高黏度和切力的钻井液体系，条件允许的情况下可以采用清水快速钻井或采用气体钻井。

（2）在砂泥岩地层钻井时，一般选用低固相或无固相聚合物钻井液体系；在易水化膨胀坍塌的泥页岩地层钻进时，可以选用钾盐聚合物、聚合醇和胺基抑制等具有较强抑制性的钻井液体系，环境允许时可以采用油基钻井液或合成基钻井液体系。

（3）在低压易漏地层钻井时，一般选用水包油、充气、（微）泡沫钻井液体系，以及雾化和气体钻井流体等。

（4）在大段盐、膏地层钻井时，一般选用饱和、欠饱和盐水钻井液体系，也可选用油基钻井液、合成基钻井液体系。

（5）在高温高压井段钻井时，可以选用以磺化酚醛树脂及磺化改性天然材料类处理剂、AMPS 聚合物处理剂为主剂的抗高温、固相容量限大的水基钻井液体系，也可以选用油基钻井液或合成基钻井液体系。

（6）在储层钻井时，应选用与储层配伍性好的抑制性暂堵型钻井液、无固相钻井液、（微）泡沫钻井液、油基钻井液或合成基钻井液等体系。

（7）在环境敏感地区的易塌地层或页岩气地层钻井时，一般地层可以选择烷基糖苷钻井液、聚合醇钻井液和抑制性胺基钻井液等高性能水基钻井液或低毒油基钻井液、合成基钻井液等体系，水敏性特别强的地层可以选择低毒油基钻井液、合成基钻井液、生物质合成基钻井液或近油基钻井液体系等。

（三）现代钻井液的特点

相对于传统的钻井液体系，现代钻井液在保证传统钻井液体系性能的情况下，更着重满足现代钻井技术、储层保护和环境保护的要求，它是传统钻井液体系的完善、提高和发展。传统钻井液和现代钻井液并无严格的区分，但随着钻井工程和钻井液技术的进步，在性能控制上有了明显的变化，结合实践将现代钻井液的特点归纳如下。

1. 膨润土含量得到有效控制

由于更重视膨润土含量的控制，并从钻井的一开始就考虑，所以钻井液中膨润土含量得到了有效的控制。膨润土是钻井液中不可缺少的成分，但钻井液问题也和膨润土密切相关，膨润土含量过高是钻井液性能不稳定的根源，合理控制膨润土含量可以提高钻井液的高温稳定性和抗盐污染能力。在能够满足钻井液胶体稳定性和携砂能力的情况下尽可能降低膨润土含量，这样可以减少处理剂的消耗，减少其他一些不必要的麻烦。特别是钻遇易造浆地层时，更应该注意膨润土含量的控制。从某种意义上讲，膨润土含量的控制是钻井液技术水平提高的具体体现。近年的实践表明，由于现在的钻井液体系膨润土含量控制较好，稀释剂或降黏剂用量明显减少，甚至不再使用，也就是说钻井液稠化现象已经随着膨润土含量的控制而得到解决。对于高密度和超高密度钻井液，膨润土控制更为重要。但在低膨润土含量的情况下，如何保证钻井液体系的悬浮稳定性和长期老化稳定性是关键。

2. 钻井液的抑制性更强

与传统的钻井液体系相比，现代钻井液的抑制性更强，但还仍然不够。从井眼稳定性和钻井液稳定性方面来讲，钻井液的抑制性至关重要，因为抑制性在钻井液的具体性能中没有直接体现，实际工作中提到的多，考虑少。有不少学者已经提到并充分认识到钻井液的抑制性往往不够，但却没有得到足够重视。之所以钻井液的抑制性不足，不能达到最佳状态，是因为大家通常认为钻井液的抑制性和钻井液稳定性存在矛盾，所以当出现问题的时候，总是首先考虑其稳定性（特别是滤失量），而放弃了钻井液抑制性的提高，这就是长期以来钻井液抑制性没有充分发挥的根本原因。另一方面，尽管使用了抑制剂，但当抑制剂的量不足时，抑制性无法有效发挥。对于提高钻井液的抑制性，最有效的方法是使用有机季铵盐化合物或聚合物，其用量少，吸附能力强，作用周期长，应该重点考虑。另外 Al^{3+} 的化合物或络合物在一定条件下也可以提高钻井液的抑制性，这些均已经在实践中得到证实。

对于页岩地层，页岩中流体同钻井液之间水的活性差异是一个能使水进入或流出岩层的重要驱动力。为减小井壁不稳定性，可以使用具有水活度低的即高含盐量的水基钻井液或其他低水活度的钻井液。

3. 固相控制水平更高

现代钻井液固相控制设备的水平有了显著的提高，从而在固相控制，特别是低密度固相控制方面有明显的提高。对于钻井液来讲，固相控制非常关键，特别是低密度固相控制，同等条件下低密度固相含量越低，钻井液的内摩擦力就越小，有利于减少能量消耗。同时也可以提高钻井液的高温稳定性、抗污染能力等。所以控制低密度固相含量可以保证钻井液性能稳定。具有抑制性和絮凝作用的聚合物处理剂、无机盐和有机胺等均可以控制低密度固相含量，添加专门的固相化学清洁剂可以更有效地减少低密度固相含量。低密度固相含量低，可以减少钻井液的黏滞性，降低内摩阻，在一定程度上有利于发挥水马力。目前，人们对低密度固控制的认识还不够，将来应在这方面重点考虑，通过低密度固相的控制使钻井液技术水平进一步提高。

4. 作用机理逐渐变化

在从传统的“泥浆”到现代的“钻井液”“钻井流体”的转化过程，并不仅仅是术语的变化，要结合钻井液技术进步来理解，才能使认识真正提高。泥浆、泥与浆，显然离不开“泥”（即黏土水化物），它是以胶体化学为基础，其行为从胶体化学，随着钻井液抑制性、固相控制水平的提高，钻井液中的黏土含量逐步降低，特别是高密度钻井液或超高密度钻井液，为了保证钻井液的流变性，黏土含量通常控制很低，黏土的中心作用逐步弱化，当重晶石等加重材料的质量分数很高的情况下，钻井液中处理剂与固相的吸附特征将会改变，随着液相质量分数越来越低，钻井液的流变行为将会发生改变。传统的机理和理论是否适用于非胶体化学性质的钻井液，是否可以准确地解释或描述高固体成分钻井液的流变性、悬浮稳定性、滤失量等，都需要进一步研究探索。

5. 储层保护和环境保护要求更高

从及时发现、准确评价油气层，提高初始产量、增产措施成功率和最终油气采收率，最大限度地利用非常规油气资源，做到少投入、多产出的目标出发，必须高度重视油气层保护。近年来，随着环境保护要求越来越高，钻井液性能在满足现代钻井和储层保护的前提下，必须满足环保要求。可见未来钻井液的发展必须紧紧围绕油气层保护和环境保护的双重目标。

（四）现代钻井液应用中需要注意的事项

1. 客观认识处理剂和钻井液的作用

对于钻井液体系来讲，用一种处理剂不可能形成一种性能稳定的钻井液体系。通常，一种处理剂在发挥其主体功能的前提下，还会产生一些辅助功能，因此在应用中必须考虑配伍处理剂的作用，以及不同处理剂间的配伍性和协同增效作用等。

任何时候都要客观的看待处理剂，没有包治百病的灵丹妙药，也没有哪一种处理剂能解决钻井过程中与钻井液有关的全部或大部分问题，只有认识到这些才能保证处理剂作用的有效发挥，并客观评价处理剂的效果。有时候过于强调一种处理剂的作用时，会限制处理剂的发展。例如，国内曾经出现正电胶热，由于对其单一作用或功能过于夸大，加之没有形成真正的正电胶钻井液体系（缺乏配伍处理剂、处理剂的协同作用没有发挥好），使得人们所期望的目标没有达到，致使原本很好的钻井液体系没有得到很好的应用和发展。

要认识到处理剂的协同作用是至关重要的。如，目前胺基聚醚深受重视，如果不能针对性地选择配伍处理剂形成一种完善的体系，高性能抑制性胺基钻井液体系就难以正确应用和发展。

在出现复杂情况时，要从系统工程考虑，不能过于强调钻井液的作用。尽管钻井过程中要重视钻井液，但也不能过于依赖钻井液。如，在井壁稳定措施方面，不能过于强调钻井液的作用，对于由于力学因素导致的不稳定，仅靠钻井液是无法完全解决的。在钻具阻卡方面，除钻井液因素外，井眼轨迹和质量、工程因素也是不容忽视的。因此，出现任何问题都需要从系统工程的角度进行客观分析，以提出有针对性的解决方案，从而提高处理复杂情况的针对性和效率。钻井液性能维护与处理要超前考虑，不能等出了问题再处理。

2. 重视完井阶段的钻井液工作

完井工作是一个系统工程，受各方面因素的影响，哪个环节出现问题，都会影响整个完井工作，因此，需要各个方面密切配合。从钻井液方面来讲，在完井阶段要有针对性地进行维护处理，以满足各种作业的需要，通过良好的钻井液性能来保证完井作业的顺利进行，以缩短完井周期。同时要考虑完井过程中对油气层保护的影响。需要强调的是重视固井前的井眼准备工作，对于强渗透性地层或易漏失地层实施有效的封堵，提高地层承压能力，扩大密度窗口，对保证固井质量，减少作业复杂情况具有重要的意义。对于采用油基钻井液井段的固井，既要考虑有效地清除油基钻井液及附着物，还需要考虑固井作业中可能出现的漏失问题，以保证固井质量。

另一方面，不要认为已打完进尺就万事大吉了，从储层保护的角度讲，在完井阶段不仅不能忽视钻井液性能维护，恰恰需要更重视钻井液性能维护与处理，保证钻井液性能稳定和钻井液清洁，以最大限度地降低对储层的伤害。

3. 要重视固相控制技术

从当前实际来看，对固相控制技术不够重视，虽然固相控制设备的水平上去了，但如何有效地利用固相控制设备，针对井下情况和作业需要优化参数还存在较大的差距，可以说还没有形成固相控制技术。以振动筛为例，通常认为振动筛目数越细越好，所以一味地强调采用细目筛，而实际上在钻进中应根据需要及时调整筛布目数才能起到固相控制的作用，这是因为固相控制包括清除固相和控制固相两方面内容。如需要防漏、堵漏时，应通过固相固控设备参数的调整、优化而充分利用钻井液中的各种不同粒径的颗粒用于防漏、堵漏。

（五）钻井液处理剂选用原则

在钻井液设计和现场施工中，处理剂选择和使用，是钻井液配制和维护处理、保证钻井液良好性能的关键，因此做好钻井液处理剂选择与使用非常重要，处理剂选择通常可以从以下方面考虑。

1. 选择高质量处理剂

钻井液处理剂的质量直接关系到钻井液的质量，没有高质量的产品就不可能得到高质量的钻井液体系。

（1）处理剂的质量问题。

目前处理剂的质量问题既有处理剂定价过低的原因，也有生产厂家自身的因素，这就要求从负责的角度严把好处理剂的质量关，消除由于人为因素造成的质量下降。从生产、供应和用户多方面共同把关，尽可能生产和使用高质量和高纯度的产品，尤其是对于高温高密度钻井液体系，要保证钻井液体系井底高温下的长期稳定性，处理剂的质量至关重要。

（2）环境保护对处理剂的要求。

出于环境保护的目的，一些含铬的处理剂，如SMT和SMC等产品，对其铬含量进行了限制，由于限制了铬，这些处理剂的作用就不能充分发挥，在使用上出现抗温能力下降，由于SMC等限制铬含量的结果，也在一定程度上降低了SMP类配伍处理剂效果的发挥。铬盐作为一种传统的无机处理剂之一，在一些高温水基钻井液中对充分发挥处理剂作用、稳定钻井液高温下的长期稳定性起着关键作用，关键是量的把握。在生物毒性满足环境保护要求的前提下，这些产品也可以放心使用，特别是在高温井段，如果没有铬，有些处理剂的作用就不能充分发挥，要保证钻井液的高温稳定性就要投入更多费用，甚至会带来一系列复杂问题，因此在这方面，不应以是否含铬而取舍，应根据具体情况确定。有时由于钻井液稳定性问题造成的复杂情况而引起的污染问题甚至远远超过铬。

（3）处理剂的检测问题。

关键是处理剂的钻井液性能检测，由于检测方法（标准）的局限性，目前大多数产品标准不能满足产品质量的控制，无法反映处理剂产品的真实成分，如有相当数量的处理剂，室内检验合格，现场效果却很差。影响因素除方法的局限性之外，最根本的一点是评价用配浆土不规范，今后需要从方法和评价用土上开展工作，统一产品的质量标准和检测方法是控制产品质量的有效途径，也同样是提高钻井液性能的有效途径。

2. 处理剂的针对性要强

处理剂选用首先要明确所钻遇地层或工程对钻井液体系的要求，其次是明确主体处理剂和辅助处理剂，第三是针对不同体系选择不同性能的处理剂。

对于分散钻井液，主处理剂是具有分散作用的低相对分子质量的处理剂，如低相对分子质量的天然或天然改性产品和合成树脂等。辅助处理剂（配合主处理剂发挥作用）是CMC、CMS、XC和植物胶等天然改性材料、小分子合成聚合物、表面活性剂和铬盐等，它们有利于提高钻井液高温稳定性，高价离子提高其抑制性等。处理剂包被絮凝能力不足，分散作用强，通常体系的膨润土含量相对较高（大于60g/L），由于膨润土含量高，且颗粒分散，体系耐盐膏污染能力弱，易于高温稠化，剪切稀释能力差。

对于不分散钻井液，主处理剂以大分子聚合物为主，如PAM及其衍生物类聚合物处理剂等。辅助处理剂（配伍处理剂）为CMC、树脂类、SMC、磺化沥青等，同时还包括惰性颗粒及可变形封堵材料、抑制剂和润滑剂等。由于大分子处理剂的包被絮凝作用，体系的膨润土含量通常控制在较低的范围（小于40g/L），相对于分散体系而言，其抗盐膏能力和剪切稀释能力强，固相含量低。

低土相钻井液，体系中无膨润土或膨润土含量低，体系循环压耗小，有利于提高机械钻速和保护储层。主处理剂为增黏剂、悬浮稳定剂和抑制剂（包被、絮凝剂），辅处理剂为封堵剂、润滑剂，其中无机盐、有机盐既是密度调节剂，又兼抑制剂。

不同的体系尽管处理方法不同，但基本原则是一致的，主要是：

（1）处理剂使用量不能过，开始要走下限，这样处理余地就较大。

（2）在选择处理剂时，能用低黏时不用高黏（黏度一定程度上反映相对分子质量大小），同时使用时要考虑先低后高；低温时宜用高相对分子质量的处理剂，高温时宜用低相对分子质量的处理剂。

（3）配制，尤其是处理过程中，尽可能采用处理剂胶液，不直接采用干粉，如果加入干粉，同时配合稀碱液（尽可能不用纯碱）。当维护量较大时，还需要补充适量的预水化膨润土浆。采用反相乳液聚合物时，由于其易于分散，可以直接加入，但量不能太大，加入速度也不能太快。

（4）护胶能力可以用滤纸，通过观察其水的扩散情况直观判断。

（5）测滤液黏度可以简单判定处理剂是否过量。

（6）做好钻井过程中钻井液体系的处理剂含量检测，为制定针对性的维护处理方案提供依据。

3. 要明确处理剂的本质特性

明确处理剂的特性以及产品性质有利于处理剂的选择和使用。对于成分明确的处理剂，在应用时不能仅看产品名称，要注意分析处理剂的相对分子质量、基团比例以及是否交联等。在处理剂选用中首先要思考如下几个问题：

（1）质量分数为 1% 的胶液黏度相同，但基团组成不同的两种水解聚丙烯酰胺，加入钻井液中能达到同样效果吗？

（2）两个组成相同、相对分子质量不同的聚合物处理剂相比，高相对分子质量的处理剂增黏能力一定高于低相对分子质量的吗？

（3）两种基团组成相同、相对分子质量不同的聚合物处理剂高温后会出现什么情况？

（4）A、B 两种聚合物处理剂，前者室温下滤失量低，高温老化后是否也一定低？

当准确理解并回答了上面的问题后，在选择处理剂时就可以一目了然。

4. 要明确产品的成分和作用

只有知道处理剂主要成分是什么，才能提高针对性，在选择处理剂时，不能有模糊概念，对于任何关键处理剂都必须做到心中有数，选择起来才能得心应手。

首先要明确产品是什么。如 CMC（高中低黏）、PAM（水解、非水解），而不是笼统地说某种不具有实质性含义的产品代号和名称，如 ××× 降滤失剂、××× 增黏剂、××× 絮凝剂等。

二是要明确产品起什么作用。主体功能是什么，还有什么辅助功能，在钻井液循环过程中主体功能是否会转变为辅助功能，温度、盐、固相含量等对主体功能的发挥是否会产生影响。明确这些因素有利于充分发挥处理剂的作用，提高处理的针对性。

三是不能把某一剂归为单一作用的产品，无论什么功能的剂都很难只改变一种或两种钻井液性能，通常是钻井液综合性能的变化，还需要明确处理剂间的协同作用。

四是要区别看待处理剂和组成钻井液的基本材料，对于一些特殊作用的材料，如正电胶、胺基聚醚、聚合醇和甲基葡萄糖苷等，不能仅把它看作一种剂，要考虑它们在体系中的综合效果，当把它看作一种剂时，就无法充分发挥其作用。同时还必须把握这些材料发挥最佳作用的最低用量。

在考虑增黏切时，如果采用大分子增黏剂，在加入钻井液后，不仅液相黏度增加，护胶能力增强，由于吸附架桥作用还会形成结构，在增黏剂量适当时会在增黏的同时，使体系滤失量降低、同时改善润滑性，体现出辅助功能。有时膨润土含量较低的盐水钻井液单靠采用增黏剂很难达到增黏的目的，这时可以通过加入抗盐黏土或预水化膨润土浆提高黏度和切力（增加吸附中心）。

在降黏时，体系中加入降黏剂会首先引起吸附的变化（竞争吸附），尽管降黏剂相对分子质量低，也会增加液相黏度，体系的结构黏度降低，更容易快速形成滤饼，降黏的同时会降低滤失量，由于滤饼质量的强化，也可以改善润滑性。降黏剂在改善流变性的同时会弱化剪切稀释能力，若能够通过控制膨润土含量和强化抑制性来达到控制黏度的目的，则尽可能不用降黏剂。还需要强调的是若钻井液中各种处理剂过量时，体系自由水减少，即使加入小分子的降黏剂也会使体系的液相黏度增加，不仅不能降黏，反而增加黏度。

就封堵而言，可以达到堵塞流体通道、减少压力传递和改变滤失特性的目的。不同目的封堵对封堵材料的类型和粒度要求不同。封堵有利于防漏、提高地层承压能力、强化井壁稳定和降低滤失量。封堵常常通过综合效果来体现，不同情况下目的不同，但最终都以堵孔为目标，可以体现在改善滤饼质量、井壁稳定和防漏上。而纳、微米级的封堵材料可以有效地降低钻井液的滤失量，但必须考虑与介质孔隙的匹配。

对于处理剂的降滤失、润滑等作用，都同样是在发挥主体作用的情况下，产生其他作用，也可以说处理剂的主体作用是在一定条件下发挥的，是相对的，在应用中要根据产品特征科学选用，保证处理剂协同作用的发挥。

选用高质量、高性能处理剂有利于减少处理剂用量和种类，提高钻井液的稳定性，特别是在含钙、镁等高价金属离子的钻井液中，选用抗钙镁污染能力强的高性能处理剂更重要。

二、现代钻井技术对钻井液的要求

以水平井钻井、大位移井钻井、欠平衡井钻井、分支井钻井、长裸眼段钻井、小井眼钻井等为代表的特殊工艺井以及深井超深井等，作为现代钻井技术，其工艺复杂，施工难度大，要求高，几乎应用了世界上90%的最前沿的钻井完井技术。随着油气资源勘探开发的逐步深入和扩展，尤其是页岩气开发、深水钻探和地热钻探的实施，深井超深井及特殊工艺井的数量会越来越多，要满足特殊工艺井钻井的需要，对钻井液的要求则越来越高[15~17]。

（一）水平井、大位移井钻井对钻井液的要求

水平井是最大井斜角保持在90°左右并在目的层中维持一定长度的水平井段的特殊

工艺井。水平井钻井技术是常规定向井钻井技术的延伸和发展。大位移井一般是指水平位移与垂直深度之比大于2的定向井和水平井，当水平位移与垂直深度之比大于3时，则称为特大位移井。大位移井是定向井、水平井、深井、超深井技术的综合体现。大位移水平井具有可大范围地控制含油气面积、提高油气采收率、降低油田开发成本等优点，具有显著的经济、社会效益，是目前开发边际油田的最有效手段之一。

水平井、大位移井，由于井斜大、位移大，钻进中钻具与井壁接触面积大，多次测斜需要静止等特点，因此对钻井液性能要求要比直井严格得多，一般要求钻井液具有：

（1）良好的抑制性和防塌性能，保证钻井液清洁和井壁稳定，避免由于抑制性不足而带来的钻井液流变性变差。

（2）良好的润滑性能和防卡性能，在钻进中尽可能减少扭矩，在静止时不发生黏附卡钻，水平段不托压。

（3）优良的携砂能力和悬浮能力，以满足携砂要求，保证有效地清洗井眼。

（4）良好的稳定性，以保证长时间静止时钻井液性能不发生较大的变化。

（5）保证钻井液各项性能稳定，尤其是钻井液固相含量、黏度、流变性、滤失量和滤饼质量等，并通过添加润滑材料以及合理调整钻井液性能，保证钻井液良好的流动性，降低流动摩阻。

同时，还必须严格控制钻井液中膨润土含量，并充分利用固控设备，降低劣质和无用固相含量，合理使用降滤失剂，调整滤失与造壁性和固相颗粒粒径分布，改善滤饼质量，减少钻具与滤饼的接触面积；合理使用流型调节剂，调整钻井液流变性，降低黏滞性，从而改善钻井液润滑性能。

除上述要求外，还需要制定并采用针对性强的防漏、堵漏措施。在垂直井深和地层孔隙压力相同的情况下，水平井钻井液的循环压降随井眼的延伸而增加，从而增大了钻井液的循环当量密度；由于水平井易形成岩屑床，岩屑床越厚，环空流动通道越窄，从而引起流动阻力增大；为改善井眼净化条件，常采用的提高钻井液黏度和提高动切力等措施，将产生更大的流动阻力，使钻井液的循环当量密度增加。因此必须制定针对性的防漏堵漏措施，具体内容如下：

（1）确定合理的钻井液密度，尽可能使钻井液的循环当量密度小于地层的破裂压力。

（2）确保井眼净化，提高钻井液的携岩能力，控制环空钻屑浓度，避免因提高返速增大的井漏危险。

（3）控制钻井液的流变性能，减小钻井液的环空流动时的阻力，提高钻井液的剪切稀释能力，增加低剪切速率下钻井液的黏度，以提高钻井液的清砂和携砂能力。

（4）控制起下钻速度、缓慢开泵，减少压力激动的影响。

（5）采用屏蔽暂堵或随钻封堵技术，防止井漏。

（6）采用近平衡钻进。

除在井眼净化、降阻减摩和井壁稳定等方面的要求更高外，水平井、大斜度井钻井液与常规钻井液相比并无质的区别，常规钻井中常用的油基钻井液、水包油钻井液、合成基钻井液，以及具有良好的润滑、防塌性能的聚合物钻井液、钾盐钻井液、聚合醇钻井液、抑制性胺基钻井液、烷基糖苷钻井液、无固相钻井液、正电胶钻井液等水基钻井液均可以用于水平井、大斜度井的钻井液。至于选用那种类型的钻井液体系，要视钻遇地层的情况而定。

（二）欠平衡钻井对钻井液的要求

欠平衡钻井是指在钻井过程中井筒流体有效压力低于地层压力，允许地层流体进入井筒，有控制地循环至地面装置的钻井技术。

采用欠平衡钻井能够减少油气层损害，提高油气产量；早期发现油气层；有效控制漏失、减少和避免压差卡钻等井下复杂情况的发生；提高机械钻速，缩短钻井周期；有利于随钻油气藏评价等。

与平衡或过平衡钻井相比，欠平衡钻井在实施时，一般应满足：储层岩石强度高，井壁稳定；地层孔隙压力清楚；所钻储层中不能含有 H_2S 等有毒气体；地层压力低，裂缝少，产量不是很高的井；裸眼压力系数相差不大的井。

作为欠平衡钻井液应满足：现场易于实施，可有效地实现低密度；能够有效地携带岩屑；稳定井壁能力强，对储层无污染；井控安全需要；与地层流体具有相容性；测、录井需要；易与地层气体实现分离，对设备腐蚀性小；具有良好的经济性和安全性。

在使用欠平衡钻井液完井液时，需注意如下内容：

（1）钻井过程中，地层水和循环水与储层原油或循环油的紊流混合物可能会形成高黏稳定的乳化物。这种高黏稳定的乳化物将增加钻井过程中泵的摩擦压力，使之难以维持欠平衡条件，同时也将增加地面分离气体的难度，并使固控和固相清除工作复杂化。因此，应注意保持钻井液完井液的低黏性。

（2）在多数用油基钻井液的欠平衡作业中，通常需要使用表面活性剂来抑制乳化。没有表面活性剂的油基钻井液会导致钻屑分散差、钻屑聚集和卡钻。在选择表面活性剂时，要注意防止钻井液滤失到地层中所造成储层润湿性的变化。

（3）若地层水与水基钻井液滤液不配伍，将产生结垢或沉淀现象，或随着储层原油与油基钻井液的混合发生沥青沉降。如果注入气中含有 CO_2，CO_2 溶解于产出油或循环油中，在高的井底循环压力及当钻井液循环出密闭系统后，压力降低可能导致沥青析出。

（4）如果用空气、膜制氮装置产生的氮和内燃机尾气作为注入气，则产出油与循环油之间可能会发生氧化反应。钻井液在高温下与氧接触也会产生沥青和高黏沉淀。如果氧的含量超过 5%，在井下发生着火和爆炸的可能性将大大增加。

目前现场使用的欠平衡钻井流体主要有气体钻井流体，包括空气或氮气钻井流体、雾状钻井流体、泡沫钻井流体；钻井液钻井，包括油基钻井液、水包油钻井液、油包水钻井液、微泡钻井液等。不同的欠平衡方法，具备不同的当量循环密度，以实现在不同地层压力条件下建立欠平衡条件（表 1–1）。

表 1-1 欠平衡钻井流体的当量密度

钻井类型	当量密度 / (g/cm^3)	钻井类型	当量密度 / (g/cm^3)
干空气	0～0.02	混油	0.8～1.02
雾化	0.02～0.07	盐水	1.0～1.03
泡沫	0.07～0.6	常规	≥ 1.03
充气	0.6～0.9		

（三）分支井钻井对钻井液的要求

分支井是指从一口主井眼的底部钻出两口或多口进入油气藏的分支井眼（二级井眼），甚至再从二级井眼中钻出三级子井眼，主井眼可以是直井、定向斜井，也可以是水平井。分支井眼可以是定向斜井、水平井或波浪式分支井眼，分支井可以是在 1 个主井筒内开采多个油气层，实现 1 井多靶和立体开采，不仅能够高效开发油气藏而且能够有效建设油气藏。

分支井钻井对钻井液的要求如下：

（1）良好的井眼清洁能力。

保持环空清洁、减少岩屑床的形成是分支水平井钻进中的重要环节，决不能使固相颗粒严重沉积在窗口附近。

（2）强的井壁稳定能力。

减少钻井液的侵入、提高钻井液抑制性、有效应力支撑，使其具有良好的封堵能力和尽可能低的滤失量（中压和高温高压滤失量），加入可溶性盐类调整钻井液滤液活度或与地层水活度相当，确定合适的钻井液密度，平衡地层压力。

（3）良好的润滑防黏卡能力。

与大斜度定向井一样，大斜度段和水平段由于井斜大，磨阻和扭矩增大，易发生压差卡钻。钻井液应具有低滤失，良好的造壁性能、滤饼质量和良好的润滑性能，降低管柱与井壁之间的摩阻系数。

（4）有效地防漏堵漏能力。

分支水平井可最大限度揭开储层，钻井过程中存在的抽吸压力和激动压力导致水平井眼附近应力场发生变化，进一步诱导井眼附近原始微裂纹的扩张与扩展，增加发生漏失的几率。同时分支水平井的循环压耗大，导致循环当量密度高，井漏的风险系数增大。在分支水平井防漏堵漏中，除采取常规防漏堵漏技术之外，还应注意：在油气层段发生漏失时，应选择不污染油层的防漏堵漏剂；随着分支水平井漏失压差的增加，应提高地层的承压能力；随着分支水平井的漏失面积增大，防漏堵漏剂的有效浓度要相应增加，并具有合理的粒径级配。

（5）有效地保护油气层。

分支井钻井通常可以采用如下钻井液体系：清水钻井液，一般多在低压、低渗和煤层气多分支井煤层中使用；抑制性阳离子聚合物 –KCl 钻井液；乙二醇 –K_2CO_3 水基钻井液；无固相水基钻井液；甲酸盐钻井液；PHPA 聚合物钻井液；KOH– 石灰钻井液；油基钻井液等。对于一些复杂地层的分支井，可以参考水平井钻井液的使用要求。

（四）长裸眼段井钻井对钻井液的要求

随着长裸眼井，尤其长裸眼定向井越来越多，使钻井难度不断增加，对钻井液技术提出了更高的要求。除要求钻井液具有良好的常规性能外，还应具有比一般定向井更好的润滑防卡、井眼净化及井壁稳定能力。长裸眼井的钻井液工艺技术能否满足要求，是决定钻井施工安全、顺利与否的重要因素。可见，选择合适的钻井液体系是长裸眼井段钻井的关键。用于长裸眼井段钻井的钻井液应满足如下要求。

（1）选择适宜的钻井液体系，强化钻井液的抑制性。

对于长裸眼钻井，由于裸眼段长，钻遇地层层序多，岩性多样化，泥页岩、煤层、盐膏层等井壁稳定问题突出；所钻遇的油（稠油、含胶质较高的油等）、气（CO_2、H_2S 等）、水（淡水、盐水等）层，给钻井液体系的选择、性能提出了更高的要求。为确保安全钻井，同一裸眼段有可能使用几种不同的钻井液体系。

（2）钻井液具有良好的长期稳定性和耐污染能力。

长裸眼段井一般井较深，施工时间长，要求钻井液应具有良好的高温稳定性和抗污染能力，并在出现复杂问题时易于维护处理。当长裸眼井井底温度较高时，部分处理剂易发生高温降解、高温交联等现象，导致钻井液流变性、滤失性难以控制，易引起井下复杂情况的发生，故更应该重视钻井液的抗温能力，首先优选抗高温钻井液，如聚磺钻井液，“三磺”钻井液，钾石灰聚磺钻井液等。其次是使用抗高温处理剂，如 SMP、SMC、SMT 等，进一步增强钻井液的高温稳定性。一般井深超过 2500m 后，及时加入 2% 的 SMP，以改善滤饼质量、提高抗温能力、降低高温高压滤失量；井深超过 3000m 以后，复配使用腐殖酸钾、SMP、SPNH 等抗高温处理剂，使钻井液的 API 滤失量控制在 5mL 以内，高温高压滤失量控制在 15mL 以内；井深达到 4000m 之后抗高温处理剂加量提高到 3% 以上，加入适量的非离子型表面活性剂（如 SP–80），以提高钻井液的高温稳定性。第三是控制膨润土含量，以便有利于钻井液流变性的调整，滤失量控制和改善滤饼质量等。膨润土含量依据钻井液密度的高低而定，密度越高，钻井液膨润土含量应越低。

（3）具有良好的润滑防卡能力。

由于裸眼井段较长，润滑防卡问题比较突出，特别是定向井的造斜、增斜、稳斜、降斜和扭方位等作业，使得井眼轨迹复杂多变，摩阻扭矩增大，润滑防卡是关键，因此，必须保证钻井液具有良好的润滑防卡能力。

（4）具有很强的井眼净化能力。

长裸眼段井不规则井眼的形成时有发生，给井眼净化增加了难度，特别是定向井、水平井更是如此。若井眼净化不良，则可能导致起下钻遇阻、电测不顺利、划眼、压差卡钻等井下复杂情况。为满足携屑的需要，钻井液一般应有最低的屈服值，$\varphi 3$ 读数不小于 3，$\varphi 6$ 读数不小于 8，同时加入适当相对分子质量的聚合物处理剂保持钻井液有较强剪切稀释性，动塑比控制在 0.35～0.45 范围，保持钻井液有良好的流动性和携砂能力，防止沉砂卡钻。控制钻井液的触变性，避免过高的触变性所导致下井壁处不动区范围内形成的岩屑床，提高井眼净化效果。

（5）具有良好的井壁稳定能力。

除常规井壁失稳因素外，长裸眼段井由于施工时间长、钻遇地层层序多、未知因素多、设计密度差距大，使得井壁发生失稳的几率增加。因此，钻井液必须具有良好的井壁稳定能力。首先是加入降滤失剂等以有效地控制钻井液滤失量，形成致密滤饼，减少滤液侵入地层引起围岩强度的降低，阻止泥页岩颗粒的水化膨胀；其次是增强钻井液的抑制和封堵能力。如，通过加入抑制剂（KCl、$CaCl_2$、胺基抑制剂等）提高钻井液抑制性，抑制泥岩分散，通过加入防塌封堵剂（沥青类、超细碳酸钙、石墨等）堵塞裂缝，以防止井壁剥落坍塌；第三是选择合理的钻井液密度。根据随钻监测压力，选择合理的钻井液密度附加值，尽可能满足井眼稳定的要求；第四是保持稳定的钻井液性能。在进入易塌层后严禁大幅度处理钻井液，应采用“少量多次、细水长流”的维护方法，保持钻井液性能的相对稳定，使井眼有一定的适应性。

除上述要求外，由于长裸眼井段一般钻穿多套地层，压力变化大，钻井液安全密度窗口窄，防漏堵漏问题较突出，影响深部地层的钻井和完井作业，因此，必须高度重视防漏堵漏技术措施的制定，尤其是在防漏方面。

实践表明，实施长裸眼承压堵漏，能较好地解决多套压力体系并存、安全密度窗口窄的长井段复杂地层钻井中的难题，是增大安全密度窗口的有效方法之一。该方法应用的前提是首先钻穿薄弱地层，然后采用承压堵漏钻井液对已钻开的薄弱地层进行封堵，提高地层承压能力，最终达到扩大已钻地层的钻井液安全密度窗口，保证下部井段安全施工的目的。

采用不同特性、不同尺寸的暂堵粒子对渗透性地层进行复合屏蔽暂堵，并采用有机硅、铝络合物和聚合醇等防塌剂通过固壁和封堵作用，提高地层承压能力，预防井塌、井漏。

进入微裂缝发育地层前，可采用 2% 超细碳酸钙、1%～2% 石墨粉和 1.5% 磺化沥青复配封堵。在微裂缝发育地层钻进过程中如果遇起下钻，可在封闭液中加入 3%～4% 超细碳酸钙、1%～2% 石墨粉和 1% 磺化沥青，单独配制好顶替至所需井段。

在低压易漏井段采用单向压力封堵剂和超细碳酸钙防漏。保持钻井液有良好的携砂能力，防止憋堵而造成井漏或沉砂卡钻。密切关注钻井液量的变化，及时发现井漏。一旦发生井漏，确定漏失层位和类型，起钻时根据套管下入深度连续注灌钻井液或按钻具体积灌入，分析漏失原因，制定堵漏措施。同时控制下钻速度，减少压力激动。

（五）小井眼钻井对钻井液的要求

目前，对小井眼还没有一个规范的定义，普遍认为只要满足以下条件之一者即可称为小井眼，即一口井中 90% 井段是用直径小于 177.8mm 的钻头钻成的井眼；水平井水平段的井径小于 200mm 的井眼；老井眼开窗侧钻加深，井径小于 177.8mm 的井眼。小井眼钻井主要用于：

（1）未开发地区勘探。在未开发勘探地区应用小井眼技术获取第一手资料。在边远地区，小井眼技术应用于探井和评价井可降低勘探成本。

（2）中后期油田勘探。在老油田钻探井和评价井，应用小井眼技术可降低滚动勘探开发费用，提高油田开发的总体经济效益。

（3）在小油藏中，尤其是渗透性较差的地层，生产井适合采用小井眼，在大油藏中，使用小井眼也可提高油田开发的经济效益。

（4）油田老区老井改造。为了降本增效对于油田老区低产井、套损井实施修井作业，在 Φ139.7mm 套管开窗或锻铣钻井施工。

由于小井眼钻井中环空间隙小，因此钻井作业中普遍存在以下难题：

（1）小井眼比常规井眼环空间隙小，增加的泵压、钻柱旋转以及起下钻压力激动，影响钻井液当量循环密度，钻井过程中更容易发生井漏、井涌等井下复杂情况。

（2）较小的环空间隙增大发生压差卡钻的可能性。处理复杂时，由于环空间隙小，钻具的管壁薄、尺寸小、强度低、柔性大，施工作业难度大。

（3）循环时环空压耗较常规井大幅升高，钻井泵泵压较高，排量受限，携岩困难。

（4）井漏发生后，粗颗粒的堵漏材料无法加入，堵漏方法受限。

（5）受排量和环空间隙限制，钻屑相对分散度高，对钻井液污染程度大，影响钻井液润滑性。

（6）落物卡钻和井塌卡钻几率增大，一旦发生，难以处理。

（7）环空钻井液量少，油、气、水的危害相对加大。

基于小井眼钻井的难点，用于小井眼钻井的钻井液应满足如下要求：

（1）具有良好的流变性能，能满足大斜度井段及水平段携岩和清洁井眼的需要。在满足携砂的情况下，钻井液黏度尽量低；一般情况下动切力在 10Pa 左右，动塑比提高到 0.4，有利于提高携岩带砂能力。

（2）钻井液性能稳定，滤失量小，滤饼薄韧、致密、光滑，具有良好的润滑防卡性能。

（3）具有一定的防漏堵漏能力，且堵漏材料不影响地质录井、MWD，避免摩阻剧增。

（4）具有良好的抑制防塌、抗盐膏污染等能力，防止形成“大肚子”等糖葫芦井眼。

（5）较低的固相含量或无固相，有利于流变性的调节。转换钻井液或开窗时，应全部或部分配制新钻井液，大幅降低多余固相含量。用可溶性盐类提高液相密度，达到加重的同时降低固含的目的。及时补充抑制性处理剂，保持钻井液足够的抑制能力，保证钻屑在返至地面的过程中不易分散而能及时有效清除。使用好四级固控设备，振动筛使用高目数筛布（180~200 目，即孔径 0.084~0.075mm）。

（6）抗温能力强，保证高温条件下性能稳定。

（7）良好的油气层保护能力。

适用于小井眼钻井的钻井液主要有：甲酸盐钻井液、低固相聚合物钻井液、乙二醇-K_2CO_3水基钻井液、阳离子聚合物-KCl钻井液、烷基糖苷钻井液、阳离子烷基糖苷钻井液、油包水乳化钻井液等。

（六）丛式井钻井对钻井液的要求

丛式井之所以广泛应用是由于它与钻单个定向井相比较，可以大大减少钻井成本，并能满足油田的整体开发要求。“井工厂”钻井是丛式井钻井技术的发展。丛式井广泛应用于海上油田开发、沙漠中油田开发等。目前，“井工厂”作业模式主要用于陆上页岩气、低渗透天然气等非常规油气资源开发中[18]。

丛式井的主要优点是：可满足钻井工程上某些特殊需要，如制服井喷的抢险井；可加快油田勘探开发速度，节约钻井成本；便于完井后油井的集中管理，减少集输流程，节省人、财、物的投资。

丛式井或“井工厂”钻井对钻井液的要求如下：

（1）抑制性强，能防止和减少水敏性地层的水化、膨胀、分散而引起的井壁垮塌。

（2）在钻遇石膏层、盐层及水泥塞时，具有较强的抗Ca^{2+}、Mg^{2+}、Na^{+}等离子污染的能力，保证钻井液性能稳定。

（3）在定向钻进中，钻井液润滑性要好，能大大降低钻进及起下钻时的扭矩及阻力，减少井下故障。

（4）具有良好的携岩和清砂能力，有利于井眼净化，避免沉砂卡钻。

（5）钻井的目的是提高采收率，因此钻井液必须具有极好的油气层保护性能。

（6）滤失速率较小，滤液基本不会引起黏土矿物水化膨胀；滤液进入亲水型硬脆性泥页岩阻力大，能较好地稳定泥页岩地层。

（7）对层理发育的页岩地层，钻井液必须具有良好的封堵能力。

（8）对钻井设备无腐蚀。

丛式井钻井液可以采用油基钻井液和合成基钻井液，也可以采用强抑制性的水基钻井液。

（七）套管钻井对钻井液的要求

套管钻井作为一项新的现代钻井工艺技术，其特点是：用套管作为旋转的钻杆，省去起下钻作业，可实现连续钻进。套管钻井中环空尺寸是均匀的，井眼较小，因此基本按照小井眼钻井液的特点来设计套管钻井液。一般认为，套管钻井液应满足以下要求：

（1）严防出现井壁失稳和压差卡钻。

（2）携砂、清砂能力强，确保井眼清洁。

（3）钻井液密度要适当，能够满足井控安全需要。

（4）防止出现钻头泥包。

与常规钻井相比，为了清洁井眼，套管钻井中应保持较高的，最好是恒定的环空返速，以保证携岩能力更强。

（八）连续油管钻井对钻井液的要求

与常规钻井作业方式相比，连续油管钻井具有操作简便、安全可靠、节约成本等优点，目前已得到越来越广泛的应用。特别是连续油管钻井可以消除常规钻井作业中接单根的繁重劳动，能够连续灵活地向井内循环钻井液，避免各种井下复杂情况的发生，并有利于减轻储层伤害。由于使用连续油管钻开的井眼小，钻井工艺与常规钻井有很大差别，因此对钻井液提出了新的要求。一般情况下，最基本的要求是必须确保井眼清洁，严防压差卡钻以及储层保护。用于连续油管钻井的钻井液应满足：尽可能地降低钻井液体系中总固相含量，降低钻井液摩阻；在整个钻井液密度范围内能够提供所需要的流变性能；强化滤失量的控制，形成超薄滤饼；具有良好的润滑、防卡能力，在井下钻具、软管和井壁间隙减小的井况下，降低黏附卡钻的机会；滤饼易于清除。

（九）深井超深井钻井对钻井液的要求

对于高温和超高温钻井液，钻井液高温下的稳定性，尤其是井底长时间静止情况下的悬浮稳定性有很高的要求，通常钻井液长时间处于高温下性能变差的原因如下：

（1）处理剂抗温能力不足（包括降解、水解、分解等）。

（2）劣质土或岩屑长期高温下会进一步水化分散，使颗粒数量增加、粒径变小，比表面积增加，改变处理剂的吸附状态，增加无效吸附带来的消耗（相对于降低处理剂有效含量），导致处理剂有效作用降低；另一方面由于絮凝和高温分散作用，优质膨润土粒子分数降低，有效吸附中心减少，网架结构削弱，整体护胶降能力低，使钻井液趋于聚结状态，表现为滤失量增加，黏度升高，切力降低，悬浮能力下降。

（3）长时间高温下由于离子交换，处理剂分解、水解产生酸性小分子等，使钻井液体系的 pH 值降低，使黏土和处理剂的作用效果降低，护胶能力下降，导致体系趋于絮凝，黏切降低，滤失量升高，悬浮稳定性降低。

（4）当高温下任一处理剂发生变化时，均会导致处理剂之间的配伍和协同增效作用降低。

针对影响钻井液高温下稳定性的原因分析，保证高温钻井液高温稳定性，应对高温下钻井液性能变差的措施如下：

（1）使用抗温能力强的高质量处理剂，避免由于处理剂性质的改变而造成的钻井液性能变化。

（2）有效地清除钻井液中的固相，提高钻井液的抑制能力，降低由于固相颗粒分散而导致的处理剂消耗，强化固相控制参数优化，提高固相控制效率。

（3）采用优质膨润土，在配制和维护处理中，保证膨润土充分预水化，保持钻井液中膨润土的有效含量。

（4）引入具有 pH 值缓冲作用的处理剂，避免高温下 pH 值的降低，保持体系适宜的 pH 值。

（5）在制定钻井液配方或配方优化时，应尽可能延长高温老化时间；评价每种处理剂的热稳定性，并按照影响程度大小排序，同时考虑处理剂间的交叉影响；实验配方中加入适量的拟应用地区的岩屑，保证所得配方的针对性和适应性；尽可能减少钻井液组分，以更有利于现场维护处理。

现代钻井对抗高温钻井液体系提出了新的要求，即要达到最大的钻速，以提高经济效益。而高温高压井的成本非常高，如果出现问题，成本甚至成倍增加。因此，提高钻速可节约钻深井的成本，从而要求抗高温钻井液应满足如下性能要求。

（1）固相含量低，特别是低密度固相和膨润土含量要低。

（2）在满足携岩能力的前提下，保持尽可能低的黏度，以提高钻井液对井底的清洗能力。

（3）密度易于调整，所使用加重剂和膨润土的质量要高，应在用量较低的情况下达到预期的效果。

（4）流变性能好，剪切稀释能力强，尽可能降低循环压耗，充分发挥钻头水马力。

（5）抗盐膏（如盐、石膏、氯化钙型盐水）及酸性气体（如 CO_2、H_2S 等）污染的能力强。

（6）高温稳定性好，可以保证井底高温下长时间静止时具有良好的悬浮稳定性、流变性和低的滤失量，能够满足处理井下复杂情况时对钻井液性能的要求。

（7）储备浆储存稳定性好。严格的井控要求每口井在钻进期间，必须储备一定数量的流动性好的钻井液，不会在急用时因加重剂沉淀放不出或因钻井液静结构过强而流不动。

（8）维护处理简单、费用低，尤其是在出现复杂问题时，能够很容易地将钻井液性能调整至满足施工要求。

三、储层保护对钻井液的要求

从储层保护的角度讲，要根据储层特点和完井方法确定所用钻井液体系及相应的油气层保护措施，并要求在进入油气层之前完成。通常，实施钻井液油气层保护措施应从进入油气层以前至少 50m 开始，直至油气层固井完成或进入油气生产环节时结束。钻开油气层后，应保持钻井液性能在设计范围内。在钻完井作业过程中，应严格执行钻井液油气层保护方案设计，确保油气层保护方案及时、有效落实。

通过缩短钻井液浸泡时间，使用合理的钻井液密度，加入暂堵剂，减少钻井液滤失量，提高滤饼质量，降低钻井液固相含量，增强钻井液滤液与储层流体的配伍性和适应性，使用可解堵的钻井液材料等，可以达到有效的油气层保护效果。

结合实践，保护储层对钻井液的要求可简要归纳如下。

（1）钻井液密度可调，能够满足不同压力油气层近平衡压力钻井的需要。

由于不同地区的油气田地层压力系数差异较大，应用不同密度的钻井液实现近平衡压力钻井，可最大限度降低油气层的损害。

（2）钻井液中固相颗粒与油气层渗流通道匹配。

钻井液中除保持必需的膨润土、加重剂、暂堵剂等外，应尽可能降低钻井液中无用固相的含量。依据所钻油气层的孔喉直径，选择匹配的固相颗粒尺寸大小、级配和数量，用以控制固相侵入油气层的数量与深度。此外，还可以根据油气层特性选用暂堵剂，在油井投产时进行解堵和反排。对于由于固相颗粒堵塞会造成油气层严重损害且不易解堵，钻开油气层时，应尽可能采用无固相或无膨润土相钻井液，并做好固相控制，以有效地去除无用固相。

（3）钻井液必须与油气层岩性相配伍。

对于中、强水敏性油气层应采用不引起黏土水化膨胀的强抑制性钻井液，例如氯化钾钻井液、聚合物钾盐钻井液、有机盐钻井液、两性离子聚合物钻井液、正电胶钻井液、聚合醇钻井液、胺基抑制钻井液、烷基糖苷钻井液、油基钻井液和油包水钻井液等。对于盐敏性油气层，钻井液的矿化度应控制在两个临界矿化度之间。对于碱敏性油气层，钻井液的 pH 值应尽可能控制在临界范围内。对于非酸敏油气层，可选用酸溶处理剂或暂堵剂。对于速敏性油气层、应尽量降低压差和严防井漏。当采用油基或油包水钻井液、水包油钻井液时，最好选用非离子型乳化剂，以免发生润湿反转等。

（4）钻井液滤液组分必须与油气层中流体相配伍。

在确定钻井液配方时，应首先考虑滤液中所含的无机离子和处理剂不与地层中流体发生沉淀反应；其次是滤液与地层中流体不发生乳化堵塞作用；第三是滤液表面张力低，以防发生水锁作用；第四是滤液中所含细菌在油气层所处环境中不会繁殖生长产生堵塞。

（5）钻井液的组分与性能均能满足油气层保护的需要。

所用各种处理剂对油气层渗透率影响小。尽可能降低钻井液处于各种状态下的滤失量及滤饼渗透率，改善流变性，降低当量钻井液密度和起下管柱或开泵时的激动压力。此外，应控制钻井液的组分，以降低对油气层的损害。

为了达到上述油气层保护对钻井液性能的要求，减少对油气层的损害，钻开油气层时可视具体情况选用不同的钻井液体系。如：

（1）水基钻井液，如清洁盐水钻井液、无土相暂堵型聚合物钻井液、低膨润土聚合物钻井液、有机盐钻井液、聚合醇钻井液、胺基抑制钻井液、烷基糖苷钻井液、屏蔽暂堵钻井液等。

（2）油基钻井液和合成基钻井液。为了减少乳化堵塞，尽可能采用全油基钻井液。

（3）气体类流体，如泡沫流体和充气钻井液等。

四、环境保护对钻井液的要求

环境保护是百年大计，在这方面一定要高度重视。围绕环保要求，国内目前虽然已经开展了大量的工作，但还存在很大的局限性，由于费用的问题，环保钻井液仅限于试验，废钻井液无害化处理还只是表面，还没有真正的实施无害化。如何从源头抓是关键，这方面包括钻井液体系、处理剂毒性评价和环保型钻井液的开发与应用，同时还需要重视作业环节的环境保护，减少过程中的排放，以减少后处理的压力。

从环保的角度讲，满足环保要求主要包括两方面，一是钻井液及应用，二是废弃钻井液、钻屑和钻井废水的处理等。从钻井液的应用讲，最有效的方法是采用绿色钻井液，从源头解决环保问题，从废钻井液、钻屑和钻井废水处理讲，则是废弃钻井液等的有效处置，这需要从钻井液设计时就考虑减少钻井液组分，选用抗污染能力强，性能稳定的钻井液体系，以尽可能减少作业过程中由于钻井液性能恶化而导致的钻井液的排放，对于废弃钻井液处理应尽可能提高处理效率和效果，简化处理过程和工艺，降低处理工作量和费用。

废弃钻井液主要是由黏土、钻屑、加重材料、化学添加剂、无机盐、油等组成的多相稳定悬浮液。应用物理方法、化学方法和微生物法等一系列方法对废弃钻井液进行处理，有利于环境保护，其性质主要受钻井液的组分及所用化学处理剂的种类影响。

废弃水基钻井液主要污染物有固体颗粒，主要是黏土、膨润土颗粒等；石油类来源为改善钻井液润滑性而添加的油基润滑剂和钻进油层时带入的原油；有机质及其分解产物，表现为钻井液的 COD_{Cr} 值高，色度高；无机盐，采用盐水钻井液或者地层的矿化度较高时，会使废水中的 Cl^- 含量高。

废弃油基钻井液主要污染物有固体颗粒，主要是改性有机土等；油基钻井液中矿物油、合成基钻井液中的合成基液、有机污染物等。

综上所述，从环保的角度讲，满足环保要求时，钻井液使用中应满足如下要求：

（1）严格执行作业所在地区相关环保法律法规，不设计、不使用作业所在地区国家和地方明令禁止使用的材料及处理剂。

（2）应减少钻井液和废水排放，废弃钻井液和废水必须采用防渗池收集储存。

（3）按钻井液作业合同要求，做好钻屑与废液处理工作，排放物应达到合同要求标准。

（4）对井场材料应妥善储存与管理，避免洒、漏、外溢。对废弃的钻井液材料包装物和容器应进行集中收集，并妥善处理。

（5）钻井液作业单位应建立健全 HSE 管理体系，并保持体系持续、良好运行。

综上所述，重视环境保护，不仅要做好钻井液使用及废钻井液的处理工作，同时要重视源头的环保设计，即在钻井液处理剂研制、生产及钻井液设计时就考虑到环境保护，故环保型钻井液体系将是钻井液的发展方向。特别是近年来，随着页岩气开发，页岩气水平井钻井几乎都采用油基钻井液，由于油基钻屑、废液等带来的环保压力，如何有效地处理已成为摆在我们面前的难题，有效的处理工艺和方法尽管重要，如何从源头解决问题，即研制能够满足页岩气水平井钻井需要的水基钻井液和无毒油基、合成基钻井液迫在眉睫。

五、钻井液性能参数设计

（一）水基钻井液

1. 密度

钻井液密度设计是安全顺利钻井的关键，故必须高度重视，结合实践，密度设计可以从以下几方面考虑。

（1）钻井液密度设计通常应以裸眼井段地层最高孔隙压力为基准，并在此基础上增加一个安全附加值。通常是油井附加值为 0.05～0.1g/cm^3；气井附加值为 0.07～0.15g/cm^3。

（2）在盐膏层等易引起塑性变形的特殊复杂地层钻进时，依据上覆岩层压力值和盐层特征，确定合理的钻井液密度。

（3）在易坍塌地层钻井时，根据坍塌压力确定合理的钻井液密度。

（4）在易漏失地层钻井时，根据地层漏失压力，在满足井壁稳定性和井控安全的前提下，可以适当降低钻井液的密度。

（5）在储层井段，还需要结合储层保护措施和所用钻井液体系确定合适的钻井液密度。

2. 流变参数

钻井液流变参数要结合钻井工艺参数、钻井液体系类型和钻遇地层情况，重点从以下几方面考虑。

（1）根据钻井液体系、环空返速、地层岩性以及钻速等因素，确定钻井液的黏度和动切力。

（2）在确保井眼清洁的前提下，一般采用较低的黏度和切力值。

（3）低密度钻井液的动切力与塑性黏度比值一般应保持在 0.36 以上，而高密度钻井液一般应控制较低的黏度和切力。

（4）对于水平井钻井，在造斜段和水平段钻进时，一般应控制较高的钻井液动切力和较高的低剪切速率黏度，即较高的低转速（3r/min 和 6r/min）读值。

（5）在易漏失地层钻进时，一般应控制钻井液具有较强的剪切稀释能力，使 n 值保持在 0.55 以内。

3. 滤失量

滤失量控制应结合所钻遇地层情况、储层保护对钻井液的要求以及钻井液的类型合理控制，具体内容如下：

（1）钻井液的滤失量控制需要根据地层岩性、地层稳定性、钻井液抑制性、邻井实钻井下情况以及是否为储层等因素来综合考虑。

（2）对于高渗透性砂泥岩地层，钻井液 API 滤失量一般控制在 8mL 以内，滤饼厚度控制在 1.0mm 以内；在易水化坍塌泥岩地层，钻井液 API 滤失量一般控制在 5.0mL 以内，滤饼厚度控制在 0.5mm 以内（强抑制钻井液可以适当放宽）。

（3）在非油气储层的高温高压深井段钻进时，钻井液高温高压滤失量一般应小于 20mL；在井壁不稳定、易造成井下复杂的深井段，高温高压滤失量一般控制在 15mL 以内，滤饼厚度控制在 3.0mm 以内。

（4）在储层段钻井，钻井液 API 滤失量一般控制在 5mL 以内，滤饼控制在 0.5mm 以内；高温高压滤失量一般控制在 15mL 以内，滤饼厚度控制在 3.0mm 以内。对于清洁盐水或强抑制无固相钻井液，滤失量可视具体情况适当放宽或不作为控制指标。

（5）在水化膨胀率小、渗透性低、井壁稳定性好的非油气储层段，在满足井壁稳定的前提下可根据井下情况适当放宽钻井液的 API 滤失量。

（6）在非油气储层段采用强抑制性钻井液钻进时，可根据井下情况适当放宽钻井液高温高压滤失量。

4. 抑制性

通常要根据地层理化特性确定钻井液类型，并以钻井液抑制性室内评价结果为依据，确定钻井液配方中抑制剂的种类和加量，以控制钻井液适当的抑制性。对于抑制性水基钻井液体系抑制剂的量必须在钻井一开始就加足，并随时检查抑制剂含量，以作为钻井液维护处理的依据。对于盐水钻井液可以结合所钻遇地层活度，依据活度平衡原理确定盐的有效用量，以及是否需要加入其他抑制剂。

5. 膨润土含量

膨润土含量是决定钻井液性能及钻井液性能维护处理的关键。实践表明，非加重钻井液膨润土含量一般控制在 60g/L 以内，最好 40g/L 以内；密度在 2.0g/cm^3 以内的钻井液，膨润土含量一般控制在 40g/L 以内，最好 30g/L 以内；密度在 2.0～2.3g/cm^3 的钻井液，膨润土含量一般控制在 30g/L 以内，最好 20g/L 以内；密度超过 2.3g/cm^3 的钻井液，膨润土含量一般控制在 20g/L 以内，最好 15g/L 以内；密度超过 2.6g/cm^3 的钻井液，膨润土含量一般控制在 15g/L 以内，最好 10g/L 以内。

6. pH 值

适当的 pH 值对保证钻井液性能的稳定性非常重要，是保证钻井液中的膨润土和有机处理剂充分发挥作用的关键，故必须控制好钻井液的 pH 值。

钻井液的 pH 值控制要视钻井液体系的类型而定。对于不分散型钻井液或强抑制性钻井液的 pH 值一般控制在 7.5～9；分散型钻井液的 pH 值一般控制在 9～10；钙处理钻井液的 pH 值一般控制在 9.5～12；硅酸盐钻井液的 pH 值一般控制在 11～12。

在含二氧化碳气体地层钻进时，钻井液的 pH 值一般控制在 9.5 以上，含硫化氢气体地层钻进时，钻井液的 pH 值一般控制在 10~11 或更高。

7. 固相含量

固相含量控制是保证钻井液性能稳定和清洁的关键，在钻井过程中应最大限度地降低钻井液劣质固相含量，并合理地利用固相。低固相钻井液的劣质固相含量一般控制在 4%（体积百分数）以内。储层钻井液的低密度固相含量一般控制在 6% 以内；非加重钻井液含砂量一般控制在 0.5%（体积百分数）以内。

8. 水基钻井液抗盐、钙（镁）污染与抗温能力

在含盐、膏地层和存在高压盐水的地层钻进时，应根据钻井液抗盐、钙（镁）污染能力评价结果，来确定钻井液类型和配方，尤其是为了保证良好的抗高价离子污染的能力，一般可以选用含膦或磺酸基的聚合物处理剂。

在高温高压深井段钻进时，应根据钻井液热稳定性评价结果，作为选择钻井液类型和确定钻井液配方及维护处理方案的主要依据。一般选择含磺酸基的聚合物处理剂、磺化褐煤或褐煤树脂等控制钻井液的高温高压滤失量，还可以加入适量除氧剂以提高处理剂的高温稳定性，同时还要求采用高质量的钻井液处理剂，以保证钻井液在井底高温下的长期老化稳定性。

（二）油基钻井液

1. 安全和环保性能

针对安全和环保性能要求，一般选择芳香烃含量较低、黏度适当的矿物油作基油，如低芳烃柴油、白油等。当选用柴油作基油时，闪点和燃点应分别在 82℃和 93℃以上，苯胺点应在 60℃以上。在环境敏感地区可以选择低毒矿物油、合成基或植物油作为基油。

2. 油水比选择

应综合考虑钻井工程与储层保护要求、工艺技术现状及成本等因素，以选择合适油水比的油包水乳化钻井液或全油基钻井液。

油水比对新配的钻井液体系极为重要，它决定着体系的最初黏度和 HTHP 滤失量，当岩屑进入时液体组分的体积分数将降低，如果在这些固体增加期间，保持水原来的体积分数，就等于油水比中的水量增加了，会比由于固相增加而增加的流变参数增加值更高。现场作业中通常通过保持相对固定的油水比来控制液相的黏度，在稳定的乳状液中当进入较大量的固相时，油水比例允许增加。

3. 水相活度控制

对于油包水乳化钻井液，一般使用盐水作为内相，通过盐含量调节钻井液水相活度与地层水活度相当。

根据钻井液水相活度控制要求、各类盐调节水活度能力以及所需盐类的供应情况等因素选择盐的类型和浓度。饱和氯化钠盐水可控制最低的水相活度为 0.75；饱和氯化钙盐水可将水相活度控制在 0.4 以下。

这里需要注意的是，两种不同的盐溶液其活度没有累加性，即把饱和的 NaCl 和饱和的 $CaCl_2$ 溶液混合不会获得低于 0.4 的活度，这是因为两种盐的溶解度不同，相混后便会出现 NaCl 的结晶沉淀。

4. 破乳电压

油基钻井液破乳电压是体系乳化稳定性的重要参考指标，破乳电压越高，乳状液越稳定。对于油包水乳化钻井液破乳电压一般应在 400V 以上。

5. 高温高压滤失量

满足标准的油基钻井液，其 HTHP 滤失量一般在 3~4mL，并且必须全部是油，若发现高温高压滤失量平稳地增加时，则说明钻井液需要处理，可用乳化剂或辅乳化剂进行处理，若滤液有水时，还应加入润湿剂以加强乳化作用，出水情况不允许长期存在。例如，M–I 的传统型体系一般维持 HTHP 失水小于 10mL，若在高渗透性地层，一般希望控制更低的失水以防止黏卡。“宽失水型”体系对 HTHP 失水不作控制，甚至滤液中含有水。

6. 流变性控制

一般所用基础油随压力增加而变稠，故应用时塑性黏度和动切力比相同密度的水基钻井液要低，如果流变性保持最小值，环境温度下，如果在开口杯中重晶石不沉淀，则由于压力对油的影响，重晶石在井眼内也不会沉淀。但是在应用这个规律时需要注意的是，若井温很高时，因温度对油有减稠作用，压力温度共同影响则会出现相反情况，这时需要根据实际情况加以确定。

钻井液流变性设计的一般规则是：①尽可能维持较低的塑性黏度，以获得最大的钻速。在一定时间段和同样密度的情况下，若出现塑性黏度逐渐增加，往往表明钻井液中的固相增加了，固相增加来源于降滤失剂的加入、低密度钻屑和超微固相的形成。②根据两方面的需要确定动切力和静切力。一是维持足够的触变性（切力）来悬浮加重剂和提供足够的携带能力；二是尽量降低环空压降，优化钻头水马力和降低当量循环密度。即必须维持钻井液有良好的剪切稀释作用。

7. 固相含量

对于给定密度的油基钻井液，由于对不同体系要求不同，对固相含量的要求也不同，一般来说，固相含量越小越好。但是，为了获得稳定的乳状液，必须加入降滤失剂、增稠剂及其他固相，因此，在经济许可的条件下综合考虑各因素，以尽量维持较低的固相水平。

8. 碱度

油基钻井液碱度的测定其实是测定其体系中石灰的剩余量，一般碱度值必须保持在 1.5~2.5mL（0.05mol/L 的 H_2SO_4）范围内。石灰对油基钻井液性能的优劣起决定性的作用，随着井底温度的增加其作用更加关键；石灰有促进水润湿作用的趋势，因此过量的石灰是有害的，过高的碱度也会引起流变性数值的增加。所以添加石灰时通常需要同时加入润湿反转剂，另外石灰会随着循环时间和温度而消耗，在新的和不稳定的体系中消耗十分迅速，体系稳定时消耗趋于减慢。每天进行碱度测定并使其维持在合适范围内是非常必要和重要的。一般情况下，每立方米钻井液加入 2.853kg 石灰可使碱度增加大约 0.2mL。

一般情况下，对于传统型油包水乳化钻井液，碱度必须≥2.5mL，而“宽失水型”体系的碱度保持在 1~2mL 即可。

9. 密度

可以参照水基钻井液密度控制的方法，密度大小视具体情况而定。

第三节　钻井液性能的维护与处理

在现场作业中，为了保证钻井施工安全、顺利、高效，必须高度重视钻井液性能的维护与处理。通常应根据钻井液性能检测结果及井下情况，及时对钻井液进行维护处理，以满足钻井作业的需要。

钻井液的维护与处理应遵循均匀、稳定的原则。对钻井液实施转换或大型处理时，应将钻具上提至套管或稳定井段内进行。实施前应做室内小型实验，依据小型实验结果制定针对性强的维护处理方案，以避免由于处理不当而造成井下复杂情况或钻井液成本上升。同时还要超前考虑，钻进过程中，应按钻井液配方及时补充处理剂，保证钻井液中各处理剂含量和比例。水基钻井液中所使用的聚合物等溶解较慢或易形成“鱼眼”的处理剂，应提前配成充分溶解的胶液后使用。为了保证钻井液清洁、钻井液性能稳定，提高钻井液的抗污染能力，应提高固控设备（振动筛、除砂器、除泥器或清洁器、离心机）使用率及固控效率，减少钻井液劣质固相累积。在使用油基钻井液时，应防止雨水、冲洗设备水等外来水进入钻井液，以致影响油基钻井液性能。电测及下套管前，应根据井下实际情况调整好钻井液性能，以保证电测和下套管作业顺利，也有利于保证固井质量。

本节结合实践简述钻井液性能维护处理方法。

一、水基钻井液性能维护与处理

（一）密度的调整

密度的调整包括降低密度和升高密度两方面。当需要降低密度时，根据现场作业情况，可选择使用固控设备清除固相，或加入处理剂胶液，或混入相同体系较低密度的钻井液等方法来使钻井液密度降低至所要求的值。在加入胶液时，应视具体情况适当补充预水化膨润土浆。

当需要增加密度时，可采用加入加重材料和混入一定比例的加重钻井液等方法来实现。常用的加重材料有重晶石、铁矿粉、石灰石粉等。

为保证钻井液性能尽可能稳定，在提高密度或加入加重材料时应注意以下几点：

（1）提高钻井液密度前，即加入加重材料前应先清除钻井液中的劣质固相，并使钻井液膨润土含量和固相含量保持在设计范围下限，以减少由于黏度效应而引起的钻井液流变性变差。

（2）加重材料应经加重装置按循环周均匀加入，每个循环周密度提高值一般控制在 0.01~0.04g/cm^3 之间（井涌和溢流压井时除外）。

（3）高密度钻井液需提高密度时，应加入适量的润滑剂以改善钻井液的润滑性，并尽可能采用高纯度加重剂，以减少黏度效应。

（4）加入加重材料后，应调整钻井液性能至设计范围内，以保证钻井液良好的流变性。

对于盐水钻井液，也可用水溶性盐类通过增加水溶液密度来达到提高钻井液密度的目的，但如果仍然达不到要求密度时，可再加入惰性加重材料。

（二）流变性的调整

流变性调整应根据钻井液体系特点和引起钻井液流变性变化的原因来进行，以确定安全、经济、高效的维护处理。

当由于加入处理剂过量或黏土、固相等过高而造成黏度和切力升高时，可通过加入水（烧碱水）或处理剂稀胶液、提高固控设备使用率等方式处理。

当遇到盐或高价离子侵污造成黏度和切力升高时，可以加入纯碱和抗盐、抗钙降黏剂来进行处理。

由于处理剂高温降解后效果降低或失效而导致的钻井液黏度和切力升高时，可通过加入耐温性更强的降黏剂或提高降黏剂加量处理，以改善钻井液的流变性。

若出现黏度、切力降低时，可视具体情况，采取加入增黏剂或预水化膨润土浆（盐水钻井液可加入抗盐土）的方式提高钻井液黏度和切力。增黏剂必须配成胶液，膨润土必须充分水化，且加入速度要适当控制，以避免黏切突然增加。

（三）滤失量的控制

滤失量控制直接关系着钻井液的造壁性和滤饼质量，也影响钻井液的综合性能，钻进中若出现钻井液滤失量增加时，应根据不同类型钻井液体系的特点，保持钻井液中适当的膨润土含量。对于盐水钻井液或钻井液受盐水或盐污染时，可以加入适量的抗盐黏土或充分水化的优质膨润土浆。

在膨润土含量一定时，可加入 2% 以上、软化点与钻井液使用温度相当的天然沥青或沥青改性类处理剂，配合钻井液体系中的其他降滤失材料，如 SMP、SMC、SPNH 等控制钻井液高温高压滤失量。也可以采用一些具有一定粒径并合理级配的惰性颗粒通过控制滤饼渗透率达到降低滤失量的目的。

根据钻井液体系特点以及钻井液抗盐和抗温能力的要求，优选高性能或高质量抗高温钻井液降滤失剂来控制钻井液滤失量。

对于无土相钻井液可以采用能够封堵过滤介质孔隙的惰性封堵材料，如超细纤维素、超细碳酸钙、天然沥青、交联聚合物微球等来控制滤失量。

（四）劣质固相含量的控制

可采用增强钻井液抑制性、提高固控设备使用效率、加入处理剂胶液，使用固相化学清洁剂和定期清理沉砂罐等方法控制钻井液中劣质固相的增长。

（五）pH 值的调整

应根据钻井液类型和特点适时调整钻井液的 pH 值，一般采用氢氧化钠水溶液或氢氧化钾水溶液提高钻井液 pH 值。钻大段水泥塞时，为避免钻井液的 pH 值大幅升高，一般采用碳酸氢钠溶液和高效的抗钙降黏剂、降滤失剂清除或降低水泥污染。在钻遇含 CO_2 地层时，加入适量的石灰，既可以控制钻井液体系的 pH 值，又可以消除 CO_3^{2-} 和 HCO_3^- 的污染。

二、水基钻井液受污染时的处理

（一）盐和盐水侵的处理

在钻遇盐层、盐水层时，钻井液受到溶解盐或大量地层盐水侵污后，可以根据侵污程度适当排放受污染的钻井液，或加入适量纯碱、烧碱和抗盐降黏剂、降滤失剂等进行处理，必要时可转化成盐水或饱和盐水钻井液。一般对于盐和盐水侵可以采用不同方法处理。

1. 盐侵的预防与处理

钻进中遇盐侵时，可适当提高钻井液的密度，以克服盐岩的塑性变形；增加钻井液中聚合物及抗盐处理剂的含量，提高钻井液的抗盐能力，以保持钻井液性能稳定；及时补充烧碱水，使钻井液的 pH 值保持在 8～10 之间；若黏切较高，可用降黏剂进行处理，并配合 LV-CMC 等降低滤失量，确保钻井液处于稳定状态，以维持钻井液良好的流变性；若盐层较薄，可对钻井液进行预处理，首先用新浆置换一部分井浆，降低膨润土含量和黏切，降低钻井液滤失量，确保穿盐层时性能不发生较大变化，穿完盐层后再调整钻井液性能，使之恢复穿盐层前的性能；若盐层较厚，可转换为饱和盐水钻井液钻进。

2. 盐水侵的预防与处理

钻井液被盐水污染时，可添加 NaOH 来提高钻井液的 pH 值，同时补充足够的降滤失剂来维持钻井液的稳定性。

钻遇盐水层时，首先应提高钻井液密度，尽可能压死盐水层；如果起下钻后出现大量涌入的盐水，应及时排放，以降低处理难度和成本；在提高钻井液密度的同时，配合处理剂处理盐水侵，必要时将淡水钻井液转换成盐水或者饱和盐水钻井液。如果污染物是含钙盐水，则要考虑先用纯碱除钙，以避免钻井液处于过度絮凝状态；如果污染物是钠性盐水，除了用淡水稀释外，还要及时补充抗盐性强的各种处理剂，如添加解絮凝剂和降滤失剂等；若出现大量不断的盐水污染导致黏度降低时，可用抗盐土或预水化膨润土浆提黏和降低滤失量，使用预水化膨润土浆时，为提高预处理效果，可以先用处理剂（或处理剂胶液）处理预水化膨润土浆后，再均匀混入到钻井液中。

（二）钙、镁侵的处理

钻井液受到大量 Ca^{2+}、Mg^{2+} 污染后，可加入适量纯碱、烧碱和抗盐、抗钙的降黏剂、降滤失剂等处理剂或转化为钙处理钻井液。主要措施如下：

（1）先对配浆水水质进行化验，若水中 Ca^{2+}、Mg^{2+} 离子含量高时不能直接用于配浆，首先需要对配浆水进行处理，以去除 Ca^{2+}、Mg^{2+}。

（2）如果配浆水中 Ca^{2+} 或地层溶解的 Ca^{2+} 已对钻井液构成污染，一般用 Na_2CO_3 进行处理。

（3）当发生石膏（$CaSO_4/CaSO_4 \cdot H_2O$）污染时，可同时加入烧碱、纯碱进行处理。烧碱溶液使钻井液的 pH 值升高，纯碱可清除过量的 Ca^{2+}，根据所选择的钻井液体系使 Ca^{2+} 的含量保持在适宜范围。NaOH 和 Na_2CO_3 配合使用，既可清除过量的 Ca^{2+}，又可使钻井液的 pH 值保持在需要的范围内，最终恢复钻井液的性能。

（4）在进入石膏层前先对钻井液进行预处理，降低钻井液中的膨润土含量及固相含量；对于较厚的石膏层，应及时转化为钙处理钻井液，同时添加足量的抗钙降滤失剂，必要时可以加入适量的抗盐土。

（5）若用海水和高含镁地层水作为配浆水时，为减少 Mg^{2+} 对钻井液性能的影响，可以用 NaOH 进行处理。

（三）油气侵的处理

钻井液发生油气侵污染时，可采用液气分离器或除气器除气，加入乳化剂、消泡剂并根据井下情况采用提高钻井液密度等方法处理。

1. 气侵的处理方法

（1）循环钻井液除气法。

这种方法是借助固控设备在地面不断循环钻井液，使气泡溢出。此法只能除去较大气泡，对直径较小的气泡，特别是高黏度钻井液中的气泡，循环除气的效果较差，所需时间也较长。

（2）机械除气法。

借助于各种除气设备，将侵入钻井液中的气体分离出去。机械除气器一般分为常压式、真空式、离心式三种。

2. 油气侵的处理方法

当钻井液受到油气侵时，可以对钻井液进行加重处理，以压稳油气层，同时进行排油除气；侵污严重、黏切过高时，在加重处理的同时对钻井液进行降黏处理，以便于排油除气；必要时加入适当的乳化剂，使侵入的油均匀分散在钻井液中。

（四）酸性气体侵的处理

若钻井液发生 CO_2 气体侵入时，可及时加入生石灰、烧碱等材料处理，控制钻井液体系的 pH 值至 9.5 以上并提高钻井液密度。

进入含 H_2S 地层前，应提高钻井液 pH 值，并加入除硫剂，如 ZnO、$Zn_2(OH)_2CO_3$ 和海绵铁等进行预处理。发现 H_2S 侵入钻井液后，应加大除硫剂用量，保持钻井液 pH 值在 9.5~11，并适当提高钻井液密度。具体措施如下。

（1）钻开含硫地层前 50m，将钻井液 pH 值保持在 10~11 范围内，直至完井。

（2）提高钻井液抗 H_2S 污染能力。所用钻井液处理剂应具有较好的抗温性能，且尽量避免氧化型处理剂和还原型处理剂同时使用。

（3）对于已被 H_2S 污染的钻井液，在提高钻井液 pH 值的前提下，加入 $Zn_2(OH)_2CO_3$ 或海绵铁，除去侵入钻井液的 H_2S，恢复钻井液的性能，减缓钻具腐蚀，防止发生人员中毒事故。

实际处理过程中，H_2S 浓度一般较低，且是逐渐侵入的，需准确把握 $Zn_2(OH)_2CO_3$ 的加量。加入量过少或加入次数不足，难以有效除去侵入钻井液中的 H_2S；如果 $Zn_2(OH)_2CO_3$ 过量，钻井液中的 OH^- 浓度增大，黏度、切力将急剧上升，此时可以采用生石灰进行处理。

三、油基钻井液性能维护与处理

（一）油基钻井液流变性的调整

对于油包水乳化钻井液，由于它是水滴和各种固相颗粒分散在油相中形成的多相分散体系，影响其流变性能的因素及影响程度与水基钻井液有较大区别。比如表现在除了亲油胶体等增黏剂外，体系的油水比对黏度、切力也有较大影响；在一定温度下，随压力增加，表现黏度明显增大；体系的乳化稳定性对流变参数有直接影响等。其性能调整方法如下[19]。

（1）采用调节钻井液油水比、加入有机土和降黏剂等方式可调整钻井液流变性。

（2）提高振动筛、除砂器、除泥器（清洁器）和离心机等固控设备的使用率，使用尽可能细目的振动筛筛布，避免钻井液中钻屑等有害固相增加导致黏度和动切力升高。

（3）发生 CO_2 侵污造成钻井液黏度和动切力升高时，可使用石灰和乳化剂处理，维持钻井液石灰碱度在 1.5~2.5mL，并提高钻井液密度；发生 H_2S 侵污时，应加入除硫剂进行除硫处理，并保持钻井液石灰碱度在 2.5mL 以上。

（二）油基钻井液滤失量的控制

加入有机土、油基钻井液降滤失剂等可以降低油基钻井液的滤失量。对于油包水乳化钻井液，一般情况下增大乳化剂加量，增强乳状液稳定性，可以降低油基钻井液滤失量。具体的控制方法如下。

（1）如果油基钻井液的乳化稳定性受到破坏，不仅滤失量会显著增加，而且还会发现滤液中油水并存，此时应及时补充足量的乳化剂和润湿剂以增强乳化稳定性。

（2）当发现滤失量过高而滤液中不含水时，表明体系中亲油胶体含量偏低。在此情况下，一般应适当补充亲油改性有机褐煤、氧化沥青等降滤失剂。

（3）在井底温度超过 200℃的深井、超深井中，控制滤失量的难度会明显增大，此时，除适当增加氧化沥青的用量外，还应配合使用高温降滤失剂。

（三）油基钻井液电稳定性的控制

油基钻井液电稳定性的控制方法如下。

（1）外来水进入钻井液导致油基钻井液电稳定性降低时，应加入适量基油、乳化剂等，提高钻井液电稳定性。

（2）大量盐和钻屑侵入导致钻井液电稳定性降低时，一般采取补充新钻井液、提高固控设备使用效率和加大处理剂加量等方法恢复钻井液的电稳定性。

通常在加入乳化剂、润湿剂前，应通过小型实验确定乳化剂、润湿剂的加量，避免处理过度。

（四）密度的调整

通常使用的油基钻井液的密度范围为 0.84~2.64g/cm^3。最常用的加重材料是重晶石和碳酸钙。一般情况下，重晶石能将油基钻井掖密度提至 2.64g/cm^3，而碳酸钙只能提至 1.68g/cm^3。

不使用加重材料，而采取调整油水比和改变水相密度的方法也能在一定程度上控制油基钻井液的密度。无机盐是用来增加水相密度的主要物质，其中最常用的盐为 $CaCl_2$。

为了应对低压地层，有时需要降低油基钻井液的密度，降低密度可采用以下方法：

（1）用基油稀释，提高油水比。这种方法使钻井液中固相所占体积分数减少，黏度和切力降低。

（2）用固控设备清除部分加重材料。

（3）加入塑料微球。如酚醛树脂或脲醛树脂制成的充氮塑料微球，其直径范围为 50~300μm，密度范围为 0.1~0.25g/cm^3。加入钻井液之后，不仅可以使钻井液密度降低，而且会引起黏度和切力增加，滤失量降低。

（五）油基钻井液受污染的处理

1. 固相水润湿

固相的水润湿是指在表面活性剂作用下已被油润湿的岩屑恢复了其原有的水润湿特性，水润湿的结果会使那些表面已覆盖薄层水的固相发生聚结，其结果是削弱或破坏乳化作用，并导致固相沉降或沉淀。一旦发现水润湿的迹象应立即处理，视具体情况补充乳化剂和润湿剂等加量。油润湿剂加量一般为 1.427~2.853kg/m^3。

2. 地层水侵

当出现地层水侵时，必然会导致油水比降低，若出现油水比降低比较严重时，不仅会影响油基钻井液的稳定性，而且会给井壁稳定带来不利影响。当地层水侵时，对于高密度油基钻井液来说，首先需要加入加重材料以平衡地层压力，同时需要加入石灰、乳化剂等处理剂，并视具体情况及时补充盐、油等，以提高油基钻井液有效活度和乳化稳定性。

3.CO_2 污染

钻井过程中，若发生 CO_2 污染时，会导致油基钻井液的碱度降低、流变性变差。当出现碱度降低时需要及时补充石灰进行处理，同时注意加入加重材料以保持钻井液密度，并通过加入润湿剂、乳化剂、增黏剂和降滤失剂、油等，以保证钻井液的流变性、悬浮稳定性和滤失量控制，确保钻井液各项性能稳定。

4. H_2S 污染

H_2S 污染会导致油基钻井液碱度降低，需要及时补充石灰，以维持钻井液的碱度。通常 H_2S 会引起钻井液变黑同时发出恶臭（高浓度时闻不到），而流变性和滤失量可能有变化也可能没变化，此时应立即用石灰进行处理以保证体系具有足够的碱度，并密切注意是否出现水润湿问题。若出现水润湿现象，则水会析出与金属表面接触，发生氢脆而导致应力破裂，这时可能需要大量的润湿剂和乳化剂来保持体系的稳定。另一种处理 H_2S 污染的方法是加入除硫剂，如锌化物来使硫沉淀出来，由于锌化物在油基钻井液中的溶解度太小，采用这种方法一般难以达到应有的效果，但实践证明锌化物对沉淀硫是有作用的，而最有效的方法还是加入石灰进行处理。

四、钻井液维护处理中应明确的若干问题

在钻井液配制及维护处理中，准确理解钻井液处理剂的作用，有益于处理剂的选用和处理方法的制定，现结合现场实践从不同方面进行简要介绍。

（一）稀释、分散和降黏

在现场实践中，由于对稀释、分散、降黏等作用往往缺乏全面认识，以至于时常出现三者作用混为一谈，甚至会出现在钻井液中加入降黏剂却不降黏的现象。

简单理解，稀释伴随着固相或处理剂质量分数的降低，分散则伴随颗粒分布的变化，降黏则体现在黏度的降低并伴随着网状结构的拆散，三者在概念上有本质区别。

在钻井液实际应用中，通常认为三者都是降低钻井液的黏度和切力，但分散却可能会伴随着黏度增加。

除降黏剂之外，反映在黏度变化上，絮凝、抑制、高温钝化、大分子高温降解等均可以带来钻井液黏度和切力的降低。降黏剂之外与降黏相关的处理剂有抑制剂、絮凝剂，因为抑制剂、絮凝剂在一些情况下可以控制钻井液的黏度和切力。

在处理剂使用时，要认识到对于稀释、分散、降黏等三种作用的产品，目标是完全不同的，可见明确三者的异同，有利于提高处理剂使用和钻井液维护处理的针对性。

（二）滤失量和失水量

滤失量与过滤有关，伴随着固相颗粒的沉积，固相颗粒含量、粒径大小对其有直接影响，泥（滤）饼质量、有效的封堵有利于控制滤失量。失水量与钻井液的胶体稳定性密切相关（即通常所说的自由水），胶体稳定性越强失水量越小，而对于不同的钻井液体系失水量小，滤失量不一定小，反之亦然。从处理剂的角度讲，提高处理剂的吸附和水化能力，保证处理剂的护胶作用更有利于控制失水量和滤失量。

影响滤失量的因素包括膨润土、固相、液相黏度和胶体稳定性（护胶剂性质与加量）等，基于上述原因，降滤失剂之外，可以降滤失的处理剂有封堵剂、抑制剂和增黏剂等。

（三）黏度、流变性和切力

黏度与流体的流动阻力，即液体的黏滞力有关（固相、膨润土、液相黏度）。流变性、切力等与钻井液液相黏度、剪切稀释（吸附有关）和结构力有关。黏滞力是黏性液体内部的一种流动阻力，是流体自身的摩擦。

对于静切力而言，高密度钻井液切力采用浮筒切力计更能够反映真实情况。

从对黏度和流变性的影响看，与黏度、流变性相关的处理剂有流变性能调节剂、增黏剂、降滤失剂、降黏剂和抑制剂等。

（四）润滑性

润滑性既与界面有关，也与流体的性质有关，通常的评价方法很难科学反映钻井液的润滑性。

就润滑而言，按照接触面来考虑，包括硬接触，采用小球、石墨，通过改变泥饼质量可以提高润滑性；软接触体现在钻具－钻井液、井壁－钻井液间的作用，与钻井液的内摩擦和固相含量与性质有关。内摩擦（流动阻力）与流体的黏滞性（与液相黏度、清洁、泥包）和结构力相关。

从改善润滑性方面来看，除润滑剂之外，与润滑相关的处理剂有防卡剂、固相清洁、抑制剂、絮凝剂等，同时堵漏剂会带来不利影响。

（五）抑制、防塌和包被

抑制、防塌和包被三者的目的是控制造浆、减少黏土水化分散、控制钻井液中的劣质固相含量，达到钻井液性能稳定和有利于井壁稳定的目标。抑制既体现在钻井液的抑制性（体系中的黏土、岩屑等）又体现在滤液的抑制性（对地层起作用），包被主要体现在絮凝、包被钻井液中的黏土和岩屑等，而防塌体现在井眼的质量上。大分子的包被作用，通常在上部地层或井底温度不高的情况下才能体现，在温度大于150℃的情况下，包被作用受很多因素影响，由于高温下处理剂分子降解及基团变异，是否还能起到有效的包被，需要进一步探讨。

对抑制、防塌和包被而言，从效果上讲，针对不同对象表现出不同的作用。需要强调的是抑制剂不一定能够防塌，防塌剂也不一定有抑制作用。与抑制、防塌和包被相关的处理剂包括防塌剂、页岩稳定剂、絮凝剂、封堵剂、封固剂。

（六）钻井过程中钻井液性能与组分的变化

首先，处理剂加入钻井液后，在经历钻井液循环后会由于高温和剪切等作用，使处理剂特征或性质发生变化，包括分子本身、吸附与水化、处理剂含量和处理剂作用等变化。从处理剂本身来说，主要是降解、水解、分解、交联等。对于吸附与水化则包括基团变异（基团比例失调）、吸附量减少或解吸附、水化能力降低等因素。处理剂的含量由于分解及吸附后随钻屑除去而降低。正是由于处理剂降解、水解、分解、交联以及基团变异、吸附量减少或解吸附、水化能力降低等因素，必然导致处理剂作用效果降低。

在钻井液循环过程中，不仅处理剂性能是变化的，钻井液体系构成也是变化的，如黏土含量的变化、黏土活性的变化、固相含量的变化，黏土及固相颗粒粒径分布的变化等。上述变化均会带来钻井液性能的变化，这些变化既包括对钻井液性能的直接影响，也包括处理剂与黏土颗粒或固相颗粒间吸附对钻井液性能的影响。变化的程度会因钻井液中固相含量、黏土含量不同，以及盐含量不同而不同，需要结合钻井液组成来分析。

钻井液性能变化的直观表现是流变性、滤失量、悬浮稳定性、滤饼质量等。尽管变化不可避免，但尽可能寻找减少或抑制变化的手段或方法，认识到引起变化的因素，可以使变化带来的影响降到最低或能够使变化在可控制的范围，这一点要引起高度重视。

处理剂的变化包括基团性质、相对分子质量的变化。

1. 基团性质的改变

处理剂分子上的基团，是处理剂发挥作用的关键，起主要作用的基团为吸附基团和水化基团。

吸附基团通常有羟基、酰胺基、季铵基。在三种吸附基团中羟基和季铵基高温和水解稳定性好，尤其是季铵基还具有长期稳定吸附特征，而酰胺基则不稳定，碱、高温等均可以引起酰胺基水解反应，水解后酰胺基转化为羧基，丧失吸附能力。可见，如果能够根据处理剂使用环境，选用不同类型的处理剂产品，就可以使处理剂的作用更有效地发挥。

水化基团通常有羧基、磺酸基、膦酸基。羧基对盐敏感，遇高价离子会结合产生沉淀，使处理剂的水化能力下降。磺酸基、膦酸基对盐不敏感，且高温下水化作用强，耐高价离子能力强。特别是膦酸基对高价离子的容忍度非常强，可以在高浓度的氯化钙钻井液中发挥作用。实际应用中，如果遇到高钙等情况，应尽可能避免使用含羧基的处理剂，以减少不必要的浪费。

基团变异，通常是指吸附基团的水解，由于基团的变异使吸附基团数量减少。吸附基团的减少既有有利的一面，也有不利的一面，有利的是改善护胶能力、提高控制滤失量的能力和改善泥饼质量；不利的是处理剂的抑制性、包被絮凝能力降低、结构力减弱。

除基团的变异外，还涉及活性基团的化学反应。若处理剂分子上含有可反应的活性基团时，可以通过活性基团的化学反应使有些处理剂的性能进一步提高，如果化学反应的结果使处理剂效果降低，则需要控制活性基团的化学反应。反应可以发生在同一处理剂分子间，也可以发生在不同的处理剂分子之间。

在钻井液配方和维护处理方案设计中，如果利用好处理剂的基团变异的有利方面，充分发挥不同结构和不同类型处理剂间的协同增效作用，不仅有利于钻井液性能稳定，而且可以节约钻井液处理费用。

2. 相对分子质量的变化

造成处理剂相对分子质量变化的因素是高分子处理剂降解与交联。处理剂的降解和交联是处理剂在钻井液中性能变化的重要因素。对于处理剂的降解和交联，在不考虑基团变化的情况下，从表观上表现为相对分子质量降低或提高，如前所述，相对分子质量的改变，会使处理剂的作用发生变化，因此了解处理剂的降解与交联对性能的影响很重要。

（1）降解。

降解包括剪切降解和热降解，降解既有有利的一面，也有不利的一面，影响程度最终由降解程度和钻井液体系的类型和组成决定。有利方面是由于降解使处理剂相对分子质量降低，黏度效应变小，有利于护胶并改善降滤失能力；不利方面是当处理剂过度降解的时候，作为包被和增黏的产品增黏能力降低，包被能力减弱，清洁和抑制能力变差，甚至失效。链状聚合物增黏降滤失剂还会因为降解转变为降黏作用。如果在降解中伴随着基团的分解，会对处理剂的效果产生更大的影响。对于栲胶、木质素和褐煤等改性产物，由于高温降解或水解会使处理剂的相对分子质量偏离最佳范围，随着降解或水解程度的增加，其作用效果会不同程度的降低，如果降解或水解产物进一步分解，伴随着羧酸基的增加会导致体系的 pH 值降低，从而影响钻井液体系的胶体稳定性。

（2）交联。

处理剂分子中可反应活性基团是处理剂分子产生交联的必要条件之一，交联既包括有利方面，也包括不利方面。但交联过度将会带来不利的影响，因此利用和控制交联很重要。有利的是适当的交联有利于改善钻井液的高温稳定性，对于树脂类产品相对分子质量提高会使降低高温高压滤失量的能力提高，当形成半水溶性树脂时，其封堵作用可以改善滤饼质量。如 SMP 和 SMC 配合使用时，交联作用可以使其控制高温高压滤失量的能力明显提高。不利方面是交联会引起增稠（交联程度高）或减稠（交联过度溶解性差），甚至出现固化，直至失效。

（七）强化固相控制技术

目前的固相控制仅仅局限在固相控制设备的配置上，还没有针对性的固相控制技术，今后还需要围绕钻井液固相分布对钻井液性能的影响、固相控制设备参数选择、化学与机械的协同作用等方面，通过现场调研和室内实验分析找出内在规律，形成有效的固相控制方法和固相控制技术，解决目前仅有设备没有技术的现实。

同时，还应重视固相控制对防漏堵漏的影响，通过固相控制的方法，尤其是通过振动筛目数的优化，充分利用钻井液中不同粒径分布的固相颗粒来达到有效的防漏堵漏。在钻遇渗透性或易漏失地层时，应尽可能采用80目（孔径0.18mm）以下的振动筛筛布。

总之，钻井液是钻井工程的重要部分，只有站在钻井系统工程的全局考虑，并结合地质因素，利用好测、录井等资料，做好相关调研，才能保证钻井液设计和选择的针对性、科学性。由于钻井液是安全快速钻井、储层保护的关键，在钻井液设计及维护处理过程中，要始终围绕安全快速钻井、储层保护的目标，同时还要考虑环境保护的要求，以促进钻井液性能的提高和钻井液作用的有效发挥[20]。

参 考 文 献

［1］王中华 . 钻井液及处理剂新论［M］. 北京：中国石化出版社，2016.

［2］胡书勇，张烈辉，寥清碧，等 . 现代钻井技术的发展与油气勘探开发的未来［J］. 天然气工业，2005，25（2）：93–96.

［3］王中华 . 国内钻井液及处理剂发展评述［J］. 中外能源，2013，18（10）：34–43.

［4］杨小华 . 胺改性磺化酚醛树脂降滤失剂 SCP［J］. 油田化学，1996，13（3）：68–69.

［5］张春光，徐同台，侯万国 . 正电胶钻井液［M］. 北京：石油工业出版社，2000.

［6］王中华 . 关于聚胺及“聚胺”钻井液的几点认识［J］. 中外能源，2012，17（11）：36–42.

［7］钟汉毅，邱正松，黄维安，等 . 聚胺水基钻井液特性实验评价［J］. 油田化学，2010，27（2）：119–123

［8］杨小华，钱晓琳，王琳，等 . 抗高温聚合物降滤失剂 PFL–L 的研制与应用［J］. 石油钻探技术，2012，40（6）：8–12.

[9] 王中华，王旭，杨小华 . 超高温钻井液体系研究（Ⅱ）——聚合物降滤失剂的合成与性能评价 [J]. 石油钻探技术，2009，37（4）：1-6.
[10] 王中华 . 超高温钻井液体系研究（Ⅲ）——抗盐高温高压降滤失剂研制 [J]. 石油钻探技术，2009，37（5）：5-9
[11] 林永学，杨小华，蔡利山，等 . 超高密度钻井液技术 [J]. 石油钻探技术，2011，39（6）：1-5.
[12] 徐加放，邱正松，何畅 . 深水钻井液中水合物抑制剂的优化 [J]. 石油学报，2011，32（1）：149-152.
[13] 邱正松，徐加放，赵欣，等 . 深水钻井液关键技术研究 [J]. 石油钻探技术，2011，39（2）：27-34.
[14] 徐加放，邱正松 . 水基钻井液低温流变特性研究 [J]. 石油钻采工艺，2011，33（4）：42-44.
[15] 张金波，鄢捷年 . 国外特殊工艺井钻井液技术新进展 [J]. 油田化学，2003，20（3）：285-290.
[16] 徐同台，赵忠举 .21 世纪国外钻井液和完井液技术 [M]. 北京：石油工业出版社，2004.
[17] 王中华 . 钻井液技术员读本 [M]. 北京：中国石化出版社，2017.
[18] 陈平，刘阳，马天寿 . 页岩气“井工厂”钻井技术现状及展望 [J]. 石油钻探技术，2014，42（3）：1-7.
[19] 王中华 . 油基钻井液技术 [M]. 北京：中国石化出版社，2019.
[20] 王中华 . 钻井液性能及井壁稳定问题的几点认识 [J]. 断块油气田，2009，16（1）：89-91.

第二章　抑制性水基钻井液

抑制性水基钻井液是一类重要的钻井液体系，传统的盐水钻井液、饱和盐水钻井液、氯化钾钻井液、钙处理钻井液、硅酸盐钻井液等都属于抑制性钻井液。为了强化钻井液的抑制性，满足复杂条件下钻井及敏感地区环境保护的需要，在传统抑制性或防塌钻井液的基础上，又逐步形成了一系列满足现代钻井需要的抑制性钻井液体系，如聚合醇钻井液、抑制性胺基钻井液、烷基糖苷钻井液、有机盐钻井液、阳离子聚合物钻井液、$CaCl_2$ 钻井液和正电胶钻井液等，这些体系的成功应用，不仅使抑制性钻井液体系更为完善，也有力地促进了现代钻井液技术进步。本章重点介绍近年来逐步成熟起来的一些强抑制钻井液体系的组成、性能和应用情况。

第一节　抑制性钻井液基础

一、抑制性钻井液的概念

抑制性是指钻井液具有抑制地层造浆的特性，更确切地说，就是对泥页岩地层中的黏土水化膨胀及分散具有抑制作用。抑制性钻井液是指液相中含有某种化学成分，能减弱甚至完全防止地层中的黏土、泥页岩明显水化、分散的钻井液体系。其中具有抑制性的化学成分可以是无机的也可以是有机的，其作用机理可以是化学的也可以是物理的。

本章所涉及的抑制性水基钻井液的核心材料，主要指聚合醇、聚胺和胺基聚醚，烷基糖苷，以及有机盐等。聚合醇、聚胺和胺基聚醚、烷基糖苷和有机盐等，是随着钻井液发展的需要而获得广泛应用和重视的强抑制性或能够降低钻井液活度的化学品。强水敏性、硬脆性和破碎性泥页岩地层以及页岩气储层井壁稳定问题，一直是钻井液技术所面临的难题，对于井壁稳定问题，采用油基钻井液可以很容易加以克服，但近年来环境保护要求越来越严格，由于油基钻屑带来的次生问题，油基钻井液的应用受到严格的限制。因此，自 20 世纪 90 年代后期，开始研究开发和应用以聚合醇、胺基聚醚为主处理剂的高性能抑制性水基钻井液，低水活度的 $CaCl_2$ 钻井液，以及作用机理类似于油基钻井液的烷基糖苷钻井液等。这些体系不仅表现出具有油基钻井液的优异性能，而且不存在环境污染和干扰地质录井问题。由于钻井液体系的强抑制性与封堵性，能有效地稳定井壁且润滑性能好，毒性极低，对环境影响小，维护简单，有利于油气层保护和环境保护。与一般的抑制剂不同，聚合醇、聚醚胺等材料是通过其分子结构特征和溶液特性在钻井液中发挥作用的，是形成高性能钻井液的基本材料，在应用中不能仅把它们看作一种剂。国内对该类钻井液体系研究尽管起步较晚，但发展快，近年来围绕抑制性钻井液体系开展了一系列研究工作，并在应用中体现出了聚醚和胺基聚醚的优异性能，以及烷基糖苷钻井液的突出特性，奠定了抑制性钻井液的发展和应用基础。

二、抑制性钻井液的设计要点

抑制性钻井液的设计中，在保证钻井液基本性能满足要求的前提下，更应注重提高钻井液体系的抑制性、清洁性和井壁稳定能力，其设计要点如下：

（一）明确重点解决什么问题

抑制性钻井液的重点是有效解决抑制黏土水化分散，保持钻井液清洁和井壁稳定等，同时保证钻井液良好的润滑性和携岩清砂能力，在满足井壁稳定的前提下，获得优质的体系和良好的性能。

首先是强化钻井液体系的抑制性，保证钻井液的清洁。强化钻井液的抑制性，保证钻井液的清洁有利于保护油气层、改善泥饼质量、降低摩阻，提高机械钻速，减少复杂情况，保证井下安全。

从井眼稳定性和钻井液稳定性方面来讲，钻井液的抑制性至关重要。一方面，强化抑制性可以有效控制钻井液中的黏土或岩屑的水化分散，从而保证钻井液的流变性良好；另一方面，当抑制剂随滤液进入近井壁地带时，可以抑制地层泥页岩水化膨胀，有利于井壁稳定；再者，具有抑制性和絮凝作用的聚合物处理剂、无机盐和有机胺等均可以控制低密度固相含量，添加专门的固相化学清洁剂可以更有效地减少低密度固相含量，从而保证钻井液清洁，有利于提高钻井液的抗污染能力，改善滤饼质量，保证钻井液良好的润滑性、流变性和稳定性。

要认识到井壁稳定问题是一个可变的、动态的，因此在措施的考虑上要多元化，要结合已有的研究成果和经验，从“预防 + 巩固”综合考虑。首先是钻开地层时的“预防”措施，其次是随后的“巩固”措施。“巩固”解决的是后期井壁稳定问题，是长期的；“预防”是先期的井壁稳定问题，相对而言，后期的稳定更重要。

井壁稳定措施包括化学和物理两方面，比较直观的是钻井液的密度和抑制性，强化措施可以提高井壁稳定效果，如井壁封固、近井地带加固等，在考虑封固时，滤液中具封固作用材料的含量必须充足。同时在井壁稳定措施中也要考虑防漏和堵漏，实践表明，采用聚合物凝胶材料，结合目前的堵漏方法可以见到较好的效果。

对于硬脆性地层采用乳化沥青可以获得比较好的稳定效果。硅酸盐和 Al^{3+} 的封固作用对于提高硬脆性和水敏性地层的井壁稳定更为有效，因此，为了提高防塌效果，在硬脆性地层和破碎性地层，沥青类处理剂和铝基防塌剂是最佳选择。相对于水基钻井液，一般情况下油基钻井液更有利于井壁稳定。

（二）钻井液设计的依据——坍塌周期

对于强水敏性易造浆地层，重点是考虑钻井液的抑制性，对于页岩地层，如针对页岩气水平井的钻井液，还必须考虑如下因素：

（1）确定坍塌周期，保证在安全周期内完成。

重点是坍塌周期预测，需要在机理、页岩类型和评价方法方面开展工作。通过分析评价确定水基钻井液能否适用，以及能否在井壁稳定周期内完成作业。

（2）延长坍塌周期。

延长坍塌周期可以从控制水化、降低坍塌压力、阻断通道和近井壁加固四方面考虑。

（三）钻井液体系设计

抑制性钻井液体系设计可以从基础液、基本材料和强化作用材料等方面综合考虑。

为了解决井壁稳定问题，关键是为保证井壁稳定而采用特殊钻井液时，要确保钻井液良好的性能，既要考虑各种材料的优化，还需要考虑钻井液滤液性质。

从钻井液考虑，为了减少进入孔隙引起应力变化，可以针对性地采用封堵剂实施有效的封堵。

从滤液考虑，为了控制因水化造成的破裂压力降低，因吸水造成的页岩层理胶结能力降低和因毛管作用带来的滤液进入地层引起应力变化，需要使滤液中含有足量的抑制和具有固结作用的材料，同时保证低活度。通过滤液中离子在地层沉淀胶结达到固壁作用（如 Al^{3+}、硅酸盐等随着 pH 值变化与黏土矿物结合），通过滤液中的特殊材料，如胺基聚醚压缩黏土层间距减少孔隙压力。

形成抑制性钻井液体系的材料如下：

（1）抑制性材料，包括抑制反吸水材料、压缩黏土层间距材料、具有固壁作用材料等。

（2）其他钻井液处理剂，包括增黏剂、封堵剂、降滤失剂、抑制性降滤失剂、稳定性和润滑剂等。

（3）降低水活度的材料。如无机盐、有机盐、烷基糖苷等。

三、提高井壁稳定性的途径

从井壁稳定的角度讲，页岩地层钻井中 70% 以上的井眼问题是因为页岩不稳定造成的。钻井液穿过地层裂隙、裂缝和弱的层面后，钻井液与页岩相互作用改变了页岩的孔隙压力和页岩强度，最终影响页岩的稳定性。

（一）影响井壁稳定的因素

归纳起来影响井壁稳定的主要因素如下[1]：

（1）孔隙压力变化造成井壁失稳。泥页岩与孔隙液体的相互作用，改变了黏土层之间水化或膨胀应力大小。滤液进入层理间隙，页岩内黏土矿物遇水膨胀，膨胀压力使张力增大，导致页岩地层（局部）拉伸破裂；相反如果减小水化应力，则使张力降低，产生泥页岩收缩和（局部）稳定作用。

（2）对于低渗透率（10^{-12}~$10^{-6}\mu m^2$）泥页岩地层，由于滤液缓慢的侵入，逐渐平衡钻井液柱压力和近井壁的孔隙压力（一般大约为几天时间），因此失去了有效钻井液柱压力的支撑作用。由于水化应力的排斥作用使孔隙压力升高，泥页岩物质可能会受到剪切或张力方式的压力，减少使泥页岩物质联结在一起的近井壁有效应力，诱发井壁失稳。

（3）对于层理和微裂缝较发育、地层胶结差的水敏性页岩地层，滤液进入后破坏泥页岩的胶结性。水或钻井液滤液极易进入微裂缝破坏原有的力学平衡，导致岩石的碎裂。近井壁含水量和胶结的完整性改变了地层的强度，并使井眼周围的应力场发生改变，引起应力集中，井眼未能建立新的平衡而导致井壁失稳。

（二）提高井壁稳定性的措施

针对影响井壁稳定性的因素及产生井壁稳定问题的原因，解决措施可归纳如下[2]：

1. 选择合适的钻井液密度

从力学的角度讲，为了保持井壁稳定，必须依据所钻地层的坍塌压力与破裂压力来确定钻井液密度以平衡地层压力，防止因地层应力不平衡而导致的井塌，钻井液密度的合理确定是力学稳定的基础。

2. 提高钻井液的抑制性

（1）采用无机盐或有机盐提高钻井液的抑制性。

无机盐对黏土矿物膨胀和分散性的抑制作用已经非常清楚，对于不同的矿物组成，不同无机盐的抑制作用又略有差别。由于 K^+ 或 NH_4^+ 能够进入到黏土和页岩的晶层间，促使黏土颗粒连接在一起，从而降低页岩在水中的分散作用，故 KCl、NH_4Cl 比 NaCl、$CaCl_2$ 更能有效地抑制页岩分散。从抑制页岩分散作用的机理上讲，$CaCl_2$ 和 NaCl 主要是通过阻止水进入页岩颗粒而起作用；K^+ 和 NH_4^+ 离子的水化能低，水化后的 K^+、NH_4^+ 离子半径仍小于伊利石的层间间隙，因而能进入伊利石的层间，且 K^+ 或 NH_4^+ 是通过与页岩中的黏土发生离子交换而起作用。除上述无机盐外，硫酸钾也可以作为抑制剂。

低碳原子（C_1~C_6）碱金属有机酸盐（甲酸铯、乙酸钾、柠檬酸钾、酒石酸钾）、有机酸铵盐（乙酸铵、柠檬酸铵、酒石酸铵等）具有防塌抑制性能好、保护油气层、腐蚀性低、环保及可回收再利用的特点，可以用于配制强抑制性钻井液环保有机盐钻井液体系。

小分子季铵盐、胺基聚醚（或聚胺）等，易被黏土优先吸附，会促使黏土晶层间脱水，减少膨胀力，有效抑制黏土水化，且可以嵌入黏土晶层间，阻止水分子进入，降低黏土的水化膨胀作用，由于其在黏土颗粒上吸附牢固，用于抑制剂和黏土稳定剂具有长期稳定效果。

（2）采用高相对分子质量的聚合物提高钻井液的包被、抑制能力。

通过高相对分子质量聚合物处理剂的吸附、包被、絮凝作用，提高钻井液对钻屑或黏土的抑制、包被作用。钻井液中具有极性吸附基和水化基团且相对分子质量适当的水溶性阴离子聚合物，当与页岩接触时，聚合物通过氢键或静电吸附黏土颗粒，而将多个黏土颗粒桥接在一起，阻止页岩分散（常称为包被作用）。

当聚合物主链上含有阳离子基团时，由于阳离子聚合物中有机阳离子基团与黏土之间的吸附主要是静电吸附，不易发生脱附，它比阴离子聚合物具有更强的抑制性。

钻井液中的两性离子聚合物能够依靠分子链中阳离子基团，吸附在带负电的黏土表面，一方面中和了部分黏土表面电荷；另一方面，两性离子聚合物分子中的阴离子基团在水化后能够形成致密的溶剂化层，当聚合物被吸附在黏土颗粒表面时，可形成致密的包被膜，阻止或减缓水分子与黏土表面接触，包被膜还提供颗粒的空间稳定性，达到减弱絮凝、实现胶体稳定和稳定钻井液性能的目的。若往钻井液中加入部分无机盐，可减少聚合物在液相中的溶解度，使聚合物在页岩颗粒表面的吸附量增加，并产生致密、坚实的保护膜，因此能够增强稳定页岩的效果。

3. 减少钻井液滤液进入地层

通过提高钻井液滤液的黏度，降低钻井液高温高压滤失量和泥饼渗透率，尽可能减少钻井液滤液进入地层。滤液进入泥岩、页岩后，造成泥岩、页岩的黏土水化膨胀产生较大的膨胀压力，使井壁岩石受力不平衡而造成井塌，因此在钻井液中加入 CMC、PAC 等高相对分子质量处理剂或糖类等（如甲基葡萄糖甙等）低相对分子质量的处理剂提高钻井液的滤液黏度，降低钻井液的滤失量；加入淀粉类、NH_4-HPAN 和 SMP-1、磺化沥青等改善滤饼的性能、降低滤饼的渗透率[3]，增加滤液进入地层孔隙的流动阻力，特别是在深井段，要尽可能降低钻井液高温高压滤失量。

4. 强化封堵

用物理化学方法封堵地层的层理和裂隙，阻止钻井液滤液进入地层。通过封堵地层中的层理裂隙、阻止水的进入是稳定井壁的主要技术措施之一。沥青类处理剂是最有效的封堵剂之一，沥青类产品在使用温度低于其软化点时呈固态，而接近其软化点时变软。在压差作用下，沥青类处理剂容易被挤入地层层理裂隙和孔喉中，在井壁附近形成一个封堵带。由于沥青所具有的疏水特性，可有效地阻止钻井液滤液进入地层，抑制地层的水化，防止井壁坍塌。

铝盐和硅酸盐也可以产生有效的封堵作用。Al^{3+} 对于提高硬脆性和水敏性地层的井壁稳定更为有效，Al^{3+} 的固壁作用机理是沉淀的氢氧化铝最终转变成晶体形态，并逐渐变成页岩晶体的一部分，对页岩起稳定作用[4]。而硅酸盐在水中可以形成不同尺寸的胶体和高分子的纳米级粒子，这些粒子通过吸附、扩散或在压差作用下进入井壁的微小孔隙中，其硅酸根离子与岩石表面或地层水中的钙、镁离子发生反应，生成的硅酸钙沉淀覆盖在岩石表面起封堵作用，当进入地层的硅酸根遇到 pH 值小于 9 的地层水时，会立即变成凝胶，封堵地层的孔喉与裂缝。高温下（大于 80℃），硅酸盐的硅醇基与黏土矿物的铝醇基发生缩合反应，产生胶结性物质，将黏土等矿物颗粒结合成牢固的整体，从而封固井壁。钻遇含盐膏地层，硅酸根与地层中的钙、镁离子生成沉淀，从而在含膏地层表面形成坚韧、致密的封固壳来加固井壁。上述这些化学反应的结果可以明显地减轻页岩微裂缝中的孔隙压力传递。

此外，利用聚合醇的浊点效应，可以达到封堵泥页岩的孔喉，提高稳定井壁的目的。聚合醇也可通过在泥页岩表面形成吸附层来阻止泥页岩水化膨胀和分散。钻井液中含盐量的变化会对聚合醇的浊点产生影响，在聚合醇钻井液中还可加入钾盐、铝盐等进一步提高其稳定井壁的效果。

第二节　聚合醇钻井液

聚合醇钻井液是一种以聚合醇为主剂配制而成的环保型水基钻井液体系，不仅具有接近油基钻井液的优异性能，而且不存在污染环境和干扰地质录井问题，对解决井下复杂难题，特别是页岩稳定问题非常有效。利用聚合醇的浊点效应，当钻井液在井底循环温度高于聚合醇浊点时，钻井液中的聚合醇发生相分离，不溶解的聚合醇封堵泥页岩的孔喉，阻止钻井液滤液进入地层，从而使钻井液与泥页岩隔离，起到稳定井壁的作用。此外，聚合醇通过在泥页岩表面产生强烈吸附（吸附量随温度升高而增加），形成一层类似油的憎水膜，不仅可以阻止泥页岩水化、膨胀与分散，且能够提高钻井液的润滑性。聚合醇钻井液毒性很低，有利于环保，国外已广泛用于海洋钻井，且效果良好。

近年来，聚合醇钻井液已在国内进行了大量应用[5~7]，应用结果表明，该钻井液体系具有强的抑制性、悬浮携带、封堵防塌和润滑防卡能力，可以避免易发生的掉块、井塌、卡钻、卡套管等复杂情况，克服了井斜大携砂难问题，且保护油气层效果好，能够满足各项钻井施工的要求。

本节重点介绍聚合醇的性质，以及聚合醇钻井液组成、性能和应用。

一、聚合醇

聚合醇具有与蔗糖相类似的化学和物理性质，是非离子型饱和碳链聚合物，是低碳醇与环氧乙烷、环氧丙烷的低聚物，可以是含双羟基的醇到任意共聚物，包括聚乙烯氧化物或聚丙烯氧化物，聚乙二醇（聚丙烯乙二醇）、聚丙二醇、乙二醇 / 丙二醇共聚物、聚丙三醇或聚乙烯乙二醇等，属于非离子表面活性剂。一般常温下为黏稠状淡黄色液体，溶于水，其水溶性受温度的影响很大，当温度升到聚合醇的浊点温度时，聚合醇从水中析出，当温度低于聚合醇的浊点温度时，聚合醇又能溶于水。用作钻井液处理剂能有效抑制页岩水化分散，封堵岩石孔隙，防止水分渗入地层，从而稳定井壁，同时还具有良好的润滑、乳化、降低滤失量和高温稳定等作用。钻井液用聚合醇产品外观为淡黄色黏稠状液体，密度 1.00~1.14g/cm^3，倾点≤－15℃，浊点 50~80℃（或根据需要调整），荧光级别≤3.0 级，润滑系数降低率≥50.0%，表观黏度上升率≤26%。

国外自 20 世纪 80 年代开始室内研究，90 年代初投入应用。最早主要用于钻井液防泥包、润滑防卡等。后来发现其在稳定井壁、保护油层和环境等方面也有很好的作用，于是在江河、湖泊和滩海钻井工程中最先得到广泛应用。我国于 20 世纪 90 年代初开始研究，开发出聚合醇产品和聚合醇钻井液体系，1995 年首先在渤海油田得到广泛应用，随后在南海、辽河、江苏、中原、新疆、大庆等油田得到推广应用。

（一）常用的聚合醇

1. 聚乙二醇

聚乙二醇（PEO），别名乙二醇聚氧乙烯醚、聚氧化乙烯等。为环氧乙烷水解产物的聚合物，平均相对分子质量约在 200~20000 之间。依相对分子质量不同而性质不同，从无色无臭黏稠液体至蜡状固体。相对分子质量为 200~600 的产物常温下是液体，相对分子质量在 600 以上的产物逐渐变为半固体状，由于平均相对分子质量的不同，在钻井液中的主导作用不同。随着相对分子质量的增大，其水溶性、蒸汽压、吸湿能力和有机溶剂的溶解度等相应降低。而凝固点、相对密度、闪点和黏度则相应提高。PEO 溶于水、乙醇和许多其他有机溶剂，如醇、酮、氯仿、甘油酯和芳香烃等；不溶于大多数脂肪烃类和乙醚；蒸气压低，对热、酸、碱稳定；有良好的吸湿性、润滑性、黏结性和分散性；无毒，无刺激。

平均相对分子质量 300、聚合度 5~5.75 的产物，熔点 -15~8℃，相对密度 1.124~1.130；平均相对分子质量 600、聚合度 12~13 的产物，熔点 20~25℃，闪点 246℃，相对密度 1.13（20℃）；平均相对分子质量 4000、聚合度 70~85 的产物，熔点 53~56℃。

聚乙二醇既可以看作是多醚，也可以看作是一种二元伯醇，因此具有醚和醇类似的性质。低相对分子质量的聚乙二醇两个末端基的醇羟基，在一定条件下可以与羧酸作用生成酯。与脂肪酸生成的单酯和二酯是优良的乳化剂和润滑剂。聚乙二醇在伽马辐照或过氧化物引发下与乙烯基单体反应，生成体型结构水凝胶。

在一般条件下，聚乙二醇很稳定，与许多化学品不起作用，不水解。但在 120℃或更高的温度下它能与空气中的氧发生作用。在惰性气体中（如氮和二氧化碳），即使被加热至 200~240℃也不会发生变化，当温度升至 300℃会发生热裂解。

浊点是聚合醇在钻井液中发挥封堵作用的关键，而降滤失作用是聚乙二醇通过分子中的醚氧基与黏土颗粒表面羟基间的氢键吸附，以及吸附于黏土颗粒上的高价离子（如 Ca^{2+}）的桥接作用实现的，故聚乙二醇所处理的钻井液具有较强的抗盐和抗钙能力。

聚乙二醇在水中具有浊点和逆溶解性[8]。当温度高于聚乙二醇的浊点温度时，吸附增加并起主导作用，将会有更多的聚乙二醇吸附在黏土表面，温度越高析出的聚乙二醇越多，通过封堵黏土颗粒表面的裂缝产生的抑制作用越强烈。随温度的升高，聚乙二醇的吸附量增大，导致聚乙二醇的溶解度减小而析出，吸附在黏土表面上相当于吸附着一层憎水膜，起到防塌作用。聚乙二醇的浊点会受溶液的矿化度、聚乙二醇的相对分子质量与浓度的影响，上述任何一种因素的增加，都将会导致聚乙二醇浊点的降低。无机盐对聚乙二醇的浊点有很大的影响。室内研究发现，随着无机盐加量的增加，由于无机盐促使聚乙二醇发生相分离，以及在黏土表面上吸附量增加而引起聚乙二醇的浊点降低，无机盐对聚乙二醇的浊点影响见表 2-1。有机处理剂也会影响聚乙二醇浊点，随着有机处理剂加量增加，其浊点表现为先增加后减小；加量很低时，其浊点基本趋于聚乙二醇的浊点。

表 2-1　无机盐对聚乙二醇浊点的影响

无机盐		浊点 /℃	无机盐		浊点 /℃
种类	加量 /%		种类	加量 /%	
NaCl	2	97	KCl	3	96
	3	94.5		5	93
	5	91		7	89.5

无机盐与聚乙二醇具有协同作用。吸附在黏土表面的钾离子压缩黏土表面的双电层，使黏土表面的水化膜变薄，有利于聚乙二醇的吸附包被作用，可阻止黏土与水直接接触，进一步提高抑制页岩的水化分散的能力。

聚乙二醇能够提高钻井液滤液的黏度，并通过降低钻井液水相的活度来减小压力渗透，起到稳定页岩，防止井壁失稳的作用。

相对分子质量会影响聚乙二醇的作用。当在基浆（2% 膨润土 +1%KPAM+0.5%QS-2）中加入相对分子质量分别为 400、1000 的聚乙二醇，测得其黏切、滤失量分别为 5mPa·s、3Pa、8.2mL，12mPa·s、6.5Pa、5.1mL。可见，相对分子质量增大则聚乙二醇的抑制性增强，同时高相对分子质量的聚乙二醇还可做降滤失剂，使滤失量降低，黏切增加。低相对分子质量的聚乙二醇在室温下可溶于水，而当温度升高时，会发生相分离现象，形成乳状液，可堵塞页岩孔隙，起到封堵作用。相对分子质量 2000 的聚乙二醇对钻井液性能的影响见表 2-2[9]。从表中可以看出，随着加量的增加，滤失量明显降低，但其对钻井液的黏度、切力影响较小。

表 2-2　聚乙二醇对钻井液性能的影响

加量 /%	*PV*/mPa·s	*YP*/Pa	初切 /Pa	终切 /Pa	滤失量 /mL
0	3.0	2.5	1.8	1.8	23.5
1.0	4.0	2.3	1.5	1.8	16.0
2.0	4.0	3.0	1.6	1.8	12.5

续表

加量 /%	PV/mPa · s	YP/Pa	初切 /Pa	终切 /Pa	滤失量 /mL
3.0	4.5	3.0	1.6	1.8	10.5
4.0	5.0	3.0	1.6	1.8	9.2
5.0	6.5	3.8	1.6	1.8	8.6

注：基浆为在 400mL 水中加入 0.8g 纯碱、16.0g 一级膨润土粉，在高速搅拌器上搅拌 20min，密闭，室温下养护 24h。

聚合物对聚乙二醇抑制作用有一定的影响，当加入一定量的聚合物时，聚乙二醇的抑制性有所提高。为满足现场施工要求，应选择合适的有机聚合物处理剂，使聚乙二醇的抑制性得到最大程度的发挥。此外，温度对聚乙二醇的页岩抑制性也有重要的影响。当温度高于聚乙二醇的浊点温度时，析出的聚乙二醇可以封堵页岩裂缝，温度越高，析出的聚乙二醇越多，抑制作用会越强。

在钻井液中聚乙二醇具有很强的抑制、封堵、润滑和降滤失作用，是聚合醇钻井液的主要成分，也可以单独用作抑制剂和封堵剂。为了达到良好的综合效果，可将不同型号的产品复配使用。聚乙二醇的急性经口毒性（小鼠）LD_{50} 为 33~35g/kg，腹膜内毒性 LD_{50} 为 10~13g/kg。不刺激眼睛，不会引起皮肤的刺激和过敏，但要避免与皮肤和眼睛接触，不慎与眼睛接触后，立即用大量清水冲洗。

2. 聚丙二醇

聚丙二醇，别名丙二醇聚氧乙烯醚、聚氧化丙烯、丙二醇聚醚等，代号 PPG，为无色到淡黄色的黏性液体，不挥发，无腐蚀性，相对分子质量一般为 400~2050。较低相对分子质量的聚乙二醇能溶于水，较高相对分子质量的聚乙二醇仅微溶于水，溶于油类、许多烃以及脂肪族醇、酮、酯等，闪点 230℃；具有润滑、增溶、消泡、抗静电性能，分子两端的羟基能酯化生成单酯或双酯；用作酯化、醚化和缩聚反应的中间体；其在钻井液中的作用与聚乙二醇相同。

聚丙二醇无毒，但要避免与皮肤和眼睛接触，不慎与眼睛接触后，立即用大量清水冲洗。

3. 聚氧乙烯聚氧丙烯醚

聚氧乙烯聚氧丙烯醚是一种非离子表面活性剂，为低碳醇与环氧乙烷、环氧丙烷的低聚物，常温下为黏稠状淡黄色液体，溶于水，其水溶性受温度的影响很大，当温度升到聚氧乙烯聚氧丙烯醚的浊点温度时，聚氧乙烯聚氧丙烯醚从水中析出，当温度低于聚氧乙烯聚氧丙烯醚的浊点温度时，聚合醇又能溶于水，正是利用这一特点，用于封堵地层微裂缝，改善泥饼润滑性。其作用机理与聚乙二醇相同。

聚氧乙烯聚氧丙烯醚用作钻井液处理剂，能有效抑制页岩水化，封堵岩石孔隙和微裂缝，防止水分渗入地层，从而稳定井壁，同时还具有良好的润滑、乳化、降低滤失量和高温稳定等作用，用于水基钻井液，可以降低钻具扭矩和摩阻，防止钻头泥包，可以有效地保护油气层。聚氧乙烯聚氧丙烯醚是组成聚合醇钻井液的主要成分，也可以与铝、硅酸盐等配伍用于配制聚合醇－硅铝防塌钻井液体系，其无毒，但要避免与皮肤和眼睛接触，不慎与眼睛接触后，立即用大量清水冲洗。

（二）聚合醇作为钻井液处理剂的特点

在钻井液中，聚合醇以其固有的特性，具有抑制、防塌、润滑等作用。

无论是井眼温度高于还是低于聚合醇浊点温度，它对页岩都有一定的抑制作用。选择浊点温度在 80℃左右的聚合醇，采用 YPM-03 页岩膨胀模拟实验装置进行实验[10]，结果表明，随着温度的变化，聚合醇对膨润土的抑制性能呈现出很大的差异，在浊点温度以下，抑制性能很好，而在浊点温度以上，其抑制性迅速降低。在浊点温度以上，随着浓度的增加，聚合醇对膨润土的抑制性增强，但在较低浓度时，抑制效果不明显，只有达到较高浓度时，才呈现出较好的抑制性；随着压力的增大，聚合醇浓度较低时，抑制性不理想；当聚合醇浓度较高时，随着压力的增大，抑制性增强。

采用测定黏附系数和页岩抑制率的方法研究了聚合醇在浊点前后对钻井液润滑性和抑制性的影响，研究结果表明，温度高于浊点时聚合醇钻井液的润滑性明显好于温度低于浊点时的润滑性，抑制性与浊点关系不大，在高温时抑制效果更好。

聚合醇类化学剂不仅具有良好的抑制防塌性能，通过形成一层类油的憎水膜，使其同时具有明显的润滑性能。

从生物毒性和生物降解性两方面对聚合醇钻井的环保性能进行评价表明，聚合醇钻井液对环境是有益的，是一种理想的“绿色”钻井液体系。

此外聚合醇具有在高温下延迟聚合物的降解作用，能够提高纤维素、淀粉等醚化产物的高温稳定性。

（三）聚合醇的作用机理

聚合醇抑制泥页岩水化分散的机理可归纳如下[11]：

（1）浊点效应是聚合醇发挥作用的关键，当温度降低到浊点温度以下时，聚合醇开始溶解，而温度高于浊点温度时，从水中析出，形成憎水膜，吸附在页岩表面，封堵泥页岩的孔喉，阻止钻井液滤液进入地层；浊点与聚合醇化学组成有关，并随其加量及钻井液含盐量的增加而下降。

（2）聚合醇可增大滤液的黏度、降低滤液的化学活性、抑制页岩水化分散。抑制机理是渗透机理所致，但要求聚合醇浓度必须较高，而在 3%~5% 的加量下该机理不能实现。

（3）与水分子争抢页岩中黏土矿物上的吸附位置，其在泥页岩表面的强烈吸附（吸附量随温度升高而增加）阻止泥页岩水化、膨胀与分散。

（4）聚合醇与无机盐或有机盐具有协同增效作用，当两者共同使用时，可以更有效地起到抑制页岩水化分散，稳定页岩的作用。在实际应用中可以通过选用不同种类的聚合醇、调整聚合醇加量和含盐量来改变浊点。

研究表明，单独加入聚合醇的钻井液和没有加入任何添加剂的膨润土浆性质相似，只是动切力稍有减小。单独加入 KCl 大大降低了塑性黏度，但是提高了动切力（因为

KCl 的絮凝作用）。但当同时加入 KCl 和聚合醇后，大大降低了动切力，也部分恢复了因 KCl 而降低的塑性黏度，证明 KCl 和聚合醇具有协同增效的作用。有学者认为 K^+ 和聚合醇抑制膨胀的机理在于 K^+ 和聚合醇的相互作用，聚合醇取代了阳离子周围的水化层。也有学者认为抑制性的主要贡献来源于表面交换的 K^+ 和吸附的聚合醇颗粒非端面部分。这种相互作用可将水排出，而且能形成足够强的抗膨胀结构[12]。

二、聚合醇钻井液体系

（一）聚合醇钻井液的特点

聚合醇钻井液作为一种环保型防塌钻井液体系，具有如下特点[13]：

1. 井眼稳定能力强

聚合醇类水基钻井液的页岩回收率与油基钻井液相当，岩屑强度随浸泡时间的延长而增强，动滤失随温度升高变化微小，证明聚合醇类水基钻井液的抑制性明显优于一般水基钻井液，与油基钻井液相当。

聚合醇与氯化钾的协同效应，进一步增强钻井液的井壁稳定能力。由于聚合醇分子内部的醚键与水分子竞争而吸附在黏土表面，形成体积较大的化合物层，并与钾离子发生协同作用，使结构的有序性与致密性进一步提高，从而有效地排斥水分子在黏土表面的附着，起到了减弱页岩水化，稳定页岩的作用。

钻井液中的钾离子与聚合物的相互作用对获得最强的页岩抑制性是极其重要的。由于 K^+ 的水化能力较弱，聚合醇与 K^+ 间较强的相互作用，压缩黏土表面的双电层，使黏土表面的水化膜变薄，有利于聚合醇在黏土表面的吸附。阻止黏土颗粒与水接触，抑制页岩水化分散。红外光谱分析结果表明，聚合醇被吸附的同时，黏土中的水被排出来，K^+ 与聚合醇共同作用可以使更多的水分子被排出来。

2. 良好的润滑性

聚合醇具有一定的极性和较小的黏附系数，能够在钻具及套管表面和井壁岩石上产生有效吸附，形成非常稳定的且具有一定强度的润滑膜，从而大幅度降低钻具与井壁及套管间的摩擦力，降低钻具的旋转扭矩和起、下钻阻力。此外，聚合醇可以直接参与滤饼的形成，增强滤饼的润滑性，有效地避免和减少压差卡钻。聚合醇与极压润滑剂和石墨类润滑剂等的复配使用，可以使水基钻井液的润滑性能接近油基钻井液。

3. 防止和消除钻头泥包

钻井液中的聚合醇吸附在钻头表面形成一层疏水性薄膜，阻碍亲水性钻屑在钻头表面吸附，减少泥包，有利于提高钻速。

4. 对地层损害小

由于聚合醇能提高滤液的液相黏度，降低滤失量，达到浊点温度时，聚合醇具有封堵微孔隙的作用，减少外来固相颗粒的侵入。聚合醇与钾离子的协同作用，能够有效地抑制储层中黏土矿物的水化膨胀及分散，降低油气层的水敏性损害。聚合醇能显著降低油水界面张力，温度升高或无机盐含量增加，均使界面张力降低，界面张力的降低使返排容易，有利于保护油气储层，故聚合醇钻井液体系在抑制水敏性地层中黏土分散、防止水敏、水锁造成的油气层污染等方面具有独特效果，能够适应复杂地质情况下的探井油气层保护的要求。

5. 符合环保要求

排放的聚合醇会很快在微生物的作用下分解为水和二氧化碳等小分子物质，因此聚合醇钻井液毒性极低，且易被生物降解。

6. 配伍性好

聚合醇与常规处理剂配伍性好，在水基钻井液中适用性强，如在目前广泛应用的聚合物钻井液体系的基础上，通过加入聚合醇及相关处理剂，形成了具有防塌和油气层保护功能的聚合醇钻井液体系。

7. 具有良好的流变性

聚合醇的加入可以降低钻井液的黏度与切力，表现出一种稀释降黏的作用，对钻井液的流变性能调节起到了一定的作用，改善钻井液流变性，能够满足水平井携岩和清砂的需要。

8. 可以提高钻井液的稳定性

研究表明，聚合醇的存在对钻井液起到了稳定作用，具有延缓钻井液中其他有机处理剂的热降解作用，有利于维持钻井液良好的流变性能。

正是由于聚合醇钻井液具有上述特点，使其适用于复杂井、大斜度定向井、水平井钻井。

（二）聚合醇钻井液基本配方

中原油田现场应用的一种聚合醇钻井液组成：膨润土30~50kg/m^3、纯碱1.5~2.5kg/m^3、低黏羧甲基纤维素钠3.0~8.0kg/m^3、乙烯基多元共聚物3.0~8.0kg/m^3、聚合醇10~50kg/m^3、磺甲基酚醛树脂15~30kg/m^3、磺化褐煤15~30kg/m^3、烧碱1.0~3.0kg/m^3、重晶石按设计密度加入。

钻井液性能：*FV*45~80s，*PV*15~40mPa · s，*YP*5~20Pa，初切1~5Pa、终切5~15，FL_{API}≤5mL，pH值8.5~10.5，低密度固相含量≤10%，膨润土含量25~40g/L，密度依地层压力系数而定。

（三）聚合醇钻井液的配制及维护处理

1. 配制要点

按照上述配方组成的聚合醇钻井液体系配制要点如下：

（1）新配制钻井液时，需要根据配方要求先配制预水化膨润土浆，并充分水化24h以上；采用井浆转换钻井液时，需根据计算和小型实验情况预留原浆；将循环罐清理干净，加入清水，同时保证有效清除有害固相，以尽可能减少聚合醇的吸附损失。

（2）根据配方要求加入乙烯基多元共聚物、低黏羧甲基纤维素钠、磺甲基酚醛树脂、磺化褐煤和聚合醇等。

（3）在盐水、饱和盐水钻井液、氯化钾钻井液及其他体系中使用聚合醇，转换时按照其相应配制工艺操作，然后加入 1.0%~5.0% 的聚合醇。

（4）全井循环，加入烧碱将 pH 值调整到设计范围。

（5）将密度调整到设计范围，配制完成后，测定钻井液性能，合格后方可使用，否则用所需处理剂调整钻井液性能到设计要求。

2. 维护处理要点

在钻井过程中，钻井液的维护与处理需要注意以下几点：

（1）加强固控设备的利用，及时清除无用固相。

（2）转换为聚合醇钻井液体系后，监测钻井液中聚合醇含量，为了充分发挥聚合醇的效果，要及时补充聚合醇，保持其足够的含量。选择好聚合醇的浊点是提高聚合醇钻井液体系性能的关键，以目标井段的井温比聚合醇的浊点高出 5~10℃为最佳。同时要选择合适的配伍处理剂，以充分发挥协同增效作用。

（3）钻进中根据摩阻系数和井下情况及时调整聚合醇加量。

（4）随着井深的增加可以适当地增加磺化酚醛树脂和磺化褐煤等抗温处理剂的加量，以有效地控制钻井液高温高压滤失量。

（5）钻井液中 Na^+、K^+、Ca^{2+} 等离子类型和离子含量会影响聚合醇的浊点温度，使用盐水钻井液时应根据实验情况使用不同浊点的聚合醇产品。

三、聚合醇钻井液应用实例

除前面介绍的基本钻井液配方外，在聚合醇钻井液方面还有如下一些典型的体系。

（一）聚醚多元醇钻井液

它是以多功能聚醚多元醇 SYP-1 为主剂，通过对聚合物包被剂、防塌剂和降滤失剂等优选而得到的一种聚合醇钻井液体系。

1. 配方与性能

基本配方[14]：4% 膨润土 +2%SYP-1+0.2%KPAM+2%HFT-301+1%LY-1+3%LYFF+3%SMP+ 加重剂。

实验表明，通过聚醚多元醇、沥青和 K^+ 的协同防塌作用所形成的聚醚多元醇钻井液具有封堵能力强、滤失量低、泥饼质量好、抑制性好、润滑性好及抗污染能力强的特点，能有效地抑制钻屑分散、稳定井壁和保护油气层。

2. 现场应用

该体系在 LN3-6H 井和 HD4-23H 井进行了现场应用。

在LN3-6H井的钻井实践证明，该钻井液体系在控制泥岩水化分散和井壁稳定方面效果显著，平均井径扩大率为6%（该地区平均井径扩大率为9%），电测、下套管一次成功。在直井段只用了17d的时间就完成了4950m的钻井施工任务，创造了该地区最快的钻井记录。在水平井的施工中，没有再使用其他的润滑剂，成功地完成了造斜段和水平段的钻进，未发生任何的井下复杂情况。而且起下钻顺利，尤其是解决了在造斜施工中出现的脱压问题。

HD4-23H井表明，聚醚多元醇钻井液成功地解决了钻头泥包的问题，在全井的钻进过程中未发生钻头泥包现象；钻井液良好的防塌性能保证了在钻过玄武岩时井壁的稳定，电测结果显示该井段井径规则，未发生起、下钻遇卡情况。在此基础上又成功地钻穿了下部的褐色泥岩，确保了井壁稳定，避免了井下复杂情况的发生，起、下钻顺利，平均井径扩大率为8.5%，低于该区块的平均井径扩大率11.5 %，其中玄武岩井段的扩大率仅为1.76%；电测、下套管一次成功，固井质量合格。

（二）强抑制性多元醇海水钻井液

1. 配方与性能

基本配方[15]：天然海水+6%膨润土+1%PAC-14l+0.2%SD-2+2%LY-l+2%SPNH+3%LYFF+3%多元醇+加重剂。

实验表明，按照上述配方配制的钻井液体系具有较好的抑制性和流变性，抗海水和劣质土污染的能力强，环境可接受性好。

2. 现场应用

胜利浅海埕岛油田沙河街组地层黏土含量高，黏土组成以伊/蒙混层和伊利石为主，地层水敏性较弱，微裂缝及层理较发育。钻井液及滤液沿层理和微裂缝渗入地层内部，会引起硬脆性泥页岩剥落坍塌。为此，先后在埕岛油田CB30B井组和CB30A井组共6口井三开应用了强抑制性多元醇海水钻井液，井深最浅为3860m，最深为4750m，平均为4300m左右。

进入沙河街组地层前对钻井液进行转化，按配方要求调整好钻井液性能。同时预先配制好增黏剂及降滤失剂胶液，以便及时维护补充。

钻进时，根据地层岩性、钻进速度以及钻井液性能状况，采用如下维护处理措施：①视钻井液黏度和切力情况，补充适量的增黏剂PACl41和SD-2，提高钻井液黏度和切力，保证钻井液具有良好的悬浮能力。②降滤失剂以胶液的形式补充，API滤失量维持在5mL以下，高温高压滤失量（3.5MPa，120℃）控制在15mL以内。③每钻进100m，补充多元醇100~300kg，使其含量维持在2%以上，同时根据井下情况和钻井液性能，适当调整多元醇的加量。

现场应用表明，强抑制性多元醇海水钻井液体系有效地抑制了地层中黏土矿物对钻井液的污染及伊蒙脱混层的不均匀膨胀，保障了钻井液性能及井壁稳定，钻进中无垮塌掉块现象，井壁稳定，井径规则，平均井径扩大率小于10%；钻井液具有良好的携岩洗井效果，有效地避免了岩屑床的形成，井眼清洁，井眼畅通；钻井液良好的润滑防卡性能，有效地降低摩阻和扭矩，保证了定向井起下钻畅通无阻和安全钻进，全井无黏卡现象和钻具扭矩过大的问题；整个钻井过程中钻井液性能未出现较大幅度的波动，日常维护简便，可操作性强。

（三）铝盐聚合醇钻井液

1. 配方与性能

基本配方[16]：4% 膨润土浆 +0.7%～0.8%NaOH+0.5%～1%OCL-IVB+ 0.5%～1% 的聚合醇 +0.5%OCL-JA +0.5%SMP-2+0.02%～0.05% 强力包被剂 +1%～1.2% 无毒稀释剂 + 重晶石，其性能见表 2-3。从表 2-3 可以看出，钻井液具有较好的流变性和较低的滤失量，通过铝盐和聚合醇的协同作用，使钻井液具有优良的润滑和抑制性能。

表 2-3　铝盐聚合醇钻井液性能

条件	密度 /（g/cm³）	*PV*/mPa·s	*YP*/Pa	*Gel*/Pa/Pa	FL_{API}/mL	FL_{HTHP}/mL	K_f
室温	1.07	14	2.5	1.0/3.5	5.0		
老化后	1.07	13	2.5	1.0/3.0	4.8	10.8	0.0349
室温	1.17	17	3.0	1.5/6.0	5.0		
老化后	1.17	18	6.0	1.0/3.0	3.2	11.2	0.0699
室温	1.55	29	3.0	2.5/9.0	4.4		
老化后	1.55	36	5.5	2.0/4.0	2.8	10.4	0.0612

注：老化条件为 120℃、16h；FL_{HTHP} 实验温度为 120℃，滤饼厚度为 1mm；pH 值均为 10。

2. 现场应用

辽河油田沈北区块上部地层含大段软泥岩，易水化膨胀缩径，下部地层水化分散强，易发生周期性垮塌，常规的钻井液体系不能有效稳定井壁，常引发井下复杂情况。为此，应用了强抑制性的铝盐聚合醇钻井液体系。

钻至井深 2000m 左右，在钻井液中加入 1～2t FCLS、0.7～2t NaOH，黏度控制在 35s 左右，再加入 1～2t OCL-JA、1～1.5t 聚合醇、1～2t OCL-IVB、50～100kg 强力包被剂，充分循环，混合均匀后继续钻进。

在中部地层每钻进 200～300m 补充处理一次，在下部地层每钻进 100m 补充处理一次，并用无毒稀释剂替代 FCLS，每次加入 0.8～1.5t 无毒稀释剂、0.5～1t NaOH、1～2t OCL-JA、0.5～1t SMP-2、1～1.5t 聚合醇、1～2t OCL-IVB、50～100kg 强力包被剂。当泥饼质量不好，滤失量大时，提高 OCL-JA、OCL-IVB 和 SMP-2 的使用量。

进入垮塌严重的下部地层，将钻井液密度、处理剂用量提高到上限，加大 OCL-IVB 和聚合醇的用量，使钻井液 API 滤失量控制在 3mL 以内，高温高压滤失量小于 12mL，增强钻井液的防塌、抗温能力。钻进沙四段及房身泡组地层，将钻井液密度提高到设计上限，若井下仍不正常，可再适当提高。随着井深与位移的加大，逐步提高聚合醇和润滑剂的用量，提高钻井液的防卡能力。加强固控设备的使用，最大限度地清除钻井液中的有害固相。严格控制泵排量，并适当提高钻井液的黏度和切力，防止冲垮井壁。

铝盐聚合醇钻井液体系在现场应用中表现出良好的抑制性和井壁稳定能力，防塌效果显著，减少了钻井复杂情况，井下安全，井眼规则，与同区块使用聚合物分散体系的井相比，平均井径扩大率降低7.95%~11.77%，并且降低了钻井液的使用密度，可满足沈北区块沙河街组地层钻进的需要。该体系与贝克休斯公司的PERFORMAX高性能水基钻井液有相近之处。

贝克休斯公司的PERFORMAX高性能水基钻井液，将聚合醇的浊点和铝的化合作用相结合，极大提高了水基钻井液的抑制性，钻井液主要成分和功用见表2–4。通过体系中各处理剂的协同作用封堵泥岩孔隙和微裂缝，阻止钻井液滤液的侵入，减小孔隙压力传递作用，达到良好抑制效果，其特点是提高井眼稳定性、提高固控设备效率、提高携砂能力、减少钻头泥包、减少压差卡钻风险、减少扭矩和起下钻磨阻、符合环保要求、钻井成本低。

表2-4　PERFORMAX高性能水基钻井液组成

名称	功能	作用
MAX–SHIELD ™	泥页岩稳定剂	堵塞成膜
MAX–PLEX ™	泥页岩稳定剂	沉淀成膜
MAX–GUARD ™	泥页岩抑制剂	抑制水化
NEW–DRILL ™	钻屑稳定剂	包被
PENETREX ™	降阻减磨，防钻头泥包	钻具、管柱和井壁表面形成憎水膜

（四）钙–醇钻井液体系

1. 配方及性能

基本配方为[17]：水+2%~4%膨润土+5%~15%氯化钙+1%~2%降滤失剂A+1%~2%降滤失剂B+1%~2%流型调节剂+1%~3%聚合醇，其主要性能见表2–5。由表2–5可看出，该体系具有良好的稳定性。

表2-5　钙-醇钻井液主要性能参数

钻井液	密度/（g/cm^3）	AV/mPa·s	PV/mPa·s	YP/Pa	Gel/Pa/Pa	FL_{API}/mL
基浆	1.10	67.0	24.0	43.0	10.0/16.0	1.6
基浆热滚后	1.10	62.5	27.5	35.0	5.0/6.0	3.0
基浆+$BaSO_4$加重	1.78	164.0	94.0	76.0	20.0/21.0	2.0
加重浆热滚后	1.78	152.0	86.0	65.0	15.0/15.0	5.0

注：热滚条件120℃、16h。

2. 现场应用

钙–醇钻井液体系在史136井中进行了现场应用。史136井位于济阳坳陷东营凹陷牛庄洼陷西部，西邻利津洼陷，目的层为128西的史136砂体。由于该井位于砂体的高部位，因此洼陷内部的地层厚度较大，从上到下依次为第三系明化镇、馆陶组、下第三系东营组和沙河街组（沙1段、沙2段、沙3段）。其中：沙2段、沙3段泥岩主要矿物成分为高岭石、伊利石和伊蒙混晶，吸水后，容易产生局部水化作用，从而产生较高的膨胀压力，导致页岩剥蚀掉块，常引起卡钻、憋钻、转盘打倒车、上提下放遇卡、电测困难等井下复杂情况发生。同时，由于钻杆与井壁间存在过量的异常接触，过量的压耗和环空流体产生的压力激动易引起页岩的不稳定。

现场施工中为增强钻井液体系的抑制性，充分发挥该体系对黏土的抑制作用，控制$CaCl_2$的加量为8%~12%、聚合醇加量为2%~3%，从而有效地抑制黏土的水化膨胀和分散；通过调整体系中$CaCl_2$的加量，来调整聚合醇的浊点，使其在不同温度下均可析出，并吸附在钻具和井壁上，封堵地层孔隙，防止页岩地层的剥蚀、垮塌；确保钻井液密度合理和良好的润滑性。

应用表明，钙－醇钻井液体系具有如下特点：①页岩抑制性强，井壁稳定，井径扩大率小，全井无划眼，大大地提高了机械钻速，缩短了钻井周期。该井机械钻速达12.5m/h，建井周期35d，而邻近井机械钻速为10.84m/h，建井周期为45d。②钻井液密度低但井眼稳定。以往在该地区钻井时钻井液密度一般控制在1.30~1.35g/cm^3，而史136井钻井液密度控制在1.25 g/cm^3以下，不仅井下正常，而且有效地保护了油气层。③完井作业顺利，电测成功率100%。以往在该区块所钻的5口探井电测成功率很低，如史131井仅电测就用了10d，而史136井不仅电测一次成功，而且在不通井的情况下，井壁取心一次完成，经济效益非常显著。

（五）有机盐聚合醇钻井液

1. 配方与性能

基本配方为[18]：2%~3%膨润土+0.1%~0.2%KPAM+1%~2%LS-2+2%~3%磺化酚醛树脂JD-6 +3%~4%阳离子乳化沥青SEB+8%~10%有机盐Weigh2+3%~4%聚合醇MSJ+3%~4%水基润滑剂FK-10。

实验表明，与现场常用的聚合物和聚磺钻井液相比，有机盐聚合醇钻井液具有较强的抑制性、封堵性能和较低的渗透性及活度，能阻止滤液进入页岩地层，防止页岩吸水膨胀垮塌，充分体现了体系的低活度防塌性能。

2. 现场应用

在现场应用中做好钻井液配制或转换，以及钻井液维护处理工作，要点如下：

（1）固井后全面清洗循环罐，并按照室内配方配制胶液，加入Weigh2、MSJ、LS-2、JD-6、SEB、FK-10、KPAM等。钻完水泥塞后，替出部分井浆，均匀补充胶液入井。

（2）控制钻井液密度不大于1.10 g/cm^3、黏度为40~45 s、滤失量不大于3mL。

（3）钻进中加强净化，全面开启固控设备，振动筛使用孔径小于0.180mm的筛布，离心机使用率达 100%，及时清除劣质固相。

（4）按照配方配制胶液，以细水长流的方式加入钻井液进行性能维护处理，保持各类处理剂的有效含量。

（5）钻进至高伽马碳质页岩需要连续取心时，将钻井液密度提高至 1.15g/cm^3，并适当加大 Weigh2、MSJ、SEB 的用量，进一步增强钻井液的抑制、封堵能力，确保取心顺利。

宁 206 井现场应用表明，有机盐聚合醇钻井液具有如下特点：

（1）抑制性强，封堵、防塌效果好。三开使用有机盐聚合醇钻井液钻进中，没有出现页岩吸水膨胀、缩径现象，起下钻顺利。完井电测井径扩大率仅为 1.19%。

（2）流变性好。从钻井液的转化开始，控制较低膨润土含量，保持钻井液黏度在 40s 左右、切力为（0.5~1）/（2~3）Pa/Pa，钻井液性能稳定且维护周期长。

（3）润滑性能好，连续取心顺利，提速效果显著。该井三开聚磺钻井液的密度为 1.32~1.40g/cm^3，为了更好地发现油气显示和提高钻井速度，改为有机盐聚合醇钻井液体系，同时控制钻井液的密度在 1.10g/cm^3 以内，取心时提高密度至 1.15g/cm^3。从实钻情况看，井下顺利，PDC 钻头机械钻速达 10.97m/h，牙轮钻头机械钻速达 6.29m/h，钻井液密度比设计低 0.2g/cm^3 以上，钻井速度显著提高。

（六）其他聚合醇钻井液

1. 聚合醇 /K_2CO_3 水基钻井液

1991 年道达尔公司在非洲加蓬的热带雨林地区钻成了一口探井——Nyangou-1 井。该井使用 K_2CO_3 与 Biodrill 1402（一种不溶性聚合醇）配制成的水基钻井液能基本满足小井眼钻井中流变性、抑制性的要求[19]。该钻井液组成为：1200kg/m^3K_2CO_3+3%Biodrill 1402+2.85kg/m^{3}Pyrotrol+5kg/m^3 聚阳离子纤维素 +3kg/m^3 淀粉。现场试验表明，该体系在连续取心阶段仍能保持优良的流变性能和滤失特性，并具有良好的井壁稳定效果。

2. 硅酸钾聚合醇钻井液

综合考虑硅酸钾的胶凝沉淀作用以及聚合醇的浊点效应，形成了具有凝胶 - 浊点效应的硅酸钾聚合醇钻井液体系[20]，配方为：4% 膨润土浆 +4% 硅酸钾 +0.4% 增黏剂（HV-CMC）+0.4% 降滤失剂（JT-888）+3% 聚合醇 +1%KCl+ 适量 NaOH。

实验表明，该体系具有流变性好、失水造壁性好、抑制性强、抗污染能力强（抗 NaCl 污染 6%，抗 Ca^{2+} 或 Mg^{2+} 污染 0.5%，抗钻屑污染 15%）、润滑性好、封堵能力强和热稳定性好等优点。可有效地解决钻井过程中强水敏性地层（高蒙脱土含量地层）的水化、减少因水化作用产生的地层缩径，阻止弱水敏性地层（破碎性或硬脆性泥岩）因压力传递、毛管压力、水化等造成的掉块、垮塌，控制钻屑水化产生的钻井液流变性不稳定等问题。

3. 聚合醇正电胶钻井液

聚合醇正电胶钻井液配方为[21]：基浆 +2%~3% 聚合醇 +0.2%~0.3%MMH+1%~

1.5%NPAN+ 0.3%～0.5%SJ–1+1%～2%PA–1，其他处理剂适量。

实验表明，该体系具有很强的抑制性与封堵性，能有效地稳定井壁。润滑性能好，当聚合醇加量为 3% 时，钻井液的润滑系数降低 80%，可降低钻井液的表面张力与界面张力。对油气层损害程度低，渗透率恢复值大于 85%。易生物降解、毒性极低，对环境影响小。经过胜利油区 80 余口井的应用表明，经济效益和社会效益显著。

4. 海洋环保聚合醇钻井液

针对海上钻井对钻井液体系的环保要求，形成了一种海洋环保聚合醇钻井液配方：4.0% 钠膨润土浆 +0.3%Na_2CO_3+ 0.3%PAC–l41+1.0% 聚合醇 +3.0% 聚合醇润滑剂 + 1.5%HXJ+0.3%KPAM。

实验表明，海洋环保聚合醇钻井液具有强的抑制和防塌能力、良好的润滑性能和储层保护能力，生物毒性低（EC_{50} 为 1.9×10^5mg/L），环保性能好，同时还具有较好的抗温能力，在 120℃下性能稳定，能抗 16.0%NaCl 和 1.0%$CaCl_2$ 的污染，可满足海上钻井的需要[22]。

5. 水基聚合醇钻井液

针对海底天然气水合物地层及其钻井的特性，在充分考虑现有常用聚合醇钻井液体系特点的基础上，设计了一种适合海底天然气水合物地层钻井的新型聚合醇钻井液[23]，配方为：3.0% 膨润土浆 +0.3% Na_2CO_3 +10.0% 聚乙二醇 +20.0%NaCl+4.0%SMP–2+ 1.0%LV–PAC+1.0%PVP（K90）+0.5%NaOH。

评价表明，该钻井液体系能够有效抑制页岩水化分散和防止水合物在循环管路内重新生成，且在低温条件下具有良好的流变性能，能够有效保持井壁稳定，清洁和冷却井底。

6. 抗高温高密度聚合醇聚合物钻井液

该钻井液的组成成分为：聚合醇，主要作页岩抑制剂，同时作润滑剂；怀俄明膨润土，一般加入 17kg/m³，用于提供基本黏度；反絮凝剂，以用于控制静切力；降滤失剂，可以从磺化聚合物、磺化沥青、常规聚合物、树脂和褐煤衍生物的复合物中选择，每种添加剂都具有增黏作用，需通过实验来确定加量；$CaSO_4$，提供可溶钙来减少碳酸盐和碳酸氢盐的污染，加量一般不超过 2.85kg/m³；有机胺，作为聚合物高温稳定剂，用于提高体系中纤维素、淀粉和生物聚合物的高温稳定性；低分子量聚合物降黏剂，控制黏度和静切力。

在中国海南省琼东南盆地，M–I 公司承钻的亚成 21–1–4 井完钻井深为 5250m，井底温度为 212℃，地层孔隙压力当量密度为 2.21g/cm³。

该井在 Φ508mm 井段开始采用 KCl 聚合物钻井液[12]。随着井底温度的升高，钻井液性能开始恶化，因此加入抗高温的钻井液处理剂，将钻井液转换成抗高温的聚合醇聚合物水基钻井液，密度达到 1.92g/cm³。该钻井液在远东地区有过良好的使用纪录，特别是在越南和马来西亚，这两个地区应用井的井底温度高达 210℃。

在 Φ311.1mm 井段，仍然用抗高温的聚合醇聚合物钻井液，将密度提高到 2.2g/cm³。

应用表明，与合成基钻井液相比，抗高温的聚合醇聚合物钻井液具有如下优势：漏失现象较合成基钻井液轻；Φ228.6mm 井段水泥胶结效果好；测井顺利；保持低的静切力；降低重晶石的沉降，减少钻井液的分离；提高钻井液的抗污染能力。

需要强调的是，国外聚合醇钻井液比较成熟，且体系完善。相对于国外，国内应用面虽然大，但没有形成真正的聚合醇体系，聚合醇产品质量差别大，在应用中多数情况下还仅是把其当作一个剂来看待，缺乏针对性的配套处理剂。聚合醇钻井液大部分都是在常规钻井液基础上改造而来，尽管取得了良好的效果，但其作用还没有充分发挥，今后需要在配伍处理剂研究和选择的基础上，使处理剂完善配套，结合聚合醇的特征，针对现场需要开展高性能水基钻井液体系研究，同时建立聚合醇钻井液中聚合醇含量的测定方法，为钻井液维护处理提供支撑。

第三节　抑制性胺基钻井液

近年来，为满足环保要求和降低钻井液成本，国外钻井液公司一直在努力寻求能够在强水敏或页岩地层代替油基钻井液的水基钻井液体系，如以胺基抑制剂为主剂的高性能水基钻井液，即抑制性胺基钻井液或胺基抑制钻井液，因其能够满足环保要求，且效果与油基钻井液相当而深受重视，并已广泛应用[24~27]。受国外胺基抑制钻井液研究与应用的启示，国内也相继开展了研究与应用，胺基聚醚或聚胺作为一种有效的钻井液抑制剂，已在现场应用中见到了效果，关于抑制性胺基钻井液也有介绍，但在对胺基聚醚或聚胺及其钻井液的认识还不够全面，多数情况下只是在原水基钻井液配方的基础上加入部分胺基聚醚或聚胺，以提高其抑制性，仍然是将胺基聚醚或聚胺作为一种抑制剂来使用，胺基聚醚或聚胺的作用还没有充分体现，真正意义上的抑制性胺基钻井液体系还没有完全形成。

实践表明，胺基聚醚是构成抑制性胺基钻井液的核心处理剂，阳离子性的聚胺主要作为水基钻井液的抑制、防塌剂，而非离子性的聚胺也可以单独或与胺基聚醚配合用于抑制性胺基钻井液体系[28]。

一、胺基聚醚

胺基聚醚，即端氨基聚醚（APE），别名多醚胺、聚醚胺、聚醚多胺、胺基聚醇，是一类主链为聚醚结构，末端活性官能团为胺基的聚合物。其结构式如式（2-1）。

$$H_2N-\left[\underset{\displaystyle R}{\underset{|}{CH}}-CH_2-O\right]_n-CH_2-\underset{\displaystyle R}{\underset{|}{CH}}-NH_2 \qquad (2\text{-}1)$$

式中，R=H、CH_3，n=2～10。

溶于乙醇、乙二醇醚、酮类、脂肪烃类、芳香烃类等有机溶剂。结构和相对分子质量不同时，其性能略有差别。相对分子质量230的产品溶于水，相对分子质量400的产品部分溶于水，相对分子质量2000的产品不溶于水。胺基聚醚是通过聚乙二醇、聚丙二醇或者乙二醇/丙二醇共聚物在高温高压下氨化得到。通过选择不同的聚氧化烷基结构，可调节胺基聚醚的反应活性、韧性、黏度以及亲水性等一系列性能，而胺基提供给胺基聚醚与多种化合物反应的可能性。其特殊的分子结构赋予了胺基聚醚优异的综合性能，目前商业化的胺基聚醚包括单官能、双官能、三官能，相对分子质量从230到5000的一系列产品。相对分子质量越高，胺基含量越低，相对分子质量400以内的适用于钻井液处理剂[29]。几种不同相对分子质量的胺基聚醚的性能见表2-6[30, 31]。

表2-6 几种胺基聚醚的理化性能

项目	性能		
	D-230	D-400	D-2000
密度25℃/(g/cm^3)(±0.01)	0.948	0.972	0.991
沸点/℃ ＞	200	200	200
闪点/℃	121	163	185
颜色Pt-Co/APHA ≤	25	50	25
黏度(25℃)/mPa·s	5~15	15~30	150~400
折射率	1.4466	1.4482	1.4514
伯胺值/% ≥	97	97	97
总胺/(mmoL/g)	8.1~8.7	4.1~4.7	0.98~1.05
胺值/(mgKOH/g)	440~500	220~273	52~59
环氧值/(g/moL)	60	115	514

实践表明，胺基聚醚（APE）是最有效的抑制剂之一，其突出特点是由于APE具有的弱电解质行为，保证有机胺对黏土及地层作用程度和作用方式不同于聚季铵盐化合物，APE与黏土和地层作用平和而彻底，不像季铵盐和聚季铵盐类胺基抑制剂一样加量大时会破坏钻井液稳定性，且具有抑制和控制运移的双重作用。此外，APE具有较高的胺基浓度和较高的酸中和当量浓度，保证了对钻具表面的吸附和对钻具的腐蚀抑制，具有相对好的缓蚀作用，且具有较强中和地层酸性气体的能力和较好的pH值缓冲容量，有利于保证在地层流体侵入情况下的钻井液性能稳定[32]。

APE可以单独作为钻井液抑制剂，在有效的加量范围内，用于改善水基钻井液的抑制性和井壁稳定能力。研究表明[33]，APE之所以具有优异的抑制性能是因为APE进入黏土层间形成单层吸附，同时与黏土晶层表面产生氢键作用。APE在溶液中部分解离形成的铵基阳离子，通过静电作用中和黏土表面负电荷，降低黏土水化斥力。同时APE

与黏土晶层表面形成氢键强化吸附，静电引力和氢键二者共同作用将黏土片层束缚在一起，并排挤出部分层间吸附水，减弱黏土水化。APE 吸附在黏土表面之后，增强黏土表面疏水性，阻止水分子的进入，进一步抑制黏土水化膨胀。APE 具有一定的降低表面张力的作用，对黏土的 Zeta 电势影响小，能有效抑制黏土和岩屑的分散，且其抑制性的持久性强，具有成膜作用，有利于井壁稳定和储层保护，能够较好地兼顾钻井液体系的分散造壁性与抑制性。APE 对钙膨润土分散体系的流变性无不良影响，可用于高温高固相钻井液体系中，改善体系的抑制性和流变性[34, 35]；可生物降解是其突出之处，环保友好应该成为 APE 钻井液的目标之一。

实践证明，将胺基聚醚用于甲基葡萄糖苷（APG）钻井液，可以有效地的提高钻井液的井壁稳定能力，如何能够将两者结合起来，或将甲基葡萄糖甙、$CaCl_2$、APE 和聚合醇等复合使用，进一步提高水基钻井液的井壁稳定能力，扩大水基钻井液在页岩气水平井钻井中的应用面，形成适用于页岩气水平井钻井的钻井液将非常有意义。

在钻井过程中，钻井液中 APE 的量控制及配伍处理剂的选择是该体系控制的关键，因此在维护处理中，APE 含量测定是实施该体系的关键。

端氨基聚醚沸点高、蒸汽压低，毒性小，对皮肤有潜在刺激性。使用时避免皮肤和眼睛接触。

二、聚胺

聚胺通常是指环氧氯丙烷或二卤代烷与有机胺的缩聚物，以及聚乙烯亚胺和聚乙烯胺及其改性产物。这些具有阳离子或隐性阳离子特征的聚合物，在采矿、石油、工业废水处理等方面的应用研究较多，尤其是作为絮凝剂、脱色剂、脱水剂等有较广泛的应用。

在钻井液中应用的主要是环氧氯丙烷与有机胺的缩聚物。以二胺、环氧氯丙烷等为原料，水为溶剂，采用开环聚合方法合成聚胺抑制剂。该抑制剂的典型分子结构如式（2-2）。

$$\mathrm{Cl}-\left[\mathrm{CH_2}-\underset{\mathrm{OH}}{\underset{|}{\mathrm{CH}}}-\mathrm{CH_2}-\overset{\mathrm{CH_3}}{\overset{|}{\underset{\mathrm{CH_3}}{\underset{|}{\mathrm{N^+}}}}}\right]_n-\mathrm{CH_2}-\underset{\mathrm{OH}}{\underset{|}{\mathrm{CH}}}-\mathrm{CH_2}-\underset{\mathrm{CH_3}}{\underset{|}{\mathrm{N}}}-\mathrm{CH_3} \qquad (2\text{-}2)$$

可以看出，聚胺分子的主链上含季铵官能团和羟基，能与黏土表面的氧或羟基产生氢键，季铵盐的形成能够起到稳定黏土、抑制黏土水化膨胀的目的[36]。

对于具有某一特定结构的阳离子聚胺，其相对分子质量和阳离子度对页岩抑制性能有明显影响。随着聚胺相对分子质量的增加，一方面，聚胺与黏土颗粒间的静电吸附作用增强；另一方面，聚胺大分子的包被、桥连作用加强，导致进入黏土晶层间替换可交换阳离子的聚胺分子数减少。因此，聚胺页岩抑制性能的优劣取决于上述哪个因素起主导作用，当相对分子质量较低时，前者起主导作用，此时，页岩相对抑制率随聚胺相对分子质量的增加而增强；但若聚胺的相对分子质量过大，其分子将不能进入黏土层间，相对抑制性能有所降低。上述作用同样使得经聚胺处理的黏土层间距先减小后增加。

随着聚胺阳离子度的增加，聚胺的静电吸附以及氢键作用增强，可进一步将黏土片层束缚在一起，缩小黏土层间距；但与此同时，由于钻井液体系的黏土颗粒带负电，增加聚胺阳离子度可使钻井液体系的聚集、絮凝作用增强。因此，阳离子度较低时，相对抑制率随阳离子度的增加而增大；但若阳离子度过高，进入黏土片层的聚胺分子及体系中游离的聚胺较少，更多的聚胺可引起钻井液体系絮凝，导致黏土颗粒间的作用力加强，因此相对抑制率有所降低。

综上所述，只有聚胺的相对分子质量即运动黏度和阳离子度处在合理的范围时，才能充分发挥其对泥页岩的抑制作用。聚胺的运动黏度为 304～1940mm^2/s、阳离子度为 0.75～3.603mmoL/g 时，可以基本满足用于页岩抑制剂的要求。

三、抑制性胺基钻井液

（一）抑制性胺基钻井液的特点

抑制性胺基钻井液，即 APE 钻井液，它是由胺基聚醚（APE）与其他处理剂等组成，抑制性和环保是 APE 体系的主要特征。体系具有抑制性强、提高钻速、高温稳定、保护储层和保护环境等特点。

抑制性胺基钻井液的关键是抑制剂的用量确定，以及配伍处理剂的选择，可以在原钻井液的基础上改造或转换，也可以直接配制钻井液体系。从环保的角度讲，一般不建议采用老浆改造。从稳定井壁的作用看，钻井液滤液中胺基聚醚的含量控制非常重要，在钻井液维护处理过程中不能仅从加量来考虑，必须根据滤液中胺基聚醚的含量来制定具体的方案。从钻井液组成与性能看，抑制性和环保是该体系的主要特征。与传统的聚合物钻井液体系相比，APE 钻井液具有更加优良的抑制性和更好的流变性、滤失性和抗污染能力，易于维护，适于在强水敏、易造浆及高压和易污染地层使用[37]。

（二）抑制性胺基钻井液体系的作用机理

抑制性胺基钻井液体系的作用机理与其主处理剂胺基聚醚或聚胺分子结构有关，主要为[38]：

（1）钻井液中低分子的胺基聚醚分子可以嵌入未分散黏土层，使水不易进入黏土层间而避免或减弱黏土水化，并且低浓度的胺基聚醚分子由于显示正电特性，既可以阻止其他离子对黏土颗粒的吸附，也能部分解吸附带水化膜的阳离子或替代与已分散黏土颗粒表面吸附能力较差的吸附基团，破坏黏土的水化结构。由此可见，当钻井液体系中含有胺基聚醚分子时，滤液通过微裂缝或孔隙通道进入地层后，能够有效地抑制地层内黏土的吸水分散，从而稳定井壁。

（2）在钻井液体系中胺基聚醚也因其较低的相对分子质量和较小的体积，可以与其他带有吸附基团的分子或离子争相吸附于已分散的黏土颗粒，部分破坏黏土的水化结构，改善体系的空间结构，降低内摩阻，保持良好的流变性能；同时减小了体系内黏土颗粒的过度分散，对提高机械钻速贡献较大。

（二）典型的抑制性胺基钻井液

1. 配方与性能

胺基抑制钻井液典型配方：钠膨润土 15.0~35.0kg/m^3，工业碳酸钠或碳酸钾 1.0~5.0kg/m^3，黄原胶 3.0~6.0kg/m^3，低黏 CMC 或 PAC 5.0~10.0kg/m^3，高相对分子质量的聚丙烯酰胺或共聚物 5.0~10.0kg/m^3，无机盐（氯化钾或硫酸钾或磷酸钾）0~20.0kg/m^3，胺基聚醚 10.0~30.0kg/m^3，消泡剂 0.5~1.2kg/m^3。

钻井液性能：FV 35~80s，FL_{API}≤5mL，PV 15~35mPa · s，YP 10~20Pa，初切 1~6 Pa、终切 3~30Pa，pH 值 10~12，密度视地层压力系数而定。

2. 配制工艺

（1）首先配制膨润土浆，并充分水化 24h 以上。将黄原胶、聚合物、羧甲基纤维素等配成适当浓度的胶液。

（2）经混合漏斗在预水化膨润土浆中按配方量加入处理剂胶液，充分搅拌后，加入胺基聚醚，并视需要加入无机盐，混合均匀。

（3）循环钻井液，加重至设计密度，测试钻井液性能，根据需要加入所需处理剂调整性能至设计要求。

也可以采用井浆转换的方式配制钻井液，首先清除钻井液中的固相，调整钻井液的膨润土含量至配方要求量，然后加入处理剂胶液，充分搅拌后，加入胺基聚醚，并视需要加入无机盐，混合均匀即可。

3. 维护处理要点

（1）定期检测钻井液中胺基聚醚含量，保持滤液中胺基聚醚含量不低于 1%，或根据地层情况确定。在需要加入无机盐时，定期检测钻井液中无机盐含量，并根据需要适时补充。

（2）采用黄原胶、羧甲基纤维素钠盐或聚阴离子纤维素、高相对分子质量聚合物等配成的复合胶液进行日常维护，处理剂加量根据钻井液性能调整。

（3）随着井深的增加，控制膨润土含量与低密度固相含量，保持钻井液具有良好的流变性。

（4）按要求检测钻井液性能，根据性能变化对钻井液进行维护处理，保持钻井液性能稳定。

（5）根据摩阻系数和井下情况，当需要进一步提高润滑性能时，可加入适量的环保型润滑剂。

（6）加强钻井液固相控制、保持钻井液良好的滤饼质量。钻井过程中保证四级固控设备的正常运转。

（7）钻遇渗透性地层或微裂缝地层时，可加入超细碳酸钙、超细纤维、石墨粉、磺化沥青等封堵材料强化钻井液的封堵能力。

四、抑制性胺基钻井液应用实例

（一）高性能胺基抑制钻井液

国外一种高性能钻井液——胺基抑制钻井液体系，它由水化抑制剂、分散抑制剂、防沉降剂、流变性控制剂和降滤失剂等组成，其中水化抑制剂（即 APE）是一种水解稳定性强，对海洋生物毒性低的水溶性胺化合物，具有 pH 值缓冲剂的作用；分散抑制剂是低相对分子质量的水溶性共聚物，具有良好的生物降解性，对海洋生物的毒性低；防沉降剂为可包被钻屑和吸附在金属表面的表面活性剂和润滑剂的复合物，可减少水化钻屑的凝聚及其在金属表面的黏结；流变性控制剂或增黏剂为黄原胶，用于增加钻井液的黏度、控制钻井液的流变性，提高钻井液的清砂和携岩能力；降滤失剂为低黏的改性多糖聚合物，在高含盐量或高钻屑含量的钻井液中均可保持稳定。

采用上述材料形成的典型体系组成为：0.1335m^3 水 +210.9kg/m^3 氯化钠 +29.92kg/m^3 水化抑制剂 +7.12kg/m^3 分散抑制剂 +5.7kg/m^3 降滤失剂 +3.56kg/m^3 增黏剂 +30.21kg/m^3 沉降抑制剂 +66.975kg/m^3 重晶石。该钻井液在墨西哥湾现场试验表明，钻井液的稳定性和流变性良好，没有出现钻头泥包等问题。

国内学者[39]在研制得到的聚胺抑制剂、强包被剂等主要处理剂的基础上，优选得到一种强抑制胺基钻井液基本配方：6%~8%KCl+2%~4% 聚胺 JAI+0.3%~0.5% 阳离子聚丙烯酰胺包被剂 PV+0.3%~0.5% 流型调节剂（XCD：XC-HV=1：1）+0.7%~1.2% 改性淀粉 +1%~1.5% 防塌剂 +1%~1.5% 成膜降滤失剂 +2%~4% 润滑剂 + 适量杀菌剂 + 适量消泡剂，根据现场条件可以采用碳酸钙、有机盐或重晶石加重。室内实验和现场应用表明，该钻井液体系具有很强的抑制性，携岩能力强，抗盐、抗钻屑污染能力强，润滑性良好，能够应用于易水化的泥页岩复杂地层。同时，新型强抑制胺基钻井液的环境保护性能好，应用前景广阔。

（二）ULTRADRILL 水基钻井液

1. 配方与性能

由环保处理剂组成的一种安全环保的 ULTRADRILL 水基钻井液[40]，可用各种盐配制，从海水到高浓度氯化钾和氯化钠，使用范围广，当水量为 1m^3 时，组成钻井液的材料用量、性能与作用见表 2-7。

表 2-7 ULTRADRILL 钻井液配方及材料性能与作用

材 料	用 量	作 用
氯化钾	83.8kg	抑制
ULTRAHIB	5.4L	ULTRAHIB 是碱性抑制剂，它能吸附在泥页岩表面，阻止黏土与水直接接触，降低了黏土的水化膨胀，达到了抑制效果，ULTRAHIB 推荐浓度为 2%~4%，具体加量取决于页岩的活性。合适的 ULTRAHIB 浓度可确保 pH 值为 9.0~9.5，避免加入烧碱和氢氧化钾
ULTRACAP	11.4kg	ULTRACAP 为包被剂，是一种相对分子质量适度的阳离子丙烯酰胺。该剂能起包被钻屑和稳定页岩作用，推荐使用浓度为 2.85~8.56 kg/m^3。ULTRA-CAP 能在页岩和钻屑表面形成保护膜，避免钻屑黏糊振动筛和钻屑相互黏结
DEFOAM-A 醇基消泡剂	适量	消泡
POLYPAC UL	7.13kg	POLYPAC UL 为降滤失剂，是一种纯净的高相对分子质量的低黏聚阴离子纤维素聚合物，在水基钻井液中容易分散，在淡水、各种盐水、海水到饱和盐水钻井液中均有效，不但能有效地控制滤失量，而且对流变性的影响极小。POLYPACUL 推荐使用浓度为 5.7~11.4kg/m^3，并确保滤失量小于 6.0mL
杀菌剂 LX-CIDE 102	0.95kg	杀菌
ULTRAFREE	5.56kg	ULTRAFREE 为钻速增效剂（防黏结和润滑剂），是一种表面活性剂混合物。ULTRAFREE 具有润滑作用，可减少钻头泥包。为获得均匀的混合效果，该剂应足量加入，推荐使用浓度为 1%~3%，这取决于钻井液的密度和固相含量
MC-VIS	4.27kg	MC-VIS 是黄原胶类生物聚合物，为 ULTRA-DRILL 钻井液的最佳增黏剂。MC-VIS 可使该钻井液表观黏度低、动塑比高、低剪切速率黏度高，具有良好的悬浮携砂能力，推荐使用的浓度为 1.42~4.28 kg/m^3，具体情况取决于井径和井况

对 ULTRADRILL 水基钻井液中化学组分的毒性进行了测定，其 LC_{50} 值均大于 140000mg/L。与传统的水基钻井液相比，ULTRDRILL 水基钻井液具备油基钻井液的抑制性和润滑性，该钻井液的无毒性，使钻井作业产生的钻屑可直接排放入海，完钻后钻井液可回收反复使用，大大降低了钻井成本。

国内研制了一套与 ULTRADRILL 同类型的强抑制聚胺钻井液体系[41]，该体系的基本配方为：海水（或淡水）+0.2%NaOH+0.15%Na_2CO_3+2.0%HDF+0.3%~0.6%HPM+0.2%~0.4%HVIS+3.0%HPA+3.0%HLB+7.0%KCl，用重晶石加重到 1.25g/cm^3。其中 HPM 为阳离子包被剂，是阳离子聚丙烯酰胺，主要起增黏、包被、絮凝作用；HDF 为淀粉类降滤失剂，用于控制滤失量；HVIS 是由生物聚合物复配的弱凝胶增黏剂，用作调节体系流型；HPA 为聚胺抑制剂，起抑制钻屑水化和稳定井壁作用；HLB 为无荧光润滑剂，系非离子表面活性剂，主要作用是润滑，增加钻速。该体系抑制性强，无黏土相，润滑和防泥包性能较强，储层保护效果良好，处理剂能生物降解。

2. 现场应用

该体系主要用于海上钻井，由于海上作业的局限性，以及现场空间限制，大部分钻井液一般是在泥浆厂配制后运送到现场，现场再根据实际情况对钻井液的性能进行调整。由于 ULTRADRILL 钻井液稳定性高，现场仅做小范围的调整。对回收的旧浆，配合使用固控设备进行处理，性能达到要求后，可以重复使用。

在钻井过程中，从如下方面做好钻井液性能的维护与处理：

（1）采用“细水长流、高浓度”的维护处理原则，使所配制处理剂胶液的浓度始终高于所需维护体系的浓度，这样既可保持地面循环量，又能随着井的加深及时补充各种添加剂的消耗。

（2）合理使用固控设备，及时清除钻井液中的劣质固相。调节低剪切速率增黏剂MC-VIS的浓度，可调整低剪切速率下的流变性，控制$\varphi6$的读数在15~20范围内，保持井眼的清洁。接单根前，应将钻屑循环至井底以上，同时每个立柱要进行划眼，以减少接单根时钻屑沉淀导致堵塞和压差卡钻。起钻前，至少循环1周钻井液，避免在起钻或下钻过程中引起缩径或桥塞等。控制钻井液中膨润土含量小于22kg/m^3。

（3）观察振动筛上的钻屑，如果钻屑糊筛或泥包，表明钻井液中ULTRACAP含量不足，ULTRACAP加量应维持在2.85~8.56kg/m^3范围内，有利于钻屑的筛除。经常检测钻井液中ULTRAHIB的含量，大约维持在3%~4%。如果地层活性较低，ULTRAHIB的含量可逐渐减至2%~2.5%。

（4）在ULTRADRILL钻井液中加入钻速增效剂ULTRAFREE，可使套管、钻具、井眼、钻屑表面形成吸附膜，降低摩阻系数，改善泥饼质量，提高钻速，防止钻头泥包。在钻头泥包和钻速较低时，可以加入1.0%~3.0%ULTRAFREE来改善。ULTRAFREE可以直接加入循环系统，也可通过胶液维护。由于ULTRAFREE加量一直保持在较高的浓度，所以泥饼坚韧、致密而光滑。

（5）保持ULTRADRILL钻井液中抑制剂的浓度，使用孔径小的筛布，根据井下情况及时调整钻井液密度，防止卡钻和地层坍塌。

（6）由于ULTRAHIB固有的碱度使体系的碱度比其他常规水基钻井液高，通常将钻井液的pH值维护在9.0~9.5，以减少黏土水化分散性。由于页岩包被剂ULTRACAP水化可能会释放氨，在该钻井液中禁止使用氢氧化钠和氢氧化钾。当需要降低pH值时，可使用柠檬酸或醋酸。

（7）控制API滤失量，可以阻止水进入地层，减小对储层的损害。可酸溶的架桥粒子超细碳酸钙的加入可极大地降低体系的瞬时滤失量，有效地形成泥饼。可通过加入RESINEX或THERMPAC UL维持高温高压滤失量为2~4mL。

（8）加入氯化钾强化钻井液抑制能力，防止钻屑分散造浆和钻头泥包。高硬度对该体系无明显影响。

（9）ULTRADRILL钻井液与常规水基钻井液最大的不同之处是黏度高，但过筛能力却十分强。在Φ311mm井段，钻井液排量为3.78m^3/min，3台DERRICK振动筛初始阶段就使用了孔径为0.076mm的筛布，为了避免水力旋流器浪费钻井液，在不使用除砂器、除泥器和清洁器的情况下，仅靠2台SWACO高速离心机就能很好地维持钻井液密度稳定性。

（10）钻水泥塞前加入柠檬酸或醋酸和小苏打对ULTRADRILL钻井液进行预处理。

尽管该体系对硬度有较高的承受力，但水泥的高碱度对聚合物 ULTRACAP 有害，在 pH 值大于 10 的条件下，ULTRACAP 会发生水解，不仅会消耗其浓度，而且还会产生氨气。

CFD11-2-A01 井曾尝试使用海水膨润土钻井液钻 Φ444.5mm 井眼至井深 1200m。但钻至井深 700m 时，钻头和扶正器泥包非常严重，加入 PF-TEMP、XP220 和 SPNH 等聚合物处理剂仍无法改善，每钻进 100m 都必须起钻清洗被泥包的钻头。钻到井深 1100m 短程起钻时，下放不到底，经 45h 划眼才到井底，就此下套管完井。由于上部地层存在大段成岩性差、质软且黏的泥岩，加之钻速快，极易造成扶正器和钻头泥包。在吸取了 CFD11-2-A01 井的经验后，CFD11-2-A5 井和 CFD11-2-A8 井在 Φ444.5mm 井眼使用海水膨润土浆钻进，Φ339.7mm 套管下深为 607m；在 Φ311.11mm 井段开始使用 ULTRADRILL 钻井液，Φ244.47mm 套管下深为 2500m。CFD11-2-A5 井和 CFD11-2-A8 井，是国内第一次应用 ULTRADRILL 钻井液钻井。在钻进过程中安全、顺利、快速，振动筛返出的岩屑基本保持着钻头切削下来的形状，钻井液性能稳定，体系的强抑制性有效地抑制了软泥岩钻屑的水化分散造浆，在新井眼约 700~800m 井段短程起钻，除个别地方轻微遇阻外，其他井段起下钻、下套管和固井都非常顺利。

（三）强抑制强封堵胺基钻井液

1. 配方与性能

钻井液配方[42]：3%预水化膨润土浆+0.3%KPAM+1%DFD-140+2%SPNH+0.2%PAC-LV+0.2%NaOH+1.5%QS-2+4%ZHFD+0.1%XCD+2%FT-1+0.5%AI-1+石灰石（加重至钻井液密度为 1.15g/cm^3）。

实验表明，按照上述配方所配制钻井液流变性好，滤失量低，泥饼质量好、抑制性与封堵能力强，对气层的损害程度低，对延长气田石盒子组、山西组、本溪组等气层岩心的渗透率恢复值在 90%以上。

2. 现场应用

强抑制强封堵胺基钻井液在延长气田延 337S-4、延 329-3、延 252-2 井等 3 口井进行了应用，3 口井均为定向井，最大井斜角分别为 23.98°、33.35° 与 32.75°。一开采用 Φ311.1mm 钻头钻至井深 500m，下入 Φ244.5mm 表层套管；二开采用 Φ215.9mm 钻头钻至完钻，下入 Φ139.7mm 油层套管。

试验井二开均采用 KCl 聚合物无固相钻井液钻进至刘家沟组顶部，改为小循环钻进，并将井浆逐渐转化为胺基钻井液。转换后，按钻井液配方配制胶液进行维护，保持钻井液中胺基抑制剂含量为 0.5%，加入降滤失剂、润滑剂、封堵剂 ZHFD、FT-I、超细碳酸钙，提高钻井液抑制性与封堵性。应用表明，该钻井液具有强的抑制性与封堵性，钻井液性能稳定，起下钻顺利，测井一次成功，减少了井下复杂情况，且井径规则，机械钻速高。如采用强抑制强封堵胺基钻井液所钻的 3 口井，刘家沟组以下地层平均井径扩大率均小于 11%。而该地区已完钻 132 口井中刘家沟组以下地层平均井径扩大率大于 22%。采用强抑制强封堵胺基钻井液所钻的延 329-3 与延 337S-4 井比同一井队在同一井场所钻的延 329–1 与延 337S–1 井机械钻速提高 21%~20%，钻井周期缩短 1.5~16d；完井周期缩短 6~34d。

针对新疆油田莫 116 井区上部地层膏质泥岩易缩径及下部地层井壁垮塌难题，设计了胺基钻井液，其配方为[43]：2%~4% 膨润土 +0.2%Na_2CO_3+0.2%NaOH+0.5%~0.8% 包被剂 FA367（JB66、PMHA–Ⅱ）+1% 降滤失剂 AP220（SP–8）+5%~10%NaCl+1.5%~2.0% 胺基抑制剂 SIAT+1% 防卡剂 SuperFree+2%~3% 磺化沥青 + 重晶石。在 MB6001、MB6293、MB6136 等井中应用表明，钻井液抑制性能优良、井壁稳定、井径规则，平均井径扩大率小于 6%，有效地解决了莫 116 井区钻井过程中常出现的井壁失稳、膏质泥岩造浆严重、钻头易泥包、缩径卡钻、钻速慢等难题。

（四）聚铝胺盐防塌钻井液

铝盐和聚胺的协同作用，可以保证聚铝胺盐防塌钻井液具有强抑制性和高的防坍塌能力。一方面，聚铝盐在高 pH 值环境中水解形成两性氢氧化物和四羟基铝阴离子，但当遇到 pH 值为 5~6 的地层水时，就会与黏土结合形成具有固结作用的硅铝酸盐不渗透层，阻止钻井液滤液进一步侵入，从而能显著增强井壁的稳定性。胺基抑制剂在水解过程中产生阳离子，与黏土形成静电吸附，从而抑制黏土的水化分散，且高浓度的胺基基团能保证有机游离胺吸附在黏土表面抑制其水化分散，其弱碱性及弱离解性还能使胺基抑制剂的作用浓度一直处于平衡状态，持续与地层孔隙表面黏土中最活跃、易水化的基团作用。

研究表明，胺基抑制剂与铝盐封堵防塌剂复配后能显著阻缓孔隙压力传递。添加铝盐形成的聚铝胺高性能水基钻井液（4% 基浆 +0.3%SDB+1%PAC–L+0.3%XC+3%HA–1+3%SDJA+3%SD–505）抑制性和润滑性突出，钻井液性能稳定（表 2–8），在胜利油田田 305 区块应用，解决了该区块泥页岩井壁失稳问题[44]。

表 2-8　聚胺高性能水基钻井液 120℃热滚前后性能

实验条件	*AV*/mPa·s	*PV*/mPa·s	*YP*/Pa	动塑比	*φ*6/*φ*3	FL_{API}/mL
热滚前	59.5	37	22.5	0.61	10/9	7.2
热滚后	55.5	32	23.5	0.73	10/8	7.6

注：老化条件 120℃、16h。

由 8.57kg/m^3 膨润土 +2.14kg/m^3 氢氧化钠 +194.2kg/m^3 氯化钠 +1.43kg/m^3 聚丙烯酰胺 +1.43kg/m^3 羧甲基纤维素 +2.85kg/m^3 改性淀粉 +14.3kg/m^3 铝化物 +3.0% 封堵剂 +20.0kg/m^3 胺酸络合物 +2.0% 快速钻井剂等组成的高性能水基钻井液（HPWBM），表现出油基钻井液的性能，具有页岩稳定性好、对黏土和钻屑抑制性强、可减小钻头泥包、减少扭矩和摩阻，从而有利于提高机械钻速，高温稳定性好、可抑制天然气水合物的生成，减少储层伤害，同时还具有环境友好和配浆成本较低的优点。现场应用表明，HPWBM 可以满足钻软泥页岩、硬脆性泥页岩、枯竭地层的要求，防塌性能类似于油基钻井液。在陆上和海上钻井，均具有广阔的应用前景[45]。

1. 配方一

为解决吉林油田伊通、大安等区块软泥岩和硬脆性泥岩地层坍塌的问题，结合吉林油田软泥岩和硬脆性泥岩地层钻井工程实际情况，形成了一种具有强抑制性的聚铝胺盐防塌钻井液体系[46]，其配方为：2% 钠基膨润土＋ 2% 封堵剂聚铝盐 PAC-1+3.0% 抑制剂聚胺盐 HPA+1.0% 降滤失剂 SMP-1+1.5% 降滤失剂 APC-026+2.0% 抑制剂磺化沥青 +pH 值调节剂 NaOH。

评价表明，强水敏泥岩在聚铝胺盐防塌钻井液中的一次回收率为 75%、膨胀率为 17.4%；聚铝胺盐防塌钻井液能抗 15%NaCl 和 1%$CaCl_2$ 污染，耐温达到 150℃。

伊通区块尤其是伊 59 区块，钻井施工难度非常大，经常出现井下故障。破碎性的硬脆性泥页岩水化周期短，井壁垮塌现象严重，井径不规则，“糖葫芦”井眼、坍塌和缩径现象共存，掉块卡钻、起下钻遇阻等问题时常发生。起钻前必须用封井液封堵易塌井段，即使封堵也要划眼，划眼时间占钻进时间的比例较大，同时钻井液设计密度偏低，不能平衡地层压力。应用聚铝胺盐防塌钻井液后，以上问题得到解决，处理井下故障时间缩短、井径扩大率降低，电测、下套管顺利，固井质量得到提高。例如，应用聚铝胺盐防塌钻井液的伊 59-14-10 井与未应用该钻井液的邻井伊 59-14-17 井相比，处理井下故障的时间缩短 90%，易塌井段井径扩大率由 29.0% 降至 14.4%。14 口井的现场应用表明，聚铝胺盐防塌钻井液的抑制性和封堵能力强，能有效防止泥岩坍塌，解决了吉林油田伊通、大安等区块泥岩地层钻井过程中因井壁坍塌和缩径造成的掉块、起下钻遇阻等问题。

2. 配方二

以胺基聚醇（有机胺类）AP-1 和铝聚合物 DLP-1 为主要抑制性材料，形成了一种铝胺高性能水基钻井液，其配方为[47]：3% 钠膨润土 +0.3%PAM+1%AP-1+3%SMP-Ⅱ+0.5%SF-1+1%DLP-1 +0.5%DSP-2 +2% KFT+ 青石粉。按照上述配方所配制的钻井液性能见表 2-9。

表 2-9　优选钻井液的性能

实验条件	密度 / （g/cm^3）	PV/mPa・s	YP/Pa	FL_{API}/mL	FL_{HTHP}/mL
室温	1.20	34	13	5.0	12.5
120℃、16h	1.20	38	19	3.2	14.5

该体系在现场应用中见到了明显效果。例如，营 72- 平 2 井三开后因严重井塌无法施工，被迫填井侧钻，侧钻至井深 2920m 时，井塌现象已非常严重，转换为铝胺高性能水基钻井液后顺利完钻。辛 176- 斜 12 井三开后钻遇大段泥页岩。地层微裂缝发育，同时泥岩中蒙皂石含量高、水敏性强，钻进中发生较严重的井壁垮塌掉块，换用铝胺高性能水基钻井液后顺利完钻。以上 2 口井的现场应用证明，铝胺高性能水基钻井液对解决因水化不均匀或微裂缝发育导致的井壁不稳定具有良好的效果。

（五）聚胺有机钾盐钻井液

哥伦比亚南部Jazmin区块地质构造和地层岩性比较复杂，特别是Umir地层水化膨胀造浆非常严重。Umir地层由灰色和黑色的泥岩构成，间互掺杂有煤层，属于典型的三角洲平原沉积。该区块大致分3种类型，Ⅰ类储层孔隙度大于33%，渗透率大于8μm^2；Ⅱ类储层孔隙度为29%~33%，渗透率为7.5~9μm^2；Ⅲ类储层孔隙度为25%~29%，渗透率为5~7.5μm^2。结合该地区地质特点，在胺基抑制钻井液的基础上，加入甲酸钾形成了一种聚胺有机钾盐钻井液，不仅改善了钻井液的抑制性，也提高了其环保性能[48]。

1. 配方与性能

钻井液配方：清水+4%膨润土+0.07%~0.15%KPAM+1%~2%PAC-LV+1%~2.3%抑制剂YH-SUP+1%~2.3%增效剂YH-LUB+0.43%~0.7%包被剂YH-COA+5%甲酸钾。按照上述配方配制钻井液，如表2-10所示，钻井液在150℃下老化16h后，其流变性仍然很好，滤失量较低。

表2-10 聚胺钾盐钻井液150℃、16h热滚前后的性能

实验条件	PV/mPa·s	YP/Pa	Gel/Pa/Pa	Gel_{30min}/Pa	FL_{API}/mL	$FLHTHP$/mL
热滚前	27	18	7/10	11	3.6	12.8
热滚后	21	17	6/9	10	3.0	14.2

2. 现场应用

将一开钻井液放掉，并清洗干净各罐及钻井液槽，然后向罐内注入清水，按配方依次加入处理剂。调整钻井液性能至满足开钻要求。下入钻具，开泵将套管内的钻井液全部顶替直接放掉。待钻井液循环好后更换所有振动筛筛布孔径为90~96μm，除砂器筛布孔径为62μm，同时开启除砂器与离心机，实时监测密度，严格控制在1.1~1.15g/cm^{3}范围内。

钻进过程中不断补充YH-SUP、YH-LUB、YH-COA等处理剂，确保钻井液具有良好的润滑和抑制能力；钻进时钻井液以胶液维护为主，保持有效含量，保证其具有良好的抑制性，严格控制膨润土含量，防止井塌和井壁不稳定现象的发生。根据需要补充其他相关处理剂，调整钻井液性能达到设计要求，保证钻井施工安全；开启全部固控设备清除有害固相。采用离心机、补充胶液方法降低钻井液固相含量，膨润土含量控制在4%以下，钻至LaLuna地层后膨润土含量应控制在2.8%以下，含砂量控制在0.3%以下，定期搞好短程起下钻，破坏并清除岩屑床，以保证井眼的通畅；保证体系中润滑剂的有效含量，钻进过程中发现摩阻系数升高或活动钻具拉力异常时，及时增加YH-LUB加量，防止发生卡钻。

进尺钻完后，大排量循环钻井液，将井内岩屑携带干净，搞好短起下，保证井眼畅通，起钻前应循环干净，确保下套管顺利。

现场应用表明，该体系不仅具有良好的抑制性和润滑性，且钻井液性能稳定，抗污染能力强，并且无毒，易生物降解，较好地满足了当地环境保护要求，特别针对 Umir 地层的强水敏性泥岩以及 LaLuna 上部易剥落掉块页岩有着显著效果，缩短了钻井液处理时间，保障了井壁稳定和井下安全。

第四节　烷基糖苷钻井液

国外于 20 世纪 90 年代初开始对以甲基葡萄糖苷钻井液为代表的烷基糖苷类钻井液进行研究，并已成功地用于解决水敏性地层和其他复杂地层的井眼稳定问题，且取得了良好的效果。目前国内尽管也开展了烷基糖苷钻井液研究，但还没有形成真正的钻井液体系，烷基糖苷的整体优势还没有充分发挥[49]。针对页岩气水平井钻井的需要，国内在烷基糖苷改性及钻井液研究方面开展了一系列探索性工作，并在甲基葡萄糖苷钻井液的基础上，开发应用了一系列新的烷基糖苷钻井液体系。

本章重点介绍烷基糖苷钻井液及应用情况，包括甲基葡萄糖苷钻井液、阳离子烷基糖苷（CAPG）钻井液和混合烷基糖苷钻井液等。

一、甲基葡萄糖苷钻井液

甲基葡萄糖苷钻井液是一种具有良好的润滑性、降滤失性及高温稳定性且无毒、易生物降解的新型水基钻井液，它具有与油基钻井液相似的性能，可以有效抑制页岩水化，成功维持井眼稳定，在一定条件下是油基钻井液的理想替代体系，该体系为解决钻井过程中井眼失稳和环境污染等问题提供了新的方法和途径，应用前景广阔。

（一）甲基葡萄糖苷

甲基葡萄糖苷（MEG），又叫甲甙、甲基葡萄糖甙、α-D-乳酸吡喃糖苷、α-甲基葡萄糖甙、2-甲基葡萄糖苷，是一种非还原性的葡萄糖衍生物，具有独特环状结构的四羟基多元醇，有优良的化学性能，熔点 169~171℃，沸点 200℃（0.0263kPa），易溶于水，水中溶解度 108g/100mL（20℃），密度 1.46g/cm^3，表面张力 68.3mN/m。纯甲基葡萄糖苷为白色粉末，实际产品为奶油色、淡黄色至琥珀色，是两种对应异构体的混合物。质量分数为 62.5% 的甲基葡萄糖苷溶液在 12℃下仍为流体。热红外成像分析表明，在氮气存在的条件下质量分数为 70% 的甲基葡萄糖苷溶液在 194℃时仍处于稳定状态。

MEG 由于独特的分子结构，在加量适当时，对泥页岩及黏土具有很强的抑制能力；抗温 140℃，加入钻井液具有润滑性好、抑制能力强、抗污染能力强及良好的储层保护作用。MEG 能与其他水溶性聚合物相互作用而达到最佳降滤失效果；可以提高天然聚合物在钻井液中的使用温度，且可生物降解，有利于环境保护。

研究表明，在清水中加入一定量的 MEG，页岩回收率有所提高，但提高幅度很小，说明 MEG 抑制岩屑分散的作用较弱，其抑制效果远不如目前常用的聚合醇类抑制剂（如 SD–301），质量分数 10% 的 MEG 溶液页岩回收率仅为 19.3%，（表 2–11），但能大幅度提高泥页岩的膜效率，且能有效降低钻井液的水活度。上述溶液使泥页岩膜效率提高率达 202%，MEG 单独或与盐复配使用可将水活度降到 0.85 以下，见表 2–12 和表 2–13[50]。由此可见，对于井壁稳定，提高膜效率和降低水活度是其发挥作用的关键。

表 2-11　不同浸泡液下的页岩回收率

溶液组分	岩屑回收率 /%	溶液组分	岩屑回收率 /%
清水	15.5	7% NaCl+5%MEG	34.2
5%MEG 溶液	17.2	7% NaCl+10%MEG	36.5
10% MEG 溶液	19.3	7% NaCl+25%MEG	42.1
3%SD–301	55.6	7% NaCl+3%SD–301	78.5
7% NaCl	24.1	36% NaCl+10%MEG	80.4
36%NaCl	68.4	36% NaCl+3%SD–301	94.5

表 2-12　与不同浸泡液作用后泥页岩的膜效率

溶液组分	ΔPd/MPa	$\Delta \Pi$/MPa	σ	σ 提高率 /%
标准盐水	0.173	3.766	0.046	–
标准盐水 +10%MEG	0.395	3.766	0.105	128
标准盐水 +25%MEG	0.523	3.766	0.139	202
标准盐水 +10%NaO · 3SiO_2	0.375	3.766	0.099	115
标准盐水 +10%CH_3COONa	0.212	3.766	0.056	5.6

注：标准盐水组成为质量分数 7% 的 NaCl+ 质量分数 0.6%$CaCl_2$+ 质量分数 0.4%$MgCl_2 \cdot 6H_2O$。

表 2-13　甲基葡萄糖苷加量对钻井液水活度的影响

钻井液组成	钻井液水活度	钻井液组成	钻井液水活度
淡水基浆	0.98	盐水基浆 +10%MEG	0.93
淡水基浆 +40%MEG	0.90	盐水基浆 +20%MEG	0.88
淡水基浆 +58%MEG	0.84	盐水基浆 +25%MEG	0.84
盐水基浆	0.95		

注：在 1000mL 水中加膨润土 40g、工业纯碱 2g，经充分预水化后为淡水钻井液；在淡水钻井液中加入质量分数为 7% 的 NaCl，充分搅拌后为盐水基浆。

（二）甲基葡萄糖苷钻井液组成

甲基葡萄糖苷钻井液可由淡水、盐水或海水作水相（若用盐水作为水相，合适的水溶性盐包括 NaCl、KCl、$CaCl_2$ 等），以甲基葡萄糖苷作为主处理剂，再添加适量的降滤失剂（如改性淀粉、聚阴离子纤维素等）及流型调节剂等组成。

研究表明，将一定量的甲基葡萄糖苷加入水基钻井液中，会改变该水基钻井液的性能。例如，加入 3% 以上的甲基葡萄糖苷可以增大钻井液的屈服值和凝胶强度，从而提高钻井液的携岩能力，加入 15% 以上的甲基葡萄糖苷则会降低钻井液的摩擦系数，提高钻井液的润滑性，加入 35% 以上的甲基葡萄糖苷不仅可以有效地降低钻井液的水活度，而且可以形成理想的半透膜，阻止与钻井液接触的页岩水化和膨胀，有效地维持井眼的稳定。

典型的 MEG 钻井液组成：0~4.0% 膨润土、15.0%~50.0%MEG、0.3%~0.7% 聚阴离子纤维素、0.5%~2.0% 羧甲基淀粉、0.1%~0.5% 黄原胶、0.2%~0.5% 烧碱；其他降滤失剂视需要确定：3.0%~5.0% 封堵剂（无土相时加入）、无机盐（视需要确定加量）、加重剂（视需要确定）。

钻井液性能：FV 40~90s，ρ 1.10~2.30g/cm^3，AV 30~80mPa·s，YP6~20Pa，FL_{API}≤5.0mL（7.5 无土相），FL_{HTHP}≤10mL（20，无土相），膨润土含量≤30（5，无土相）g/L，初切 1.0~5.0Pa、终切 3.0~15.0Pa，极压润滑系数≤0.08，pH 值 8.0~10.0，固相含量≤6%。

（三）甲基葡萄糖苷钻井液的特点

甲基葡萄糖苷的性质决定了甲基葡萄糖苷钻井液具有自己的独特性能，归纳起来具有如下特点[51]：

1. 页岩抑制性

MEG 分子结构上有 1 个亲油的甲基（$-CH_3$）和 4 个亲水的羟基（-OH），羟基可以吸附在井壁岩石和钻屑上，而甲基则朝外。当加量足够时，MEG 可在井壁上形成一层膜，这种膜是一种只允许水分子通过而不允许其他离子通过的半透膜，因而可通过调节甲基葡萄糖苷钻井液的水活度来控制钻井液与地层内水的运移，使页岩中的水进入钻井液，有效地抑制了页岩的水化膨胀，从而维持井眼稳定。

为了使钻井液具有理想的页岩抑制性，甲基葡萄糖苷的用量要控制在 35% 以上，理想用量为 45%~60%，但由于受成本限制一般很难达到最佳用量。在低加量下，配合无机盐、聚合醇、封堵剂等材料也能达到理想的效果。例如可以通过向钻井液中加入无机盐来调节甲基葡萄糖苷的用量。若使用 7% 的 NaCl 则再添加 25% 的甲基葡萄糖苷就可将钻井液的水活度降至 0.84~0.86，而该活度的钻井液可以使活度为 0.90~0.92 的页岩保持稳定。由于甲基葡萄糖苷钻井液能够充分抑制泥页岩的水化，因此可以利用机械法充分分离岩屑，以保证钻井液在存放时尽可能稳定。

2. 润滑性

甲基葡萄糖苷钻井液具有良好的润滑性，现场应用表明，在水平井定向施工中不仅摩阻低，而且不托压。

3. 高温稳定性

甲基葡萄糖苷钻井液具有良好的热稳定性，通常可以抗温 140℃，当在体系中引入褐煤或褐煤改性产品后，可以使其热稳定性进一步提高。研究表明，若在甲基葡糖苷钻井液体系中加入石灰和褐煤，167℃下的滤失量明显降低。这是因为褐煤既改善了甲基葡萄糖苷钻井液颗粒的尺寸和形状的分布，又有利于将溶解氧从体系中除去，从而提高了其高温稳定性。另外，甲基葡萄糖苷钻井液还具有良好的抗污染性。

4. 生物降解性

甲基葡萄糖苷钻井液具有无毒、且易生物降解的特性。质量分数 80% 的甲基葡萄糖苷溶液的 LC_{50} 值大于 50000mg/L，远远超过了发达国家规定的排放标准，具有极好的环境保护特性。

5. 维护处理方便，回收利用容易

甲基葡萄糖苷钻井液体系具有配方简单、现场易于维护、抗污染能力强等特点。同时甲基葡萄糖苷钻井液比油基钻井液更便于回收、调整及再利用。

6. 保护储层

甲基葡萄糖苷基液能配制出滤失性能优良的钻井液，能很快形成低渗透致密的滤饼，具有良好的膜效率，在高、低渗透储层中能够有效地控制固相和滤液浸入引起的储层伤害。

（四）钻井液配方及应用

国外甲基葡萄糖苷钻井液已经成熟，并在一些环境敏感地区作为油基钻井液的理想替代体系，特别适用于钻大位移井和大斜度井，为解决钻井过程中的井眼失稳和环境污染等问题提供了新的方法和途径[52]。国内在甲基葡萄糖苷钻井液应用方面也逐步受到重视，但相对于国外，体系还没有完善配套，没有形成充分发挥甲基葡萄糖苷作用的钻井液体系，且应用少。

相关文献[53]介绍了一种无黏土相甲基葡萄糖苷钻井液体系，配方为：甲基葡萄糖苷基液与海水复配液（4：6）+0.2%Na_2CO_3+0.5% 流型调节剂 VIS+1% 降滤失剂 HFL+0.1% 抗氧化剂，用 $CaCO_3$ 将体系密度调整到 1.15g/cm^3。室内研究表明，无黏土相甲基葡萄糖苷钻井液体系具有良好的动、静态携砂能力和流变性能（低剪切速率黏度达到 44133mPa·s）、优异的抑制能力、抗污染能力、润滑能力以及储层保护能力，还具有一定的抗温能力。为满足海上油气田开发在储层保护及环境保护等方面的特殊要求，形成一种甲基葡萄糖苷钻井液体系，主要由 MEG、流型调节剂、降滤失剂、pH 值调节剂等组成，具体配方为：3% 海水膨润土浆 +0.2%NaOH+0.1%Na_2CO_3+0.5%PF-PAC-LV+0.3%PF-PLUS+0.2%PF-XC+7.0% PF-MEG +3%PF-ZP。室内评价及现场应用表明，MEG 钻井液体系具有良好的抑制、润滑性能及突出的储层保护和环境保护特性[54]。

以无黏土相 MEG 钻井液为例介绍 MEG 钻井液的配制、维护处理和现场应用情况[55]。现场钻井液配方为：10%～15%MEG+0.3%～0.5% 降滤失剂 +0.8%～1.0% 流型调节剂 +3%～4% 封堵剂 ZLT+0.3%～0.5%NaOH+25% 工业盐 + 重晶石。

按以上配方配制 MEG 无土相钻井液约 260m^3，在循环罐内剪切循环均匀后，分两次替换出三开钻井液。全井循环调整钻井液性能，循环均匀后的钻井液性能为：密度 1.35 g/cm^3，黏度 60s，塑性黏度 20mPa·s，动切力 21.1Pa，初切 6Pa、终切 10Pa，滤失量 2.5mL，泥饼厚 0.3mm，pH 值 8.5。所有材料用剪切泵加入，配好后所有罐的搅拌器保持全天运转，让钻井液充分循环剪切，在第一次替换钻井液前在地面钻井液罐内循环均匀。

在钻井过程中，通过补充流型调节剂 HV-CMC 和 XC 提高钻井液黏切，补充含有 MEG 和降滤失剂 LV-CMC 的稀胶液可降低钻井液的黏切，以维护钻井液良好的流变性；当滤失量大时，可适当补充 LV-CMC 降低 API 滤失量，补充封堵剂可维持钻井液封堵能力，同时可控制 API 和 HTHP 滤失量；维持 MEG 的含量，以有效地抑制泥页岩的水化剥落，完井作业前加入适量的聚合醇和沥青粉提高钻井液的抑制和封堵能力；同时通过维持 MEG 的含量，以保持钻井液良好的润滑性，随着钻入水平段裸眼段的加长，适当补充聚合醇，以有效降低钻井液的摩阻。

水平段钻进时，在保证钻井液流变性的同时，提高钻井液动塑比，保持一定低剪切速率下的钻井液黏度，以提高悬浮钻屑能力，防止岩屑床的形成，必要时泵入稠塞以清扫井眼；同时将漏斗黏度控制在 80s 以内，防止钻井液黏度过高导致环空循环当量密度和环空压耗增加；每钻进 50m 划眼一次，以保持井眼畅通。

烷基糖苷无土相钻井液在东濮凹陷的卫 383-FP1、文 88-FP1、文 133- 平 1 井等长水平段水平井钻井中应用表明，钻井液润滑性好，满足定向施工，有利于降低循环压耗、提高机械钻速；携岩带砂能力强，保证了井眼清洁及岩屑床的清除；强抑制性，保持了井壁稳定，提高了固控效果，解决了钻头泥包、托压等情况，保证了钻完井的顺利施工。

二、阳离子烷基糖苷钻井液

阳离子烷基糖苷钻井液是在甲基葡糖苷钻井液的基础上发展起来的烷基糖苷衍生物钻井液之一，其在机理和应用效果上与甲基葡糖苷钻井液相同，而抑制性更优。

（一）阳离子烷基糖苷

阳离子烷基糖苷（CAPG）是一类带有烷基和季铵基的糖苷衍生物，属于阳离子表面活性剂。阳离子烷基糖苷是通过对非离子烷基糖苷进行季铵化改性得到，它不仅保持了烷基糖苷原有的性能，同时兼具阳离子表面活性剂的特殊性能，具有绿色、天然、低毒、低刺激、易生物降解特征，能很好地与阴离子表面活性剂复配，具有强力柔软性能和杀菌性能；临界胶束浓度低，表面活性好，润湿、渗透性能优异；在钻井液中抑制性、润滑性优于烷基糖苷，低加量下即表现出突出的抑制能力，也是实现烷基糖苷作为单一处理剂使用的新途径；抗温能力优于烷基糖苷[56, 57]。

阳离子烷基糖苷能够降低钻井液水活度，通过调节阳离子烷基糖苷钻井液的水活度可控制钻井液与地层水的运移，使泥页岩中的水进入钻井液，有效抑制泥页岩的水化膨胀。实验表明，随着阳离子烷基糖苷含量的增加，阳离子烷基糖苷水溶液的水活度呈降低趋势，且当阳离子烷基糖苷含量较高时，其水溶液水活度降低幅度明显。在低含量条件下，阳离子烷基糖苷的水活度与烷基糖苷（APG）基本一致；在高含量条件下，烷基糖苷与阳离子烷基糖苷的水活度差异较大，当含量达25%时，烷基糖苷水活度为0.910，阳离子烷基糖苷水活度为0.702，当含量达50%时，烷基糖苷水活度为0.835，阳离子烷基糖苷水活度为0.648，可见在高含量条件下，阳离子烷基糖苷降低水活度的效果比烷基糖苷要显著。由于阳离子烷基糖苷含量较低时对水活度影响不大，从降低水活度的角度考虑，单纯采用阳离子烷基糖苷成本较高，从节约成本的角度考虑，可将阳离子烷基糖苷与一些盐类（氯化钠、氯化钾等）复配使用来达到较好地降低水活度的效果。

随着阳离子烷基糖苷含量的增加，岩屑一次滚动回收率（R_1）有所提高，相对回收率（R）变化较小，抑制能力远高于APG，即使在0.1%加量下，其一次滚动回收率也在90%以上，而APG加量9%时，其一次回收率也只是达到65.5%。

如表2-14所示，当含量为3%时，甲基葡萄糖苷基本没有抑制膨润土水化分散的能力，而阳离子烷基糖苷对膨润土的水化分散具有较好的抑制作用，相对抑制率达100%。

表2-14　MEG及CAPG相对抑制率评价

样品名称	加量/%	$\varphi600$	$\varphi300$	$\varphi200$	$\varphi100$	相对抑制率/%
空白	—	50	28	18	11	—
MEG	3	96	76	56	38	—
CAPG	3	3	1	0.5	0	100

注：空白样为350mL蒸馏水+1.75g无水碳酸钠，实验条件为150℃、16h。

实验表明，3%MEG水溶液润滑系数为0.180，5%MEG水溶液润滑系数为0.150，而3%CAPG水溶液润滑系数为0.071，5%CAPG水溶液润滑系数为0.035，表现出非常好的润滑性能，并明显优于MEG。

（二）阳离子烷基糖苷钻井液体系

1. 配方与性能

基本配方：1.0%～4.0%膨润土、3.0%～25.0%阳离子烷基糖苷CAPG、0.5%～2.0%羧甲基淀粉、0.1%～0.5%黄原胶、2.0%～4.0%纳米碳酸钙、2.0%～4.0%矿物纤维封堵剂AT、2.0%～4.0%无渗透封堵剂、1.0%～3.0%极压润滑剂、0.2%～4.0% NaOH、重晶石（$BaSO_4$）根据密度需要。

钻井液性能：FV 40～90s，ρ 1.10～2.30g/cm^3，AV 20～80mPa·s，YP 5～25Pa，FL_{API}≤5.0mL，FL_{HTHP}≤10mL，膨润土含量≤30g/L，初切1.0～5.0Pa、终切3.0～15.0Pa，极压润滑系数≤0.08，pH值8.0～10.0，固相含量≤6%。

按25%CAPG+2%膨润土+0.1%XC+0.05%HV-CMC+0.1%LV-CMC+1.5%CMS+3%凹凸棒土+3%无渗透封堵剂WLP+3.5%NaOH，配制钻井液，并测定钻井液性能，结果表

明，钻井液中岩屑一次回收率 99.05%，相对回收率 99.71%，表现出优异的抑制性能；CAPG 钻井液在 150℃老化 16h，流变性能较好，动塑比 0.46，初终切适宜（4.0/6.0），滤失量较小（中压滤失量 0.7mL，高温高压滤失量 9.0mL），表明 CAPG 钻井液抗温可达 150℃。钻井液极压润滑系数 0.052，摩阻系数 0.0875，表现出良好的润滑性能；钻井液可抗盐达饱和，同时具有较强的抗钙、抗黏土和钻屑污染能力。

将 CAPG 钻井液老化后钻井液压取滤液，测其表面张力为 26.3mN/m，较 APG 钻井液滤液有较大程度的降低，表现出较好的表面活性，有利于保护储层，滤液返排，提高采收率。

岩心动态及静态渗透率恢复值实验表明（测试温度 90℃，所用岩心为桥 66 井天然岩心，直径 25mm，长度 25.5mm），CAPG 钻井液具有较好的储层保护性能，静态渗透率恢复值大于 92%，动态渗透率恢复值大于 90%，表现出较好的储层保护性能。

采用发光细菌法测定 CAPG 钻井液体系的 EC_{50} 值为 126700mg/L，远大于排放标准 30000mg/L，说明 CAPG 钻井液无生物毒性，可适用于海洋及其他环保要求较高的地区钻井。

阳离子烷基糖苷钻井液先后在小井眼侧钻井和水平井进行了现场应用，见到了良好的效果[58, 59]。

2. 现场配制与维护处理要点

配制钻井液时，首先用清水清洗干净循环系统；按配方量在罐内加入所需的清水和 CAPG，开动地面循环，经混合漏斗均匀加入各种处理剂，充分循环、搅拌至分散均匀；根据所需密度加入复合盐、超碳酸钙或重晶石粉加重至所需密度，并调整钻井液性能至所需指标；若与井浆密度接近可配制隔离液，进行替浆。

在钻井施工中，日常维护采用聚合物稀胶液，并及时补充消耗的钻井液，要点如下：

（1）根据钻井液性能测定情况，当出现黏度降低时，可补充 HV-CMC 或 XC 聚合物以提高钻井液的黏切；若滤失量增加时，适当加入 LV-CMC 以控制 API 滤失量，必要时可以补充适当级配的封堵剂，以降低 API 滤失量和 HTHP 滤失量。

（2）当需要降低密度时，可通过离心机降至所需密度，必要时补充稀胶液保持钻井液流型和滤失量；在钻井液循环罐容积许可的条件下，也可以加水直接稀释，能小幅度降密度、黏度和切力，且对滤失量影响较小。当需要提高钻井液密度，可用重晶石或石灰石粉直接加重，同时补充适量的处理剂胶液以保证钻井液性能稳定。

（3）由于 CAPG 钻井液具有良好的润滑性，水平段初期摩阻较小，一般不需专门加入润滑剂，但当摩阻增大时，可根据实际情况加入 2% 的聚合醇提高润滑性。

（4）根据钻井液消耗量，每天按配方加入 CAPG，保持钻井液中有效含量，确保钻井液的抑制性。

（5）在完井过程中，提前处理好钻井液，维持性能稳定，钻进中一般不做大幅度处理；起钻前钻井液循环不少于 2 周，以充分清洁井眼，必要时可适当提高黏切。

由于 CAPG 钻井液费用高于常规水基防塌钻井液，回收利用不仅有利于减少钻井液外排，还有利于降低钻井液的成本。若进行回收利用，则在完井回收钻井液之前，需要通过固控设备尽可能清除钻井液中的有害固相；回收的钻井液储存在带搅拌器的钻井液罐中，储存环境温度较高时加入 0.2%~0.3% 的抑菌剂，并取样检测钻井液常规性能；储存期间每周取样检测一次钻井液性能，对比性能变化，必要时补充抑菌剂；储存的钻井液送井场时，须测定全套钻井液性能，供现场配浆时参考。

3. 现场应用效果

现场应用表明，CAPG 与现场井浆配伍性好，在原井浆的基础上，转换得到的 CAPG 钻井液体系抑制防塌效果及润滑防卡效果好，剪切稀释好、携岩能力强，保证了井眼清洁及岩屑床的清除，有效地保证了钻完井施工的顺利进行。如 J66P19H 井三开水平段平均井径扩大率仅为 4.35%，而该井一开和二开采用常规钻井液体系时平均井径扩大率则为 10.62% 和 6.52%；靖南 72-13H1 井水平段共 1138m，钻井周期 21.87d，完井作业 44d，期间没有出现掉块等井壁失稳问题，表现出强效持久的井壁稳定能力；在高桥 26-126H 井造斜段使用阳离子烷基糖苷钻井液顺利钻穿泥岩、煤层，井壁稳定，无掉块，起下钻顺畅。文 209- 侧 7 应用井段平均钻时为 7.8min/m、平均井径扩大率仅为 7.40%，与邻井相比，该井机械钻速显著提高，平均井径扩大率显著降低。在高桥 26-126H 井有效解决了造斜段托压和钻头泥包的问题；靖南 72-13H1 井机械钻速比邻井提高 72%。

三、混合烷基糖苷钻井液

基于页岩气水平井钻井对钻井液的要求，在甲基葡糖苷和阳离子烷基糖苷钻井液的基础上，结合 CAPG 和聚醚胺基烷基糖苷（NAPG）的特征，通过 MEG、CAPG 和 NAPG 配伍使用，形成了一种适用于页岩气水平井的混合烷基糖苷钻井液，即 ZY-APD 高性能水基钻井液，并在现场应用中见到了较好的效果[60]。该体系中所用的 NAPG 是一种特殊结构的非离子表面活性剂，分子中具有烷基糖苷、聚醚胺等结构单元，兼具烷基糖苷和胺基抑制剂等特点，其具有很强的抑制性、稳定性和表面活性，作为单剂使用，其抑制能力接近胺基聚醚和聚胺抑制剂，而成本较低。用于配制烷基糖苷钻井液时，抗温可达 160℃。0.1%NAPG 产品水溶液中岩屑一次回收率＞ 96%，相对回收率＞ 99%。产品加量 0.3% 时对钙膨润土相对抑制率大于 95%；0.4% 产品水溶液表面张力为 27.6mN/m；3% 产品水溶液静态或动态污染岩心后，静态渗透率恢复值大于 96%，动态渗透率恢复值大于 91%；产品 EC_{50} 值为 528800mg/L，远大于排放标准 30000mg/L，无生物毒性。

（一）配方与性能

混合烷基糖苷衍生物钻井液（ZY-APD）配方：4%~10%APD（MEG+CAPG+CNPG）+1%~2% 膨润土 +0.1%~0.3%XC+7%~8% 级配纳米 - 微米级封堵剂 +0.5%~1% 降滤失剂 +5%~6%KCl+0.1%~0.2%pH 值调节剂 + 重晶石 +2%~3% 极压润滑剂。

ZY-APD 高性能水基钻井液的基本性能见表 2-15，从表中可见，在钻井液密度

1.6~2.30g/cm³ 的范围内，钻井液流变性好，API 滤失量为 0，高温高压滤失量小于 5mL，能够满足昭通区块页岩地层水平井钻井的需要。

表 2-15　混合烷基糖苷钻井液基本性能

密度 / (g/cm³)	FV/s	AV/mPa·s	PV/mPa·s	YP/Pa	Gel/Pa/Pa	FL_{API}/mL	pH 值	FL_{HTHP}/mL
1.64	52	46	38	8	1.5/3.5	0	9.0	4.0
1.94	58	52	44	8	1.5/3.5	0	9.5	4.6
2.32	69	86	77	9	1.5/4.5	0	9.5	5.0

注：100℃老化 16h，FL_{HTHP} 测试温度为 100℃，其他实验温度为 50℃。

该体系不仅与 CAPG 钻井液具有相同的特点和性能，而且长期老化后性能稳定，如表 2-16 所示，ZY-APD 钻井液在室温和 100℃下 90d 长期老化后，钻井液性能变化较小，表明钻井液具有较好的长期稳定性；而 15% 龙马溪钻屑污染的 ZY-APD 钻井液在 100℃、90d 长期老化后，与未污染的钻井液相比，钻井液 HTHP 滤失量更低，其他性能变化较小，表明钻井液具有较好的抗污染能力。

表 2-16　不同条件下 90d 长期老化前后 ZY-APD 钻井液性能

钻井液及处理情况	密度 / (g/cm³)	AV/mPa·s	PV/mPa·s	YP/Pa	G′/G″/Pa/Pa	FL_{API}/mL	pH 值	FL_{HTHP}/mL
未老化	1.93	60	48	12	2.5/4.5	0	9.5	5.0
室温放置	1.93	64	51	13	3.0/5.5	0	8.5	4.4
100℃老化	1.93	50	43	7	1.5/3.0	0.2	8.5	5.4
含 15% 钻屑的钻井液 100℃老化	1.94	63	54	9	2.5/4.5	0	9.0	3.4

在 100℃下，采用不同介质浸泡长宁 H9-3 井水平段龙马溪岩样 3d，扫描电镜分析表明，在 APD 钻井液中浸泡的岩屑保持片状层理和微孔结构完整，清水浸泡后孔缝结构破坏，孔径扩大率为 70%~100%；在 100℃下，岩样在 APD 钻井液滤液中浸泡 24h 后，室温测定 Zeta 电位为 -8.91mV，清水为 -40.48mV。可见，APD 钻井液抑制性良好，龙马溪岩样在钻井液中浸泡后其水敏性减弱。

实验表明随着钻井液密度的升高，不同密度 ZY-APD 高性能水基钻井液的润滑性有所降低，而当密度达 2.30g/cm³ 时，极压润滑系数和泥饼黏滞系数仍然均小于 0.10。

（二）现场应用

APD 钻井液在昭通页岩气示范区黄金坝 YS108H8-5 井三开井段进行了现场试验，该井位于四川台坳川南低陡褶带南缘罗场复向斜建武向斜西翼。该井目的层为志留系龙马溪组（S_1^1），完钻井深为 4225m（垂深为 2539m），水平段长为 1700m，水平位移为 2140m，应用井段为 1481~4225m。设计钻井液密度为 1.80~2.10g/cm³，实际完钻密度为 1.80g/cm³。钻井施工顺利，未出现井下复杂情况。

1. 钻井液配制

现场钻井液配方如下：4%～10%APD+1%～2% 膨润土 +0.1%～0.3%XC+3%～4% 级配纳米－微米级封堵剂 +0.5%～1% 降滤失剂 +5%～6%KCl+0.1%～0.2%pH 调节剂 + 重晶石。

按配方配制 ZY-APD 钻井液，加重至所需密度，并调整好钻井液性能，加重后钻井液体积为 $120m^3$；配制钻井液期间使用二开老浆钻塞，钻完塞后，钻进至 1481m 后，转换为 ZY-APD 水基钻井液，转换完的 ZY-APD 钻井液流变参数良好，钻井液性能（测试温度 40℃）：密度为 $1.50g/cm^3$，*FV* 为 52s，*AV* 为 0.5mPa·s，*PV* 为 22mPa·s，*YP* 为 8.5Pa，*Gel* 为 1/5.5Pa/Pa，FL_{API} 为 2.8mL，pH 值 10，FL_{HTHP}（测试温度 100℃）为 15mL，膨润土含量为 14.3g/L，K^+ 为 32000mg/L。

在直井段仅加入 3%～4% 封堵剂；在 1580m 和 1780m 进入石牛栏破碎带前期补加封堵剂至 7%～8%，并提高钻井液密度至 $1.78g/cm^3$，钻井液中压滤失量为 0mL，HTHP 滤失量为 5mL，钻进过程中无掉块现象。

2. 钻井液维护处理要点

（1）为了同时满足造斜段的悬浮携砂和水平段的冲刷带砂，钻井液应保持合理的流变性，增斜扭方位井段（应用旋转导向井段）钻井液的黏度控制在 65～80s，动切力为 10～20Pa，静切力为 5～10Pa/15～22Pa；水平段黏度控制在 55～70s，动切力为 6～18Pa，静切力为 3～6Pa/8～20Pa；若需要提黏切，可使用 HV-CMC 等；若需要降低钻井液的黏切，可用含 MEG、CAPG 和 NAPG 的稀胶液稀释；若下钻划眼较多，可用高 HV-CMC 配制稠塞液清砂。

（2）当滤失量升高时，可以适当补充降滤失剂降低钻井液的滤失量，并补充 MEG、CAPG 和 NAPG 改善泥饼质量，加入适当级配的纳米－微米级封堵剂可降低 API 滤失量和 HTHP 滤失量。

（3）当钻遇泥岩或泥质含量较高的井段可适当提高钻井液的密度，以有效地保持井壁稳定。开钻钻井液密度为 $1.50g/cm^3$，石牛栏段密度为 $1.60～1.85g/cm^3$，龙马溪段密度为 $1.80～1.85g/cm^3$。保持抑制剂的浓度：4%APD+5%KCl（K^+ 含量≥30000mg/L）；保持 7%～8% 纳米－微米级封堵剂含量，当出现井壁掉块时可适当提高加量。

（4）由于 APD 类产品具有良好的润滑效果，井斜 45° 前可满足定向的需要，但随着井斜角的增大、井眼轨迹变化较大及水平段的加长，如果单靠增加 APD 增加润滑性不能满足要求时，可补充 2%～3% 极压润滑剂提高钻井液的润滑性；完井过程中增加 1%～3% 塑料小球以保证下套管的顺利进行。

3. 应用效果

通过 3 口井的应用表明，在整个钻进过程中，钻井液性能稳定，主要体现在有效解决了石牛栏破碎带和龙马溪破碎带的坍塌掉块问题、钻井过程中井壁稳定、起下钻通畅；强抑制、强封堵，有效保障页岩地层的稳定，施工中钻井液性能稳定，返出钻屑完整；高密度条件下（$1.85g/cm^3$）钻井液润滑性能良好，定向工具面稳定、未出现明显托压现象，起下钻摩阻 30～56t，优于同类井。钻井液可满足完井作业要求，通井、下套管顺利到底，避免了部分同类井被迫使用油基钻井液完井（约占 67%）的问题；钻井液剪切稀释性好、携岩能力强，有利于提高机械钻速，保证了井眼清洁及岩屑床的清除，平均机械钻速达到 6.84m/h，三开井段平均机械钻速较邻井和相邻区块油基钻井液提高 34.4%～65.2%。

第五节　有机盐钻井液

国外于 20 世纪 90 年代初期将有机盐钻井液用于小井眼深井钻井，目的是为了降低摩阻压耗、降低循环当量钻井液密度、减少抽汲（激动）压力。后来在北海英国区域、北海挪威区域，北美墨西哥湾、德克萨斯、加拿大西部，南美的阿根廷、厄瓜多尔、委内瑞拉，印度尼西亚、马来西亚以及哈萨克斯坦都进行了广泛的应用。应用表明，使用有机盐可以配制性能优异、功能独特的钻井液和完井液，而且是满足高温高压钻井和完井的最理想的钻井液体系。目前，在北海的钻井作业中，有机盐体系已经成为钻井液完井液体系的首选，尤其是在北海 BP 作业区——ETAP 气田、北海 Shell 作业区——Shearwater 气田、北海 Statoil 作业区——Huldra Gas Field、北海 Total Fina Elf 作业区——Elgin/Franklin Project 和 Dunbar 平台、北海 Gul/faks 油田，还有 Agip 在巴伦支海的油田，为了解决高温高压、提高产量、环境保护等问题，数百口井均采用有机盐钻井液和完井液。

国内新疆、大庆、渤海、胜利、冀东、中原等油田复杂井钻井中也广泛应用了有机盐钻井液完井液，但由于该体系成本过高，大面积推广使用受到了一定的限制[61~64]。

有机盐钻井液最初主要是指甲酸钠、甲酸钾钻井液，随着油田化学和钻井液技术的进步，诸如甲酸铯、乙酸钾、柠檬酸钾、酒石酸钾、乙酸铵、柠檬酸铵、酒石酸铵，有机酸的季铵盐以及它们的混合物等也逐步应用于钻井液和完井液，故将这类碱金属的低碳原子（C1～C6）有机酸盐、有机酸铵盐、有机酸季铵盐为基本原料的钻井液和完井液称为有机盐钻井液和完井液。

有机盐钻井液和完井液的核心是具有较高密度和很好的抑制性的有机盐水溶液。实践证明，有机盐钻井液特别适用于：高温高压钻井；产层钻井；小井眼钻井；环境保护要求高的地区钻井；易水化膨胀、易坍塌泥页岩地层钻井；岩盐层、盐膏层地层钻井；天然气钻井且能够有效防止天然气水合化。

有机盐钻井液的优点是：低固相、高密度；有效地提高钻井速度；有利于油气层保护；无毒、无害、可生物降解，能够满足环保要求；抗高温性能好；对金属或橡胶无腐蚀；抑制性好，井径规则；润滑性好；对于气井能够有效地抑制天然气水合物；配方简单，维护简单，可以回收利用。

有机盐钻井液的不足是：电阻率低，甲酸盐水溶液可以溶解重晶石，产生钡离子，钡离子有毒；价格偏高。

本节从甲酸盐钻井液和复合有机盐钻井液两方面对有机盐钻井液的组成、性能和应用进行简要介绍[65]。

一、甲酸盐钻井液

甲酸盐钻井液是近年来研究开发的绿色环保型钻井液之一，在生态保护、油层保护、抑制地层以及抗高温抗污染方面都有显著特点。可在钻井液中应用的甲酸盐有甲酸钠、甲酸钾和甲酸铯等，不同甲酸盐的密度与活度的关系如图 2-1 所示。甲酸盐钻井液体系由甲酸的碱金属盐、聚合物增黏剂和降滤失剂等组成，其中甲酸盐的碱金属盐为钻井完井液提供适当的密度，不需要固体加重剂，就可使该体系的相对密度达到 1.7~2.3g/cm^3。

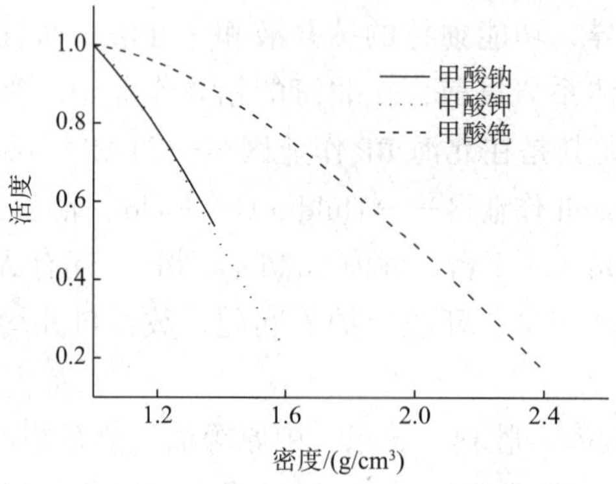

图 2-1　甲酸盐密度与活度的关系

甲酸盐钻井液是一种有利于发现和保护油气层的体系。2000 年以来甲酸盐钻井液在大庆油田开发井中得到了广泛的应用，钻井过程中有效地保护了油气层，截至 2005 年底已应用了 600 多口开发井，见到了很好的效果[66]。应用该钻井液在东部地区钻井 20 口、西部地区 15 口井，均收效明显。由此可见，甲酸盐基体系已成为理想的绿色钻井液、完井液、隔离液等。

（一）甲酸盐钻井液体系的特点

甲酸盐钻井液体系的特点是：与地层水接触时不会形成沉淀物，对储层损害程度低；生物毒性极低，对人体无害无毒，对水生物群落影响很小，生物富集性小；可生物降解，不污染环境，并且可回收，可重复利用；可为钻井完井液提供适当的密度，不需要固体加重剂，容易实现无固相钻进或低固相钻进；pH 值容易调节，对金属、橡胶等腐蚀性小；循环压降小，易于配置，维护简单；抑制性强，井壁稳定，井径规则；黏度低，流动性好，摩阻压力损失小，适用于小井眼和易漏失地层钻进。

（二）甲酸盐钻井液作用机理

从甲酸盐结构和特性分析，甲酸盐钻井液稳定地层、保护储层的机理主要体现在以下方面。

（1）甲酸盐钻井液滤液矿化度相对较高，表面张力小，与储层配伍性较好，能够降低低渗储层的水敏损害和水锁损害，有利于储层保护。

（2）甲酸盐的 $HCOO^-$ 离子与黏土端面的正电荷相吸，在带正电部位与水之间构成屏障，防止水化，稳定黏土，降低敏感性矿物引起的地层损害，实现保护储层的目的。

（3）甲酸盐的 $HCOO^-$ 离子和水分子能够形成氢键，对自由水具有较强的"束缚"能力，使钻井液滤液黏度较高，不易进入地层中。

（4）甲酸盐钻井液滤液活度较低，在特低渗储层和泥页岩地层，利用活度平衡原理实现其抑制性，从而保护储层。

（5）甲酸盐钻井液抑制性较强，能够较好地控制地层造浆，降低钻井液中无用固相的含量，适当降低钻井液的密度，达到保护储层的目的。

（三）甲酸盐钻井液的组成

1. 基液

由甲酸钠或甲酸钾的混合物配制的钻井液，密度在 1.0~1.6g/cm³ 范围内。为了降低成本，混合物中经常是甲酸钠的含量更多一些。当配制密度为 1.6~2.3g/cm³ 的钻井液时，使用甲酸钾或甲酸铯的混合物，而混合物中甲酸钾要尽量多；另一方面，为了节约配制费用，当配制密度为 1.6~2.3g/cm³ 的钻井液时，也可以由甲酸钾单独组成，再用经粒度优化的加重材料加重至要求密度。表 2-17 是近饱和的甲酸盐溶液性能。

表 2-17　近饱和的甲酸盐溶液的性能（20℃）

盐溶液	质量分数 /%	密度 /（g/cm³）	黏度 /mPa·s	pH 值
NaCOOH	45	1.338	7.1	9.4
KCOOH	76	1.598	10.9	10.6
CsCOOH	83	2.37	2.8	9.0

2. 增黏剂

理想的增黏剂是生物聚合物，生物聚合物是在较大的温度范围、pH 值及矿化度条件下提供钻井液剪切稀释性能的理想的水溶性聚合物之一，其稳定的假塑性流动特性适合在有效清洁小井眼的同时尽可能降低钻柱和环空压力损耗。生物聚合物具有低剪切速率或静止条件下悬浮钻屑所必须的弹性模量。

研究表明，高密度甲酸钠盐水有助于使生物聚合物处于更稳定的状态，并至少在 150℃下可防止生物聚合物的高温水解和氧化降解。与甲酸钠相比，甲酸钾稳定聚合物的能力更强，即使在 175℃下仍然保持良好的流变性。

3. 降滤失剂

在降滤失剂选择中，主要考虑的是有效的高温性能和最小的黏度效应。在甲酸盐水溶液中聚合物降滤失剂可以在更高的温度下稳定。目前多使用聚阴离子纤维素（PAC）作为钻井液降滤失剂，也可以使用改性淀粉作降滤失剂。研究表明，一些合成聚合物降滤失剂在高盐溶液中高温下将会产生盐析而达不到要求。然而，使用低、较低和超低相对分子质量的聚阴离子纤维素作降滤失剂进行复配，所组成的甲酸盐钻井液和完井液比单一的较高相对分子质量聚阴离子纤维素配成的体系具有更好的高温稳定性和剪切流变性。

另一种降滤失剂组合是5.7g/L的超低相对分子质量的聚阴离子纤维素和5.7g/L的烷基丙烯酰胺–AMPS共聚物的混合物，这种混合物能够提供最佳的降滤失性能。

4. 加重材料和形成滤饼的材料

甲酸盐钻井液和完井液常需要加入少量匹配的固相材料以满足形成滤饼的需要，最常用的固相材料为$CaCO_3$，加入14.3g/L超细碳酸钙（<10μm）进一步提高高温性能，高温高压滤失量实验中的薄而韧的滤饼厚度小于0.5mm，由它所形成的滤饼在开采油层时容易用酸液解除，不会对储层产量产生影响。

在钻井液密度要求很高（≥2.3g/cm^3）时，使用甲酸铯溶液在不加加重材料时就可以形成高密度钻井液。但甲酸铯昂贵，为了减少配制费用而使用甲酸钾配合加重材料（碳酸钙）来满足实际要求，此时钻井液密度最高可达1.7g/cm^3。若超过1.7g/cm^{3}时，钻井液的塑性黏度就会变得很高，滤失性也会变差。

当要求的钻井液密度在2.0g/cm^{3}以下时，碳酸亚铁可作为加重剂，它形成的滤饼同样也可以通过酸溶清除。重晶石不适合作为甲酸盐钻井液的加重剂，因为它在甲酸盐体系中可以溶解。当要求钻井液密度大于2.0g/cm^{3}时，可选择四氧化三锰和NaCl盐粉，其中四氧化三锰密度4.5g/cm^3、粒度0.5μm。用其加重的甲酸盐钻井液体系，当密度为2.0g/cm^{3}时，钻井液具有很好的性能；当密度达到2.3g/cm^{3}以上时，钻井液的塑性黏度变得很高，滤失量也难以控制，并且由于其粒径很细小，可导致钻井设备上覆盖有灰粉以及引起地层损害。Fe_2O_3也可以组成密度为2.3g/cm^{3}的甲酸盐钻井液体系，且有较好的流变性和滤失性能，但存在研磨性高和易于沉降等缺陷。具有所需粒度的NaCl盐粉，在钻井液中可以形成薄的滤饼，故可以作为加重材料。

（四）配方与性能

1. 国外典型的配方和性能

采用甲酸盐溶液配制的三种不同密度的钻井液和完井液组成如下：

350mLKCOOH溶液（密度1.50、1.57或1.60g/cm^3）+0.5g黄原胶+2g低相对分子质量PAC+1g较低相对分子质量PAC+20g$CaCO_3$+0.5g$KHCO_3$或K_2CO_3+甲酸（pH=10）。

表2–18是该体系在不同温度下老化后高温高压滤失量对比结果。从表2–18可见，随着盐溶液密度的增加，高温稳定性提高。另一方面，由于甲酸盐溶液的黏度随着浓度

的增加而增加，因此钻井液的塑性黏度也随之增大。表 2–19 是使用不同加重材料的甲酸盐钻井液的组成和性能。

表 2-18　甲酸盐钻井液的高温高压滤失量（mL）

密度 /（g/cm^3）	热滚前	150℃热滚	170℃热滚	175℃热滚	180℃热滚
1.50	15	18	31	—	—
1.57	14	14	18	39	—
1.60	13	14	18	20	33

表 2-19　不同加重材料的甲酸盐钻井液组成与性能

密度 /（g/cm^3）	加重剂或形成滤饼材料	降滤失剂 PAC 加量 /（mg/L）			*PV*（热滚前 / 后）/mPa·s	*YP*（热滚前 / 后）/Pa	FL_{API}（热滚前 / 后）/mL	备注
		超低相对分子质量	低相对分子质量	较低相对分子质量				
1.6	$CaCO_3$（细）	2	1	—	26/26	8.2/7.2	13/13	无加重
1.7	$CaCO_3$（细）	—	—	2	54/41	16.3/7.7	24/80	—
1.7	$CaCO_3$（粗）	4	—	—	40/28	9.1/3.4	19/23	需大颗粒者
1.7	$FeCO_3$	2	2	—	33/32	7.2/6.7	16/15	—
2.0	$FeCO_3$	—	1	1.5	53/63	8.2/8.2	38/33	—
2.3	Mn_3O_4	—	1	1.5	63/89	36.0/12.0	80/ > 100	滤失量、流变性差
2.3	Fe_2O_3	—	—	1.0	60/55	12.0/9.6	32/83	形成低流变性
2.3	Fe_2O_3	—	—	2.0	115/95	25.9/19.7	14/16	形成低滤失量

表 2–20 和表 2–21 分别是甲酸铯钻井液配方和性能。

表 2-20　甲酸铯钻井液配方

序号	密度 /（g/cm^3）	生物聚合物 /（kg/m^3）	低黏聚阴离子纤维素 /（kg/m^3）	碳酸钙 /（kg/m^3）
1	2.244	2.86	0.14	—
2	2.244	2.86	4.29	42.86
3	2.244	4.29	5.71	108.57

表 2-21　甲酸铯钻井液性能

序号	密度 /（g/cm^3）	$\varphi600$	$\varphi300$	$\varphi200$	$\varphi100$	$\varphi6$	$\varphi3$	*PV*/mPa·s	*YP*/Pa	*Gel*/Pa/Pa	FL_{API}/mL
1	2.244	31	21	18	13	5	5	10	5.5	3/3	6
2	2.244	42	27	18	13	5	5	15	6	2.5/2.5	3.5
3	2.244	49	31	25	16	6	3	18	6.3	1.5/2	3.5

2. 国内典型的甲酸盐钻井液

（1）配方一

基本配方[67]：2% 抗盐膨润土 +1.5%KAHM+0.2% 抗盐包被剂 +0.1% 提切剂 +0.25% PHV+0.5%PYZ+ 1% HFT+0.5% 降滤失剂 +0.6% 降黏剂 +5% 甲酸盐 +3%QS-2。该钻井液体系的塑性黏度为 9mPa·s；动切力为 6.0Pa；滤失量为 5.0mL；静切力为 2/3 Pa/Pa，$\varphi6$ 读数为 5；$\varphi3$ 读数为 4；高温高压滤失量为 13.6mL。

按照上述配方形成的甲酸盐钻井液于 2000 年在宋芳屯油田芳 148 井区的芳 210-154、芳 212-156 和芳 212-l 54 等 3 口 Φ178mm 开发井进行了先导性试验。洲五区块上部第四系和第三系泰康组地层流沙层发育，胶结疏松，易塌易漏；嫩五段至嫩三段为砂泥岩互层，泥岩造浆性强，易泥包钻头；嫩二段及姚二、姚三地层为大段黑色泥岩，吸水后易剥落引起井塌；此外，该区块断层裂缝较为发育，易发生井漏。2001 年针对洲五区块的实际情况，在原有甲酸盐钻井液配方的基础上，确定了适用于该区块的甲酸盐钻井液体系，在肇 9-39 井等 13 口 Φ200mm 开发井上进行了推广应用。钻井液现场配制及维护处理要点如下：

①配浆。在钻井液循环池和循环罐内泵入约 60m^3 清水，然后按顺序加入 1t 抗盐膨润土和 100kg 纯碱，水化后加入 5% 甲酸盐、0.2% 抗盐包被剂、0.1% 提黏剂、0.3%PYZ、0.5%KAHM，混配均匀，黏度达到 45s 后开钻，始终控制甲酸盐含量不小于 5%。

②钻进 200m 后降低钻井液黏度为 40s，加 KAHM 碱溶液维护，控制地层造浆，降低钻井液滤失量，使滤失量保持在 5mL 以下。

③换钻头前（井深 l100～1200 m）对钻井液进行处理，加入 PYZ、HFT、KAHM，调整钻井液性能，提高钻井液抑制防塌能力。

④进入油层前 50～100m（井深 1450～1500m）处理钻井液，充分利用固控设备，使钻井液密度降低到 l.13g/cm^3，向钻井液中加入足量 HFT 和 QS-2，提高钻井液封堵能力，改善泥饼质量，增强保护储层能力，同时补充甲酸盐、降滤失剂、KAHM、PYZ，维持钻井液性能稳定，使钻井液具有较好抑制性和稳定井壁能力。

⑤完钻后加入增黏剂提高钻井液黏度，充分循环洗井。

16 口开发井现场应用表明，钻井完井施工顺利，无井塌、井漏、卡钻事故发生，钻井液的处理、维护方便，性能稳定，流变性合理，抑制性强，井身质量好，井眼规则、机械钻速高，储层保护效果好。例如，芳 148 井区 3 口试验井平均井径扩大率为 6.24%，洲五区块 13 口开发井平均井径扩大率为 5.40%；洲五区块 13 口试验井，0～1200m 井段刮刀钻头机械钻速平均为 36.2m/h，1200～1600m 井段 PDC 钻头平均机械钻速为 20.1m/h，全井平均机械钻速为 30.3m/h，钻进周期为 4～5d，油层浸泡时间不超过 64h；洲五区块 13 口试验井，其中已进行测试的 7 口试验井与采用常规钻井液的 5 口邻井的油层保护效果对比表明，7 口试验井的平均采油强度为 2.32 t/（d·m）、平均日产量为 6.44 t/d、储层平均渗透率为 $58.94 \times 10^{-3}\mu m^2$，平均表皮系数为 0.10；用常规钻井液的井平均采油强度为 1.87 t/（d·m）、平均日产量为 5.43 t/d、储层平均渗透率为 $34.1 \times 10^{-3}\mu m^2$，平均表皮系数为 0.39，表明甲酸盐钻井液对储层的损害程度较小，有利于储层渗透率的恢复。

（2）配方二

基本配方[68]：清水 +0.5% 聚合物 + 甲酸盐 +1.5% 增黏降滤失剂 +2.0% 辅助降滤失剂 +3.0%$CaCO_3$。

按照上述配方所配制钻井液漏斗黏度 26s，塑性黏度 22mPa · s，动切力 5.0Pa，初、终切均为 0，滤失量 14.0mL，pH 值为 9；在 120℃下老化 16h 后，漏斗黏度 29s，塑性黏度 27mPa · s，动切力 5.5Pa，初切 0、终切 0.5Pa，滤失量 12.4mL，pH 值 9。

开钻前按有关规定安装好循环系统，使之能满足堵漏、压井和段塞洗井等特殊施工作业的要求，循环系统要求配备 4 个容积为 30m^3 的循环罐，两个容积为 40m^3 的储备罐；配备 2 台高效振动筛，所用筛布孔径越小越好，一般不能大于 0.18mm，除砂器、除泥器运转正常，离心机性能良好，处理量为 80m^3/h，确保使用时间和效果；其他配套工程措施按一般钻井液要求执行。现场配制工艺如下：

①配制前根据井眼容积和地面循环罐容积准备甲酸盐钻井液所需处理剂，检查配浆用混合漏斗及配套设施，确保完好，做好配浆准备。

②清洗循环罐、钻井液循环槽，然后在罐内注入清水，开泵将套管内钻井液一次或逐段替净（测试清水密度为 1.00g/cm^3），最后根据情况补充罐内水量，确保钻井液配制质量和数量。

③从混合漏斗缓慢加入配浆所需处理剂。根据现场钻井液体积先加入包被抑制剂，然后加入提黏降滤失剂，再加入辅助降滤失剂和超细碳酸钙，用甲酸盐加重至所需密度，再用提黏降滤失剂和辅助降滤失剂调整钻井液黏度和滤失量，用烧碱调整体系的 pH 值为 8~9，如果泡沫较多，可加消泡剂消去体系表面泡沫。加料时保证钻具在套管内循环钻井液，确保所配钻井液性能均匀，同时保证处理剂溶解完全，避免未溶处理剂“鱼眼”堵钻头水眼或泵滤网。

钻进中根据钻井速度和体系性能按配浆比例补充包被抑制剂胶液，从漏斗加入提黏降滤失剂和辅助降滤失剂，钻进时定期检测甲酸盐含量，及时补充所消耗的甲酸盐，保证体系性能稳定；需要提高密度时直接用甲酸盐加重，并根据需要补充相应处理剂。需要提高体系黏度、降低滤失量、增强絮凝包被能力时，可分别加入提黏降滤失剂、辅助降滤失剂和包被抑制剂；对于定向井，在钻进过程中可根据需要加入适量的润滑剂等，降低摩阻，防止卡钻；钻石膏层或水泥塞时，不需加入纯碱等处理剂，体系性能基本不受影响。

甲酸盐钻井液在大港油田应用了 14 口井，其中二开井 7 口，三开井 7 口，取得了较好效果，达到了预期目的，基本形成了甲酸盐钻井液现场工艺技术。钻进中钻井液性能稳定、维护简单、井壁稳定性强、井眼清洁畅通、抑制泥岩水化分散效果好等优点。漏斗黏度波动值在 2s 以内，特别在起下钻和电测时静止 10~30h 后，黏度增加值仅为 2~3s，切力几乎无变化，下钻到底开泵第一循环周返出的钻井液漏斗黏度与起钻时基本相同。钻水泥塞和石膏层时，在不对钻井液进行防钙侵处理的情况下，钻井液性能几乎无任何变化，表现出强的抗钙污染能力。在固相含量为2%~8%时，使用甲酸盐钻井液井的滤饼摩阻系数均小于0.10，在钻进中未出现转盘扭矩增加、起下钻具附加阻力大的现象。

在14口试验井中，除王44区块外，其余10口井所用钻井液密度都低于邻井，井径扩大率也比邻井低，表现出良好的抑制防塌能力；由于甲酸盐钻井液属无膨润土体系，瞬时滤失量较高，有利于提高破岩效率。它属于聚合物钻井液范畴，惰性固体含量低，黏度低，有利于降低环空压耗，提高水马力，增加破岩效率；钻井液密度低，减少压持效应，从而有利于提高钻井钻速；14口井中除庄海1×1井和庄海4×2井的平均井径扩大率大于10%以外，其余井井径扩大率均小于10%，14口井平均井径扩大率为6.04%，表明试验井井径非常规则。尽管甲酸盐钻井液体系的滤失量较常规钻井液稍大，但由于属无膨润土体系，在井壁形成的泥饼薄，没有虚泥饼，对提高固井质量非常有利。在14口井中，除港508-6井和官96-10并固井质量为合格外，其他井固井质量均为优质。

（3）配方三

基本配方[69]：0.3%烧碱+2.0%流型调节剂+2.0% PF-GBL+1.5%封堵剂+加重剂+HCOOK+0.7% PF-VIS+2.0%聚合醇+3.0% $CaCO_3$。其中，$CaCO_3$由800目（粒径0.015mm）和400目（粒径0.0385）碳酸钙混配而成，质量比为4.01：1。

按照上述配方配制的无固相甲酸盐钻井液具有较高的低剪切速率黏度，可以提供良好的携岩和悬浮岩屑的能力；储层保护性能好，岩心的渗透率恢复率大于90%；抑制性能较强，泥页岩线性膨胀率仅为10%，岩屑滚动回收率高达96.48%。

无固相甲酸盐钻井液在涠洲12-1油田4口水平井的水平段进行了应用。为确保钻井液的性能满足水平段钻进的需求，采取了以下维护处理措施：

①振动筛采用200目（孔径0.076mm）筛布，充分利用固控设备控制钻井液中的固相含量，使钻井液固相含量尽可能低，以达到优快钻井、清洁井眼等目的。

②利用PF-FLO（淀粉）改善钻井液的流变性，将钻井液滤失量严格控制在4mL以内，使其在井壁上形成薄而韧的滤饼。

③适当提高钻井液密度和黏度，以防止涠4段地层泥岩坍塌，提高钻井液的携岩能力。

经过4口井的现场应用表明，采用无固相有机盐钻井液后，涠洲12-1油田水平井段未发生起下钻遇阻，且振动筛出砂界面清晰，表明水平裸眼段岩屑返出情况良好，井眼清洁程度高。表皮系数由20.0以上降为-3.0，产油量为配产的2倍，这充分表明无固相有机盐钻井液能满足涠洲12-1油田水平段钻进的要求，水平井段井眼清洁能力强，储层保护效果好。

3. 甲酸铯与甲酸钾混合甲酸盐钻井液

该钻井液由甲酸铯与甲酸钾的混合物配制得到，属于混合甲酸盐钻井液体系[70]。

针对Kvitebjørn气井的储层段钻井的要求，为达到所要求的值2.0±0.015g/cm^{3}密度，将密度为2.20g/cm^{3}的甲酸铯盐水与密度为1.57g/cm^{3}的甲酸钾盐水相混合配制混合甲酸盐钻井液。最初用微纤维纤维素（MFC）产品提高钻井液的黏度，用丙烯酰胺类共聚物和改性淀粉降低滤失量。在之后应用中，使用了一种超低相对分子质量聚阴离子纤维素（PAC），并减少 MFC 和改性淀粉的加量。用三种规格的碳酸钙（D=5μm、25μpm、50μm）作桥堵剂，用碳酸钾作 pH 值缓冲剂。钻井液配方见表 2–22 和表 2–23，钻井液性能见表 2–24。

表 2-22　早期的甲酸铯 / 甲酸钾钻井液配方

组分	加量	组分	加量	组分	加量
甲酸铯 2.20g/cm^3	0.749m^3/m^3	丙烯酰胺共聚物	11.4kg/m^3	$CaCO_3$（D=5μm）	14.3kg/m^3
甲酸钾 1.57g/cm^3	0.173m^3/m^3	改性淀粉	11.4kg/m^3	$CaCO_3$（D=25μm）	7.1kg/m^3
甲酸钾中的 MFC	54.5kg/m^3	$CaCO_3$（干）	14.3kg/m^3	$CaCO_3$（D=50μm）	21.4kg/m^3

表 2-23　改进的甲酸铯 / 甲酸钾钻井液配方

（用于 1 口 Kvitebjørn 的气井，部分应用于 Valemon 的探井）

组分	加量	组分	加量	组分	加量
2.20g/cm^3 甲酸铯	0.749m^3/m^3	改性淀粉	5.7kg/m^3	$CaCO_3$（D=25μm）	7.1kg/m^3
1.57g/cm^3 甲酸钾	0.173m^3/m^3	极低相对分子质量 PAC	8.5～11.4kg/m^3	$CaCO_3$（D=50μm）	21.4kg/m^3
甲酸钾中的 MFC	54.5kg/m^3	$CaCO_3$（干）	14.3kg/m^3		
丙烯酰胺共聚物	1.43kg/m^3	$CaCO_3$（D=5μm）	14.3kg/m^3		

表 2-24　Kvitebjørn 气井所用改进的甲酸铯 / 甲酸钾钻井液性能

性能	数据	性能	数据
密度 /（g/cm^3）	2.015～2.03	φ100	＜7.5
pH 值	9～11	Gel_{10s}/Pa	＜5
PV/mPa・s	＜20	FL_{HTHP}/mL	＜20
YP/Pa	＜15	膨润土含量 /（kg/m^3）	＜40

使用甲酸铯 / 甲酸钾钻井液，在 Kvitebjørn 气井的 Φ215.9mm 储层段均成功钻至设计井深。在 Kvitebjørn 气田，储层段的长度为 250～600m，Valemon 油气田的储层段长度为 705m。其中 Kvitebjørn 气田的井斜角为 24°～46°，Valemon 的探井的最大井斜角为 69°。

钻进中钻井液性能可以很好地满足工程需要，机械钻速中到高，流变性能良好，未发生黏附卡钻。在这口大位移高温高压井的钻井作业中，未发生井控问题。

钻井过程中，大多数阶段钻井液性能均保持在设计范围内。在甲酸铯 / 甲酸钾钻井液循环的最初阶段，出现未充分剪切的聚合物从振动筛上筛出的现象，为避免聚合物筛堵现象，在开始阶段不能使用 84 目（0.175mm）以下的筛网。钻达总井深时，所有振动筛的上层筛网均为 60 目（0.250mm），底层筛网为 300/200/200/200/300 目（0.048/0.075/0.075/0.075/0.048mm）。

钻过泥页岩层段时，由于细颗粒固相含量增加，钻井液黏度和高温高压滤失量有时会超过设计范围。为解决这些问题，采取了以下两项措施：

（1）提高 pH 值调控能力和酸碱度缓冲能力。用碳酸盐 / 重碳酸盐作缓冲剂可使盐水的 pH 值保持碱性（pH 值为 9~11），即使钻井液受到大量的 CO_2 侵入污染液有效。缓冲剂还可避免出现钻井液的 pH 值过低。在加有缓冲剂的甲酸盐盐水中，无论 CO_2 的侵入量有多大，pH 值都不会降至低于 6~6.5。在钻井过程中，当二价铁离子与碳酸盐发生反应生成沉淀，酸性气体（CO_2、H_2S）侵入使碳酸盐转化为重碳酸盐时，可能会影响这种缓冲剂的缓冲能力。对于前一种情况会消耗缓冲剂，应随时补充。而在后一种情况下，虽然缓冲剂仍然存在（以重碳酸盐的形式），但丧失了“较强的 pH 值缓冲能力”，加入氢氧化钾可使重碳酸盐重新转化为碳酸盐，恢复原有的缓冲能力。

在大多数现场应用中，均发现加入碳酸盐可以控制 pH 值并保持缓冲能力。这种方法的优势在于无须考虑缓冲剂成分是否已消耗完毕（如与二价铁离子发生反应），或缓冲剂是否刚好丧失其初始缓冲能力（与酸性气体发生反应）。另一优势是过量处理的后果不像使用氢氧化钾那样严重。不过，这种方法的一个重要优势是容许重碳酸盐浓度增加。实践证明，重碳酸盐的浓度过高会对水基钻井液的流变性和滤失性造成不利影响。

钻井过程中，曾在一定时期内滤失量相当高，之后通过改变 pH 值 / 缓冲能力控制方法，成功地减轻了滤失量大的问题。在一段时间内，向钻井液中加入 KOH 以控制 pH 值 / 缓冲能力，可使高温高压滤失量降低。

（2）使用超低相对分子质量的 PAC。实践表明，超低相对分子质量的 PAC 对甲酸盐钻井液具有良好的降滤失性和页岩抑制性。在 Kvitebjorn 气田的开发中，由于在以前的岩心流动实验中测得的渗透率恢复值较低，使得 PAC 在钻井液中的应用受到影响，因此最初 Kvitebjom 气田的钻井液配方中未使用 PAC。进一步岩心流动研究结果表明，甲酸盐的岩心流动实验中渗透率恢复值较低可能是由实验因素而非加入 PAC 造成的。根据这些研究结果，决定向 Kvitebjom 气田的钻井液中加入超低黏 PAC。加入 PAC 后钻井液的高温高压滤失量很快降至 5.8~16mL，而此前钻井液的高温高压滤失量约为 11~30mL。

用超低相对分子质量 PAC 替代某些聚合物降滤失剂还可以提高页岩岩屑的稳定性。当钻至页岩层段时，钻井液中的细颗粒固相含量增加较少，流变性几乎不变，而且当量循环密度也低于以前的所有井。钻进期间加 PAC 和不加 PAC 的钻井液的性能见表 2–25。

表 2-25　Kvitebjørn 气井的甲酸铯 / 甲酸钾钻井液性能

组分	密度 /（g/cm^3）	pH 值	PV/mPa·s	YP/Pa	φ100	Gel_{10s}/Pa	FL_{HTHP}/mL	膨润土含量 /（kg/m^3）
未加 PAC 的老配方	2.00~2.03	9.5~10.8	11~25	1.9~9.0	4.5~9	1.0~4.3	11~30	1.4~14.3
加 PAC 的新配方	2.015~2.03	10.4~10.7	13~22	1.4~3.8	4.5~7	0.5~3.3	5.8~16.0	14~18

现场应用表明，与油基钻井液相比，低固相甲酸铯 / 甲酸钾钻井液的当量循环密度较低。尽管在长的泥岩层段时机械钻速下降，但整体机械钻速较高，泥岩层段的机械钻

速为 3~6m/h，砂岩层段的机械钻速一般为 10~20m/h。且泥岩层段钻进中未发生钻头泥包。

在 Kvitebjorn 气田的储层段（50%/50% 泥岩和砂岩），用甲酸铯 / 甲酸钾钻井液钻过大段泥岩夹层时，所有的井均未发生井壁冲蚀。各种泥岩和砂岩层均浸泡在钻井液中，从储层段（Viking 组）之上的富含有机质泥岩，穿过非均质 Brent 组（含砂岩、泥岩和煤层），直至 Drake 组的深海泥岩，均很稳定。在 Kvitebjorn 和 Valemon，即使井眼已打开浸泡数周，储层内泥岩层段和上覆泥岩层段的井径也很少超过 241.3mm。

二、复合有机盐钻井液

有机盐是带杂原子取代基的有机酸根阴离子与一价金属离子（钾离子、钠离子等）所形成的盐。通常所述的有机盐钻井液是指除甲酸盐之外的有机盐钻井液。有机盐钻井液是由有机盐、降滤失剂、增黏剂、包被剂等配制而成的一种低固相的保护油气层及环保的钻井液[71]。

（一）有机盐水溶液的特性

有机盐的主要成分是有机酸根（羟基、羧基等）、一价金属阳离子或铵离子或季铵离子，其化学通式为 $X_mR_n(COO)_lM$。其中，$X_mR_n(COO)_l^{q-}$ 为有机酸根；M 为一价阳离子或铵离子或季铵离子（K^+、Na^+、NH_4^+、$NH_xR_{4-x}^+$ 等）；X 为基团或杂原子；R 为烃基；COO^- 为羧基。

有机盐水溶液的密度可以在 1.0~2.3g/cm³ 之间自由调节，从成本考虑，高密度（如大于 1.40 或 1.50 g/cm³）时，可以采用惰性加重材料加重。

有机盐钻井液的配方组成和甲酸盐钻井液基本相同，可以采用黄原胶作为增黏剂；不同相对分子质量的聚阴离子纤维素、改性瓜胶、改性魔芋胶、改性田菁胶、改性淀粉等可以用作降滤失剂；多元脂肪醇或树脂改性产品、不同粒度的碳酸钙、NaCl 晶体、油溶性合成树脂等可以作为有机盐钻井液的滤饼改善剂；密度大于 1.40g/cm³ 或 1.50 g/cm³ 时，可以采用重晶石或铁矿粉加重；如果成本允许，也可以在钻井液密度小于 2.30g/cm³ 时，不用惰性加重剂，全部用有机盐提高密度。典型的有机盐钻井液配方为：基液（1.0~2.30g/cm³ 密度有机盐水溶液）+0.1%~0.5% 黄原胶 +0.1%~0.5% 聚阴离子纤维素 + 滤饼改善剂或加重剂。

（二）有机盐钻井液的特点

1. 固相含量低，流变性好

有机盐产品在水中溶解度较高，其水溶液密度较高（最高达 1.55g/cm³ 以上），在一定密度范围内，不用惰性加重剂调节，在高密度范围内，由于惰性加重剂含量也比常规钻井液少得多，故其流变性比常规钻井液好。

2. 抑制性强

有机盐加重剂在水中可电解为 M^+ 阳离子以及有机酸根阴离子 X_mRCOO^-，阳离子 M^+ 可进入层状黏土晶格，抑制黏土分散与膨胀，阴离子 X_mRCOO^- 可吸附于黏土片状结构的边缘上，抑制其分散与膨胀。钻井液体系中亚微米粒子含量非常低，即使在低浓度盐条件下，泥页岩钻屑侵入体系中时，黏土颗粒在体系中呈粗分散状态，可见明显、较大的黏土颗粒悬浮在体系中。由于亚微米粒子含量低，可降低钻头的研磨效应，提高机械钻速，延长钻头使用寿命。当亚微米粒子含量低时，体系将具有较高的固相容量限。

3. 造壁性好

有机盐钻井液体系中系列降滤失剂、封堵剂等产品可改善泥饼质量、降低滤失量，形成薄而韧的泥饼，具有防塌、防卡效果。

该体系在无黏土相时，由于加入的降滤失剂中具有适量的胶体粒子，能够形成较好的泥饼，同时体系具有合适的液相黏度，故失水造壁性易于控制。

4. 抗温能力强

有机盐钻井液中含有大量的有机酸根 $X_mR_n(COO)_l^{q-}$ 阴离子，该阴离子含有较多的还原性基团，可以除掉钻井液中的溶解氧，使其他在常规水基钻井液中可降解的处理剂不发生降解反应或减缓降解反应，可有效地提高处理剂的抗温能力，以提高其在高温下的作用效果。如，可将钻井液中的生物聚合物 XC 抗温能力提高到 180℃以上，使合成聚合物的抗温能力提高到 200℃以上。

5. 保护油气层效果好

由于有机盐钻井液体系固相含量低、矿化度高，对储层不会产生堵塞污染。钻井液中离子活度高，水活度小，钻井液不会向井壁失水，而是井壁岩石矿物中的水进入钻井液，且钻井液各组分不会与地层水组分形成沉淀，大大降低钻井液滤液对地层的侵入，减少对地层的污染，从而实现储层的有效保护。

6. 对钻具无腐蚀，对环境无污染

由现场钻井过程观察，金属在有机盐钻井液体系中不发生电化学反应，所以对钻具、设备不产生腐蚀，每次起钻，井内起出钻具都未见任何腐蚀迹象。取某井三开 2500m 井浆，测定其 EC_{50} 值，大于 30000mg/L，为无毒，说明其对环境无污染。

（三）有机盐钻井液配方与性能

典型的有机盐钻井液体系由水溶性有机盐加重剂 Weigh1、Weigh2、Weigh3，降滤失剂 Redu1、Redu2，滤饼改善剂 NFA-25，高相对分子质量聚合物包被剂 IND10，提切剂 Visco1、Visco2 及填充剂 Filler 组成，不同组成的有机盐钻井液的基本性能见表 2-26。从表中可以看出，该体系流变性及滤失性能良好。经过 120℃、16h 老化后钻井液流变性和滤失量稳定，表现出较好的抗温能力。

表 2-26 钻井液基本性能

钻井液配方	老化情况	密度 /（g/cm³）	PV/mPa·s	YP/Pa	φ3		FL_{API}/mL	FL_{HTHP}/mL
					10s	10min		
1	室温	1.20	27.0	4.5	2.0	3.0	2.4	13.0
	120℃、16h	1.20	20.0	3.5	2.0	4.0	6.4	
2	室温	1.30	40.0	5.5	2.0	4.0	1.6	11.0
	120℃、16h	1.30	39.0	4.5	2.0	4.0	3.2	
3	室温	1.40	55.0	8.5	2.0	4.0	1.6	12.5
	120℃、16h	1.40	56.0	5.5	2.0	4.0	3.2	
4	室温	1.60	73.0	6.0	2.0	4.0	0.8	9.5
	120℃、16h	1.60	70.0	6.0	2.0	4.0	2.5	
5	室温	1.80	86.0	7.5	3.0	5.0	2.4	13.6
6	室温	2.01	100.0	7.5	3.0	5.0	3.2	14.9
7	室温	2.23	89.0	10.0	3.0	7.0	4.0	15.5
8	室温	2.42	100.0	16.5	5.0	8.0	2.4	12.1
	120℃、16h	2.42	97.0	14.0	6.0	9.0	2.4	

注：配方 1：300mL 水 +20gVisco1+10gFiller+0.2gVisco2+4.5gRedu1+10gRedu2+100gWeigh1；
配方 2：300mL 水 +20gVisco1+10gFiller+0.2gVisco2+4.5gRedu1+10gRedu2+100gWeigh1+100gWeigh2；
配方 3：300mL 水 +20gVisco1+10gFiller+0.2gVisco2+4.5gRedu1+10gRedu2+100gWeigh1+200gWeigh2；
配方 4：200mL 水 +8gVisco1+0.5gVisco2+3gRedu1+5gRedu2+66gWeigh1+132gWeigh2+100g 铁矿粉；
配方 5：200mL 水 +8gVisco1+0.5gVisco2+3gRedu1+5gRedu2+66gWeigh1+132gWeigh2+200g 铁矿粉；
配方 6：200mL 水 +8gVisco1+0.5gVisco2+3gRedu1+5gRedu2+66gWeigh1+132gWeigh2+300g 铁矿粉；
配方 7：200mL 水 +4gVisco1+0.7gVisco2+2gRedu1+4gRedu2+100gWeigh2+100gWeigh3+400g 铁矿粉；
配方 8：200mL 水 +4gVisco1+0.7gVisco2+2gRedu1+4gRedu2+100gWeigh2+100gWeigh3+500g 铁矿粉。

（四）现场应用

三台地区钻井多采取三开井身结构：一开，Φ444.5mm 钻头钻穿地表（第四系）进入新近系地层顶部；二开，Φ311.1mm 钻头钻穿古近系地层，进入侏罗系齐古组地层上部；三开，Φ215.9mm 钻头钻至设计井深。

该区在二开、三开采用有机盐钻井液体系施工的 4 口井中：ST2034 井，井深 2798m；台 402 井，井深 1925m，因在古近系地层发现油层，而未钻达设计井深提前完钻；ST2248 井，井深 2805m；ST4301 井，井深 3252m。

现场有机盐钻井液的配方[72]：2.0% 膨润土浆 +2.0%Visc01+0.1%KOH+1.0%～1.5%Redul+1.0%～2.0%NFA-25+40.0%～60.0%Weigh2+ 重晶石。

按照上述配方所配制钻井液性能为：密度 1.25～2.05g/cm³，漏斗黏度 35～70s，表观黏度 28～40mPa·s，塑性黏度 15～25mPa·s，动切力 3～15Pa，静切力 1～3/2～10Pa/Pa，滤失量≤ 5mL，pH 值 8～10，泥饼摩阻系数≤ 0.1。

不同阶段钻进中钻井液现场使用要点如下：

1. 二开井段

二开井段钻井液配方：2.0% 膨润土浆 +2.0%Visc01+0.1%KOH+0.5%～1.0%Redul+1.0%NFA−25 +40.0%～50.0%Weigh2+ 重晶石。钻井液性能：密度 1.25～1.50g/cm^3，漏斗黏度 35～60s，表观黏度 25～50mPa·s，塑性黏度 19～36mPa·s，动切力 6～14Pa，静切力 1～3/2～10Pa/Pa，滤失量 4.0～5.0mL，pH 值 8～9，泥饼摩阻系数 <0.1。

二开配新浆开钻，保证水溶性有机盐加重剂 Weigh2 含量在 40% 以上，降滤失剂 Redul 及封堵防塌剂 NFA−25 加量分别达到 0.5% 和 1.0% 以上，以确保其强抑制性、低固相含量、低滤失量和良好的稳定性，从而提高钻速，保持井眼稳定。

在采用有机盐钻井液的 4 口井二开井段钻进过程中（包括钻水泥塞过程中），钻井液性能稳定，机械钻速较高，井壁稳定，无缩径卡钻、垮塌现象，起下钻无阻卡，中完电测一次成功率 100%。

2. 三开井段

三开井段钻井液配方：2.0% 膨润土浆 +2.0%Visc01+0.1%KOH+0.5%～1.0%Redul+0.5%～2.0%NFA 一 25+50.0%～60.0%Weigh2+ 重晶石。钻井液性能：密度 1.50～2.05g/cm^3，漏斗黏度 50～68s，表观黏度 30～60mPa·s，塑性黏度 23～44mPa·s，动切力 7～16Pa，静切力 1～3/2～12Pa/Pa，滤失量 3.0～5.0mL，pH 值 8～9，泥饼摩阻系数 <0.1。

将二开井浆中的 weigh2 含量增加至 50% 开钻，用胶液对钻井液性能进行维护处理，胶液配方为：水 +0.1%KOH+0.5%～1.0%Redul+0.5%～2.0%NFA−25+50.0%～60.0%weigh2，再用重晶石加重至所需密度。

在采用有机盐钻井液的 4 口井三开井段钻进过程中，钻井液性能稳定，机械钻速快，且井壁稳定、井径规则、电测顺利，并获得了较好的油气层保护效果。

2007 年，新疆油田在三台地区共钻了 8 口开发（评价）井，其中 4 口井使用了有机盐钻井液体系（3 口井有统计数据），其余 4 口井使用了钾钙基聚磺钻井液。两种钻井液体系施工井的部分工程数据对比见图 2−2。由图 2−2 可知，与应用聚磺钾钙基钻井液的 4 口井相比，应用有机盐钻井液的 4 口井，平均机械钻速提高 9%，复杂情况大大减少，井径更规则。

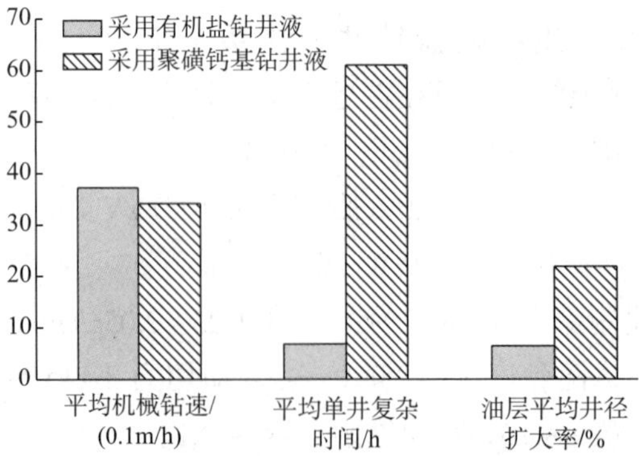

图 2−2　平均机械钻速、平均单井复杂时间、平均井径扩大率对比

在使用有机盐钻井液的 3 口已完钻的井中，有两口已投产，这两口井均未采取储层改造措施而具备自喷生产能力，且产量稳定。表 2-27 是 8 口井中已投产的几口井自投产日至 2007 年 11 月 30 日的原油月均产量对比。由表 2-27 可知，有机盐钻井液具有比钾钙基聚磺钻井液更好的油气层保护效果。

表 2-27　原油月均产量对比

井号	钻井液体系	投产施工方式	原油产量 / (m^3/ 月)
ST2034	有机盐	射孔、自喷	274
ST2248	有机盐	射孔、自喷	253
ST2091	钾钙基聚磺	射孔、加砂压裂	225
ST2369	钾钙基聚磺	射孔、加砂压裂	87
ST2663	钾钙基聚磺	射孔、加砂压裂	9

注：产层均为三叠系克拉玛依组 T_2K。

此外，以水溶性有机盐加重剂 Weigh2、OS–100，降滤失剂 SJ–l、提切剂 Visco1、Visco2、封堵剂 NFA–25、包被剂 IND10 为主处理剂，配合加重剂、大小分子聚合物等处理剂，形成的高密度有机盐钻井液配方如下：2%～3% 膨润土 +0.2%Na_2CO_3+0.3%KOH+1%～1.5%SJ–l+0.1%IND10+2%Viscol+2%～3%SMP–2+1%SPNH+2%NFA25+1%NPAN+0.05%～0.1%XC+20%Weigh2+40%OSl00+ 活化重晶石。在准噶尔盆地北天山山前冲断带阜康断裂带台 13 井 – 台 14 井断块区 T4031 井三开井段应用表明，高密度有机盐钻井液依然保持较低的黏切，具有良好的流变性；抑制性强，润滑性好，三开段井眼稳定，井径规则，电测、下套管、固井等作业均一次完成[73]。YTK5–2 井是塔里木盆地羊塔克 5 构造上的一口开发井，该井在 Φ215.9mm 井眼内存在 250m（4800～5050m）的盐膏层，使用密度为 1.30～1.36g/cm^3 的有机盐水溶液为基液，配制出密度为 2.0～2.3g/cm^3 的有机盐钻井液。现场应用表明，钻井液流变性好；抑制性强，井径扩大率在 5% 左右；机械钻速快，明显高于邻井 YTK5–1 和 YTK5–1T 井；抗盐、钙、钻屑的污染能力强，在没有排放钻井液的情况下顺利穿过盐膏层；具有极强的抗水泥浆污染能力；解决了饱和 NaCl 聚磺钻井液滤失量控制与流变性的矛盾，也解决了固相含量与流变性的矛盾；维护简单，对金属无腐蚀，对环境无污染，能够满足盐膏层钻井液的需要[74]。

大港油田水平井钻井液曾以强抑制性甲酸盐钻井液、硅基防塌钻井液和有机正电胶钻井液等水基钻井液为主，并解决了水平井的井眼净化、井壁稳定和润滑防卡等技术难点，满足了大港油田水平井施工的需要。但是，由于钻井液所形成的滤饼和进入储层的滤液会堵塞油气通道，不能最大限度地发挥水平井泻油面积大的优势。因此，开发了“双保”型有机复合盐钻井液体系，现场应用表明，该体系性能稳定，抑制性、抗污染能力强、环保、无固相，有利于保护油气层、提高机械钻速和提高固井质量等优点，解决了井壁稳定和保护油气层之间的矛盾[75]。

HK29-1-2井位于南海西部莺歌海北部，目的层为中－低孔、低－特低渗储层，具有中等偏强盐敏性、中等偏弱碱敏性，且具有明显的水锁特征。根据该区块的地层特征和储层敏感性，应用了无固相有机盐钻井液。现场应用表明，该钻井液具有较好的防水锁效应；体系滤液活度远远低于地层水，不容易侵入地层；抑制性好，避免水敏现象的发生；无固相，防止了固相对储层的伤害；体系通过降低滤液活度协同膜效应的方式，阻止二价金属离子进入储层生成沉淀而造成的孔喉堵塞；抗温性好，可达150℃以上；机械钻速与邻井相比大幅度提高[76]。

第六节　阳离子聚合物钻井液

阳离子聚合物钻井液是20世纪80年代发展起来的一种抑制性水基钻井液体系。该钻井液体系因其抑制性强，而能够有效地抑制页岩的水化膨胀和分散，有利于稳定井壁、保证井下安全，也有利于保护油气层。

阳离子聚合物钻井液是以高相对分子质量的有机聚季铵盐类阳离子聚合物（简称大阳离子），如聚胺甲基丙烯酰胺（代号CPAM）、丙烯酰胺－二烯丙基二甲基氯化铵聚合物等作包被絮凝剂，以小相对分子质量有机阳离子聚合物或化合物（简称小阳离子）作泥页岩抑制剂，并配合降滤失剂（阳离子淀粉等）、增黏剂、降黏剂、封堵剂和润滑剂等处理剂配制而成。大阳离子聚合物既具有高价阳离子的强聚结效应，又具有高聚物对膨胀性黏土表面的吸附成膜作用，是较理想的抑制剂。其稳定黏土的能力远远超过无机盐类（如钙盐、钾盐等），也远远超过广泛应用的阴离子有机聚合物（如聚丙烯酸盐类）。阳离子聚合物钻井液可采用淡水、硬水、盐水等配制，且配制简单，成本低。适用于大段泥页岩易失稳地层。

一、阳离子聚合物钻井液体系的组成

阳离子聚合物钻井液包括全阳离子聚合物钻井液和非全阳离子聚合物钻井液，其中，全阳离子聚合物钻井液体系只能采用阳离子和非离子型处理剂，而非全阳离子聚合物钻井液体系可以采用部分阴离子型处理剂，一般可以在阴离子聚合物钻井液体系的基础上通过引入阳离子聚合物包被剂、絮凝剂和黏土稳定剂等转换而成。

（一）全阳离子聚合物钻井液

对于全阳离子聚合物钻井液，其主要组成材料和性能如下：

1. 高相对分子质量的阳离子聚合物

高相对分子质量的阳离子聚合物，习惯称之为大阳离子，如聚胺甲基丙烯酰胺（CPAM）、P（DMDAAC-AM）聚合物等。产品一般为颗粒状固体，较易溶解，其胶液

pH 值在 7~8 之间。具有很强的包被钻屑，抑制钻屑分散和黏土造浆的作用，还有一定的增黏作用。在钻井液中的最佳用量为 0.10%~0.4%。下面是一些典型的大阳离子聚合物处理剂的基本情况。

（1）聚胺甲基丙烯酰胺 CPAM。

CPAM 通常由聚丙烯酰胺、甲醛和二甲胺的反应得到。固体产品为白色颗粒或粉末，液体产品为无色或淡黄色透明黏稠状胶体，略带氨味。属于有机阳离子型絮凝剂，由于对黏土颗粒吸附能力强，因此絮凝效果优于阴离子絮凝剂。由于分子中含有季铵基团，对细菌有一定的抑制作用。适当阳离子浓度的高相对分子质量的聚胺甲基丙烯酰胺可用作钻井液增黏剂、包被絮凝剂，是最早应用的絮凝剂之一，强化钻井液的清洁和抑制性。由于液体产品固含量低，用量大，生产和运输麻烦，目前很少应用。

（2）P（AM-DMDAAC）聚合物。

该聚合物是丙烯酰胺与二甲基二烯丙基氯化铵共聚得到的产物，也叫阳离子聚丙烯酰胺，是阳离子型高分子絮凝剂，具有良好的吸附性能、抗剪切性能、耐温性能和耐酸碱性能等。可以有效地絮凝包被钻屑、控制黏土分散，保持钻井液清洁。在钻井液中随着循环时间的延长，聚合物会发生水解反应，而得到类似于 AA、AM 与 DMDAAC 的三元共聚物，随着时间延长水解程度增加，絮凝效果逐步降低，降滤失和护胶能力逐步增强，当达到一定水解度后，将失去絮凝作用而起降滤失作用。

作为钻井液絮凝剂，主要用于上部快钻或清水钻进，在阴离子钻井液中，当加量大时会由于过度絮凝而使胶体稳定性降低，不利于滤失量控制，故加量一般控制在 0.3% 以内。用作阳离子钻井液的增黏剂和降滤失剂时，加量为 0.2%~0.5%。

（3）P（AM-DMC）聚合物。

该聚合物由丙烯酰胺与甲基丙烯酰氧乙基三甲基氯化铵共聚得到，为固体粉末，易溶于水，有很强的吸湿性及很强的絮凝沉降作用。其相对分子质量比 P（AM-DMDAAC）大，且均聚物少。与 P（AM-DMDAAC）聚合物一样，在钻井液循环过程中会发生水解反应，最终会起到防塌滤失作用。作为钻井液絮凝剂，一般用于上部快钻或清水大循环钻进。水解产物具有絮凝、包被、防塌、降滤失作用。

2. 低相对分子质量的有机物阳离子聚合物或化合物

低相对分子质量的有机物阳离子聚合物或化合物，习惯称之为小阳离子。常用的如环氧氯丙烷－有机胺缩聚物、环氧丙基三甲基氯化铵等，为液体或粉末状固体，其胶液 pH 值在 5~7 之间，具有抑制黏土水化分散的作用，还有一定的增黏、增失水的负作用。在钻井液中的最佳含量为 0.2%~0.5%。下面是一些组成阳离子钻井液的典型小阳离子处理剂的基本情况。

（1）环氧氯丙烷－二甲胺缩聚物。

该缩聚物也叫聚季铵、聚 2- 羟丙基 -1，1-N- 二甲基氯化铵，是一种阳离子型聚电解质，产品主要以水溶液形式出售，外观为微黄色至橘红色黏稠液体，不分层，无凝聚物，密度为 1.18~1.20g/cm^3。耐高温，耐剪切，对 pH 值不敏感；可与水以任何比例混溶；分子中含有羟基、叔胺基和季铵基，在黏土颗粒表面具有强的吸附作用，抑制性好，絮凝能力强，同时具有长效性；用作钻井液页岩抑制剂，适用于阳离子聚合物钻井液、两性离子聚合物钻井液，也适用于阴离子聚合物钻井液，但在阴离子聚合物钻井液中，加量不能超过 0.25%。

（2）环氧氯丙烷 - 多乙烯多胺缩聚物。

该缩聚物是多乙烯多胺与环氧氯丙烷经缩聚而得的分子主链含有胺基的线性聚合物，为淡黄色或红棕色黏稠液体，溶于水，主要用作钻井液的抑制剂和防塌剂。在钻井液方面习惯称为聚胺，采用不同类型的多乙烯多胺时，产品性能将有所差别；其抑制能力优于聚醚胺，适用于阳离子、两性离子和阴离子聚合物钻井液体系，但加量大时会使钻井液产生絮凝，使胶体稳定性变差，滤失量增加；毒性大于聚醚胺，不适用于环保要求高的地区。

（3）环氧丙基三甲基氯化铵。

该化合物即 2，3- 环氧丙基三甲基氯化铵（GTA），别名氯化缩水甘油三甲基铵，是一种阳离型有机化合物，固体产品含量大于 95%，熔点 140℃。油田化学领域称其为小阳离子，产品通常为 40%~50% 的水溶液，可直接用作钻井液黏土稳定剂，也可以作为阳离子淀粉或纤维素生产的醚化剂，同时还可以作为两性离子磺甲基酚醛树脂、两性离子腐殖酸等合成的中间体。

3. 降滤失剂

用于阳离子聚合物钻井液的降滤失剂主要为改性淀粉类产品，如阳离子淀粉、羟乙基淀粉、羟丙基淀粉和预胶化淀粉等。

4. 增黏剂

阳离子聚合物钻井液的增黏剂主要有羟乙基纤维素、黄原胶、植物胶等。

5. 降黏剂

阳离子聚合物钻井液的降黏剂通常是低相对分子质量的两性离子或阳离子聚合物等。

6. 加重剂

常用的加重剂如铁矿石粉、石灰石粉。

典型的全阳离子聚合物钻井液配方：基浆（清水或 1%~3% 的膨润土浆）+0.2%~0.4% 大阳离子聚合物 +0.15%~0.3% 增黏剂 +0.3%~1.0% 的小阳离子 +1.0%~2% 降滤失剂 + 加重剂。

（二）非全阳离子聚合物钻井液

对于非全阳离子聚合物钻井液，其组成成分中除全阳离子聚合物钻井液所涉及的处理剂外，还可以采用如下一些处理剂：

（1）降滤失剂。常用的降滤失剂如 SAS、Na-HPAN、CMC、SPNH（磺化褐煤树脂）等。

（2）增黏剂。常用的增黏剂如 HV-CMC、HV-PAC。

（3）降黏剂。常用的降黏剂如 SMC、SMK、SMT、FClS 等。

（4）CaO，用于提供 Ca^{2+}，调节体系的 pH 值，减弱地层黏土水化分散，稳定钻井液性能。

典型的非全阳离子聚合物钻井液配方：基浆（2%~4% 的膨润土浆）+0.1%~0.3% 大阳离子聚合物 +0.3%~0.5% 的小阳离子 +1%~2% 降滤失剂 +0.1%~0.2% 降黏剂 +CaO+加重剂。

二、阳离子聚合物钻井液的特点

与阴离子聚合物钻井液体系相比，阳离子聚合物钻井液主要有以下特点[77]：

1. 固相含量低

固相含量低，且亚微米粒子所占比例也低。阳离子聚合物钻井液是以高相对分子质量的阳离子聚合物（如 CPAM）作为包被絮凝剂，以小相对分子质量的有机阳离子化合物作为黏土稳定剂的一种水基阳离子钻井液体系。CPAM 的包被絮凝能力远大于 PHP，有利于稳定井壁，提高固控设备及清除钻屑的效率，小阳离子有机化合物不仅对膨胀性泥页岩抑制效果好，而且对硬脆性页岩抑制性也好。因此，阳离子聚合物钻井液不但具有较强的抑制黏土矿物水化膨胀和分散作用，而且具有良好的适应性、流变性和较高的钻屑等固相容限。

2. 流变性好

阳离子聚合物钻井液具有良好的流变性，主要表现为较强的剪切稀释性和适宜的流型。阳离子聚合物钻井液体系中形成的结构由颗粒之间的相互作用、聚合物分子与颗粒之间的桥联作用以及聚合物分子之间的相互作用所构成。结构强度以聚合物分子与颗粒之间桥联作用的贡献为主。在高剪切作用下，桥联作用被破坏，因而黏度和切力降低，所以体系具有较高的剪切稀释作用。由于阳离子聚合物在黏土表面的吸附能力更强，故这种桥联作用赋予阳离子聚合物钻井液具有比其他类型钻井液更高的结构强度，从而阳离子聚合物钻井液具有较高的动切力。同时，与其他类型钻井液相比，由于阳离子聚合物絮凝包被能力更强，更有利于固相清除，使钻井液具有更低的固相含量，粒子之间的相互摩擦作用相对较弱，从而阳离子聚合物钻井液具有较低的塑性黏度。由于阳离子聚合物水溶液为典型的非牛顿流体，所以钻井液一般具有较低的 n 值。

3. 有利于提高机械钻速

如前所述，阳离子聚合物钻井液体系固相含量低，亚微米粒子比例小，剪切稀释性好，卡森极限黏度低，悬浮携带钻屑能力强，洗井效果好，这些优良性能都有利于提高机械钻速。实践表明，在相同钻井液密度的条件下，使用阳离子聚丙烯酰胺钻井时的机械钻速明显高于使用钙处理钻井液或阴离子聚合物钻井液时的机械钻速。

4. 井壁稳定能力强

与阴离子聚合物钻井液相比，阳离子聚合物钻井液中黏土颗粒的 zeta 电位由负电位变为正电位，形成正电位的扩散双电层，使钻井液体系处于电稳定状态。带正电荷的高相对分子质量阳离子聚合物可以牢固地吸附到钻屑颗粒表面，起包被絮凝作用，与小相对分子质量有机阳离子化合物的抑制作用相配合，能有效地抑制钻屑在钻井液中的水化膨胀和分散，同时以相同的作用而使井壁处于化学稳定状态，提高井壁稳定能力。

5. 有利于储层保护

由于阳离子聚合物钻井液的密度低，可实现近平衡压力钻井。同时由于固相含量少，可减轻固相的侵入，因而减小了损害程度，对油气层的损害小，有利于发现和保护产层。

三、钻井液配制及维护处理

（一）配制方法

含膨润土的阳离子聚合物钻井液或非全阳离子聚合物钻井液，可以采用井浆转化，也可以新配制。

1. 井浆转化

采用井浆转化的具体过程如下：

（1）测定原井浆的膨润土含量，根据膨润土含量确定加入清水的数量，将体系的膨润土含量控制在 45g/L、固相含量控制在 8% 以内，按照体系基本配方进行小型实验，确定原井浆与新配胶液的比例。

（2）将地面循环系统清理干净，按实验配方加入所需清水，通过混合漏斗加入所需处理剂，充分循环均匀得到处理剂胶液。

（3）使用钻井泵将预留的原钻井液与配制的复合胶液混合均匀。

（4）根据所需密度，计算加重剂加量，加重时要控制速度，防止速度过快加重剂沉淀，充分循环均匀。

（5）配制完成后，测定性能合格后方可使用，否则，用所需处理剂调整钻井液性能到设计要求。

2. 配制新浆

如果需要配制新浆时，则可以按照如下步骤进行。

（1）对于无土相的全阳离子聚合物钻井液，首先需要彻底清洗地面循环系统，然后根据现场钻井液配方使用现场水做配方实验，以确定处理剂具体加量。

（2）对于有土相或非全阳离子聚合物钻井液，应根据配方配制预水化膨润土浆，通过混合漏斗依次加入纯碱、膨润土，水化时间大于 24h，分罐保存。

（3）循环罐放入所需清水，通过混合漏斗按现场试验配方加入所需处理剂，充分循环均匀，得到处理剂复合胶液。

（4）使用钻井泵将膨润土浆与复合胶液混合均匀（无土相钻井液省去该步）。

（5）根据所需密度，计算加重剂加量，加重时要控制速度，防止由于速度过快而使加重剂沉淀，充分循环均匀。

（6）检测钻井液性能。测定的钻井液性能应符合所设计的性能要求，否则调整相应处理剂加量进行处理，直到符合要求。

（二）现场维护处理要点

（1）钻进中按时测量钻井液性能及钻井液中阳离子聚合物的含量，根据钻井液性能及处理剂含量变化情况，及时对钻井液进行维护处理。

（2）采用配制复合胶液的形式维护，胶液浓度可根据钻井液性能调节，按循环周均匀加入，保持钻井液性能稳定；若需要加干粉时，必须通过混合漏斗按循环周加入，同时控制加入速度，保证钻井液均匀稳定。

（3）加入小阳离子后，如果出现钻井液滤失量上升，可加入降滤失剂胶液进行护胶处理。

（4）井深超过 3500m，应随井深的增加逐步增加处理剂的用量，并尽可能采用抗温聚合物处理剂。

（5）对于需要加入无机盐的钻井液体系，应根据所需量及时加入，加盐前要先进行护胶处理，以防止钻井液滤失量升高，同时根据消耗及时补充，对于需要含有一定量 Ca^{2+} 的钻井液，应结合测量 Ca^{2+} 含量情况，确定加入 CaO 乳液的量，以使 Ca^{2+} 浓度控制在 400~600mg/L 或要求的范围。

四、应用实例

（一）CBF 钻井液体系

Amoco 公司开发了一种既能控制黏度，又能控制滤失量的阳离子聚合物盐水钻井液，简称为 CBF 体系。CBF 体系是一种适用于小井眼连续取心作业的抑制性阳离子聚合物 / 盐水钻井液[78]。其配方见表 2-28，钻井液性能见表 2-29。其主要特点是：

（1）基液为 10%KCl 溶液，K^+ 的吸附能力强，能有效嵌入黏土晶格，抑制页岩膨胀。

（2）页岩抑制剂为阳离子聚合物，有机阳离子聚合物可通过静电引力强烈吸附在黏土颗粒表面上，形成一层保护膜，有效抑制页岩的水化膨胀。

（3）增黏剂为羟乙基纤维素，在钻井液中非离子型水溶性 HEC 胶粒吸附在黏土表面上，起到降滤失和增黏的作用。

（4）降滤失剂为预胶化淀粉，其所含的众多羟基和醚氧基能在黏土颗粒上形成氢键，有利于提高聚结稳定性和降低滤失量。

表 2-28 CBF 钻井液组成

材料	材料用量 / (kg/m^3)			材料	材料用量 / (kg/m^3)		
	一般体系	增黏体系	加重体系		一般体系	增黏体系	加重体系
阳离子聚合物 A	4.28	4.28	4.28	氯化钾	108.59	108.59	62.99
预胶化淀粉	5.70	5.70	5.70	氯化钙	0	0	304.95
羟乙基纤维素	0	2.85	2.85				

表 2-29 阳离子聚合物钻井液性能

体系	PV/mPa·s	YP/Pa	Gel_{10s}/Pa	FL_{API}/mL	密度 / (g/cm^3)
一般体系	10	0.49	0	13	1.066
增黏体系	10	2.4	0.49	12	1.066
加重体系	11	2.9	0.49	10	1.258

从现场应用效果来看，CBF 钻井液体系具有良好的流变性和防塌性能，在已应用的 10 口井当中，有 9 口未出现井眼不清洁、冲蚀或坍塌现象。

（二）国内阳离子聚合物钻井液

由于缺乏配套的处理剂，真正达到完全的阳离子聚合物钻井液非常困难，国内目前采用的多是以大分子阳离子聚合物、小阳离子化合物，以及阴离子聚合物增黏剂、降滤失剂和降黏剂等组成的一种聚合物钻井液体系。对于非真正意义上的阳离子钻井液体系，由现场井浆直接转化时的转化及维护处理要点如下：

（1）测定原钻井液（井浆）的全套性能，根据性能测定结果，确定留用原钻井液的量，补充清水，循环均匀后，测定钻井液性能，若黏度≤45s，膨润土含量≤45g/L，固相含量≤10%，即可进行后续的维护处理工作。

（2）将小阳离子、稀释剂、NaOH 配制成胶液或溶液，按照循环周均匀加入聚合物钻井液中，小阳离子的含量控制在 0.3%~0.5% 之间，循环 2~3 周后，测钻井液性能，若黏切较高，可再次加入稀释剂、NaOH 胶液降低黏切，使黏度控制在 50s 以下。

（3）将大阳离子聚合物配制成胶液，按照两个循环周均匀加入，大阳离子聚合物含量控制在 0.2%~0.4% 之间。大阳离子聚合物加入后，钻井液黏切会大幅度上升，随着钻井液的循环，钻井液黏切会逐步下降，黏切稳定后会比加入前略有上升，因此大阳离子聚合物加入 1 个循环周后，循环 2~3 周，然后再次加入大阳离子聚合物。

（4）加入小阳离子化合物后，钻井液的滤失量会有所上升，可加入适量的降滤失剂；为提高处理效果降滤失剂最好先配成胶液，然后再慢慢加入。

下面介绍几种典型的阳离子聚合物钻井液体系。

1. 高密度阳离子聚合物钻井液

基本配方[79]：0.2%~0.5%CHM 包被絮凝、0.2%~0.5%CLM 泥页岩抑制剂、1.0%~2.0%CLG 降滤失剂、0.5%~1.0% 降滤失剂 JT888、0.5%~1.0%XY-27 降黏剂、NaOH（根

据需要确定加量）、重晶石（根据需要加入）。

高密度阳离子钻井液体系以高相对分子质量的阳离子聚合物（CHM）作为包被絮凝剂、以小相对分子质量的阳离子化合物（CLM）作为泥页岩抑制剂，同时使用阳离子型降滤失剂（CLG）、两性离子型降滤失剂（JT–888）和两性离子型解絮凝剂（XY–27），必要时可加入少量膨润土以提高黏切和改善滤饼质量；未使用分散剂和强阴离子型处理剂，提高了钻井液体系的抑制性和稳定性，密度超过 2.0g/cm^3 以上，处理剂的加量可根据密度和井下情况进行适当的调整。实验表明，该体系具有良好的抗高温能力（在室内实验条件下可抗高温至 180℃以上）和较强的抗盐（可抗至饱和）、抗钙和抗镁（分别可抗至 5000mg/L）的能力。

高密度阳离子聚合物钻井液在 YK–l 井进行了应用。YK–l 井位于塔里木盆地西部英吉沙背斜。英吉沙构造属昆仑山前奇姆根 – 黑孜隆起西北翼斜坡上的长轴背斜。20 世纪 70 年代在此构造上曾钻了三口井，分别为英 1 井、英 2 井和英 3 井。

英 1、英 2、英 3 井在钻井过程中均遇到高压盐水层。如英 2 井 2747m 以上用密度为 1.82g/cm^3 的钻井液钻进，英 3 井密度量高达 2.17g/cm^3，仍未能压住盐水层；英 l 井 2356m、英 2 井 3551m 溢出的盐水中的氯离子含量分别达 11×10^4mg/L、14×10^4mg/L，总矿化度分别达 18×10^4mg/L、23×10^4mg/L，并且矿化度随井深增加而增加；钙、镁离子含量高。英吉沙构造的盐水属氯化钙型，如英 3 井溢出的盐水中的钙离子含量高达 9700mg/L，镁离子含量高达 4506mg/L，并在部分井段发生井漏，如英 2 井、英 3 井多次发生井漏。在英吉沙构造钻井过程中，既有高压、高矿化度盐水溢出，又有可能发生井漏，给钻井和钻井液施工造成了很大困难。针对 3 口井存在的问题，在 YK–l 井钻井中应用高密度阳离子聚合物钻井液，见到了如下效果：

（1）较好地解决了钻井液体系的稳定性、抑制性与配浆性之间的矛盾，体系具有较强的抑制性、良好的流变性、较低的滤失量和较强的抗污染能力。

（2）由于钻井液体系中未使用任何类型的分散剂和强阴离子型处理剂，提高了体系的抑制性，在不能使用除砂器、清洁器的情况下，有效地控制了低密度固相的过分积累，保证了钻井液性能的稳定性。同时，在高密度的情况下，减少了钻井液对油气层的损害。

（3）在山前构造带复杂地质条件下的超深井钻井过程中，采用高密度阳离子钻井液体系避免了可能出现的井下复杂情况，基本上满足了钻井和其他工程的顺利进行，并较好地解决了井壁不稳定问题。

2. 改造的阳离子钻井液

典型的体系是根据吐哈温西区块地层情况，在现有钻井液的基础上引入阳离子处理剂，将传统聚合物钻井液、聚磺钻井液改造为阳离子聚合物钻井液体系，它属于非全阳离子钻井液[80]。

以常用降滤失剂 CMC 和 NaHPAN 作为主要降滤失剂，SPNH、SMP 和 GXL 作主分散剂，与小阳离子化合物（CSW–1）和大阳离子聚合物（CHM）为主要材料，得到两种阳离子聚合物钻井液配方：

1号，即阳离子聚合物钻井液：4% 的膨润土浆 +0.4%CHM+0.5%CSW–1+0.3%CMC+0.6%Na–HPAN。

2号，即阳离子聚磺钻井液：4% 膨润土 +0.4%CHM+0.5%CSW–1+0.3%CMC+0.6%Na–HPAN+3.0%SPNH+3.0% SMP+3.0%GXL。

按照上述配方所配制钻井液的性能如表 2–30 所示。

表 2-30　阳离子聚合物钻井液性能

配方	*PV*/mPa·s	*YP*/Pa	*Gel*/Pa/Pa	FL_{API}/mL	FL_{HTHP}/mL	pH 值
1	13	3.0	0.13/0.25	7.0		7.5
2	17	6.5	0/3.5	6.0	14.0	8.5

以温西区块为例，现场使用中参照基本配方做好阳离子钻井液的转换和钻井液维护处理。

二开前配 60m^{3}0.5% 小阳离子化合物无固相胶液、40m^{3}0.4% 大阳离子聚合物无固相胶液，并保证溶解时间在 8h 以上；钻完水泥塞后，用一开原浆钻至纯泥岩 500m，将膨润土浆黏度降为 45～50s，先将小阳离子化合物无固相液一次性混入钻井液中，待循环均匀后，逐渐混入大阳离子聚合物无固相胶液，转化为阳离子聚合物钻井液体系。

用 0.5%CSW–1+0.4%CHM 胶液进行维护以提高钻井液抑制性，大、小阳离子胶液在不同循环周内加入；用 0.6%Na–HPAN+0.3%CMC 胶液控制滤失量，如钻遇盐膏层则适当增大 Na–HPAN 和 CMC 用量。

上部井段保持低黏度、低切力及良好的流变性能，防止泥包钻头、扶正器；通过控制钻井液中阳离子处理剂的有效含量，提高体系的抑制性，控制膨润土含量和固相含量；进入齐古组中下部地层，混入 1.5%～2% 润滑剂 WR–1，提高钻井液润滑性。

进入七克台组地层，在阳离子聚合物原浆中分次加入 3%SPNH、3%SMP 和 3%GXL，提高钻井液抗高温性能，改善泥饼质量，将体系转化为阳离子聚磺钻井液；并用 3%SPNH+3%SMP+3%GXL 胶液控制高温高压滤失量和 API 滤失量；当出现滤失量增大时，可以适当增加 SPNH 和 SMP 的用量。

使用好固控设备，振动筛、除砂器运转率为 100%，离心机运转率为 80% 以上，并配合清洗钻井液池，及时清除劣质固相。

经温 8–2 和温 10–1 井现场应用表明，改造的阳离子钻井液体系性能稳定，抑制能力强，具有优良的流变性，较强的携带钻屑、防泥包作用，提高了钻井速度；且防塌效果好，井壁稳定，井径规则，并与常规处理剂配伍性好，维护处理容易，能够满足温西区块钻井施工的要求。钻井技术指标优于常规钻井液（表 2–31）。温 82 井与邻井相比，平均井径扩大率降低 7.79%，钻井周期缩短 3.97d，机械钻速提高 1.27m/h；温 101 井与邻井相比平均井径扩大率降低 7.13%，钻井周期缩短 4.66d，机械钻速提高 1.31m/h。

表 2-31　温 8-2 和温 10-1 井与邻井钻井技术指标对比

井号	完井井深 /m	钻井周期 /d	机械钻速 /（m/h）	平均井径扩大率 /%	复杂时效 /%
温 8-1x	3166	33.22	8.56	15.83	2.56
温 8-2	3160	29.25	9.83	8.04	0
温 10q	3205	40.08	7.35	14.88	2.23
温 10-1	3215	35.42	8.66	7.55	0

第七节　氯化钙钻井液

氯化钙钻井液是一种以高浓度 Ca^{2+} 提供抑制性和絮凝性的钻井液体系。传统意义上的氯化钙钻井液为低氯化钙含量的含钙聚合物钻井液，其滤液中 Ca^{2+} 的含量一般为 1000~3500mg/L，属于粗分散钻井液。随着储层保护、钻井提速及井壁稳定等方面对钻井液提出的更高要求，针对易水化黏土地层和页岩地层钻井的需要，高浓度氯化钙聚合物水基钻井液（氯化钙质量分数可达 15% 以上）逐步受到重视，该类钻井液可以有效抑制泥页岩的水化膨胀，对于稳定地层十分有利，并适用于页岩气开发过程中水平井钻井。

一般认为，氯化钙钻井液的作用机理为：①传统意义上的氯化钙钻井液通过 Na^{+}/Ca^{2+} 交换将钠土转变为水化能力较差的钙土，并通过压缩黏土颗粒表面的扩散双电层，引起黏土晶片面 - 面和端 - 面聚结，造成黏土颗粒分散度下降，使钻井液获得强的化学抑制性；②高浓度氯化钙无土相水基钻井液除具有传统氯化钙钻井液的抑制机理外，主要是通过降低钻井液的活度来实现其抑制性。泥页岩井壁表面与水基钻井液间存在一层非理想的半透膜，某些无机盐的加入能够明显降低钻井液的活度，进而提高半透膜效率，有利于井壁稳定。利用压力传递装置对不同条件下无机盐与泥页岩渗透压及泥页岩膜效率之间的关系研究表明，与 Na^{+} 和 K^{+} 相比，Ca^{2+} 拥有更大的离子水化半径和离子交换能力，在相同的水活度及泥页岩条件下，氯化钙溶液对泥页岩产生的渗透压和膜效率明显高于 KCl、NaCl 等一价金属盐，更有利于保持泥页岩井壁的稳定。

一、低浓度氯化钙钻井液

该体系一般称为高钙盐钻井液体系，可以归属于传统的钙处理钻井液，通过引入新型抗钙聚合物处理剂，使其综合性能更优，综合效果优于粗分散的钙处理钻井液，近年来，在一些强水敏性、易塌和易造浆地层应用中见到了良好的效果。

（一）配方与性能

典型的低浓度氯化钙钻井液基本组成：20~50kg/m³ 膨润土、3~15kg/m³ 有机 - 无机单体共聚物 SIOP-E、2～10kg/m^3 两性离子磺酸盐共聚物 CPS-2000、5～15kg/m^3 聚合铝 AOP-1、3～5kg/m^3 固相化学清洁剂、2～4kg/m^3 羧甲基纤维素钠盐、20～35kg/m^3 磺化酚醛树脂、20～35kg/m^3 磺化褐煤、10～30kg/m^3 氯化钙、氢氧化钠根据需要。钻井液性能要求见表 2-32。

表 2-32　低浓度氯化钙钻井液性能

项目	要求	项目	要求
密度 /（g/cm^3）	1.10～2.00	*Gel*/Pa/Pa	2～6/6～15
FV/s	35～90	游离 Ca^{2+} 含量 /（mg/L）	≥ 800
FL_{API}/mL	≤ 10	膨润土含量 /（g/L）	≤ 30
FL_{HTHP}/mL	≤ 20	含砂量 /%	≤ 0.3
PV/mPa · s	15～50	低密度固相含量 /%	≤ 10
YP/Pa	5～15	pH 值	8～10

（二）现场配制与维护处理

1. 配制工艺

现场应用中，可以新配钻井液，也可以采用老浆转化为低浓度氯化钙钻井液。新配浆时，一般按照如下步骤进行。

（1）首先配制预水化膨润土浆，并充分水化 48h 以上。

（2）经混合漏斗加入所需量的护胶剂（羧甲基纤维素钠盐、有机－无机单体共聚物、两性离子磺酸共聚物、磺甲基酚醛树脂、磺化褐煤等材料），搅拌使其充分溶解得到处理剂胶液。

（3）配制所需量的高浓度氯化钙水溶液。

（4）将预水化膨润土浆和胶液混合均匀，加入聚合铝、固相化学清洁剂，全井循环并加入氯化钙水溶液，用氢氧化钠调节 pH 值至要求的范围。

（5）循环钻井液，加重至设计密度，测定钻井液性能，若达不到设计要求，则根据需要加入所需处理剂调整性能至设计要求。

如用井浆转换，其配制过程如下：

（1）测定原井浆膨润土含量，确定原井浆与新配胶液的比例，通过小型实验确定转换配方。

（2）经混合漏斗加入所需量处理剂配制复合胶液。

（3）配制所需量的高浓度氯化钙水溶液。

（4）将预留的原井浆与胶液混合均匀后加入所需量氯化钙溶液，并用氢氧化钠溶液调节 pH 值。

（5）循环钻井液，加重至设计密度，测定钻井液性能，若达不到设计要求，则根据需要加入所需处理剂调整性能至设计要求。

2. 维护处理要点

钻进中，定期检测钻井液滤液中的 Ca^{2+} 含量，保持 Ca^{2+} 含量符合设计要求；补充 Ca^{2+} 时，最好将氯化钙与有机－无机单体共聚物、两性离子磺酸盐共聚物、磺化酚醛树脂等配制成胶液，按循环周加入；采用胶液进行日常维护，处理剂加量根据钻井液性能测定情况进行调整；随着井深的增加，控制膨润土含量与低密度固相含量，保持钻井液具有良好的流变性和低的滤失量；按要求检测钻井液性能，必要时加密测定，根据性能变化对钻井液进行维护处理，以保持钻井液性能稳定。

钻井过程中根据摩阻系数和井下情况调整钻井液润滑性，可加入适量的润滑剂或原油，加原油时要加入乳化剂使原油充分乳化，以提高原油润滑效果。

若遇易垮塌地层时，为了提高钻井液的井壁稳定能力，可以适当提高聚合铝、固相化学清洁剂和两性离子磺酸盐聚合物的加量，保持钻井液清洁和钻井液体系的抑制性。定期补充固相清洁剂和聚合铝。必要时加入磺化沥青、超细碳酸钙等封堵剂，确保滤饼质量良好，防止井漏的发生。

钻井过程中保证四级固控设备的正常运转。

（三）现场应用

在现场配制低浓度氯化钙钻井液（也称高钙盐钻井液）时，为保证处理的效果和钻井液性能稳定，需要使用抗盐、抗钙能力强的阴离子聚合物处理剂或非离子聚合物处理剂，同时还应根据不同井段地质特点采用不同的维护处理方法[81, 82]。

当井温较低时，普通处理剂也能够发挥作用，处理维护相对简单，可以采用较低 pH 值来增强钻井液体系的抑制能力；当井温高时，为了较好地降低高温高压滤失量，应以磺化酚醛树脂等抗温处理剂为主，并适当提高体系的 pH 值，以充分发挥处理剂的作用。

高钙盐钻井液体系中使用的主处理剂为 Siop–E、CPS–2000、AOP–1 和多元醇，它们通过协同作用来确保该体系具有较强的防塌能力，同时有机聚合物的包被絮凝作用与钙盐、钾盐、铝盐的无机封堵、固壁作用相结合，进一步提高了井壁的稳定性。现场配方为：4% 钙膨润土 +1.0%～1.5%NaOH+3%$CaCl_2$+0.3%～0.5%CPS–2000 或 PAMS–601+1%～2%AOP–1+0.3%～0.5%GXC+2%～3%SMP+2%～3%SIOP–E+5%NaCl+ 聚合醇 + 重晶石。

基浆用井场水（Ca^{2+} 浓度为 610mg/L、Cl^- 浓度为 12000mg/L）配制（100m^3 水 +0.5% 纯碱 +8% 膨润土），配制好的基浆水化 24h 后，再加入 7～10kg/m^3SIOP–E，如体系的表观黏度低于 45mPa·s，可加入 5～8kg/m^3 HV–CMC 循环均匀后钻进。

现场根据具体情况采用两种方式加入氯化钙：一是在钻进前将 Ca^{2+} 含量加至设计值，二是在循环钻进中加入。加入氯化钙后，必须加入足量的聚合物降滤失剂，这是因为氯化钙加入初期对钻井液是个污染过程，由于体系中 Ca^{2+} 含量大于 900mg/L，黏度降低，应补充足量的 CPS–2000 或 PAMS–601、SlOP–E 等聚合物，当钻井液漏斗黏度低于 45s 时，用 HV–CMC 调整，高于 60s 时用 SIOP–E 调整。正常钻进时，保持钻井液中有较

高的 Ca^{2+} 含量，有利于提高钻井液的化学抑制能力，降低岩石中黏土矿物的水化分散作用，但是钙的含量过高，钻井液的滤失量会升高，黏度和切力不易控制。因此，高钙盐体系中 Ca^{2+} 含量存在一个合理的范围，一般在 1000mg/L 左右最合适。此时，既能有效维护钻井液，又可以保持较低的成本。

高钙盐钻井液体系由于 Ca^{2+} 含量很高（1100mg/L），相对于一般的盐水聚合物钻井液，滤失量的维护与控制难度较大，通过西部中 1 井、T115 井、T914 井、TK318 井和 T759 井的现场维护表明，只要措施得当，处理剂合理配伍，可将滤失量控制在较低的范围内。现场主要采用以下方法控制钻井液的滤失量：合理使用抗钙降滤失剂 SIOP-E 和两性离子降滤失剂 CPS-2000。SIOP-E 黏度效应很低，可以加入干剂，为了使用方便一般与 CPS-2000 配伍后以胶液形式加入，现场常用配方为 15～25kg/m^3 CPS-2000 +5～15 kg/m^3SIOP-E。

2003 年、2004 年，塔河油田在钻进第三系、三叠系、石炭系地层时应用了高钙盐钻井液体系，钻井过程中钻井液性能稳定、滤失量易于控制、流变性易于调整，起下钻顺畅，全井最大摩阻小于 300kN，很少出现划眼现象，三叠系和石炭系井径扩大率均小于 6%，表现出很好的防塌性。例如 T914 井 Φ444.5mm 长裸眼（3200m）井段测井一次成功，下套管顺利。

二、高浓度氯化钙钻井液

高浓度氯化钙钻井液是利用高浓度氯化钙水溶液的低水活度特征的强抑制钻井液体系，特别适用于强水敏地层、泥岩、页岩、泥页岩地层。研究表明[83]，当活性页岩暴露于高矿化度（35% $CaCl_2$）的水基钻井液时，活性的页岩会发生失水（或脱水）现象（图 2-3）。在高矿化度条件下，岩心中的水分反而会被吸入到钻井液中去，这样对于提高页岩地层稳定性非常有利[84]，可见，该体系能够满足页岩气水平井钻井的需要。国外在氯化钙钻井液体系方面研究起步早，并形成了成熟的氯化钙－聚合物钻井液体系，而国内起步相对较晚。

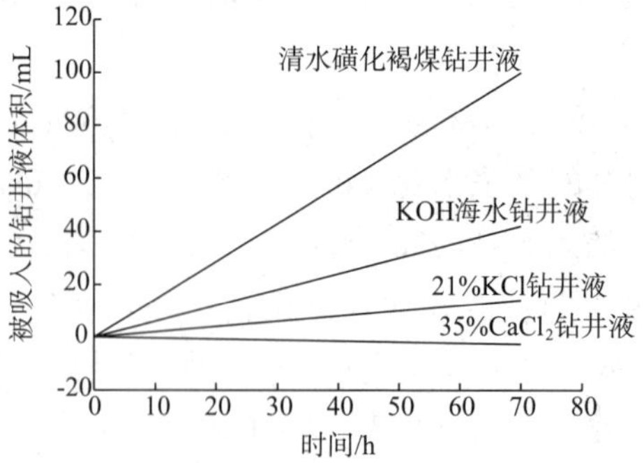

图 2-3　矿化度与页岩吸水度的关系

注：采用中空的页岩样品测试

(一)国外应用的高浓度氯化钙钻井液体系

针对墨西哥湾深水钻井中遇到的高活性、高黏性黏土地层，在实践的基础上，用氯化钙盐水作为氯化钠的替代物，采用良好相容性聚合物包被剂的氯化钙体系可提供钻软泥岩井段所需的抑制性。表 2–33 比较了质量分数 20% 的氯化钠盐水（典型的深海盐水）和相同密度 1.162g/cm^3 的氯化钙盐水的化学特性。最初配方选择密度 1.162g/cm^3 的氯化钙盐水，高浓度氯化钙可以提供与对应的氯化钠相似或更强的黏土抑制性，用较低浓度的盐水可减轻潜在的环境问题。表 2–34 给出了不同浓度氯化钙盐水环境的实验结果。从表中可见，当氯化钙盐水的密度达到或超过 1.21g/cm^3 时，达到墨西哥湾 LC_{50} 毒性极限 30000mg/L，这一值超过了环境可接受范围。由于这种钻井液体系是用来钻较浅的中间阶段，必须合理选择密度，以避免超过该地层的破裂压力。实验表明，密度 1.09、1.137、1.186g/cm^3 的氯化钙溶液的滚动回收率分别为 96.2%、96.9%、97.3%，说明从 1.09 ~ 1.186g/cm^3 密度范围的氯化钙盐水均具有优异的防止黏土水化分散的能力。含有两种不同聚合物包被剂的氯化钙盐水钻井液的分散特性见表 2–35。用合成基钻井液所钻墨西哥湾软泥岩井段的钻屑进行的实验结果表明，用相容好的聚合物包被剂配制的 1.162 g/cm^3 密度的氯化钙盐水钻井液可有效防止活性黏土的水化分散。

表 2-33　氯化钠和氯化钙盐水性能比较

性能	氯化钠	氯化钙	性能	氯化钠	氯化钙
密度 /（g/cm^3）	1.162	1.162	钠离子浓度 /（mg/L）	90313	—
质量分数 /%	20	18	钙离子浓度 /（mg/L）	—	75259
氯离子浓度 /（mg/L）	139232	133141	活度	0.84	0.87

表 2-34　氯化钙盐水毒性实验结果（LC_{50}，糠虾）

盐水密度 /（g/cm^3）	LC_{50}
1.138	98900
1.21	65000
1.27	39000

表 2-35　氯化钙钻井液的抑制分散特性

配方	配方 1	配方 2	密度 1.162g/cm^3 的氯化钙盐水
密度 1.162g/cm^3 的氯化钙盐水 /m^3	0.139	0.139	0.159
高相对分子质量增黏剂 /（kg/m^3）	5.71	5.71	—
增黏剂	2.85	2.85	—
氧化镁	1.43	1.43	—

续表

配方	配方 1	配方 2	密度 1.162g/cm³ 的氯化钙盐水
降滤失剂	5.71	5.71	—
重晶石	165.78	165.78	—
OCMA 土	85.6	85.6	—
回收率 /%	96.2	96.2	40.0

在选择与氯化钙相容性好的聚合物包被剂的基础上，研制了第一代氯化钙 – 聚合物钻井液体系，并应用于水深 1951.5m 的墨西哥湾深海钻井中，配方和性能见表 2–36。

表 2-36　第一代氯化钙钻井液的抑制分散特性

钻井液配方		钻井液性能	
氯化钙盐水密度 /（g/cm³）	1.162	密度 /（g/cm³）	1.162
高相对分子质量增黏剂 /（kg/m³）	5.71	*PV*/mPa · s	12
生物聚合物 /（kg/m³）	2.85	*YP*/Pa	10.1
消泡剂 /%	0.5	FL_{API}/mL	8.0
凹凸棒土 /（kg/m³）	14.27	氯离子浓度 /（mg/L）	123000

在黏土井段钻井时，氯化钙 – 聚合物钻井液体系显示出优异的包被和抑制作用，因而消除了在用氯化钠 –PHPA 聚合物钻井液体系所钻对比井中普遍遇到的典型的与泥岩有关的问题。在此井段钻井过程中，没有出现钻头（底部钻具组合）泥包或软泥岩在导管或套管头堆积的现象。

实践表明，采用第一代氯化钙钻井液钻进黏土地层时，常出现钻井液固相难以控制、振动筛糊筛跑浆等情况。为此开发了第二代氯化钙 – 聚合物钻井液体系（表 2–37），并在墨西哥湾 Garden Banks783 的水深 1422.74m 的 Magnolia 勘探区进行了现场试验。应用表明，现场使用新一代氯化钙钻井液时，可成功解决泥包、固相控制及振动筛糊筛等问题，钻井液表现出优异的抑制性，振动筛上可见到离散且干的钻屑，体系抗温达 121℃，但该体系的触变性较低，可能存在加重悬浮重晶石及井斜角 >30° 的斜井井眼净化的问题。

表 2-37　预配制和在用钻井液配方

处理剂及加量	预配制体系配方	在用体系配方
密度的氯化钙盐水 /（g/cm³）	1.162	1.162
包被剂 /（kg/m³）	8.6	5.14~6.28
低相对分子质量降滤失剂 /（kg/m³）	2.85	2.85
生物聚合物 /（kg/m³）	0	2.85
氧化镁 /（kg/m³）	1.43	1.43
碳酸钙 /（kg/m³）	0	14.27（最初）
重晶石 /（kg/m³）	0	依据密度需要加入

此外，国外学者介绍了一种能够用于氯化钙钻井液的降滤失剂，以凹凸棒石作为流型调节剂，并根据氯化钙的加量调整其他高分子聚合物，如聚丙二醇及多糖类处理剂的加量，钻井液中氯化钙的质量分数为1%~30%。应用结果表明，该氯化钙钻井液滤失量可控，抗温可达121℃，但经热滚老化后体系的静切力偏小，仅为1.0~1.5Pa。

一种配方中含有氯化钙、一价盐及低电荷和低相对分子质量的阳离子聚丙烯酰胺共聚物，氯化钙的质量分数约为17%，体系采用XAN-PLEX™为增黏剂，降滤失剂为BIO-PAQ™或BIOLOsE™的页岩稳定钻井液体系，在墨西哥湾的高活性地层中现场试验表明，能提高钻井速度及固相清除效率，降低钻井成本，但体系抗高温能力较差，室内实验抗温最高仅93℃。

针对氯化钙质量分数为35%~38%时，常规聚合物悬浮剂和降滤失剂基本失效的问题，研制出一种纤维素类处理剂，取代预水化膨润土浆、凹凸棒石及大部分聚合物，以提供良好的悬浮稳定性能和剪切稀释性能，同时通过添加蜡质处理剂、玉米淀粉及一定颗粒尺寸的碳酸钙来控制体系滤失量。该新型无固相氯化钙钻井液体系在墨西哥湾深水成功应用，现场使用钻井液的密度约为1.36g/cm^3，其在井眼净化、页岩抑制及封堵渗透性砂层等方面效果明显，并在无隔水导管钻进时成功避免了墨西哥湾浅层流问题。

针对无固相氯化钙溶液的密度偏低、无法满足钻深井及高压地层需要的问题，BmnnerMond公司通过加入硝酸钙来提高氯化钙溶液的密度，复配溶液的密度为1.35~1.65g/cm^3，通常氯化钙和硝酸钙在复配液中的总含量约为35%~70%，且复配液的结晶温度较低，在-10℃以上不会结晶，适合在低温环境中使用。

（二）国内开发的高浓度氯化钙钻井液体系

为了解决强水敏性地层或页岩气水平井钻井的需要，近年来，国内也开始重视高浓度氯化钙钻井液体系的研究，针对页岩气水平井钻井的需要，探索了水基$CaCl_2$/聚合物钻井液体系，但还目前没有形成现场应用技术。

1. 氯化钙弱凝胶无黏土相钻井液

基本配方[85]：20%$CaCl_2$水溶液+1.0%~2.0%弱凝胶+0.2%~0.5%HXC+0.3%~0.5%聚合物抑制剂+0.2%~0.5%NaOH+重晶石。

表2-38是按照上述配方所配制$CaCl_2$弱凝胶无黏土相钻井液抗温性能。从表2-38可以看出，随着老化温度升高，钻井液黏度切力降低，滤失量略有增加，经150℃、16h老化后，钻井液流变性能较好，表观黏度为34.5mPa·s，动切力为7.5Pa，150℃高温高压滤失量为15.0mL，表现出良好的流变性和悬浮稳定性能，说明该钻井液抗温可达150℃。

表2-38 氯化钙弱凝胶无土相钻井液性能

老化温度/℃	*AV*/mPa·s	*PV*/mPa·s	*YP*/Pa	*Gel*/Pa/Pa	FL_{API}/mL	FL_{HTHP}/mL	pH值
135	47.5	31.0	16.5	1.5/3.0	2.6	12.0	9.0
150	34.5	27.0	7.5	1.5/2.5	3.4	15.0	8.5

2. 氯化钙－烷基糖苷钻井液

针对常规水基钻井液用于页岩水平井钻井无法解决的井壁稳定和润滑防卡等技术难题，形成了一种高浓度$CaCl_2$的烷基糖苷钻井液，其基本配方为[86, 87]：25%APG+0.6%SW+2%封堵剂 B+1.5% 降滤失剂 C+1% 封堵剂 A+0.5% 消泡剂 JS+1%NaOH+25%$CaCl_2$。

按照上述配方所配制钻井液性能见表 2–39。由表 2–39 可见，钻井液在 130℃老化 16h 后，性能稳定，但随着密度的升高时，中压滤失量和高温高压滤失量均有所增加，可适当补充细颗粒封堵材料或可变形性封堵材料，以提高钻井液的降滤失封堵效果。

表 2-39　不同密度的氯化钙 -APG 钻井液性能

密度 / (g/cm^3)	*AV*/mPa·s	*PV*/mPa·s	*YP*/Pa	*Gel*/Pa/Pa	FL_{API}/mL	FL_{HTHP}/mL
1.20	44.5	27	16.8	3.5/8.0	0.5	9
1.43	51.0	31	19.2	8.0/20.0	0.2	10
1.66	80.0	50	28.8	10.0/27.0	0.4	13
1.82	71.0	49	21.1	8.0/11.5	1.6	15
2.04	79.0	56	22.1	6.5/15.5	3.1	16

注：钻井液配方：15%~25%APG+0.2%~0.6%SW+2% 封堵剂 B+1.5%~2% 降滤失剂 C+25% 氯化钙 + 适量氢氧化钠 +0.5% 消泡剂 JS+ 重晶石；高温高压滤失量测试温度为 130℃，其他测试温度为 25℃。

研究表明，氯化钙－烷基糖苷（APG）钻井液具有较低的水活度（0.40~0.76），与地层页岩活度范围（0.35~0.70）较为一致，可较好地与地层达到渗透平衡；钻屑在 $CaCl_2$–APG 钻井液中的一次和二次回收率均超过 90%，与油基钻井液相当，高于常规水基钻井液；焦石坝区块露头岩心在 Ca Cl_2–APG 钻井液中浸泡后状态完好，抗压强度降低较少，与在油基钻井液中的浸泡现象相当。密度为 1.20~2.00g/cm^3 的 $CaCl_2$–APG 钻井液润滑性均与油基钻井液极压润滑系数相当；在 130℃持续老化 72h 性能稳定，抗温稳定性好；抗钻屑、水侵和原油污染能力分别达 15%、10% 和 10%。

3. 氯化钙无固相钻井液

由增黏剂、降滤失剂、封堵剂、保护剂和 $CaCl_2$ 等形成了一种 $CaCl_2$ 无固相钻井液体系[88]，其配方为：清水 +0.3% 增黏剂 HVT+0.3% 聚合物 XC+1.0% 降滤失剂 LVT+3.0% 封堵剂 ZLT+5% 保护剂 YBS + 0.1% NaOH+20%$CaCl_2$。

按照上述配方所配制钻井液性能见表 2–40。从表中可见，$CaCl_2$ 质量分数为 20% 的无固相钻井液体系具有良好的流变性、润滑性和耐温性，能较好地控制滤失量，由于体系无土相，将具有良好的油气层保护效果。

表 2-40　氯化钙无固相钻井液性能

热滚情况	*AV*/mPa·s	*PV*/mPa·s	*YP*/Pa	*Gel*/Pa/Pa	动塑比	FL_{API}/mL	FL_{HTHP}/mL	润滑系数
热滚前	37.5	21	15.64	3.5/9.5	0.74	5.0	16	0.091
热滚后	28.0	16	11.48	3.0/6.0	0.72	4.0	14	0.082

注：热滚条件为 150℃、16h；高温高压滤失量测试温度为 135℃。

第八节　正电胶钻井液

正电胶钻井液是国内外已经非常成熟，并广泛应用的一种钻井液体系。正电胶钻井液是由正电胶 MMH、膨润土、其他处理剂、水组成的一种电位大于 -10mV 的水基钻井液体系，这种钻井液体系具有特殊的流变性能，其表观黏度低，动切力高，携带性好，静止呈固态，一旦流动瞬间能转化为流体。可有效地抑制黏土膨胀，防止井壁垮塌，保证井眼安全。同时，MMH 具有显著地调整钻井液流变性能的作用，有利于提高机械钻速。此外，由于 MMH 钻井液具有固 / 液相间的流变性质，钻井液在环空中流动呈典型的平板层流，靠近井壁的钻井液处于静止状态，形成一层“固体”膜，可以有效地保护井壁，这对于胶结性差的复杂砾石层的井壁稳定十分有效；同时具有抑制性强、抗可溶性盐污染能力强、热稳定性好、储层保护性好等特点，常用来钻水平井或地层泥页岩含量高的井。

本节简要介绍正电胶和正电胶钻井液的组成、性能及应用。

一、正电胶

正电胶（MMH），也称混合层状金属氢氧化物，是由二价和三价金属离子组成的具有类水滑石层状结构的凝胶状无机金属氢氧化物，可分散于水中。结构式如式（2–3）。

$$[M_{1-x}^{2+}M_x^{3+}(OH)_2]_{x/n}^{n-}A_{x/n}^{n-}\cdot mH_2O \tag{2–3}$$

正电胶结构式中，M^{2+} 是指二价金属阳离子，如 Mg^{2+}、Mn^{2+}、Fe^{2+}、Co^{2+}、Ni^{2+}、Cu^{2+}、Zn^{2+}、Ca^{2+} 等；M^{3+} 是指三价金属阳离子，如 Al^{3+}、Cr^{3+}、Mn^{3+}、Fe^{3+}、Co^{3+}、Ni^{3+}、La^{3+} 等；A 是指价数为 n 的阴离子，如 Cl^-、OH^-、NO_3^-、CO_3^{2-}、SO_4^{2-} 以及有机阴离子，如 $RCOO^-$ 等，有时 A 也可以由几种阴离子组成；x 是 M^{3+} 的数目；m 是水合数。这类化合物也叫层状二元氢氧化物。我国油田现场大量应用的 MMH 正电胶产品主要是铝镁氢氧化物（Al–Mg MMH）正电胶，也可称为氢氧化铝正电胶，主要成分是 Mg^{2+}、Al^{3+}、OH^- 和 Cl^-。

MMH 胶粒的电荷主要来自晶格取代和离子吸附作用[89]。

（1）晶格取代。MMH 具有类水滑石层状结构，是由类水镁铝石片相互重叠而成。水镁石［Mg（OH）］片是镁 – 氧八面体靠共用边相互连接而成，八面体中心的部分 Mg^{2+} 被 Al^{3+} 取代后结构不变，因而称为类水镁石片。由于 Al^{3+} 所带的正电荷比 Mg^{2+} 多，每取代一个 Mg^{2+} 就增加一个电荷，所以类水镁石片有过剩的正电荷。在类水镁石片之间的通道中存在反离子以维持电中性。可见，MMH 中的同晶置换作用与黏土离子是相同的，只是黏土离子中是低价阳离子取代高价阳离子而使片层带负电荷，MMH 是高价阳离子取代低价阳离子而使片层带正电荷。同晶置换产生的正电荷是由物质本身决定的，与外界条件无关，因而称为永久电荷。

（2）吸附作用。MMH 胶粒带电荷的另一个原因是离子吸附作用，如高 pH 值时吸附 OH^- 而带负电荷，低 pH 值时吸附 H^+ 而带正电荷。

MMH 正电胶的粒子形态或形貌可通过透射电镜观察，研究发现，这种粒子呈现有规则的六角片形、四方片形和不规则形颗粒。粒子的形状和制备条件有关。一般胶溶温度低时，颗粒不规则，胶溶温度较高时，有利于获得形状规则、呈六角形的颗粒。有时片状颗粒比较薄，照片的对比度较低。

非稳态共沉淀法合成的胶体颗粒是多分散的，新合成的溶胶平均粒径约 30nm，3 个月后其粒度分布测定结果为：粒径小于 60nm 的粒子占 87.6%，60~390nm 的占 12.1%，390~710nm 的占 0.3%。胶粒随放置时间增长有聚集长大趋势。

在一定的 NaCl 浓度下，MMH 粒子的电泳淌度随 pH 值的增加而减小，等电点大约在 10.5±0.5，NaCl 浓度基本不影响等电点的位置，是典型的不相干电解质[90]。MMH 的 Zate 电位较高，等电点为 pH=11.3。另外，粒度分布测定结果表明，98% 的 MMH 颗粒粒径在 67~101nm，其 nm 级的粒径及层间、粒间空隙使 MMH 具有很大的比表面积。因此，MMH 的高电荷密度和巨大的比表面积是水处理中废水脱色的关键因素[91]。

MMH 作为钻井液添加剂，具有显著的增黏和提高剪切稀释能力的作用，同时还具有较强的抑制页岩和黏土水化膨胀的能力。在膨润土钻井液中，随着 MMH 用量增加，漏斗黏度、表观黏度增加，动塑比增大，静结构增强，滤失量增加，结果见表 2-41[92]。正电胶具有强的抑制能力，且随着加量的增加，抑制能力增强。同时与其他处理剂具有良好的配伍性。

表 2-41　MMH 加量对钻井液性能的影响

MMH 加量 /%	漏斗黏度 /s	*AV*/mPa·s	*PV*/mPa·s	*YP*/Pa	初终切力 /Pa	水眼黏度 /mPa·s	滤失量 /mL
0.3	滴流	74.3	3.0	72.9	测不出	0.09	44
0.5	滴流	85.0	3.0	83.8	测不出	0.08	45

注：基浆为膨润土浆，水：潍坊土：纯碱 =100：4：0.2；MMH 加量为 0.7%，1.0%，1.5% 时均流不动。

目前，MMH 产品包括溶胶、浓胶体系和胶粉三个剂型，统称为 MMH 正电胶，可满足不同现场条件的生产需要。

（1）MMH 正电溶胶。正电胶体产品的浓度与其粒度分布、表面电荷密度、电解质含量及制造工艺有关。Zate 电位在 30~50mV 之间时，实验室产品的最高浓度为 12%~15%，在工厂规模生产中最高浓度为 10% 左右，但一般只能达到 7%~9%。如果强行浓缩，在浓度 15% 以上时胶体就失去自由流动性，逐渐变成半固体状态，在 20% 左右就会变成有形可塑体，浓度再高就形成固体。这是因为胶粒所带正电荷密度很高，对水分子的极化能力很强，在浓度超过一定限度后，水分子都被极化成结晶水而失去流动性。通常把含量为 7%~9% 的产品称为溶胶。溶胶的优点是使用方便，性能好，缺点是包装不便，运输量大，怕冻冰和保质储存期短等。

（2）MMH 正电浓胶。为了克服溶胶的不足，研制出了 MMH 正电浓胶，主要是通过加入一种助剂使其再进一步浓缩。助剂的作用是降低胶粒对水分子的极化作用，同时防冻。这种 MMH 正电浓胶体系浓度最高可达 25% 以上，成黏稠的膏状，不能自由流动，在容器内倾倒不出来，其主要特征是加水后能迅速变成溶胶，保持原来的 Zate 电位。实验表明，这种浓胶体系产品在 –18℃下冷冻 72h，不影响其恢复成溶胶能力。浓胶体系变回溶胶体系后，可能影响其在钻井液中的提切效果，这可能是由于助剂使体系水分子形成的结构减弱，但这只是实验室的检测现象，在现场井筒中，助剂很快被岩屑和地层吸收，正电胶的效能不会受到影响。

（3）MMH 正电胶粉。MMH 做成干粉无疑将最终解决正电胶的包装、储存和运输等问题，但这种干粉应能较快地同水形成溶胶而保持溶胶的性能（速溶性）。如果将溶胶直接干燥，胶粒间容易发生脱水形成聚结体，在水中难以重新分散，性能将下降。制备干粉的关键是研制一种保护剂，它能阻止粒子间的聚结，增强粒子的亲水性，保证在水中能迅速分散。粉状正电胶产品主要技术指标见表 2–42。

表 2-42　MMH 正电胶产品技术指标

项目	指标	项目	指标
外观	灰白色自由流动粉末或颗粒	ζ 电位 /mV	≥ 35.0
烘失量 /%	≤ 15.0	酸溶率 /%	≥ 95.0
筛余量（筛孔 0.18mm 筛）/%	≤ 5.0	动切力提高率 /%	≥ 300.0

MMH 作为钻井液添加剂，主要用于配制 MMH 正电胶钻井液。作为增黏剂，可以改善钻井液的流变性和抑制性。本品与阳离子、两性离子型处理剂有良好的配伍性，可与阴离子性较弱的处理剂配伍使用，用于各种水基钻井液体系。本品可根据需要直接加入钻井液中，但需控制用量和速度，避免引起钻井液局部黏切过高，其加量一般为 0.05%~0.2%。用于配制正电胶钻井液时，需要根据对钻井液性能的要求确定加量。并根据钻遇地层情况及时补充正电胶，以保证其加量在最适宜的范围。

二、正电胶钻井液

（一）正电胶钻井液的特点

在研究和应用的基础上，将正电胶钻井液体系的特点归纳如下。

1. 独特的流变性

实验表明，MMH 正电胶钻井液具有一种特殊的流变学特性，即静止时呈现假性固体状态，具有一定弹性；搅拌时产生极强的剪切稀释性能，即“固 – 液双重性”。这主要是由于形成的 MMH- 水 – 黏土复合体结构所引起的。静止时体系的水全部被极化后可形成网架结构，因而结构强度大，表现为动切力较高，但这种极化水链很容易破坏，所以搅拌很容易稀化。同时，极化水链结构破坏和形成均十分迅速，因而，从假性固体向流体的转化或相反的转化都可在很短时间内完成。

2. 抑制黏土水化膨胀和井壁稳定能力强

MMH 正电胶钻井液具有很强的抑制黏土水化或岩屑水化分散的能力。滚动分散和膨胀性实验表明，MMH 正电胶钻井液的抑制能力非常强，其浓度越高，相对膨胀度越低，抑制性能越好。1%的 MMH 正电胶钻井液的抑制性要比 10%的 KCl 溶液高。由页岩回收实验也可得到类似的结果。

当正电胶钻井液通过井壁时，正电胶粒便可与井壁表面带负电的页岩形成复合体，当发生失水时，便有较多的正电胶粒贴在井壁表面，将井壁上的无机阳离子排斥走，同时在井壁表面形成一层具有正电位的势能层，这种势能层就可阻止钻井液与地层的阳离子交换，从而起到稳定地层中黏土矿物水化的作用。这种带正电荷的势能层在新钻开的井壁上瞬间完成（即瞬时性），等于随着钻井工程的进行，不断形成保护膜，因此使井壁稳定。这种机理只有正电胶钻井液才有，而在所有可溶性阳离子中，不管是有机的还是无机的都不可能产生。

3. 强的正电特性

正电胶钻井液体系的正电性较高。正电胶含量越高，体系越接近中性，越有利于地层黏土或页岩的稳定。正电胶与黏土的复合体对铝离子有特性吸附作用，即正电胶与黏土的复合体能够与 Al^{3+} 结合而任意改变体系的电性。研究表明，正电胶的电性很低，而当前井壁稳定材料的发展趋势是开发出尽可能带正电的处理剂，这是因为通常黏土矿物一般都带负电，带正电处理剂就可以通过异性电性相吸作用使处理剂有效吸附在井壁上。

4. 抗可溶性盐污染能力强

MMH 正电胶钻井液体系抗盐污染能力较强，特别是在适当的聚合物的协同作用下流变性能和滤失量都能保持在一个较好的水平。如含 AMPS/AM/IA 共聚物的盐水正电胶钻井液，高温老化前后钻井液的表观黏度和动切力变化不大，表现出优良的耐温抗盐性能。

5. 热稳定性好

正电胶颗粒本身是一种化学性质十分稳定的晶体颗粒，根据热失重分析，MMH 正电胶颗粒，其结构水失去而使晶体破坏的温度为 266~380℃。正电胶在一般的钻井液适用温度范围内，不会发生化学变化，因此，正电胶钻井液的耐温性主要取决于所使用的处理剂特性，以及处理剂间和处理剂与正电胶之间的配伍性。

6. 钻井液体系中平均粒径较大

MMH 具有与高分子化合物相类似的作用，当 MMH 达到某一浓度时，体系结构最强，超过此值动切力反而下降。对于其他钠膨润土浆体系，也发现了 *YP* 峰值处的 MMH/黏土比值极为相近，从 MMH 形状和大小看，MMH 和钠膨润土颗粒正好相间分布时，MMH 和钠土颗粒间的作用力以静电为主，形成机械强度最高的三维网络结构。同时，MMH 自身的粒度分布也不是很均匀，再加上其强吸附性，很容易协同其他处理剂形成大颗粒分子。MMH 钻井液内部分子比其他类型钻井液体系的分子要大。

7. 储层保护能力强

正电胶钻井液通过正负胶粒极化水分子形成复合体，在毛细管中呈整体流动，像一块“豆腐块”，很容易反排出来。它不同于其他钻井液体系，其他钻井液体系基本上是通过负电性稳定钻井液，钻井液在流动中，不同粒径的颗粒可进入不同大小的毛细管，直到卡死为止。这样反排起来就很困难，造成渗透率恢复值降低。但正电胶钻井液中亚微米粒子很少，一方面可能是抑制性所致，另一方面很有可能是亚微米粒子在形成复合体的过程中，已无法单独存在了。

正电胶颗粒具有相当强的抑制黏土膨胀能力，这有利于稳定黏土，防止黏土颗粒的运移，并钝化各种敏感性，同时其在孔道中的聚集能够有效降低孔道的直径，从而有效防止钻井液滤液和钻井液固相的进入。这种堵塞不是一种永久性行为，在反排压差作用下，能够把这些正电胶颗粒反排出来。因此，从某种角度上说，这种正电胶颗粒是一种有效的暂堵剂。

（二）基本配方及性能

一种典型的正电胶钻井液的基本组成：25~40kg/m^3 钠膨润土、0.5~2.5kg/m^3 碳酸钠、3.0~8.0kg/m^3 中分子聚合物降滤失剂、3.0~8.0kg/m^3 低黏羧甲基纤维素钠盐、1.5~3.5kg/m^3 正电胶、15~30kg/m^3 磺甲基酚醛树脂、15~30kg/m^3 磺化褐煤、1.0~3.0kg/m^3 烧碱、15~25kg/m^3 润滑剂、重晶石按设计要求。钻井液性能见 2-43。

表 2-43　正电胶钻井液性能

项目	要求	项目	要求
密度 /（g/cm^3）	依地层压力系数而定	YP/Pa	6~20
FV/s	35~85	pH 值	8.0~9.5
PV/mPa·s	20~40	FL_{HTHP}/mL	≤ 15
FL_{API}/mL	≤ 5	膨润土含量 /（g/L）	≤ 45
Gel/Pa/Pa	0~5/5~15	低密度固相含量 /%	≤ 10

（三）现场配制与维护处理

1. 配制工艺

正电胶钻井液可以新配，也可以采用井浆转换，但为了充分体现正电胶钻井液的优越性，一般不推荐采用井浆转换。具体配制工艺如下：

（1）在新配制钻井液时，需要根据配方要求先配制预水化膨润土浆，水化时间不少于 24h。在采用井浆转换钻井液时，需根据计算和小型实验情况确定预留原浆的量，并尽可能将循环罐清理干净，加入清水。

（2）根据配方要求加入中分子聚合物降滤失剂、低黏羧甲基纤维素钠盐、磺甲基酚醛树脂、磺化褐煤及 0.15%~0.35% 的正电胶，如果使用的是液体正电胶，按有效含量或固含量计算加量。

（3）全井循环，加入烧碱将 pH 值调整到设计范围。

（4）将密度调整到设计范围，配制完成后，测定钻井液性能，性能指标达到设计要求后方可使用，否则需要进一步用所需处理剂调整钻井液性能到设计要求。

2. 维护与处理要点

（1）钻进时必须使用好固控设备，保证振动筛、除砂器和离心机的正常运转，可配合使用固相化学清洁剂，清除钻井液中的有害固相。保持较低的膨润土含量是保持正电胶钻井液良好性能的关键，当钻井液黏度、切力较高，流变性难以控制时需要通过置换新浆调整流型。

（2）定时测量钻井液性能，并按照设计及井下情况及时调整。钻井液的 pH 值一般控制在 8~9.5 之间，不超过 10，pH 值过高会引起钻井液黏度、切力增高，造成流动困难。

（3）钻井过程中及时补充正电胶，为保证正电胶含量相对恒定，避免中断使用一段时间后再次加入，一般使用稀的胶液进行维护，加量控制在 1.5~3.5kg/m^3。

（4）井深超过 3000m 时，应及时加入磺化酚醛树脂、磺化褐煤，提高钻井液的抗高温性能，并使用降滤失剂胶液维护处理；由于在正电胶钻井液中加入任何带负电的处理剂时均会降低和破坏体系的抑制能力和钻井液性能，所以必须谨慎选择阴离子处理剂，保证处理剂能够有良好的相容性和协同作用。

（5）根据井下需要可以加入润滑剂，以保持钻井液良好的润滑性。

三、正电胶钻井液的应用

20 世纪 90 年代初以来，MMH 正电胶钻井液在国内外广泛应用。我国也在大部分油气田浅井、深井、超深井、直井、斜井、水平井等各种类型井的钻井过程中使用，如胜利、大港、塔里木、新疆、华北、江汉、中原等油田在不同类型的钻井应用中均取得良好效果。

除 MMH 外，还有混合金属硅酸盐（代号 MMS）与预水化膨润土形成的复合物，具有与 MMH 钻井液相似的特殊流变性能，但其与膨润土之间相互作用的特性与 MMH 不相同。MMS 膨润土浆的流变剖面更平，携屑能力更强，在低剪切速率下具有更高的黏度，从而降低了通过地层孔喉和裂缝的漏失量，因而可用它来钻进易漏失地层。MMS 钻井液的缺点是钻井液与强阴离子处理剂不配伍，且不能容纳高浓度的盐。

MMH 正电胶还可以用于防漏、堵漏。应用表明，MMH 正电胶钻井液对渗透性和裂缝性等易漏地层有良好的防漏、堵漏效果，成功率在 85% 以上，MMH 正电胶防漏、堵漏技术具有现场操作简单，使用方便，成本低廉的特点。

为充分发挥正电胶钻井液的优异性能，提高应用效果，在正电胶钻井液现场应用中应注意如下一些问题。

（1）对于造浆性极强的地层，尽管正电胶能有效控制黏土的分散，钻井液中亚微米粒子很少，但正电胶不能控制泥岩进入钻井液后变成 2~10μm 的颗粒，因而单靠正电胶的抑制作用难以控制膨润土含量上升，因此需加入其他处理剂来共同抑制地层造浆。例如，可视具体情况加入适量 NaCl、KCl、$CaCl_2$ 等盐类或加入各类高分子聚合物等。

（2）正电胶钻井液在井壁附近形成的"滞流层"对防止井塌效果显著，但此层如果厚度过大，则易黏附钻屑，特别是在上部软地层中钻进时，易发生黏附卡钻，故应适当控制"滞流层"厚度，并在钻井过程中坚持短起下钻。"滞流层"的厚度与多种因素有关，如钻井液中固相含量、膨润土含量、钻井液流变性能、环空返速、井径变化情况、井眼尺寸以及钻具结构等。通常采取控制钻井液的动切力在 4~15Pa 来控制"滞流层"的厚度。

（3）正电胶钻井液在井壁附近形成的"滞流层"会影响水泥浆的顶替效率，从而影响水泥、井壁和套管的胶结，造成固井质量不好。为了提高固井质量，必须在固井前清除"滞流层"。可采取在接近钻达下套管深度之前 50~100m，一方面减少或停止加入正电胶，另一方面加入降黏剂，降低钻井液的动切力，改善钻井液的流变性能；下套管通井时，应尽可能加大环空返速，用以破坏井壁附近的"滞流层"和假泥饼；下完套管，固井前洗井时，应调整钻井液流变性，降低钻井液的黏度与切力，提高环空返速循环钻井液 2~3 个循环周，进一步破坏井壁附近的"滞流层"和假泥饼，尽量加大水泥浆与钻井液之间黏度与切力的差别（特别是切力），以提高水泥浆顶替效率。

（4）钻井液的 pH 值一般应控制在 8~10 之间，因为当正电胶钻井液体系的 pH 值过高时，会引起钻井液黏度与切力增高，造成流动困难。

（5）使用好固控设备，搞好净化是保持正电胶钻井液良好性能的关键。由于正电胶钻井液动切力较高，岩屑不易在地面循环系统中自然沉降，因而必须使用好固控设备。钻进造浆性强的地层时，必须使用离心机，清除细小的钻屑。此外，由于正电胶钻井液在地面流动性不好，因而钻井过程必须保持循环罐中的搅拌设备正常运转，促进钻井液的流动。

（6）使用阴离子型降黏剂时，应特别注意控制加量，加量过大时，会将正电胶钻井液的动切力及动塑比降得过低，继续加入正电胶亦难以恢复正电胶钻井液特有的流变特性。

（7）使用阳离子和非离子型处理剂，更有利于正电胶钻井液性能的维护，增强正电胶钻井液的正电性。

参考文献

[1] van Oort，E，Hale，AH，Mody，F.K.，et al. Transport in Shales and the Design of Improved Water-Based Shale Drilling Fluids [J]. SPE Drilling & Completion，1996，11（3）：137-146.

[2] 杨小华.提高井壁稳定性的途径及水基防塌钻井液研究与应用进展 [J]. 中外能源，2012，17(5)：53-58.

[3] 张春光，孙明波，侯万国，等. 降滤失剂作用机理研究——对滤液黏度和滤饼渗透率的影响 [J]. 钻井液与完井液，1996，13（2）：5-8.
[4] 王中华. 钻井液性能及井壁稳定问题的几点认识 [J]. 断块油气田，2009，16（1）：89-91.
[5] 王洪宝，王庆，孟红霞，等. 聚合醇钻井液在水平井钻井中的应用 [J]. 油田化学，2003，20(3)：200-201，219.
[6] 余丽彬，夏廷波，李丽红，等. 聚合醇钻井液技术在红台区块的研究与应用 [J]. 钻井液与完井液，2003，20（5）：35-37.
[7] 肖金裕，杨兰平，李茂森，等. 有机盐聚合醇钻井液在页岩气井中的应用 [J]. 钻井液与完井液，2011，28（6）：21-23.
[8] 刘平德，牛亚斌，王贵江，等. 水基聚乙二醇钻井液页岩稳定性研究 [J]. 天然气工业，2001，21（6）：57-59.
[9] 张春光，孙明波，侯万国，等. 降滤失剂作用机理研究——对不同类型降滤失剂的分析 [J]. 钻井液与完井液，1996，13（3）：11-17.
[10] 郭宝利，袁孟雷，王爱玲，等. 聚合醇抑制性能评价研究 [J]. 钻井液与完井液，2005，22(4)：35-36，39.
[11] 杨小华，王中华. 油田用聚合醇化学剂研究与应用 [J]. 油田化学，2007，24（2）：171-174，192.
[12] 朱宽亮，王富华，徐同台，等. 抗高温水基钻井液技术研究与应用现状及发展趋势（Ⅰ）[J]. 钻井液与完井液，2009，26（6）：60-68.
[13] 沈丽，柴金岭. 聚合醇钻井液作用机理的研究进展 [J]. 山东科学，2005，18（1）：18-23.
[14] 吕开河，邱正松，徐加放. 聚醚多元醇钻井液研制与应用 [J]. 石油学报，2006，27（1）：101-105.
[15] 吕开河，邱正松，徐加放. 强抑制性多元醇海水钻井液研究及应用 [J]. 中国石油大学学报（自然科学版），2006，30（3）：59-62，66.
[16] 卢彦丽，王彬，宋芳，等. 铝盐聚合醇钻井液体系在辽河油田的应用 [J]. 钻井液与完井液，2005，22（supplement）：11-13.
[17] 郭保雨，严波，孙强，等. 钙－醇钻井液体系的室内研究及应用 [J]. 石油钻探技术，2002，30（1）：31-33.
[18] 肖金裕，杨兰平，李茂森，等. 有机盐聚合醇钻井液在页岩气井中的应用 [J]. 钻井液与完井液，2011，28（6）：21-23.
[19] 张金波，鄢捷年. 国外特殊工艺井钻井液技术新进展 [J]. 油田化学，2003，20（3）：285-290.
[20] 白杨，王平全，吴建璋，等. 硅酸钾聚合醇钻井液的研制及性能评价 [J]. 石油化工，2012，41（5）：567-572.
[21] 李公让，薛玉志，乔军，等. 胜利油区聚合醇钻井液技术的应用 [J]. 油气地质与采收率，2002，9（1）：71-73.
[22] 罗云凤，韩来聚，张妍，等. 新型海洋环保聚合醇钻井液室内性能研究 [J]. 石油钻探技术，

2009，37（4）：15–18.

［23］刘天乐，蒋国盛，涂运中，等.新型水基聚合醇钻井液性能评价［J］.石油钻探技术，2009，37（6）：26–30.

［24］张克勤，何纶，安淑芳，等.国外高性能水基钻井液介绍［J］.钻井液与完井液，2007，24(3)：68–73.

［25］William Dye，Ken daugereau，Nels Hansen，et al.New Water–Based Mud Balances High–Performance Drilling and Environmental Compliance.SPE Drilling & Completion，2006，21（4）：255–267.

［26］Leaper R，Hansen N，Otto M，et al. Meeting deepwater challenges with high performance water based mud［C］// prepared for presentation at the AADE 2006 Fluids Conference held at the Wyndam Greenspoint Hotel in Houston，Texas，April 11–12，2006.

［27］Young S，Stamatakis E.Novel inhibitor chemistry stabilizes shales［C］//prepared for presentation at the AADE 2006 Fluids Conference held at the Wyndam Greenspoint Hotel in Houston，Texas，April 11–12，2006.

［28］王中华.关于聚胺及"聚胺"钻井液的几点认识［J］.中外能源，2012，17（11）：36–42.

［29］Patel Arvind D，Stamatakis Emanual，Davis Eric.Shale hydration inhibition agent and method of use：US，6609578［P］.2003–08–26.

［30］The JEFFAMINE® Polyetheramines［EB/OL］.http：//www.huntsman.com/performance_products/Media%20Library/global/files/jeffamine_polyetheramines.pdf.

［31］聚醚胺［EB/OL］.http：//baike.baidu.com/link？ url=v65u9qKYVsELqimpx–b–mG2qZ1qBPGPq_vNaKosjQcR0vFTQ22rEBnQuClH5CHj2XUrZlt3 D5PcyPDl8IViOyq.

［32］许明标，张春阳，徐博韬，等.一种新型高性能聚胺聚合物钻井液的研制［J］.天然气工业，2008，28（12）：51–53.

［33］邱正松，钟汉毅，黄维安.新型聚胺页岩抑制剂特性及作用机理［J］.石油学报，2011，32(4)：687–682.

［34］苏秀纯，李洪俊，代礼扬，等.强抑制性钻井液用有机胺抑制剂的性能研究［J］.钻井液与完井液，2011，28（2）：32–35.

［35］吕开河，韩立国，史涛，等.有机胺抑制剂对钻井液性能的影响研究［J］.钻采工艺，2012，35（2）：75–76，96.

［36］鲁娇，方向晨，王安杰，等.聚胺抑制剂黏度和阳离子度与页岩相对抑制率的关系［J］.石油学报：石油加工，2012，28（6）：1043–1047.

［37］许明标，张春阳，徐博韬，等.一种新型高性能聚胺聚合物钻井液的研制［J］.天然气工业，2008，28（12）：51–53.

［38］甄鹏鹏，郭修成，张剑峰，等.聚胺钻井液防塌机理初探及在现场应用［J］.山东化工，2014，43（3）：102–104.

［39］张洪伟，左凤江，贾东民，等.新型强抑制胺基钻井液技术的研究［J］.钻井液与完井液，2011，28（1）：14–17.

[40] 黄浩清．安全环保的新型水基钻井液 ULTRADRILL [J]．钻井液与完井液，2004，21（6）：4-7.
[41] 王荐，舒福昌，吴彬，等．强抑制聚胺钻井液体系室内研究 [J]．油田化学，2007，24（4）：296-300.
[42] 刘刚，徐同台，毛亚军，等．延长气田强抑制强封堵胺基钻井液技术 [J]．钻井液与完井液，2014，31（3）：39-42.
[43] 屈沅治，戎克生，黄宏军，等．胺基钻井液在新疆油田莫 116 井区的应用 [J]．钻井液与完井液，2011，28（6）：24-26.
[44] 钟汉毅，邱正松，黄维安，等．聚胺高性能水基钻井液特性评价及应用 [J]．科学技术与工程，2013，13（10）：2803-2807.
[45] Julio Montilva，Eric van Oort，Ricardo Brahim，et al.Using a Low-Salinity High-Performance Water-Based Drilling Fluid for Improved Drilling Performance in Lake Maracaibo [R].SPE110366，SPE Annual Technical Conference and Exhibition，11-14 November 2007，Anaheim，California，U.S.A.
[46] 马超，赵林，宋元森．聚铝胺盐防塌钻井液研究与应用 [J]．石油钻探技术，2014，42（1）：55-60.
[47] 王树永．铝胺高性能水基钻井液的研究与应用 [J]．钻井液与完井液，2008，25（4）：23-25.
[48] 张捷，许根．聚胺钾盐钻井液在哥伦比亚南部区块的应用 [J]．钻井液与完井液，2014，31（4）：86-88.
[49] 王中华．钻井液及处理剂新论 [M]．北京：中国石化出版社，2016，468-476.
[50] 吕开河，邱正松，徐加放．甲基葡糖苷对钻井液性能的影响 [J]．应用化学，2006，23（6）：623-636.
[51] 张琰，陈铸．MEG 钻井液保护储层特性的实验研究 [J]．钻井液与完井液，1998，15（5）：11-13.
[52] 刘岭，高锦屏，郭东荣．甲基葡萄糖苷及其钻井液 [J]．石油钻探技术，1999，27(1)：49-51.
[53] 高杰松，李战伟，郭晓军，等．无黏土相甲基葡萄糖苷水平井钻井液体系研究 [J]．化学与生物工程，2011，28（7）：80-83.
[54] 徐绍诚，田国兴．一种新型 MEG 钻井液体系的研究与应用 [J]．中国海上油气（工程），2006，18（2）：116-118.
[55] 赵虎，甄剑武，王中华，等．烷基糖苷无土相钻井液在卫 383-FP1 井的应用 [J]．石油化工应用，2012，31（8）：6-9.
[56] 司西强，王中华，魏军，等．钻井液用阳离子烷基糖苷的合成研究 [J]．应用化工，2012，41（1）：56-60.
[57] 司西强，王中华，魏军，等．阳离子烷基糖苷的绿色合成及性能评价 [J]．应用化工，2012，41（9）：1526-1530.
[58] 雷祖猛，司西强，赵虎，等．阳离子烷基糖苷钻井液在中原小井眼侧钻井的应用 [J]．山东化工，2016，45（1）：68-70.
[59] 赵虎，司西强，雷祖猛，等．阳离子烷基糖苷钻井液在长南水平井的应用 [J]．精细石油化工进

展，2015，16（1）：6-9.
［60］赵虎，龙大清，司西强，等．烷基糖苷衍生物钻井液研究及其在页岩气井的应用［J］．钻井液与完井液，2016，33（6）：23-27.
［61］赵利，郭延辉，李竞等．金河1井有机盐氯化钾高密度钻井液技术［J］．钻井液与完井液，2011，28（1），78-80.
［62］步宏光，张民立，唐世忠．有机盐钻井液技术在大港油田水平井的研究与应用［J］．钻采工艺，2011，34：（1）：83-85.
［63］白登相，汪金如，祁久红，等．有机盐钻井液在塔里木东河油田K7井的应用［J］．石油天然气学报，2011，33（6）：264-266.
［64］张岐安，徐先国，付建国，等．有机盐钻井液在水平井BHW01井的应用［J］．石油钻采工艺，2010，32（2）：34-37.
［65］徐同台，赵忠举．21世纪初国外钻井液和完井液技术．北京：石油工业出版社，2004.
［66］耿晓光．甲酸盐钻井液体系在大庆开发井的推广应用［J］．钻井液与完井液，2007，24（2）：77-78.
［67］韩玉华，顾永福，王树华，等．大庆油田外围开发井甲酸盐钻井液研究与应用［J］．钻井液与完井液，2002，19（5）：28-30.
［68］黄达全，徐军献，周光正．甲酸盐钻井液体系的应用［J］．钻井液与完井液，2003，20（2）：28-30.
［69］郭永宾，管申，刘智勤，等．涠洲12-1油田水平井无固相有机盐钻井液技术［J］．石油钻探技术，2017，45（6）：31-36.
［70］夏建国，严新新．用高密度甲酸铯盐水完成大斜度井钻井、完井作业及其裸眼地层的评价——2004~2006年Kvitebjφrn气田的实践［J］．国外油田工程，2008，24（1）：30-40.
［71］姚少全，汪世国，谢远灿，等．有机盐钻井液的研究与应用［J］．石油钻探技术，2001，29（5）：43-45.
［72］戎克生，杨志毅，周红灯，等．有机盐钻井液在准噶尔盆地东部三台地区的应用［J］．石油钻探技术，2009，37（4）：54-56.
［73］刘志良，戎克生．有机盐钻井液在T4031井三开井段的应用［J］．新疆石油天然气，2009，5（1）：38-40.
［74］郑力会，王志军，张民立．盐膏层用高密度有机盐钻井液的研究与应用［J］．钻井液与完井液，2004，21（4）：37-39.
［75］步宏光，张民立，唐世忠．有机盐钻井液技术在大港油田水平井的研究与应用［J］．钻采工艺，2011，34（1）：83-85.
［76］程玉生，杨洪烈，张明，等．无固相有机盐钻井液在南海西部HK29-1—2井的应用［J］．钻井液与完井液，2011，28（6）：27-29.
［77］刘雨晴．阳离子聚合物钻井液的研究和应用［J］．天然气工业，1992，12（3）：46-52.
［78］张金波，鄢捷年．国外特殊工艺井钻井液技术新进展［J］．油田化学，2003，20（3）：285-290.
［79］朴昌浩，秦礼曹，李英敏，等．高密度阳离子钻井液的研究与在超深井中的应用［C］．中国石油学

会 99 年度钻井液完井液技术研讨会，2007.

[80] 汪军英，李益寿，李云志，等 . 阳离子钻井液在吐哈温西区块的研究与应用 [J] . 钻井液与完井液，2008，25（3）：39–42.

[81] 崔文锋，牛全印 . 高钙盐钻井液在塔河油田 TK909H 井的应用 [J] . 钻井液与完井液，2006，23（4）：38–41，92.

[82] 刘庆来 . 高钙盐钻井液体系的研究与应用 [J] . 石油钻探技术，2005，33（3）：26–28.

[83] 一种可替代合成油基钻井液的水基 $CaCl_2$/ 聚合物钻井液 [EB/OL] .http ：//wenku.baidu.com/view/38317606eff9aef8941e0603.html.

[84] D Paul，Conoco R Mercer，J Bruton.The Application of New Generation $CaCl_2$ Mud Systems in the Deepwater GOM [R] .SPE 59186，IADC/SPE Drilling Conference，23–25 February 2000，New Orleans，Louisiana.

[85] 苏雪霞，孙举，郑志军，等 . 氯化钙弱凝胶无黏土相钻井液室内研究 [J] . 钻井液与完井液，2014，31（3）：10–13.

[86] 赵虎，司西强，王忠瑾，等 . 氯化钙 – 烷基糖苷钻井液室内研究 [J] . 钻井液与完井液，2014，31（5）：1–5.

[87] 赵虎，司西强，甄剑武，等 . 氯化钙 – 烷基糖苷钻井液页岩气水平井适应性研究 [J] . 钻井液与完井液，2015，32（6）：22–25.

[88] 赵虎，甄剑武，司西强，等 . 氯化钙无固相钻井液室内研究 [J] . 精细石油化工进展，2012，13（1）：12–14.

[89] 徐金凤，刘斌，蓝强，等 . MMH 正电胶及其在钻井液中的应用 [J] . 西部探矿工程，2007，19（11）：77–80.

[90] 孙德军，侯万国，刘尚营，等 . 铝 / 镁混合金属氢氧化物正电胶体粒子体系的触变性 [J] . 化学学报，2001，59（2）：163–167.

[91] 李玉江，王艳芹，隗娜，等 . 镁铝双氢氧化物用于染料废水脱色的研究 [J] . 环境科学研究，2005，18（4）：71–74.

[92] 王平全，王先文，李国璋 .MMH 钻井液实验及应用 [J] . 天然气工业 1993，13（2）：57–60.

第三章 超高温和超高密度钻井液

随着石油需求的不断增加和已探明储量的逐渐开采，油气勘探开发逐步向深层发展，从而使高温高压地层钻井数量逐渐增加。如国外一些已开采的地区，地温梯度平均达 4.0℃ /100m、井底最高压力超过 110 MPa、井底温度超过 200℃，钻井时的钻井液密度达 2.22g/cm^3 以上。国内大庆油田松辽盆地北部徐家围子地区，地层地温梯度高达 4.1℃ /100m，井深 4000～6000m，井底温度在 180～240℃之间。南海西部莺琼盆地地质条件恶劣，地温梯度高，异常压力大，实钻井底最高温度达到 249℃、最大钻井液密度 2.38g/cm^3。此外，在塔里木盆地、准格尔盆地和四川盆地，大部分油气资源都埋藏在深部地层，地层压力系数大，井底温度高，而官渡地区则属于典型的异常高压地层。钻井实践表明，随着钻遇异常高温和高压地层逐步增加，钻井技术难题逐渐增加，由于井下高温严重影响钻井液性能，特别是流变性和滤失量控制困难，安全钻井对钻井液提出了更高的要求，为此，世界各国都在努力研制超高温和超高密度钻井液处理剂和钻井液体系，以满足深井、超深井和超高压地层钻井技术发展的需要。

近年来，国内围绕超高温和超高密度钻井液发展的需要，开展了卓有成效的工作，在超高温钻井液方面形成了配套的处理剂和钻井液体系，并在现场成功应用。超高密度钻井液方面，在处理剂研制的基础上，在技术、理念和实践上均实现了突破，用工业级重晶石加重钻井液实钻密度达到 2.87g/cm^3。尽管国内在超高温和超高密度钻井液方面有了可喜进展，但由于超高温和超高密度钻井液所涉及地层的复杂性和特殊性，对超高温和超高密度钻井液性能要求更高，限于目前研究，特别是应用的局限性，对超高温和超高密度钻井液认识还不全面，真正地使超高温和超高密度钻井液技术达到成熟和完善还需要进一步深入研究和不断的实践。

本章结合初步的研究和实践，在国内外有关文献的基础上，分别对超高温钻井液和超高密度钻井液进行简要介绍，旨在总结超高温和超高密度钻井液研究与应用经验，加深对超高温和超高密度钻井液的理解和认识，以促进超高温和超高密度钻井液技术发展，为复杂条件下钻井提供技术支撑。

第一节　超高温钻井液

超高温钻井液一般包括超高温低密度钻井液、超高温高密度钻井液和超高温超高密度钻井液等。对于超高温钻井液而言，通常是低密度情况下难度较小，而随着密度的增加难度越来越大，即在超高温和超高密度条件下钻井液难度更高，可见超高温超高密度钻井液是超高温钻井液体系研究的重点。对于相同类型和组成的钻井液体系，如何有效地解决高温条件下钻井液的流变性和悬浮稳定性等性能之间的矛盾，是保证超高温超高密度钻井液体系稳定性的关键，也是超高温钻井液研究的难点所在。

本节结合超高温钻井液实践，对超高温水基钻井液处理剂及钻井液体系的设计、组成、性能和应用进行介绍。

一、超深井及超高温钻井液概述

（一）井底温度超过 200℃的深井、超深井现状

国外超深井钻探起步较早，早在 1958 年，就已经采用水基钻井液钻成了 7000m 的超深井，井底温度 245℃，后来，在路易斯安娜水域，又钻成了一口 7803m 的超深井，井底温度 260℃，该井在 7000m 井段以后采用密度 2.32g/cm^3 的木质素磺酸盐混油钻井液。用 SSMA 与木质素磺酸盐组成的钻井液，在庞怡特雷恩湖地区成功钻了一口井深 6981m 的超深井，井底温度 232℃，钻井液密度 2.253g/cm^3，采用该体系在加州塞罗普里埃托，井底温度超过 371℃的地热井中应用，也取得了很好的结果。采用油基钻井液在美国得州 Webb 市施工的罗萨 1 号井，井深 7265m，井底温度 290℃，该井从 3048m 开始使用密度 1.34g/cm^3 的油基钻井液，逐步加重到密度 2.23g/cm^3 完钻，因故钻井液在井下静止 41d 未变质，体现出了油基钻井液良好的热稳定性[1]。采用分散褐煤－聚合物钻井液在密西西比海域所钻的 MS57#1 井，井深 7178m，井底温度 213℃，钻井液最高密度 2.09g/cm^3[2]。用低胶质水基钻井液，在路易斯安那州钻的井深 6098m 的超深井，井底温度 236℃，钻井液具有很好的热稳定性，该体系也在奥地利 Zistersdorf 地区成功应用[3]。

近年来，国内井底温度大于 200℃的深井、超深井也普遍增加，如新疆油田在克拉玛依莫索湾背斜上所钻的莫深 1 井，设计井深达 7380m，井底温度超过 200℃，钻井液密度达 2.2g/cm^3。胜利油田完成的胜科 1 井，完钻井深 7026m，测试井底温度超过 235℃。河南油田施工的泌深 1 井完钻井深 6005m，钻井液静止 24h 实测井底温度 236℃。在松辽盆地徐家围子所钻的徐深 22 井完钻井深 5320m，井底温度 213℃。在松辽盆地所钻的长深 5 井，完钻井深 5321m，井底温度超过 200℃，测井顺利。在南海莺琼地区，所钻的崖城 21-1-3 井，井深 4688m，井底温度 206℃。江苏油田完成徐闻 X3 井，设计垂深

5100m、斜深5664m、水平位移1893.92m、井斜35°，完钻井深5974m，实测井底温度达211℃。

国内外在深井、超深井钻探实践的基础上，积累了超高温高密度钻井液研究与应用的成功经验，为深入开展超高温高密度钻井液的研究奠定了基础。文献分析表明，在已钻探的井底温度大于200℃的深井、超深井中，所用超高温钻井液，并非都是高密度，有些超深井尽管井底温度很高，但地层压力系数并不高，相对而言这些情况下钻井液技术难度小，而有些地区不仅井底温度高（大于200℃），且地层压力系数高（需要2.0g/cm^{3}以上密度的钻井液才能平衡），超高温高密度条件下，钻井液所遇到的难题就复杂得多。

（二）超高温钻井液研究与应用现状

早在20世纪60年代，人们就对深井油基钻井液给予重视。20世纪70年代以来针对深井、超深井钻井的需要先后研制应用了一系列超高温油基钻井液，如以柴油或者低毒矿物油为基油，由用作高温高压滤失控制剂的聚合物，以及有机土、乳化剂、润湿剂、加重材料等组成的全油基钻井液，在204℃下性能稳定。实验表明，该体系表现出类似于水基聚合物钻井液的流变性，有较高的动塑比，剪切稀释性好，因而提高了钻速，减少了井漏，改善了井眼清洗状况及悬浮性，1999年之前该体系已经在60多口井应用，密度为0.83~2.04 g/cm^3，钻进深度最深达到6309m，井底最高温度213℃，井斜达到69°，尤其在大斜度定向井中应用十分成功[4]。在传统油基钻井液的基础上，针对超高温高密度钻井液的需要，还开发了油包水乳化钻井液，用于高温高压井中，抗温可以达到260℃，但在早期的超深井钻探中所用的超高温钻井液大部分仍为水基钻井液。随着对油基钻井液优越性认识的不断提高，以及研究的不断深入，国外在超高温井钻探中越来越多地采用油基钻井液（包括合成基钻井液，而国内则以水基钻井液为主）。

比较油基钻井液、合成基钻井液和水基钻井液，油基钻井液在井眼净化、高温稳定、井壁稳定、抑制地层水化膨胀及快速钻进，特别是润滑性等方面，具有水基钻井液无法比拟的优势，已成为钻探高难度的高温深井的重要手段，但油基钻井液对环境有污染、安全风险大、配制成本高。合成基钻井液具有水基钻井液和油基钻井液的优点，而且对环境无污染，可替代油基钻井液应用到各种复杂钻井作业中，其主要缺点是成本较高。与油基和合成基钻井液相比，水基钻井液成本低、配制和维护处理简单、涉及环境保护问题较少，出现井漏时水基钻井液比油基钻井液处理相对容易，水基钻井液几乎不溶解天然气，对发现气侵、及时井控和发现油气层有利，且水基钻井液对于固井和复杂情况下的注水泥塞作业兼容性好，因此，能够满足井底温度和压力需要的水基钻井液一直是研究和应用的重点[5]。如，由降滤失剂Thermohumer和流变性稳定剂Huminsol等组成的钙处理水基钻井液，可以用于温度大于220℃的环境下，其密度可以达到2.10g/cm^{3}以上，且具有良好的抗污染能力[6]。采用两种新型的聚合物为主剂，辅以pH值添加剂、加重材料和适量的黏土形成环境友好的抗高温水基聚合物钻井液体系，耐温可达

232℃，高温条件下，还具有良好的抗污染能力，对 Ca^{2+}、Mg^{2+} 和一般的固态污染物均具有极强的抵抗能力，该体系不仅可以用淡水配置，也可以用海水配置，这便为满足各种不同环境条件下的钻井施工提供了极大的灵活性，另外由于该体系不含金属铬以及其他具有环境毒性的物质，环境友好，完全符合环保要求[7]。采用由合成多糖类聚合物降滤失剂、抗温可达 260℃的低相对分子质量 SSMA 和合成聚合物 AT 解絮凝剂，抗温可达 315℃的低相对分子质量 AMPS/AM 共聚物降滤失剂、高相对分子质量的 AMPS/AAM 降滤失剂、增黏剂，以及改性褐煤聚合物 CTX 等组成的高温聚合物钻井液体系，在 Mississippi 州作为压井液成功压井，并在后续钻井施工中成功应用，该压井液具有良好的剪切稀释性和良好的抗温能力，作业中采用密度为 1.98~2.64 g/cm^3 的压井浆进行循环压井作业，泵压低，流变性好，可以满足 Mississippi 州 Smackover 地区的钻探工作[8]。

进入 21 世纪以来，国内在超高温钻井液方面逐步受到重视，并相继开展了一些研究工作。如，由高温保护剂、降滤失剂、封堵剂等组成抗高温（220℃）高密度（2.3g/cm^3）的水基钻井液，具有良好的抑制性和抗钻屑污染性能，抗钻屑粉污染达 10%，具有一定的抗电解质能力，抗盐 2%，抗氯化钙 0.5%[9]。由 3% 膨润土基浆 +5%BS-OS（接枝共聚物与磺化腐殖酸衍生物复配产品）+5%BS-OC（接枝共聚物与磺化腐殖酸衍生物复配产品）+2.5%BS-PN（磺化褐煤树脂类）+3%SPC（磺化褐煤树脂类）+1.5%PA-1（无荧光防塌剂）+5% 聚合醇等组成的抗高温钻井液体系，抗温可达 250~260℃，抑制防塌效果好、抗污染能力强，润滑性好，岩心的渗透率恢复值平均为 83.11%[10]。抗温 220℃、密度 2.60~3.00g/cm^3 的有机盐钻井液体系，在密度达 3.00g/cm^3 时，固相含量低于 50%，滤饼摩阻系数小于 0.20，具有良好的流动性和润滑防卡能力，较好地解决了加重材料的沉降和过饱和盐水的结晶问题[11]。以抗高温降滤失剂 LP527-1、MP488 和抗盐高温高压降滤失剂 HTASP 等作为主处理剂，与磺化褐煤、XJ-1 分散剂等配伍，得到的密度 2.30g/cm^3、盐含量 10%~30% 的盐水钻井液，经过 220℃、16h 老化后，表现出良好的高温稳定性，没有出现高温稠化，高温高压滤失量控制在 20mL 以内。采用抗高温聚合物降滤失剂 HR-1，改性腐殖酸 HS-1 为主处理剂，与沥青类高温封堵剂、海泡石等，形成的抗温 270℃钻井液体系，具有较好的流变性和较低的滤失量，抑制黏土和岩屑污染的能力强，高温稳定性好，270℃、96h 连续老化后滤失量小于 5.0mL[12，13]。

尽管国内在超高温高水基钻井液研究方面开展的工作较多，且部分指标接近或领先于国外，但从整体情况看，与国外相比还存在较大的差距，尤其是还缺乏专用的钻井液处理剂。在超高温钻井液上，还需要加大攻关力度，围绕体系配方优化、处理剂研制，高温高压下钻井液流变性和滤失量控制方面开展工作[14]。针对超高温水基钻井液发展的需要，今后应围绕解决超高温钻井液的流变性和高温高压滤失量控制，集中力量开发超高温钻井液处理剂和优化超高温钻井液体系。在抗高温处理剂方面，重点是低相对分子质量的超支化或树形不增黏聚合物降滤失剂、降黏剂、抑制剂、润滑剂和超高温抗盐高温高压降滤失剂的开发；利用腐殖酸等来源丰富、价格低廉的天然材料，通过接枝共聚改性和高分子化学反应获得绿色高性能超高温钻井液处理剂。在钻井液体系方面，一是在聚磺钻井液应用经验的基础上，基于传统的钻井液体系，通过引入新型超高温聚合物处理剂，并经配方和性能优化，使其抗温性能提高到 200℃以上，保证钻井液在井底高温下具有良好的长期静置老化稳定性；二是研制抗温大于 240℃、密度大于 2.4g/cm^3，盐水和饱和盐水超高温高密度钻井液体系，重点是解决高温下的流变性和高温高压滤失量控制问题；三是研制抗温大于 200℃、密度大于 2.0g/cm^3 的超高温无黏土相钻井液体系，重点是解决高温下悬浮稳定性、流变性和高温高压滤失量控制问题；四是针对干热岩钻探需要，开发抗温能力大于 300℃的超高温钻井液体系。

二、超高温钻井液处理剂

国外超高温钻井液处理剂的研究始于 20 世纪 80 年代[15, 16]，并主要集中在乙烯基磺酸单体（AMPS）与丙烯酰胺（AM）、烷基丙烯酰胺、乙烯基乙酰胺和乙烯基吡咯烷酮等单体的多元共聚物处理剂的研究上，在应用的基础上形成了以 COP-1、COP-2、Hostadrill 4706、Polydrill、Mil-Tem，Pyro-Trol、Kem Seal 和 Polydrill 为代表的一系列产品[17~23]，而国内在这方面主要使用传统的处理剂，如 SMC、SMP 和 SPNH 等，近年来围绕超高温钻井液发展的需要，在降黏剂和降滤失剂方面开展了一些工作。如，以苯乙烯、衣康酸为原料经共聚、磺化得到的超高温水基钻井液降黏剂磺化苯乙烯 - 衣康酸共聚物 SSHIA 具有良好的耐温性[24]；采用丙烯酰氧丁基磺酸、2- 丙烯酰氧 -2- 乙烯基甲基丙磺酸钠和 N，N- 二甲基丙烯酰胺，与丙烯酰胺、丙烯酸等单体共聚，合成的 MP488 降滤失剂和 LP527 解絮凝降滤失剂[25]以及超高温聚合物降滤失剂 PFL-1 等[26]。此外，还采用 AMPS、AM 和丙烯酸（AA），在磺化酚醛树脂（SMP）的存在下，合成了抗温达 240℃的 P（AMPS-AM-AA）/SMP 复合聚合物降滤失剂[27]；在磺化酚醛树脂的基础上，通过分子修饰得到的抗盐抗高温高压降滤失剂 HTASP 等[28]。下面是一些可以用于超高温钻井液体系的处理剂。

（一）降滤失剂

1. 磺化褐煤

磺化褐煤，也称磺甲基褐煤、磺甲基腐殖酸，代号 SMC，是一种传统的抗温钻井液处理剂，为黑褐色粉末，易溶于水，水溶液呈弱碱性。在保持腐殖酸分子中酚羟基、羧酸基、醇羟基、醌基、甲氧基和羰基等的基础上，引入了磺甲基团，使产品的抗温、抗盐，特别是抗钙能力进一步改善，用作深井、超深井钻井液，可以有效地控制钻井液的滤失量和流变性，与 SMP 配伍使用，可以显著降低钻井液的高温高压滤失量，是应用最早、用量较大的处理剂之一，是聚磺和“三磺”钻井液的重要组分。

2. SPNH 高温降滤失剂

SPNH 为磺化酚醛树脂、磺化褐煤和水解聚丙烯腈复合或反应物。常用商品代号为 SPNH 或 SDX 等，其为黑褐色粉末，易溶于水，水溶液呈弱碱性，习惯称之为抗温抗盐降滤失剂和高温稳定剂。分子中含有羟基、亚甲基、羰基、酰胺基、磺酸基、羧基和腈基等多种官能团，在降滤失的同时，还具有一定的降黏作用，具有较强的抗温和抗盐能力，用于控制水基钻井液的滤失量，有广泛的 pH 使用范围，可抗温 200℃以上，抗盐达到 1.1×10^5mg/L，在含钙 3000mg/L 的情况下仍能够保持钻井液的稳定性，高温不会发生胶凝，与其他处理剂的配伍性强，适用于深井高温钻井液中的使用。

3. AM–AMPS/ 腐殖酸接枝共聚物

该剂是由丙烯酰胺和 2– 丙烯酰胺基 –2– 甲基丙磺酸钠与腐殖酸钠的接枝共聚得到，是一种以腐殖酸为骨架的阴离子型接枝共聚物，可溶于水，水溶液呈黑褐黏稠液体。用作钻井液处理剂，兼具聚合物和腐殖酸双重功能，分子中含有羟基、羰基、酰胺基等吸附基团和羧基、磺酸基等水化基团，具有良好的抗温抗盐能力。在淡水钻井液、盐水钻井液、饱和盐水钻井液和复合盐水钻井液中均具有较好的降滤失效果和较强的提黏切能力。

4. P（AMPS–AM–DMAM）/ 磺化酚醛腐殖酸树脂接枝共聚物

该剂是磺化酚醛腐殖酸树脂、AMPS、丙烯酰胺和 N，N– 二甲基丙烯酰胺接枝共聚物，可溶于水，水溶液呈黑褐黏稠液体。接枝共聚的结果是既提高了链状聚合物侧链的热稳定性，又改善了磺化酚醛树脂的抗盐能力，作为超高温钻井液降滤失剂，既具有链状聚合物特征又具有磺化酚醛树脂结构特征，保证产品在高温（220℃）高盐（饱和盐水）条件下具有良好性能。在超高温条件下既具有控制钻井液流变性，又具有降低钻井液高温高压滤失量的功能，

5. 超高温钻井液降滤失剂 LP–528

该剂是 2– 丙烯酰胺基 –2– 甲基丙磺酸、丙烯酰氧丁磺酸、丙烯酰胺和 N– 乙烯基己内酰胺的多元共聚物。由于分子中含有磺酸基、酰胺基及热稳定性高的内酰胺基团，且大侧基具有较强的位阻效应，相对分子质量低，故产品水解稳定性好，抗温能力强，在高温（240℃）高盐（饱和盐水）条件下具有较好的降滤失能力，且在水溶液中溶解速度快，使用方便。能够较好地控制钻井液的高温稠化，有效地降低钻井液的高温高压滤失量，保证钻井液在高温高压条件下性能稳定。同类产品如 PFL 系列、LP–527 和 MP488 等。

6. 树枝状磺甲基酚醛树脂 HTASP

HTASP 是在 SMP 的基础上改性得到的一种树枝状磺甲基酚醛树脂，为阴离子水溶性聚电解质，棕红色粉末，易溶于水，水溶液呈弱碱性。HTASP 作为抗盐高温高压降滤失剂，具有很强的耐温抗盐能力，抗温可达 270℃。因引入的磺酸基数量和支化程度不同，抗无机电解质的能力会有所差别。此外，树枝状磺甲基酚醛树脂还能改善滤饼的润滑性，对井壁也有一定的稳定作用。

（二）降黏剂

1. SSMA 高温降黏剂

SSMA 降黏剂是磺化苯乙烯 – 顺丁烯二酸共聚物，别名磺化苯乙烯 – 马来酸共聚物、

水解磺化苯乙烯-马来酸酐共聚物，为低相对分子质量的阴离子型聚电解质，易吸潮，可溶于水。水溶液淡黄色透明，呈弱碱性。热分解温度大于400℃，相对分子质量为1000~5000，对环境无污染。SSMA作为钻井液降黏剂具有很高的抗高温、抗盐、抗钙能力，是最有效的高温降黏剂之一，抗温可达260℃。适用于各种水基钻井液体系，用于深井、超深井和地热钻探。本品加量一般为0.1%~0.5%，适宜的pH值为8左右。

2. P（AMPS-AA）共聚物降黏剂

P（AMPS-AA）共聚物降黏剂是AMPS与AA的低相对分子质量的共聚物，国外同类产品CPD（为50%水溶液），是一种低相对分子质量的阴离子型聚合物，易吸潮，可溶于水，水溶液呈弱碱性；其相对分子质量为1500~5000，抗温大于260℃，抗钙能力强，钙离子高达1800×10^{-6}时，它所处理的钻井液仍然保持良好的流变性，对不同NaCl含量的褐煤-FCLS钻井液具有较好的稀释效果，无分散作用，能很好地稳定井壁，有效地控制高温下静止老化后钻井液稠化。

3.1-羟基乙叉-1，1-二磷酸

1-羟基乙叉-1，1-二磷酸（HEDP），又称羟基亚乙基二磷酸、1-羟基亚乙基1，1-二磷酸、羟基乙叉二磷酸、1-羟亚乙基-1，1'-二膦酸和亚羟乙基二磷酸；无色至淡黄色黏稠状液体，无沉淀；可与水混溶；密度$1.45g/cm^3$（质量分数60%水溶液），熔点198~199℃，在高pH值下仍很稳定，低毒无公害；250℃以上分解，耐酸碱。作为钻井液降黏剂，HEDP在钻井液中能有效地控制钻井液流变性，抗温能力强，同时还具有一定抗盐和抗钙能力。

三、超高温钻井液设计

钻井实践表明，随着井深的增加，钻井技术难题逐渐增加，对钻井液而言，井下高温严重影响钻井液性能，长期高温老化使钻井液性能变差，尤其是严重影响高密度钻井液的悬浮稳定性，并最终影响深井和超深井的安全、快速钻井。

与常规水基钻井液相比，在超高温钻井液设计时受到的限制更多，影响因素更复杂，这些均与高温下处理剂性能、黏土高温下的分散或聚结，以及处理剂与黏土颗粒之间的作用密切相关。可见，明确高温条件下影响处理剂和钻井液性能的因素是超高温钻井液设计的基础。通常超高温钻井液的设计应首先明确高温条件下对钻井液的要求，其次是明确保证钻井液体系高温下稳定的关键，第三是明确超高温条件下对钻井液处理剂的要求，第四是钻井液处理剂的选择，最后是钻井液配方设计与性能评价。

（一）对超高温钻井液的基本要求

井下压力和温度越高，对钻井液性能的影响越复杂，这便对钻井液提出更高的要求，特别是对超高温高密度钻井液要求更高。总体而言，超高温条件下钻井液应从性能、配制与维护、复杂情况处理和环境保护等方面满足要求。

1. 钻井液性能

从钻井液综合性能来讲，要满足超高温条件下的需要，应达到：①钻井液流变性稳定，不出现高温稠化或高温减稠；②钻井液高温高压滤失量低、泥饼质量好，悬浮稳定性好、携砂能力强，抑制性强，润滑性好；③具有较好的储层保护能力；④当需要加重至高密度时，钻井液能够满足加重的需要，用普通重晶石作为加重剂能够很容易加重至需要的密度；⑤钻井液在井底温度下长时间静止后，流变性、悬浮稳定性和滤失量能够满足要求。

2. 钻井液配制与维护

钻井液主处理剂来源充分，价格相对低廉，抗温抗盐，抗剪切能力强，钻井液现场配制方便，性能稳定，在钻进过程中易于维护处理。在维护处理过程中，易于保证钻井液的流变性、滤失量和悬浮稳定性。

3. 复杂情况处理

在钻井过程中遇到井漏、井塌、卡钻、井涌或井喷等复杂情况或钻井液受到地层流体污染时，钻井液能够满足复杂情况处理的需要。由于处理复杂情况而使钻井液性能变差后，能够很容易地将钻井液性能调整至正常。

4. 环境保护

钻井液对环境无污染或尽可能减少对环境的影响，钻完井后钻井液易于实施无害化处理，能够满足环境保护的要求。

（二）超高温钻井液处理剂应具备的性能

超高温条件下，钻井液性能是否稳定，关键取决于处理剂的抗温和抗盐能力，对于处理剂而言，高温下性能稳定的关键是处理剂分子结构、功能基团和相对分子质量。

1. 分子结构

从分子结构来讲，要保证高温下稳定，处理剂应具备分子链刚性强，分子主链上含有环状结构，最好含芳环，或处理剂为高支化程度的树枝状链结构或梳型结构。

2. 功能基团

从功能基团来讲，主要涉及温度和盐对功能基团性能的影响。为保证钻井液处理剂高温下稳定，尽可能选用羟基和胺基、季铵基或水解稳定性强、高温下不发生基团变异的基团作为主要吸附基，以磺酸基、膦酸基为主要水化基。处理剂分子中要有足量的吸附基团和水化基团，吸附基团高温下吸附能力强，吸附量受温度影响小，并能通过不同类型的吸附基团的协同作用，保证高温下有足够的吸附量；其次是盐对处理剂在黏土颗粒上的吸附量影响小，水化基团高温下水化能力强，盐敏性低。

3. 相对分子质量

作为降滤失剂，处理剂相对分子质量应尽可能低，一方面达到为了降低滤失量而使产品用量增加时，对体系的黏度影响小；另一方面，不至于因处理剂分子高温降解而影响其性能，同时保证常温下溶解快，黏度效应小，并对加重材料有分散作用；处理剂具有解絮凝作用，能够控制体系不出现稠化现象，保证体系的稳定性；有控制高温高压滤失量的能力，泥饼薄而韧。作为增黏、包被降滤失剂，在保证处理剂分子高温稳定的前提下，相对分子质量要适当高一些，不同作用的处理剂间配伍性好，高温下具有协同增效作用，同时要有较强的抑制性，能有效地控制高密度钻井液中黏土粒子含量。

（三）超高温条件下钻井液性能影响因素分析

超高温条件下影响钻井液性能的因素比较多，特别是在盐存在时，影响更复杂，既存在独立因素，也存在关联因素，归纳起来影响因素可以分为影响处理剂本身性能的因素和影响钻井液体系性能的因素。

1. 影响处理剂性能的因素

在钻井液处理剂方面，影响因素可以分为化学因素和物理因素。其中，化学因素不可逆，物理因素当温度降低后会得到部分恢复，因此应尽可能减少因化学因素而带来的不利影响。

（1）化学因素。

化学因素包括处理剂分子的高温降解、高温交联和高温基团变异。

高温降解，即高温下聚合物分子主链断裂将使处理剂相对分子质量降低，相对分子质量的降低将导致处理剂功能部分或全部丧失，最终影响钻井液性能。

对于烯基单体聚合物而言，绝大多数情况下主要发生大分子降解现象，但当体系中含有一些可诱导产生自由基的过渡金属离子时，也可以产生交联，但磺化酚醛树脂与磺化褐煤、磺化栲胶、磺化木质素等天然高分子材料，在高温下会发生交联，适当交联将有利于改善处理剂的降滤失能力，磺化酚醛树脂必须配合磺化褐煤才能发挥作用，便是利用高温交联这一特性。当体系中同时存在烯基单体聚合物和磺化酚醛树脂与磺化褐煤等处理剂时，它们之间也可以产生交联形成互穿网络，其结果是抵消了链状处理剂因降解带来的性能降低现象，从而保持或提高处理剂的作用效果，但当发生分子间或分子内过度交联时，会形成不溶于水的交联产物，致使处理剂失去作用，如果交联形成网状结构进一步交联成体型结构时，可以导致体系成为凝胶，产生高温稠化，使钻井液流变性变差。

高温基团变异分两种情况，即基团高温水解和高温分解。当基团高温下发生水解时，基团性质将发生变化，如酰胺基等一些极性吸附基在高温下因水解产生基团变异（酰胺基变为羧基），使原本起吸附作用的基团转化为水化作用的基团，改变了处理剂分子上的吸附基团和水化基团比例，使处理剂在黏土上的吸附能力减弱，作用效果降低。当功能基发生分解时，功能基团分解将导致功能基减少，降低处理剂的吸附和水化能力，从而使处理剂抗盐污染能力和护胶能力降低，甚至完全失去作用。

（2）物理因素。

物理因素主要是高温对处理剂分子在黏土颗粒上的吸附和水化能力的影响，当钻井液中含盐时会使影响加剧。

高温解吸附，即高温将导致处理剂在黏土颗粒上的吸附量减少，随着处理剂在黏土颗粒上的吸附量的减少，处理剂的成网和护胶作用效果将逐渐降低，使钻井液高温下流变性变差，滤失量增加，滤饼变虚。

高温去水化作用，即随着温度的升高，处理剂分子中水化基团的水化能力降低，使处理剂高温下的护胶作用减弱，导致高温下钻井液滤失量上升，流变性变差。

当钻井液中含盐时，盐将使黏土颗粒聚结，减少处理剂在黏土颗粒上的吸附，同时使处理剂水化能力减弱，护胶能力下降。

2. 影响钻井液性能的因素

钻井液性能方面，影响因素可以从处理剂的高温分解、高温对黏土的影响、高温对处理剂与黏土颗粒作用的影响来考虑。

（1）pH 值。

高温作用后，由于部分处理剂分解以及黏土发生离子交换等，将导致钻井液体系 pH 值下降，不同组成的钻井液 pH 值下降程度不同，矿化度越高，pH 值下降程度越大。由于在低 pH 值下黏土水化能力变差，使钻井液胶体稳定性变差，同时在低 pH 值下大部分处理剂作用效果降低，最终影响钻井液的稳定性。

（2）处理剂消耗。

由于处理剂在高温下发生主链降解和功能基团变异或分解，使其效果变差，严重时失去作用。高温下不仅加快处理剂的消耗，由于处理剂失效，将导致钻井液流变性变差、滤失量增加。要保证钻井液性能稳定，必须增加处理剂用量，增加钻井液维护处理次数，因此将消耗更多的处理剂。要有效地保证钻井液成本不至于过大，就要选择抗高温能力强的产品，即分子主链热分解温度高，功能基团热稳定性强的产品，对于一些超过耐温上限的处理剂尽可能不用。

（3）黏土。

高温对黏土的影响因体系的不同会产生不同的结果，即高温分散、高温聚结、高温钝化现象，不同现象产生不同影响。当黏土高温分散时，由于高温加剧了黏土的分散，使钻井液中黏土颗粒变细，黏土粒子含量增加，如果控制不当，将导致钻井液流变性变差，直至出现高温稠化。相反，当黏土发生高温聚结时，因黏土粒子高温聚结使钻井液中的黏土颗粒变粗，黏土颗粒减少，滤饼质量降低，导致摩阻增加，同时减少处理剂在黏土颗粒上的吸附量，护胶作用降低，钻井液滤失量增加。当高温下黏土粒子产生高温钝化现象时，使钻井液中的黏土颗粒表面吸附能力降低，水化能力减弱，与处理剂间的架桥能力降低，出现高温减稠，严重时悬浮能力下降，使加重剂沉淀，影响钻井液的稳定性。

3. 温度和压力对钻井液流变性的影响

温度是影响钻井液流变性的主要因素，且温度对流变性的影响程度要远大于压力[29]。

（1）温度对钻井液流变性的影响。

在低剪切速率下，当温度升至 180℃时，剪切应力逐渐降低；当温度大于 180℃时，剪切应力随温度的升高而增大；在高剪切速率下，温度升至 240℃时，剪切应力逐渐减小。当温度低于 180℃时，钻井液属于典型的假塑性流体，当温度高于 200℃时，钻井液的流型属于含有一定屈服值的胀流型。

剪切速率对钻井液黏度影响较大。随着剪切速率的升高，不同温度下钻井液的黏度总体上均呈降低趋势。在超高温条件下，当剪切速率超过 $300s^{-1}$ 时，曲线趋于平稳，即钻井液的黏度基本上稳定。国内外研究表明，钻井液在高温高压条件下表观黏度大于 20mPa · s 时，就能很好地保证钻井液的携岩能力。

随着温度升高，塑性黏度和动切力均呈降低的趋势，当温度超过 200℃时降低程度变弱。这一方面是由于温度升高造成液相黏度降低，另一方面是聚合物对固相颗粒的吸附、成网和絮凝作用随温度的升高而降低。当温度高于 200℃时，由于在此超高温条件下聚合物分子之间可能存在一定程度的交联，聚合物分子在黏土颗粒的表面吸附能力大大降低，所以黏土颗粒的高温分散作用明显。

（2）压力对钻井液流变性的影响

实验表明，在一定温度下，随着压力的增大，钻井液的表观黏度与塑性黏度总体上均呈上升趋势，而动切力的变化规律不明显；当温度低于 150℃时，流变参数随压力的变化较弱，当温度为 150℃以上时，随着压力的增大，流变参数的变化更加明显；温度对流变参数的影响占主导地位，与温度相比，压力的影响程度要小得多。

（3）钻井液高温高压下表观黏度数学模型

以抗温 210℃、密度为 $2.3g/cm^3$ 的钻井液（具体配方为：3％膨润土浆 +0.2％ KPAM+8％ KCl+3％ SPNH+1.5％ NH_4-HPAN+3％ OCL-JB+3％ SDLC-100+2％ FT-1+3％ QS-2+2％润滑剂 SDRH-300+ 重晶石，在 210℃条件下热滚 16h）为研究对象[30]，运用宾汉、幂律、H-B 和卡森流变模式对钻井液高温高压下的流变数据进行拟合分析。结果表明，卡森模式是描述抗高温高密度钻井液高温高压流变性能的最好模式。基于研究得到钻井液高温高压下表观黏度数学模型：

$$AV = 39.45e^{[(-4.2788\times10^{-3}T)+(5.2767\times10^{-2}p)]} \tag{3-1}$$

所建立的预测钻井液表观黏度的数学模型能够较准确地描述高密度钻井液在高压下与温度之间关系，钻井液的表观黏度与温度呈指数函数关系。

以胜科 1 井四开井段抗高温超低渗透聚磺钻井液（其常规性能为：密度 $1.72g/cm^3$，表观黏度 73.0mPa · s，塑性黏度 62.0mPa · s，动切力 11.0Pa，高温高压滤失量 9.80mL，固相含量 30.0％，基本配方为：3.0％基浆 +0.2%APAMS-601+3.0％ Soltex+2.0％ Desco+2.0% Drical-D+5.0% Resinex+1.5% SPNH+2.0% TRL+0.5% FLC2000+3.0% RZF-3+ 重晶石粉，将钻井液样品在 220℃条件下滚动老化 16h，然后高速搅拌 10min）为研究对象[29]，利用宾汉、幂律、卡森、H-B 及 R-S 流变模式，对钻井液超高温高压下的流变数据拟合分析表明，H-B 模式是描述胜科 1 井抗高温钻井液超高温高压流变性能的最好模式。基于研究得到钻井液高温高压下表观黏度数学模型。

$$(\mu_a)_{T,p} = (\mu_a)_0 \exp\left(\frac{A}{T-T_0} + Bp\right) \tag{3-2}$$

式（3-2）中，A，B 均为钻井液的特性常数，其数值依不同钻井液而异，必须分别由实验确定。该数学模型的计算值与实测值相对误差不超过 5%，能够比较准确地预测井下钻井液的流变性。

四、超高温钻井液配方与性能

基于前面的分析，超高温钻井液，尤其是盐水钻井液配方设计的关键有三点，一是能够满足超高温下抗盐需要的处理剂选择，二是钻井液中黏土含量的控制，三是钻井液高温高压滤失量和流变性控制。按照上述要求，可以形成不同组成的超高温钻井液体系[31, 32]。

（一）配方一（适用于 200℃以内）

以超高温降滤失剂 PFL-L、PFL-H 为主剂，与磺化酚醛树脂及磺化改性天然材料类降滤失剂、抑制剂、封堵防塌剂、润滑剂等处理剂，形成了抗 200℃的盐水及淡水钻井液体系。其中：

抗 200℃的盐水钻井液的配方为：4% 膨润土浆 +0.3%NaOH+1.5%PFL-L+0.5%PFL-H+0.2%PAC-LV+6%SPNH+4%SMC+3%HQ-10+2% 白油 +2%KD-05+0.2%SP-80+0.2%Na_2SO_3+5%KCl+2%QS-2。

抗 200℃的淡水钻井液的配方为：4% 膨润土浆 +0.3%NaOH+1.5%PFL-L+0.3%PFL-H+0.2%PAC-LV+6%SPNH+4%SMC+3%HQ-10+2% 白油 +2%KD-05+0.2%Na_2SO_3+2%QS-2。

如表 3-1 所示，两种抗 200℃高温的钻井液体系高温老化后性能稳定，且 API 滤失量低；盐水钻井液的高温高压滤失量在 180℃下为 13mL，195℃下为 20mL；淡水钻井液高温高压滤失量在 195～200℃下仅为 11.8mL。

表 3-1　钻井液性能实验结果

钻井液类型	实验条件	ρ/（g/cm³）	流变性						FL_{API}/mL	pH 值	K_f
			φ600	φ300	φ200	φ100	φ6	φ3			
盐水钻井液	室温	1.42	196	113	83	50	12	10	2.2	10	0.06
	200℃ ×16h	1.42	138	89	70	49	20	18	2.6	9	0.06
淡水钻井液	室温	1.42	210	128	95	60	16	14	1.6	10	0.06
	200℃ ×16h	1.42	155	109	89	49	20	18	2.6	9	0.06

（二）配方二（适用于 220℃以内）

采用 HTASP 与 LP527、MP488、SMC 等，通过调整 HTASP 加量，设计了含盐量分别为 10%、15%、20%、25% 和 30% 盐水钻井液配方。

1 号：4% 钠膨润土浆 +1.0%LP527+1.5%MP488+6%SMC+4%HTASP+0.5%XJ+0.5%NaOH+10%NaCl，用重晶石加重至密度 2.3g/cm^3。

2 号：4% 钠膨润土浆 +1.0%LP527+1.5%MP488+6%SMC+7%HTASP+0.5%XJ+0.75%NaOH+15%NaCl，用重晶石加重至密度 2.3g/cm^3。

3 号：4% 钠膨润土浆 +1.0%LP527+1.5%MP488+6%SMC+7%HTASP+0.5%XJ+1.0%NaOH+20%NaCl，用重晶石加重至密度 2.3g/cm^3。

4 号：4% 钠膨润土浆 +1.0%LP527+1.5%MP488+6%SMC+9%HTASP+0.5%XJ+1.25%NaOH+25%NaCl，用重晶石加重至密度 2.3g/cm^3。

5 号：4% 钠膨润土浆 +1.0%LP527+1.5%MP488+6%SMC+9%HTASP+0.5%XJ+1.5%NaOH+30%NaCl，用重晶石加重至密度 2.3g/cm^3。

按照上面 5 组配方分别配制含盐量不同的钻井液，并于 220℃下老化 16h，降温后向钻井液中加入 0.5% 的氢氧化钠，高速搅拌 10min 后测定钻井液性能，结果见表 3–2。从表 3–2 可以看出，五种含盐量不同的钻井液均具有良好的流变性，高温高压滤失量均 ≤16mL。说明体系具有良好的高温稳定性，表中实验结果还表明，当钻井液含盐量不同时，通过调整 HTASP 的加量，可以控制不同盐含量的盐水钻井液体系的性能。密度 2.3g/cm^3 的盐水钻井液能够满足现场需要。

表 3-2　不同盐含量的盐水钻井液性能

配方	*AV*/mPa·s	*PV*/mPa·s	*YP*/Pa	*Gel*/Pa/Pa	ρ/（g/cm^3）	*FL*/mL	FL_{HTHP}/mL	pH 值	温度 /℃
1	111.5	80	31.5	4.5/15	2.3	3.4	14	8.5	55
2	110	78	32	13/31.5	2.3	2.6	14	8.5	55
3	81.5	63	18.5	2.5/7	2.3	2.8	12	8.5	55
4	128	98	30	16/27	2.3	1.0	10	9.0	55
5	112.5	84	28	14/27	2.3	10.5	16	8.5	55

注：高温高压滤失量测定条件为 180℃、压差 3.5MPa。

按照 2 号配方，平行配制三组密度 2.3g/cm^3、含盐 15% 的盐水钻井液，于 220℃高温老化 16h 后，加入 0.5% 的氢氧化钠，高速搅拌 10min 后测定钻井液性能，如表 3–3 所示。三组钻井液实验结果相近，表明钻井液配方重复性较好，钻井液的流变性和滤失量均能够满足需要。

表 3-3　钻井液重复配浆的实验

序号	ρ/（g/cm^3）	*AV*/mPa·s	*PV*/mPa·s	*YP*/Pa	*Gel*/Pa/Pa	pH 值	FL_{API}/mL	FL_{HTHP}/mL
1	2.32	93	78	15	2.5/5.5	8.5	1.6	15
2	2.3	84	67	17	3.5/9.0	9.0	2.6	12
3	2.3	81.5	63	18.5	2.5/7	8.5	2.8	12

注：高温高压滤失量测定条件为 180℃、压差 3.5MPa。

以2号配方，即15%的盐水钻井液进行抑制性（岩屑污染和滚动回收率）实验表明，钻井液具有较强的抗岩屑污染能力，即使岩屑加量达到15%，钻井液仍然具有较好的流变性，较高的二次页岩回收率，说明该体系具有长期抑制泥页岩分散的能力。

用密度为$2.3g/cm^3$的15%盐水钻井液配方配制的钻井液，经过220℃下滚动老化16h后，放入1000mL量筒中静置，经过72h静置后，上下密度差为$0.04g/cm^3$，表现出良好的沉降稳定性。

（三）配方三（适用于240℃以内）

抗温达240℃、密度为$2.0g/cm^3$的饱和盐水钻井液配方：2%~4%膨润土浆+1%~2%MP488+3%~4%LP527+1%~2%CGW-5+5%~9%HTASP+1%~2%NaOH+36%NaCl+重晶石。

采用上述配方各处理剂中间值所配制的饱和盐水钻井液漏斗黏度为76s，滤失量为2.8mL，表观黏度为75mPa·s，动切力为2lPa，静切力为8/13.5Pa/Pa，180℃下的高温高压滤失量为16mL。

实验表明，钻井液具有一定的抗钙离子污染的能力，随着钙离子含量的增加，钻井液的滤失量出现小幅的降低增加交替变化趋势，表观黏度略有降低，但幅度均不大，当钙离子累计含量达5000mg/L后，钻井液仍具有良好的流变性和较低的滤失量。

将页岩加入钻井液中，经过240℃老化16h后，测得页岩的一次回收率97.4%，二次回收率89.35%，相对回收率为91.74%。在钻井液中分别加入5%岩屑粉和5%钙膨润土，经240℃老化16h后，仍具有良好的流变性和较低的滤失量。说明钻井液体系具有较强的抑制能力，可有效地控制泥页岩的水化分散、控制劣质固相的高温分散。钻井液经240℃老化16h后，静置72h，钻井液的上下密度差为$0.04g/cm^3$，表现出良好的沉降稳定性。

（四）配方四（无固相钻井液）

用三元共聚物AADC作为抗高温降滤失剂主剂，与SMP-2、BQP以及耐温封堵剂FSCC，形成一种能够抗220℃高温的无固相钻井液体系，配方为[33]：2%XCC+1%AADC+3%~4%BQP+1%SMP+3%FSCC+0.5%Na_2SO_3。

按照上述配方所配制钻井液常温性能：密度为$1.10g/cm^3$，塑性黏度为19mPa·s，动切力为8.5 Pa，动塑比为0.45，静切力为2.5/5.5 Pa/Pa，$\varphi600/\varphi300$为55/36，$\varphi6/\varphi3$为5/3，API滤失量为5.4mL。

将钻井液在180℃、200℃、220℃等不同温度下连续热滚48h后测其性能，如表3-4所示，随着温度的升高，钻井液的表观黏度、塑性黏度、动切力基本不变，低剪切速率下的黏度和滤失量略有升高，但总体保持稳定，说明无固相钻井液抗温能力强，即使经长时间的高温老化仍保持较好的稳定性。

表 3-4　无固相钻井液高温老化后的性能

温度 /℃	PV/mPa·s	YP/Pa	动塑比	Gel/Pa/Pa	$\varphi 6/\varphi 3$	FL_{API}/mL
180	20	9.0	0.45	1.5/3.5	1.5/1.0	6.2
200	21	9.5	0.45	1.0/2.0	1.0/1.0	7.1
220	23	10.9	0.46	1.5/3.5	3.0/2.0	7.8

注：高温老化时间为 48h。

对超高温无固相钻井液体系进行毒性测定，钻井液 EC_{50} 值大于 80000mg/L，远大于排放标准 30000mg/L 的要求，能够满足环境保护的要求。

五、超高温钻井液的应用

（一）现场维护处理要点

超高温钻井液的维护处理除满足常规钻井液维护处理要求之外，还需要根据超高温水基钻井液设计所述关键点，从以下几方面重点注意。

1. 高温高压流变性控制

钻井液高温高压流变性控制可以从以下几个方面重点考虑。

（1）选用的处理剂必须具有很强的抗温能力，以尽可能减少由于处理剂的高温降解、水解等导致的作用效果降低。

（2）对于高密度超高温钻井液，要严格控制钻井液中膨润土和固相含量，优选碱土金属化合物含量低、密度高、粒度级配合理的加重材料，必要时可以通过对加重材料进行表面活化提高其悬浮稳定性。

（3）采用黏度效应小、高温稳定性好的处理剂，以避免处理剂足量加入时室温下钻井液黏切过高，同时减少由于高温下处理剂降解或分解导致的性能大幅度下降。

（4）防止酸性气体（二氧化碳和硫化氢等）污染。

（5）维护体系中合理的自由水含量。

（6）对于易水化分散的地层，严格控制钻井液 pH 值为 9~10，既有利于控制泥页岩分散，又有利于处理剂发挥作用。

（7）钻井液循环及固相控制系统要运转良好，保证钻井液清洁。

2. 高温高压滤失量控制

关于钻井液高温高压滤失量控制可以从以下几方面考虑。

（1）控制合适的膨润土含量，必要时可以添加适量的海泡石以有效地保证体系的胶体稳定性。

（2）采用高温下结构稳定、基团稳定，且高温下吸附能力和水化能力强的处理剂。

（3）针对处理剂的消耗情况及时补充处理剂，保持处理剂护胶能力，以满足高温高压滤失量控制的需要。

（4）结合高温高压流变性控制中提到的优选高密度、粒度级配合理的加重材料，并采用表面活化的加重材料，以有利于解决控制滤失量和流变性控制的矛盾。

（5）加入适量的不同粒径级配的封堵剂，以降低滤饼的渗透率。

3. 准确把握钻井液在井下的情况

由于高温高压条件下对钻井液性能的特殊要求，不仅是室内，即使是现场也需要能控温的流变仪、加压密度计、高温高压失水仪、恒温高速搅拌器等，以获得钻井液高温高压情况下的真实性能，找准主要影响因素，有针对性地指导现场钻井液性能维护处理。

（二）现场应用实例

按照配方一组成的钻井液体系在徐闻 X3 井进行了应用。徐闻 X3 井是在北部湾盆地部署的一口重点预探井，属于大井斜长稳斜段三靶点的高难度定向井，设计垂深 5100m，斜深 5664.16m，井斜 35°，水平位移 1893.92m，三开预计井底温度为 187℃。根据邻井徐闻 X1 和徐闻 X2 井的资料显示，该区块下第三系流沙港组有大段微裂隙发育的硬脆性泥岩，压力系数较大，易剥落掉块，极易导致井下事故，故要求钻井液具有良好的高温稳定性、封堵防塌能力、润滑性。

徐闻 X3 井三开钻至井深 5000m 后，随着井深的增加，井底温度增高，水平位移增加，摩阻扭矩增大，为应对随时可能钻遇的流沙港二段易垮泥岩，确保井下安全，逐渐将普通聚磺钻井液体系转换为超高温钻井液体系，达到降低钻井液高温高压滤失量、改善润滑性、降低摩阻扭矩的目的。将 PFL–L、PFL–H 与 SMC、SPNH、Na_2SO_3、SP–80、NaOH 按一定比例配制胶液进行钻井液维护处理，同时补充 FST–1、QS–2、PE、HQ–10 等防塌封堵性材料提高泥饼的致密性，改善泥饼质量，有效封堵部分裂缝、孔隙，降低钻井液消耗量。

为降低摩阻扭矩，不断补充石墨和白油，润滑剂含量保持在 3%~5% 之间，摩擦系数控制在 0.04~0.06 之间。180℃高温高压滤失量由 24mL 逐渐降低至 10mL，低滤失量、致密润滑性好的泥饼大大降低大斜度长裸眼井段黏卡的风险。为降低钻井液消耗量，保持钻井液密度为 1.1~1.14g/cm^3，充分利用四级固控设备，有效清除无用固相，特别是亚微米级固相含量，钻井液固相含量基本保持在 10% 左右。

钻至井深 5582.9m 更换部分钻杆，钻井液在高温下静置 120h，起钻前、下钻后钻井液性能见表 3–5。由表 3–5 可见，长时间高温静置后进行下钻循环，钻井液流变参数变化不大，高温高压滤失量也没有增加，钻井液性能平稳，未出现高温增稠现象，说明该钻井液高温稳定性好。钻井液体系具有良好的流变性，满足现场携岩要求，确保该井顺利完钻，完钻井深 6010m，垂深 5397.43m，水平位移 2017.22m，井深 5974m 处电测温度为 211℃，预计井底实际温度高达 220℃。

表 3-5　高温下钻井液静止 120h 前后性能变化

施工情况	*FV*/s	*ρ*/（g/cm³）	FL_{API}/mL	FL_{HTHP}/mL	pH	*AV*/mPa·s	*PV*/mPa·s	*YP*/Pa	*Gel*/Pa/Pa
起钻前	79	1.11	4.8	/	9.5	47.5	39	8.5	8.5/19
	77	1.12	5.0	16	10	49.5	40	9.5	7/18
	87	1.10	4.8	/	10	47.5	37	10.5	9/20.5
	82	1.1	4	15	10	47.5	37	10.5	8.5/20.5
下钻后	68	1.12	3.8		9.5	47	36	11	4/9
	70	1.12	4.0	16	10	46.5	34	12.5	4.5/9
	68	1.12	4.0		9.5	45	34	11	4.5/9
	67	1.12	4.0	15.2	9	48.5	38	10.5	4.5/8

此外，还有一些关于超高温钻井液成功应用的实例也为超高温钻井液的研究奠定了基础。例如，泌深 1 井是中国石化的一口重点探井，完钻井深为 6005m，实测井底温度达到 236℃。通过室内实验优选出抗 220℃和抗 245℃两套超高温水基钻井液，应用结果表明，这两套超高温钻井液流变性好。具有较高的抗温能力、抑制能力和悬浮携带岩屑能力，摩阻系数低，泌深 1 井在四开高温井段的钻井过程中没有发生井下复杂情况，顺利完钻[34，35]。

胜科 1 井井深超过 7000m，井底温度为 235℃，压力超过 100MPa。该井地层情况复杂，存在盐岩、泥页岩及盐膏泥混层，钻井液性能难以调控。该井四开（4155~7026m）钻进使用了聚磺封堵防塌钻井液、高密度聚磺非渗透钻井液和超高温钻井液。应用结果表明，这 3 种钻井液的高温稳定性、润滑性和剪切稀释特性良好，在高固相情况下仍具有良好的流变性和低的高温高压滤失量，经受住各种可溶性盐类及高价离子的污染，配制和维护处理方便，各种钻井液之间的转换非常顺利，没有出现任何井下复杂情况，尤其是该井采用的超高温钻井液体系有效地保证了胜科 1 井的安全、快速钻进[36]。

按照配方四形成的无固相钻井液体系，在涩北 1 号气田 24 井进行了现场试验。该井设计井深 4300m，位于青海油田一级风险气区，钻井施工过程中易喷、易漏，对钻井液性能及维护处理技术要求高，完钻后实测井底温度为 218.9℃，施工期间现场取样进行抗温实验，如表 3–6 所示，钻井液的流变性、悬浮携带能力在 220℃以内仍然较稳定，动切力和静切力随温度变化较小，钻井液性能稳定。现场应用过程中，井壁稳定，悬浮携带性能可以满足井下携砂要求，施工安全并顺利钻完目的层。

表 3-6　涩北 1 号气田 24 井钻井液高温稳定性实验结果

温度 /℃	*PV*/mPa·s	*YP*/Pa	动塑比	*Gel*/Pa/Pa	*φ*6/*φ*3	FL_{API}/mL
200	19	9.0	0.47	3.0/3.5	3/2	5.8
220	20	9.5	0.49	3.5/4.0	3/2	6.5

注：高温老化时间为 72h。

安探 4X 井是一口风险探井，完钻井深为 6455m。该井四开以后地层岩性主要为灰岩、泥岩，井底最高温度在210~217℃之间，采用低固相超高温钻井液，在整个钻进过程中钻井液性能稳定，体现了良好的悬浮携砂性能，保障了四开超高温井段的顺利钻进[37]。

六、干热岩钻井液

干热岩主要是指在地层深处3000~10000m范围内普遍存在的热岩体，热岩体不含有或者仅有少量流体且材质致密不渗透，岩体温度一般在150~650℃之间，呈现干热状态，是一种清洁、可再生能源。据统计，全球干热岩资源分布广泛，蕴含热能极高，在地壳内，2%的干热岩能够产生2.00×10^{38}J的能量。据相关学者估算，我国干热岩蕴含能量约有2.09×10^{35}J，折合为标准煤约有7.15×10^{14}t，若以2%的利用率计算，相当于我国年均能源消耗的4400倍。青海共和县恰卜恰镇干热岩井GR1井，在地下3705. 42m处探获温度达到236℃以上的干热岩，这是我国首次在青海共和盆地钻获高温优质干热岩体，实现了我国干热岩勘查的重大突破[38]。由此可见，干热岩资源开发具有广阔的发展前景。

对于干热岩井，国内外普遍采用耐高温钻井液钻进，在现有抗温能力较强的钻井液有机处理剂中，部分处理剂抗温220~230℃，极少数处理剂抗温达250~280℃。由于干热岩大都为变质岩或岩浆岩类岩体，基本不涉及水敏性地层，因此，干热岩井钻井液重点考虑其抗温性能。除常规超高温水基钻井液外，还可采用由抗温230℃以上的处理剂、发泡剂、稳泡剂配制而成的泡沫钻井液。

目前，国外水基钻井液抗高温能力达到260℃，油基钻井液抗高温能力可达290℃，且在地热井应用中最高温度达到371℃；国内钻井液抗高温能力达到240℃左右，可采用现有钻井液技术开发150~240℃的干热岩。

国内外解决超深井抗高温难题的另一种钻井液体系为高温泡沫钻井液体系。在配制和维护过程中，通过抗高温发泡剂和抗高温保护剂，提高泡沫在高温条件下的稳定性，采用常规泡沫钻井液技术实现高效钻进。目前，300℃高温泡沫钻井液技术已经基本成熟，中国石油长城钻探公司曾采用高温泡沫钻井液技术在肯尼亚OLKARIA区块钻成一口地热井，地层温度高达350℃[39]。

在羊八井和拉多岗地热田钻井中，为解决地热田低压地层漏失的平衡钻进问题，满足护壁防坍塌、防漏失、治漏排砂、获取砂样、处理复杂地层的钻进等需要，采用如下充气泡沫钻井液配方：8%膨润土+6%Na_2CO_3+0.1%NaOH+0.015%~0.15%CMC，或者4%NV-1+0.15%CMC+0.01%~0.015%PHP+0.01%~ 0.02 %DF-1。充气泡沫钻井液密度为0.50~0.95g/cm^3，漏斗黏度为25~30s，滤失量为8~12mL/30min，含砂量小于4%。

拉多岗地热田ZK206井400m以上井段使用普通钻井液，密度在1.15g/cm^3左右出现井漏，地层有0.20~0.25m的裂缝存在，漏失严重，采用多种方法堵漏，收效甚微。在400m以下井段换用充气泡沫钻井液钻进，有效地控制了漏失井段的漏失。

泡沫钻井液应用于羊八井地热田水 ZK4002 井井深 800m 以上井段中，抗温性能较好，钻进效率高。钻进中遇到断裂带，钻井液发生严重漏失，漏速为 80~100m^3/h，将泡沫钻井液密度调至 0.87g/cm^3 时仍有进无出，采用常规材料和方法堵漏未见效。在钻井液材料不足和其他条件限制的情况下，被迫换用清水强钻穿过漏层，下套管封堵漏层止住井漏，采用普通钻井液钻至终孔，完井深度为 2006.80m，初测井底温度为 262.03℃[40]。

由 HFL-A+5% 特种油 +0.5%~1% 乳化剂 +2% 高温稳定剂 HST-H+ 碳酸钙加重到 1.10g/cm^3，形成了一种抗高温钻井液[41]。钻井液在不同温度下老化 16h 后的流变性及滤失量控制情况见表 3-7。从表 3-7 可以看出，抗高温钻井液体系在 260℃的高温下老化后，仍具有很好的流变性和滤失量控制能力；并且稳定性和抑制性能好，能够满足高温井的作业要求，适用于干热岩井的钻井。

表 3-7　不同温度下老化后钻井液的性能

温度 /℃	*AV*/mPa · s	*PV*/mPa · s	*YP*/Pa	动塑比	$\varphi6/\varphi3$	FL_{API}/mL	FL_{HTHP}/mL
室温	40	28	12	0.43	9/8	—	—
200	30.5	24	6.5	0.27	3/2	4.8	15
220	29	22	7	0.31	3/2	5	16
240	28	21	7	0.33	3/2	5.6	21
260	24	18	6	0.33	3/2	7.2	28

注：测试温度 50℃；HTHP 在 180℃、3.5MPa 下测定。

第二节　超高密度钻井液

一般来说，密度高于 2.40g/cm^3 的钻井液称为超高密度钻井液。随着石油勘探开发向深部发展，深井、高压井逐渐增多，为满足安全顺利钻井的需要，必须采用超高密度钻井液。由于超高密度钻井液固相含量高，便对钻井液处理剂提出了更高的要求，既要求处理剂加入钻井液中具有较低的高温高压滤失量以及较高的抗温抗盐性能，又要求处理剂具有能够保持钻井液良好的流变性及沉降稳定性的能力。可见，与超高密度性能控制匹配的钻井液处理剂是超高密度钻井液形成的关键。随着需求的不断增加，围绕超高密度钻井液体系的研究不断深入，初步的现场经验也为形成完善的超高密度钻井液体系奠定了基础。

本节结合实践及有关研究和文献，对超高密度钻井液的现状，以及超高密度钻井液研究与应用中取得的一些新认识进行简要介绍。

一、超高密度钻井液研究与应用现状

国外高温高压地层主要集中于欧洲北海地区，所涉及的高密度体系大多为 $1.80\sim2.20g/cm^3$，最高钻井液密度为 $2.30g/cm^3$，在 Mississippi canton 的 Smackoverar area 成功地使用了密度为 $2.64g/cm^3$ 的压井液处理井涌。该压井液以 HTPDF 体系（一种抗高温聚合物钻井液体系）为基础配制，入井后在 149℃的井温下静置 30d，开井后顺利恢复循环，未发现加重材料发生沉降的问题。从体系的主要组成看，有聚合物降滤失剂、解絮凝剂（分散剂）和可以提高抗温能力的改性褐煤。此外，国外所使用的高密度钻井液密度一般均在 $2.30g/cm^3$ 以内，尚未达到"超高"水平。

国内钻遇高压或异常高压地层的井主要集中在西部和西南部地区，与国外相比，国内超高密度钻井液应用相对要多。如河飞 203 井用密度为 $2.16g/cm^3$ 的钻井液钻至斜深 6191m 中途完钻，以 $50m^3$ 平均密度为 $2.27g/cm^3$ 的水泥浆固井，下钻扫水泥塞至 3571.53m，起钻至 517m 发生溢流（当时井浆密度为 $2.18g/cm^3$，现场分析认为可能是嘉陵江 2 段发生气窜导致井涌）。关井节流置换循环压井，效果不好，采用水泥车及压裂车压井也未成功，强行下钻至井深 3517.77m，正循环注密度为 $2.25\sim2.50g/cm^3$ 的高密度井浆节流压井成功。之后逐渐将循环井浆加重至入口密度为 $2.60g/cm^3$，出口密度为 $2.59g/cm^3$，溢流停止开井循环。经两次短程起下钻、多次静止观察确认正常后，起钻换钻头转入正常施工。迪那 11 井在三开（4185～5042m）使用密度为 $2.41g/cm^3$ 的钻井液钻高压盐层，顺利钻穿 875m 厚的纯石膏、盐岩、泥膏岩和泥岩段，施工中未发生阻卡现象，未排放钻井液。克拉 4 井施工时在 4398～4399m 井段的盐膏岩段遇高压盐水层。采用 $2.05g/cm^3$ 的钻井液钻至 4397.09m 发生溢流，用密度为 $2.53\sim2.56g/cm^3$ 的钻井液顺利穿过。官 3 井在钻至井深 3871.5m 后将钻井液密度调至 $2.80\sim2.85g/cm^3$，钻至井深 3973m 完钻，进尺 64m，取得了较好效果。官 7 井在钻至井深 3049.19m 时钻遇高压盐水层并发生井涌，提高钻井液的密度至 $2.64g/cm^3$，但因井底压力太高无法继续施工，固井封井底 500m，提前完井。旺南 1 井钻至 4025m 进入二叠系阳新统 2m 时，发现压力系数为 2.67 的超高压气水层，确定用密度为 $2.82g/cm^3$ 的超高密度钻井液压井。该超高密度钻井液采用重晶石加重，密度为 $2.85g/cm^3$，漏斗黏度为 160s，初切 4.41Pa、终切 6.37Pa/Pa，滤失量为 2mL，泥饼厚度为 2mm。压井液流动性良好，压井一次成功，未发生任何井下复杂情况。井口返出压井液性能：密度为 $2.85g/cm^3$；漏斗黏度为 80～90s；初切 3.92Pa、终切 5.88Pa；滤失量为 3mL，表明压井液受高温作用后性能仍很稳定，为压井作业的成功提供了保障。官深 1 井是继官 2、官 3、官 7 井等钻遇超高压地层后的又一口钻遇超高压流体的井，采用密度 $4.3g/cm^3$ 的工业重晶石加重，成功实现了最高密度 $2.87g/cm^3$ 的超高密度钻井液顺利钻井的目标，最终用密度 $2.87g/cm^3$ 的超高密度钻井液成功完成了官深 1 井超高压地层的钻井施工，该井所用钻井液也实现了重晶石加重钻井液密度大于 $2.8g/cm^3$ 的突破。研究表明，若将工业重晶石经过处理后，可以使钻井液密度突破 $3.0g/cm^3$

的水平，近期的研究虽然积累了一定的成功经验，但由于钻井液密度达到 2.8g/cm^3 时，钻井液中固相质量分数已经大于液相质量分数，在此情况下传统的流变性、滤失量、密度等测定方法是否能够真实反映超高密度钻井液的性能，需要进一步研究思考，同时在机理上也需要进一步探索，结合实际，今后需要从以下方面开展工作。

（1）机理研究。由于超高密度钻井液固相含量高，加重剂体积分数甚至超过水的体积分数，在这种情况下，建立在常规钻井液基础上的理论或机理已经不适用于超高密度钻井液，为了准确理解超高密度钻井液的特征，建立超高密度钻井液配制及维护处理方法，需要研究高固体组分下超高密度钻井液流变性、悬浮稳定性、携砂、滤失量控制、井壁稳定、防漏堵漏机理等，形成一套科学的超高密度钻井液机理或理论，为超高密度钻井液研究奠定理论基础。

（2）钻井液性能测试仪器。为了保证对超高密度钻井液性能的准确把握，结合超高密度钻井液机理研究，以满足机理研究和钻井液性能有效测定为目标，需结合超高密度钻井液的特征，研制或改进适用于超高密度钻井液的流变性、滤失量、密度等的测定仪器。

（3）专用处理剂。在目前工作的基础上，进一步完善超高密度钻井液专用处理剂的研究，提高处理剂的处理效率和针对性，形成配套的分散剂、降滤失剂、封堵剂、抑制剂和润滑剂等。

（4）加重材料。研究加重剂矿源、不同类型加重剂及加重剂加工工艺、加重剂形态、粒度及粒度分布对加重剂性能和加重效果的影响，研究表面处理对加重剂加重效果的影响，以及加重剂吸附特性研究。特别是在经过粒度及粒度分布优化，并经过表面处理后，采用重晶石加重实现密度 3.0g/cm^3 的突破。研究液相加重和固相加重相结合的方式，以达到在尽可能减少固相的情况下有效地实现钻井液的高密度。

二、超高密度钻井液设计

近年来人们对超高密度的关注度逐渐增加，围绕高密度超高密度钻井液开展了一系列分析和探索[42]，针对高密度钻井液技术难点，对国内已经使用的高密度（1.80~2.50g/cm^3）、超高密度（2.50~3.00g/cm^3）钻井液进行了系统分析，就高密度、超高密度钻井液作业中遇到的难点，技术问题进行了讨论，结合研究结果，认为形成具有良好流动性的超高密度钻井液体系的手段大致有 3 种[43]，即加重剂选择、新型分散剂和降滤失剂研制和配方的优化，为高密度、超高密度钻井液体系的研究和应用提供了有益的参考。

由于超高密度钻井液固相体积分数高，在研究中传统的钻井液相关机理已表现出局限性，结合超高密度钻井液的特征，超高密度钻井液技术难点和设计要点如下。

（一）技术难点

对于超高密度钻井液来讲，随着固相含量升高，致使钻井液黏度迅速增加，切力上升，内摩擦大，剪切稀释性差，高密度固相容易聚结沉淀并形成结构，从而导致钻井液流变性控制困难，主要体现在：

（1）当加重材料体积分数占钻井液总体积的50%以上时，将严重影响钻井液流变性和稳定性，且由于滤失量控制和流变性控制存在矛盾，若滤失量增加，将使泥饼质量差，黏附系数大，易造成卡钻事故。

（2）超高密度条件下固控设备的使用受到限制，钻遇泥页岩地层和其他易水化地层时，大量低密度钻屑及黏土侵入钻井液中，造成钻井液的固相含量进一步增加，导致钻井液中的有害固相难以清除。由于超高密度钻井液固相容限低，有害固相使钻井液流变性控制难度进一步加大。

（3）客观上讲，由于超高密度钻井液中膨润土含量控制的非常低，作业过程中钻井液若受到盐水侵，悬浮稳定性会受到破坏，同时盐的聚结或絮凝作用，将给钻井液流变性及悬浮稳定性的控制带来困难。

（4）超高密度钻井液流变性和沉降稳定性之间的矛盾突出，实钻过程中经常会出现加重→增稠→降黏→加重剂沉降→再次加重的不利现象。

（5）超高密度钻井液中高的胶液黏度和高固相含量之间的矛盾，实钻中要想获得较低的高温高压滤失量及较好的稳定性，就需要加入高浓度的处理剂胶液，高浓度的胶液一般情况下都伴随着高的胶液黏度，往往会由于胶液黏度高，而很难顺利加入高固相含量钻井液中的现象，尤其在重晶石体积分数高达50%左右时，该现象尤为突出。

（6）缺乏专用的高效超高密度钻井液处理剂，高密度高纯度加重材料选择困难，普通重晶石加重剂在超高密度钻井液中黏度效应过大，对钻井液组成要求更高。

（二）设计原则与要点

1. 对超高密度钻井液处理剂的要求

超密度钻井液性能是否能够满足要求，关键取决于处理剂。对于处理剂而言，高固相情况下如何保证钻井液稳定，其关键是处理剂功能基团及基团数量、分子结构和相对分子质量。

（1）功能基团及基团数量。

从功能基团来讲，主要涉及吸附和水化能力对处理剂作用的影响。为保证钻井液性能稳定，既不希望固相聚结也不希望过度分散，因此处理剂分子链上的吸附基对吸附介质的选择性不能太强，否则将会由于钻井过程中固相成分的变化导致吸附点转移而引起的结构力变化，以及对某一固相成份的过度吸附引起流变性波动。水化基团的水化能力必须足够强，以通过处理剂的水化作用，减少固相颗粒的吸水量。基于超高密度钻井液的特殊性，处理剂在保证一定链长的情况下，要有尽可能多的基团（即基团密度大），以有效控制重晶石参与的结构形成的倾向。

（2）分子结构。

从分子结构方面讲，要保证超高密度钻井液性能稳定，处理剂分子链要有利于增加基团数量，保证有效吸附，高支化程度的枝链结构或梳型结构有利于满足前面所述的要求。

（3）相对分子质量。

分散剂采用低相对分子质量聚合物或天然材料改性产物，并优化吸附基和水化基团的比例。而作为降滤失剂，处理剂相对分子质量应尽可能低，一方面达到为了降低滤失量而使产品用量增加时，对体系的黏度影响小（黏度效应小）；另一方面，不至于因处理剂分子高温降解而影响其控制滤失量和解絮凝的能力。

在形成超高密度钻井液时，应尽可能减少处理剂种类，保证处理剂的质量和低加量，减少由于液相黏度增加而对钻井液造成的不利影响。对处理剂而言，除分散剂外，要求其他处理剂对加重材料也要有分散作用，如降滤失剂，在控制滤失量的同时在钻井液中具有解絮凝作用，能够控制体系不出现稠化现象，保证体系的稳定性，有好的控制高温高压滤失量的能力，泥饼薄而韧，保证润滑性良好。同时要有较强的抑制性，能有效地控制高密度钻井液中黏土粒子含量。降滤失剂和分散剂配伍性好，对固相具有协同分散和降滤失作用。

2. 对钻井液性能的要求

从钻井液综合性能来讲，超高密度钻井液除满足基本的钻井液性能要求的前提下，还要满足如下要求：

（1）钻井液流变性满足钻井液循环要求。

（2）钻井液高温高压滤失量低（防止钻井液稠化）、泥饼质量好（防止卡钻）。

（3）悬浮稳定性好，保证钻井液静止时不能出现重晶石沉淀。

（4）润滑性好。

（5）钻井液在井底温度下长时间静止后，悬浮稳定性、流变性和滤失量能够满足要求。

（6）钻井液综合性能应满足出现井下复杂情况时能处理的要求。

3. 钻井液配制与维护处理

实践表明，采用高等级（密度大于 $4.3g/cm^3$）重晶石可以比较容易得加重至需要密度，钻井液主处理剂黏度效应要低，发挥主体作用的情况下不引起其他性能的变化，钻井液体系对盐和温度不敏感，固相污染容限高，钻井液现场配制方便，性能稳定，在钻进过程中易于维护处理。若对重晶石粒度进一步优化，则更有利于流变性和悬浮稳定性的控制。

4. 复杂情况处理的要求

在钻井过程中遇到井漏、井塌、卡钻、井涌或井喷等复杂情况，或钻井液受到地层流体污染时，重晶石不能出现聚结或沉淀，长时间静止后钻井液流变性能够满足开泵和循环要求。即使经过污染钻井液性能变坏后应很容易调整到正常。

5. 环境保护的要求

钻井液对环境影响小，钻完井后钻井液中重晶石易于分离回收，废弃物能够满足实施无害化处理的要求。

三、超高密度钻井液处理剂及加重材料

（一）处理剂

1. 分散剂

用于超高密度钻井液的典型分散剂，如分散剂 JZ-1 和 SMS-19。

（1）分散剂 JZ-1。

分散剂 JZ-1 是采用改性天然材料与乙烯基单体共聚而得到的接枝共聚物，具有支化结构。由于分子中含有阳离子基团，有利于分散剂吸附在重晶石表面，增大重晶石表面的 Zate 电位，增强重晶石的分散性；分子中含有较多的水化基团，可以保证分散剂吸附在重晶石表面以后能够提供足够的水化膜厚度，防止重晶石粒子之间的聚结；分子中含有的磺酸基团提高了分散剂 JZ-1 的抗温和抗盐钙污染性能；同时 JZ-1 兼具天然材料改性物和聚合物处理剂的优点，保证了分散剂在室温以及高温老化后都能明显改善超高密度钻井液体系流变性能。实验表明，在密度 2.8g/cm^3 基浆中，加入 1.5% 的 JZ-1 就可使基浆流变性能明显提高，同时，JZ-1 分散剂还具有一定的降滤失作用。

（2）分散剂 SMS-19。

SMS-19 是由不同原料在高温高压条件下经分子重排、缩合反应而得到，具有良好的抗盐、钙稀释分散作用，兼具降滤失作用。中国发明专利[44]公开了该分散剂的制备方法。将木质素 10~40 份，酚类 1.5~20 份，磺化剂 2.5~15 份，调聚剂 0.5~5 份，催化剂 0.5~4 份，水 100 份，混合均匀，在 160~180℃下反应 6~10h 后制得所述超高密度钻井液用分散剂。分散剂 SMS-19 是一种含有磺酸基团、胺基及螯环结构的络合物，分子中磺酸基的硫原子与碳原子相连，具有很好的稳定性，高的磺化度使其具有良好的水溶性，且分子链上的胺基可以提高其吸附能力。研究表明，SMS-19 在超高密度钻井液中可以起到如下作用：①可拆散高固相下形成的空间网状结构，有效降低钻井液的黏度和切力；②分散剂分子在泥页岩上的吸附，可抑制其水化分散作用，这不仅有利于井壁稳定，还可防止泥页岩造浆所引起的钻井液黏度和切力上升；③分子中含有一定比例的水化基及吸附基，使其具有很好的抗盐钙稀释分散作用，同时兼具降滤失作用；④分散剂分子吸附于重晶石表面并形成水化膜，可以减少颗粒间的摩擦力。

2. 降滤失剂

超高密度钻井液体系往往随着密度的升高，体系中的固相越来越多，黏度升高，滤失量相对较低，但要想得到优质的超高密度钻井液就出现了钻井液的流变性与悬浮稳定性之间的矛盾，即超高密度钻井液体系中要想提高体系的稳定性，达到较好的流变性，就要在保证加入足够的加重材料的同时能够加入足量的处理剂，这就要求降滤失剂具有非常小的相对分子质量，才能使其尽可能多地加入钻井液体系中起到稳定性能、降低滤失的同时而不至于使钻井液的黏度提高太多。目前满足上述要求的专门的超高密度钻井

液降滤失剂较少，典型的专用降滤失剂，如SML-4，是采用丙烯酰胺、丙烯酸、磺酸单体等，通过分子设计及合成条件优化得到的，能够部分改变加重剂粒子表面性质、提高其分散均匀度、降低水膜厚度形成致密泥饼、阻止水分子通过滤饼颗粒间空隙、降低滤失量的含磺酸基团的低相对分子质量接枝共聚物。

此外，低相对分子质量的接枝共聚物、SMP、SMC和LV-CMC或LV-PAC等也可作为超高密度钻井液的滤失量控制剂，这些材料按照适当的比例配伍能够满足超高密度钻井液滤失量控制的需要。

（二）加重材料

加重材料是超高密度钻井液配制的关键，在基浆性能一定时，加重剂的类型和质量对钻井液性能有显著的影响。

1. 加重剂

（1）重晶石。

采用重晶石配制密度2.8g/cm^{3}的钻井液，150℃滚动16h后，测定常温性能，如表3-8所示，当重晶石密度低于4.3g/cm^{3}时，所配制超高密度钻井液流动性无法保证。因此配制超高密度钻井液时，用密度高的重晶石是保证钻井液的流变性的关键。

表3-8　重晶石在密度2.8g/cm^{3}钻井液中的加重效果

加重剂密度/（g/cm^3）	ρ/（g/cm^3）	FV/s	Gel/Pa/Pa	FL_{API}/mL
4.10	2.80	318	11/20	2.2
4.15	2.81	310	10/20	2.4
4.18	2.80	270	9/19	2.0
4.20	2.80	224	8.5/19	1.8
4.23	2.81	206	8.0/17	2.0
4.30	2.81	80	3.5/8.0	1.8
4.30	2.87	157	6.0/11	1.6

（2）铁矿粉。

在超高密度钻井液中也可以使用铁矿粉来达到加重的目的，与重晶石相比，铁矿粉的密度相对较高（一般在4.5g/cm^{3}以上），应该能够有效降低固相的体积分数。如表3-9所示，铁矿粉按照不同的比例与重晶石进行复配应用，从流变性来看差别不大，但是钻井液的沉降稳定性不能得到保证，与重晶石相比没有明显的优势。尽管铁矿粉密度比重晶石高，但单纯使用铁矿粉进行加重，加重效果要比重晶石加重效果差很多，漏斗黏度从80s上升到207s，流动性明显变差。说明铁矿粉虽然密度高于重晶石，但却不适用于超高密度钻井液加重。

表 3-9 铁矿粉在密度 2.8g/cm³ 钻井液中的加重效果

铁矿粉：重晶石（质量比）	ρ/（g/cm³）	FV/s	FL_{API}/mL	Gel/Pa/Pa	备注
3：1	2.81	83	2.0	5.5/9.0	微沉
2：1	2.81	90	2.0	4.5/9.0	微沉
1：1	2.81	81	3.6	4.5/9.5	沉降
铁矿粉	2.81	207	3.2	6.0/10.5	沉降

（3）微锰粉 MicroMAX。

有学者研究了重晶石粉和微锰粉 MicroMAX 为加重剂对钻井液性能的影响[45]。并将其按一定比例复配为加重剂，配制出 2.85～2.90g/cm³ 的超高密度钻井液，并在高温老化后测定钻井液流变性、滤失性和沉降稳定性，如表 3–10 所示，纯度较高的重晶石粉能够配制出具有良好流变性、悬浮稳定性的超高密度钻井液，且高温高压滤失量小；用重晶石粉和密度更高、粒径较小的微锰粉复配加重，高温老化后钻井液的黏度和动切力下降，流变性有一定改善，但高温高压滤失量增大。综合考虑钻井液性能、经济性和实用性，用性价比相对较高的重晶石粉为加重剂较为理想。

表 3-10 不同配比复合加重剂对淡水超高密度钻井液性能的影响

MicroMAX 与重晶石复配比例	实验条件	钻井液密度 /（g/cm³）	FL_{API}/mL	FL_{HTHP}/mL	六速黏度计读数		
					$\varphi600/\varphi300$	$\varphi200/\varphi100$	$\varphi6/\varphi3$
0：10	热滚前	2.88	2.8	12.0	—/235	143/83	38/26
	120℃ /16h	2.89	2.6	14.0	—/173	117/64	8/7
	120℃ /16h	2.89	3.2	7.0	—/220	149/78	9/6
1：9	热滚前	2.90	4.4	13.0	—/246	183/120	37/35
	120℃ /16h	2.90	2.8	17.0	—/164	116/68	13/10
	120℃ /16h	2.90	10.4	19.0	273/152	109/64	15/14
2：8	热滚前	2.89	6.8	16.0	—/190	149/104	44/42
	120℃ /16h	2.90	7.0	31.5	243/136	98/59	13/11
	120℃ /16h	2.90	12.2	35.5	247/168	110/71	24/23
4：6	热滚前	2.87	8.8	20.0	269/178	138/103	53/51
	120℃ /16h	2.89	8.4	34.0	174/107	80/53	19/16
	120℃ /16h	2.89	17.4	37.0	219/142	109/81	47/46

2. 重晶石的处理对加重效果的影响

在碱性环境中，重晶石带微弱负电，表面离子处于不平衡状态，可吸附其他物质。根据法扬斯法规则，处于碱性环境中带负电的重晶石表面能吸附高价阳离子，这些被吸附的金属离子具有空轨道，可接受配位体，具有络合能力，可与一些给电子基团产生络合吸附。这样重晶石的表面弱负电性会因吸附高价阳离子而有所加强，重晶石在钻井液中的静电斥力增大，有利于沉降稳定性的改善。基于此，考察了重晶石处理后对其加重效果的影响，如表 3–11 所示，重晶石经过表面处理以后，大大降低了黏度效应，明显改善了钻井液的流动性，降低了流动阻力，可以满足超高密度钻井液配制的需要。因此，在有特殊需要的情况下，可以通过对普通重晶石的处理来达到满足超高密度钻井液加重的需要。

表 3-11　重晶石处理前后钻井液性能

处理情况	老化情况	ρ/（g/cm^3）	*FV*/s	φ200	φ100	*Gel*/Pa/Pa
处理前	常温	2.90	510	—	—	18.0/24.0
	150℃ /16h	2.90	230	—	165	7.0/15.0
处理后	常温	2.90	240	—	158	6.0/13.0
	150℃ /16h	2.90	85	172	90	3.5/7.5

3. 加重材料的粒度级配

实验选择重晶石作为加重材料，将两种不同目数（粒径）的重晶石按照不同比例进行复配，不同粒径重晶石的比例见表 3–12，实验结果见表 3–13。从表表 3–13 可以看出，表观黏度随着 100～400 目（粒径 0.15～0.038mm）比例的减小，逐渐增大。当比例小于 50% 以后，增幅比较快，当比例为 30% 时，表观黏度为 118.5mPa · s，说明随着重晶石的粒度减小，比表面积大，内摩擦大，使体系的黏度上升。随着 200～400 目（粒径 0.075～0.038mm）比例的减小，钻井液沉降稳定性则得到控制。当 100～400 目重晶石所占比例为 100% 时，钻井液密度差为 0.12g/cm^3，并出现沉淀现象。随着 100～400 目比例的减小，过 400 目重晶石比例的增大，钻井液密度差逐渐变小，当 100～400 目比例为 30%，钻井液密度差为 0.02g/cm^3，钻井液体现出良好的流变性。在实际应用中要根据配方构成，优化最佳加重剂粒径范围，以满足钻井液性能稳定的需要。

表 3-12　不同粒度加重材料配比

序号	实验配比	
	100 目～400 目（0.15～0.038mm）/%	过 400 目（0.038mm）/%
1	100	0
2	90	10
3	70	30
4	50	50
5	30	70
6	10	90
7	0	100

表 3-13 不同粒度加重材料对钻井液性能的影响

序号	AV/mPa·s	PV/mPa·s	YP/Pa	ρ/（g/cm³）	FL_{API}/mL	Gel/Pa/Pa	FL_{HTHP}/mL	K_{HTHP}/mm	$\Delta\rho$/（g/cm³）
1	60	65	−5	2.71	1.8	1.5/6.0	—	—	0.12
2	78	80	−2	2.71	2.4	2.5/7.0	10	8	0.10
3	93	84	9	2.71	1.2	4.5/10		—	0.05
4	86	78	8.0	2.71	1.8	4/8	15	18	0.06
5	118.5	110	8.5	2.71	1.0	7.0/12.5	16	15	0.01
6	—	—	—	2.71	2.2	11.5/20.5	14	20	0.02
7	—	—	—	2.70	1.2	15.5/25	28	22	0.01

基于超高密度钻井液基本配方：2%~4%膨润土浆+0.1%~0.3%聚合物类降黏剂JI–28+1%~2%SD–101树脂类降滤失剂+0.1%~0.3%XY–27+1%~3%SD–202改性褐煤类降滤失剂+1%~2%FT–2封堵防塌剂+重晶石，研究了重晶石粒度级配对钻井液性能的影响，认为[46]：

（1）在一定的粒度范围内，无论粒度大小，重晶石粉颗粒粒度分布较为集中时钻井液的黏度很高，随着重晶石粉颗粒粒度分布范围变宽，钻井液的黏度降低且存在最小值。固相含量较高时，粗颗粒能够参与体系结构的形成，特别是老化后出现类似于絮凝的现象。这可能是由于粗颗粒尺寸比处理剂分子尺寸大得多，很多处理剂与颗粒表面结合后，形成以粗颗粒为核心的毛球，当粗颗粒的含量高于一定程度后，这些毛球之间相互作用，搭建成结构。另外，加工出的粗颗粒形状不规则，它们之间的摩擦阻力大大增加。以上两者是造成颗粒粒度较大时钻井液的黏度和切力都很高的主要原因。

（2）对于沉降稳定性而言，粒度大沉降稳定性降低，加重剂颗粒粒度较大时，钻井液沉降稳定性很差。完全由粒径为0.0385~0.1540mm的颗粒加重的钻井液在老化前静置后的沉降现象比较严重；随着粒径小于0.0385mm颗粒配比的增多，钻井液的稳定性有很大的改善，当其比例大于50%后，钻井液的沉降稳定性已经非常好。这也说明，只有当固相颗粒与体系结合紧密后，才能稳定的悬浮于钻井液中，单独从切力值判断高密度钻井液的沉降稳定性是不合适的。

（3）颗粒小滤失量增加。由于加重剂颗粒粒度较大时，不参与滤饼的形成，因此对滤失量和滤饼质量的影响不大。随着粒径小的颗粒比例增加，参与形成泥饼的加重剂固相颗粒逐渐增多，从而破坏了膨润土浆泥饼的结构，使滤失量有所增加。为了配制流变性和滤失性较好的超高密度钻井液，推荐加重剂中粒径为0.0385~0.1540mm的颗粒比例为10%~50%，粒径小于0.0385mm的颗粒比例为50%~90%。

四、钻井液组分及加量对性能的影响

（一）膨润土加量

膨润土是影响超高密度钻井液流变性和稳定性的重要因素，超高密度钻井液配制的关键是控制膨润土含量，含量大造成黏度、切力太高，无法控制，而当膨润土含量过低时，会造成悬浮能力差，加重材料沉淀，影响性能稳定。因此控制膨润土用量是保证超高密度钻井液良好流变性的前提，膨润土用量过高或过低都会对钻井液性能造成不利影响。

不同膨润土含量对密度 2.75g/cm^3 的淡水超高密度钻井液性能影响情况见表 3–14。

表 3-14　不同膨润土含量对密度 2.75g/cm^3 的淡水钻井液性能的影响（120℃ /16h）

膨润土含量 /%	FL_{API}/mL	流变参数					
		φ_{600}	φ_{300}	φ_{200}	φ_{100}	φ_6	φ_3
0.5	3.4	236	130	96	55	13	11
1.0	4.0	272	156	115	69	18	16
1.5	3.4	—	197	123	78	21	18

注：流变参数采用六速旋转黏度计在 60℃所测，下同；基础配方为：不同膨润土含量 +2.5%SMS–19+1.5%SML–4+1.5% 辅助降滤失剂 +0.5% 高温稳定剂 +1% 防塌剂 +0.25% 表面活性剂 +0.5%pH 调节剂 + 适量重晶石。

从表 3–15 可知，超高密度钻井液中膨润土含量过高（大于 1.5%），高温作用使钻井液黏度、切力增大，甚至失去流动性，如果膨润土含量过低（低于 0.5%），钻井液中的高价阳离子会在高温条件下挤压黏土扩散双电层，使黏土易于高温聚结，钻井液的胶体稳定性被破坏，极易沉降。因此，选择合适的膨润土含量很关键，在现场维护过程中，超高密度钻井液的膨润土含量保持在 0.5%~1.0% 范围内较佳。

膨润土含量对盐水超高密度钻井液性能的影响情况见表 3–15。从表 3–15 可以看出，膨润土含量小于 0.7% 时，难以保证体系的沉降稳定性。在膨润土含量达到 0.85% 时，钻井液才能兼具较好的流动性及沉降稳定性，同时具有较小的高温高压滤失量，氯化钠含量为 10% 的盐水钻井液分别经 120℃、150℃高温滚动后亦具有较好的流动性、沉降稳定性及较低的高温高压滤失量。该体系经 150℃老化后的部分性能优于 120℃高温老化后性能。

表 3-15　膨润土含量对超高密度钻井液性能影响

膨润土含量 /%	实验条件	ρ/（g/cm^3）	FL_{API}/mL	FL_{HTHP}/mL	流变参数						备注
					φ_{600}	φ_{300}	φ_{200}	φ_{100}	φ_6	φ_3	
0.5	室温	2.87	2.8		—	—	—	210	53	46	
	120℃ /16h	2.90	0.8		—	195	135	74	10	8	微沉
	150℃ /16h	2.89	1.6		—	193	132	71	8	6	微沉
0.7	室温	2.86	3.4		—	—	—	230	44	36	
	120℃ /16h	2.87	1.0	10	263	133	91	49	5	4	微沉
	150℃ /16h	2.87	3.2		—	176	120	65	8	5	微沉
0.85	室温	2.85	2.8		—	—	235	143	33	28	
	120℃ /16h	2.89	2.6	14	—	173	117	64	8	7	
	150℃ /16h	2.89	3.2	7	—	170	117	63	8	6.5	

注：配方：膨润土浆 +1.5%SMS–19+1.5%SML–4+1.8% 辅助降滤失剂 +0.35% 高温稳定剂 +1% 防塌剂 +1%pH 值调节剂 +0.25% 表面活性剂 +10%NaCl+ 重晶石加重至密度 2.85g/cm^3。

（二）分散剂加量对钻井液性能的影响

在超高密度钻井液体系中任何处理剂用量的增加都会对整个钻井液体系的流变性及沉降稳定性造成很大的影响。以 SMS–19 为例，如表 3–16 所示，在基浆中随着分散剂 SMS–19 的逐渐加入，钻井液黏度随之增加，由于重晶石的加入，钻井液的密度也相应地提高；虽然密度提高了，但钻井液流变性仍然较好；当 SMS–19 加量达到 4.5% 时黏度明显增大，加量在 1.5% 时经 120℃高温后出现明显沉降（约 2mm 厚），表明 SMS–19 在合适的加量范围内可显著拆散体系的空间网状结构，加量过大利于结构形成，加量过小不利于重晶石悬浮，而钻井液的滤失量则随着 SMS–19 的增加而降低，故 SMS–19 用量控制在 2%～4% 之间较好。

表 3-16　分散剂加量对超高密度钻井液性能的影响（120℃ /16h）

SMS–19 加量 /%	ρ/（g/cm^3）	FL_{API}/mL	流变参数					
			φ_{600}	φ_{300}	φ_{200}	φ_{100}	φ_6	φ_3
1.5	2.74	4.8	179	92	63	34	4	3
2.0	2.75	3.8	227	121	85	46	7	5
3.0	2.785	3.2	232	124	89	51	11	9
3.5	2.77	2.5	237	130	93	53	13	11
4.0	2.795	3.8	260	148	106	63	24	20
4.5	2.805	1.6	—	212	157	97	30	23

注：基浆配方为 0.5% 膨润土浆 +1.8%SML–4 +0.25% 表面活性剂 +0.45%pH 值调节剂 + 重晶石。

（三）降滤失剂加量对钻井液性能的影响

以 SML–4 为例，如表 3–17 所示，随着基浆中 SML–4 加量的增加，钻井液体系的黏度逐渐增加，高温高压滤失量逐渐减少，考虑到流变性及沉降稳定性，SML–4 加量为 1.5%～2% 较合适。

表 3-17　降滤失剂加量对超高密度钻井液性能的影响

SML–4 加量 /%	实验条件	FL_{API}/mL	FL_{HTHP}/mL	流变参数						Gel_{10s}/Pa
				φ_{600}	φ_{300}	φ_{200}	φ_{100}	φ_6	φ_3	
1.5	120℃ /16h	3.7	13	264	142	100	56	12	10	5
2.0	120℃ /16h	3.0	11	288	164	118	67	14	11	6
2.5	120℃ /16h	3.2	10	—	190	135	80	18	14	8

注：基浆配方为 0.5% 浆 +3.0%SMS–19+0.25% 表面活性剂 +0.45%pH 值调节剂 + 重晶石。

（四）pH 值

钻井液体系的 pH 值对钻井液流变性有明显的影响，pH 值过低时钻井液中处理剂和膨润土不能充分发挥作用，使体系的稳定性变差；pH 值过高有利于黏土颗粒的分散，使钻井液固相颗粒分散度增大，黏切升高，流变性不易控制。如表 3-18 所示，在实验的 pH 值范围内，随 pH 值增大，钻井液表观黏度和切力总体变化趋势是先降低再升高。其中，钻井液表观黏度和切力在 pH 值为 9 时达到最低值，对应的表观黏度和切力分别为 132.5mPa·s 和 23Pa。

表 3-18　pH 值对钻井液性能的影响

pH	ρ/（g/cm^3）	AV/mPa·s	PV/mPa·s	YP/Pa	Gel_{10s}/Pa	Gel_{10m}/Pa	FL_{API}/mL
8.0	2.72	—	—	—	20	36.0	2.2
8.5	2.71	134.5	114	20.5	16.5	25.5	3.0
9.0	2.71	132.5	103	29.5	13	23	2.2
9.5	2.71	138	105	33	13.5	24	2.0
10.0	2.72	147	117	30	15	26	2.2
10.5	2.71	—	—	—	18.5	38	1.8

五、超高密度钻井液配方及性能

（一）配方一

密度为 2.70~2.80g/cm^3 的超高密度钻井液基本配方[47, 48]：2% 膨润土浆 +3%~5% SMP+7%~8%SMC+3%~5%JZ-1 润湿分散剂 +0.3%~0.5%XL 降滤失剂 +1%~1.5%NaOH+ 重晶石。

按照上述配方所配制钻井液基本性能：ρ为2.70~2.80g/cm^3；AV为110~130mPa·s；FL_{HTHP}≤15mL（150℃）。

（二）配方二

密度为 2.75g/cm^3 的淡水超高密度钻井液的配方：1% 膨润土浆 +3.0%SMS-19+2.0% SML-4+2.0% 辅助降滤失剂 +1.0% 高温稳定剂 +1% 防塌剂 +0.5% 表面活性剂 +0.5%pH 值调节剂 + 重晶石。

按照上述配方所配制钻井液性能见表 3-19。从表中可看出所设计淡水钻井液具有良好的悬浮稳定性、流变性和较低的高温高压滤失量。

表 3-19　2.75 g/cm^3 超高密度淡水钻井液性能

实验条件	ρ/（g/cm^3）	FL_{HTHP}/mL	pH 值	流变参数						Gel/Pa/Pa
				φ_{600}	φ_{300}	φ_{200}	φ_{100}	φ_6	φ_3	
室温	2.76	10	10	—	—	220	123	26	23	
120℃ /16h				183	92	60	32	7	4	2/8

将 2.75g/cm³ 淡水超高密度钻井液体系分别在 120℃、150℃、165℃下滚动老化 16h，并在 120℃下重复老化不同时间，不同温度下钻井液性能见表 3–20，不同老化时间的钻井液性能见表 3–21。从表 3–20 和表 3–21 可以看出，超高密度钻井液经 165℃老化后钻井液高温高压滤失量仍较小，且流变性进一步改善。在 120℃温度下延长老化时间，48h 后钻井液性能变化不大，表现出较好的耐老化性。

表 3-20　不同温度下钻井液性能

实验条件	FL_{HTHP}/mL	六速旋转黏度计读数						*Gel*/Pa/Pa
		φ_{600}	φ_{300}	φ_{200}	φ_{100}	φ_6	φ_3	
室温	—	—	262	190	115	29	25	17/
120℃ /16h	9	266	149	107	62	15	12	7.5/15
150℃ /16h	10	230	129	91	51	10	8	6/13.5
165℃ /16h	13	186	100	70	40	10	9	5/19

注：高温高压滤失量测定温度与对应的老化温度相同。

表 3-21　不同老化时间对钻井液性能的影响

实验条件	FL_{HTHP}/mL	六速旋转黏度计读数						*Gel*/Pa/Pa
		φ_{600}	φ_{300}	φ_{200}	φ_{100}	φ_6	φ_3	
室温	—	—	260	192	124	39	33	18.5/30
120℃ /16h	8	260	148	108	66	21	18	8.5/16.5
120℃ /32h	9	259	148	108	66	20	17	9.5/15
120℃ /48h	8	253	144	105	63	20	17	9/15

在密度为 2.75g/cm³ 钻井液的基础上，将钻井液密度进一步提高到 2.85g/cm³，如表 3–22 所示，密度为 2.85g/cm³ 的淡水超高密度钻井液在 120℃和 150℃高温老化后，流变性能较好，HTHP 滤失量均低于 10mL。

表 3-22　2.85 g/cm³ 超高密度钻井液性能

实验条件	ρ/（g/cm³）	FL_{API}/mL	FL_{HTHP}/mL	六速旋转黏度计读数					
				φ_{600}	φ_{300}	φ_{200}	φ_{100}	φ_6	φ_3
室温	2.85	2.8		—	—	235	143	33	28
120℃ /16h	2.89	2.6	6	—	173	117	64	8	7
150℃ /16h	2.89	3.2	7	—	170	117	63	8	6.5

（三）配方三

超高密度盐水钻井液配方：1% 膨润土浆 +4%SMS–19+1.8%SML–4+1% 防塌剂 +0.5% 表面活性剂 +10%NaCl+1%pH 值调节剂 + 重晶石。

按照上述配方所配制密度为 2.75g/cm³ 的盐水钻井液，如表 3–23 所示，钻井液经过 120℃ /16h 老化后具有良好的流变性及悬浮稳定性。

表 3-23 超高密度盐水钻井液性能

实验条件	ρ/（g/cm³）	FL_{HTHP}/mL	pH 值	六速旋转黏度计读数						Gel/Pa/Pa
				φ_{600}	φ_{300}	φ_{200}	φ_{100}	φ_{6}	φ_{3}	
室温	2.75	—	9.5	—	173	120	65	10	8	
120℃ /16h	2.75	15	9.5	186	109	80	50	16	14	8/16.5

在密度为 2.75g/cm³ 的超高密度盐水钻井液体系配方的基础上进一步增大加重剂的用量，将钻井液密度提高到 2.80g/cm³，如表 3–24 所示，密度为 2.80g/cm³ 的超高密度盐水钻井液在 120℃高温老化后的 *AV* 为 130~135mPa·s，高温高压滤失量为 15mL，具有良好的流变性。

表 3-24 2.80g/cm³ 超高密度钻井液性能

实验条件	ρ/（g/cm³）	FL_{API}/mL	FL_{HTHP}/mL	pH 值	φ600	φ300	Gel_{10s}/Pa
室温	2.80			9.5	—	236	
120℃ /16h	2.81	2.0	2.0	9.5	270	150	12.5
室温	2.79			9.5	—	260	
120℃ /16h	2.80	0.2	0.2	9.5	261	149	12

在密度为 2.80g/cm³ 的超高密度盐水钻井液的基础上，进一步将密度加到 2.85g/cm³，如表 3–25 所示，密度为 2.85g/cm³ 的盐水钻井液在 120℃和 150℃高温老化后，流变性能较好，高温高压滤失量为 11mL，能够满足现场施工要求。

表 3-25 2.85g/cm³ 超高密度钻井液性能

实验条件	ρ/（g/cm³）	FL_{API}/mL	FL_{HTHP}/mL	六速旋转黏度计读数					
				φ_{600}	φ_{300}	φ_{200}	φ_{100}	φ_{6}	φ_{3}
室温	2.89	2.8		—	—	—	228	121	94
120℃ /16h	2.90	1.6	11	—	215	168	111	43	39
150℃ /16h	2.86	2.0	8	—	226	171	106	29	27

（四）配方四

超高密度饱和盐水钻井液配方：1.0%~1.5% 膨润土浆 +1.0% 烧碱 +0.5% 抑制剂 + 6.0% 主降滤失剂 + 2.0% 辅助降滤失剂 +3.0% 润滑剂 + 3.0% 降黏剂（碱液）+0.2% 表面活性剂 +0.5% 除硫剂 +30%NaCl+ 重晶石粉[49]。

按照上述配方配制的超高密度饱和盐水钻井液的抗温实验结果见表 3–26。从表 3–26 可以看出，超高密度饱和盐水钻井液在不同温度下老化后，钻井液黏切变化不大，流动性能参数稳定，说明该钻井液具有较强的抗温性能。

表 3-26 超高密度饱和盐水钻井液抗高温性能评价结果

老化条件	ρ/（g/cm^3）	AV/mPa·s	PV/mPa·s	YP/Pa	Gel/Pa/Pa	FL_{API}/mL	FL_{HTHP}/mL	pH 值
老化前	2.48	86	74	12	1.0/6.0	1.2	6.0	9
120℃、16h	2.48	87	75	12	1.0/5.5	1.2	6.6	9
150℃、16h	2.48	88	72	14	1.5/8.0	1.6	7.2	9
180℃、16h	2.48	90	72	18	2.5/12.0	2.8	10.2	9

岩屑滚动回收率实验表明，岩屑在超高密度饱和盐水钻井液中的滚动回收率为 95.4%，而在清水中滚动回收率为 23.3%，将泥页岩分别浸泡在清水（蒸馏水）和钻井液压滤所得的滤液中，进行膨胀性能对比实验，泥页岩在超高密度饱和盐水钻井液滤液中的 8h 线性膨胀率为 28%，远低于在清水中的线性膨胀率（8h 膨胀率为 98%），表现出良好的抑制性能。

超高密度饱和盐水钻井液具有较好的抗盐污染能力，体系中加入 6% 的 $CaCl_2$ 盐水后钻井液的流变性能及高温高压滤失量仍然较稳定。钻井液在 150℃温度下滚动 16h 后具有较好的流变性能和润滑性能、较低的 API 滤失量和高温高压滤失量，综合性能可以达到现场施工设计要求，能够满足巨厚膏盐层钻井的需要。

超高密度饱和盐水钻井液在土库曼斯坦阿姆河右岸气田 30 多口井的应用，基本解决了长段膏盐层钻进中膏盐层的蠕变和钻井液的抗盐、抗钙污染及高压盐水侵的技术难点，能够满足该区块安全快速钻井的要求。

六、现场施工要点

由于超高密度钻井液体系中固相含量高，尤其是密度超过 2.5g/cm^3 以后，体系中固相质量分数过高，固相粒子表面通过润湿和吸附作用使得整个体系自由水含量大幅度减少，导致体系抗钻屑等固相污染容量降低，一旦遇到外来物质的污染，体系黏切快速升高，处理剂和加重材料加不进去，流变性控制困难。要配制流变性和失水造壁性好的超高密度钻井液，工艺难度大而且要求高。根据室内研究和现场的实际情况，超高密度钻井液的现场配制工艺和维护工艺要点可归纳如下。

（一）超高密度钻井液配制

与常规钻井液相比，超高密度钻井液配制既有相同性，也有特殊性，要确保超高密度钻井液性能满足钻井液要求，必须高度重视超高密度钻井液的配制，而且首要重视基浆的配制，并把握好三个关键环节，即原浆配方、配制工艺和基浆的处理，尤其是保证基浆膨润土含量低、护胶彻底和适度絮凝。为了保证超高密度钻井液的配制质量和效率，配制中要注意以下几点：

（1）针对超高密度钻井液密度及性能维护的需要，选择最适宜的处理剂，选择高质量膨润土和加重剂。

（2）准确了解处理剂性能参数、作用机理、使用方法和配伍情况，明确钻井液各项性能指标（密度、失水、黏切等）。

（3）严格按照配制程序、方法进行操作；尤其是严格计量（所用原材料、处理剂、加重材料）、分别溶解（处理剂以胶液形式加入，以免形成鱼眼）、依次加入（避免加入顺序不同，达不到理想效果）、充分搅拌（加重材料充分分散，避免颗粒过大，造成加重材料沉降）。对于密度大于 $2.80g/cm^3$ 的钻井液加重时，需要同时补充分散剂。

同时还需要做到：

（1）有效地控制基浆黏切和膨润土含量。钻井液黏度和切力以能较好地悬浮加重材料为准。合适的膨润土含量是获得良好流变性的前提，通常欲配钻井液密度越高，则膨润土含量应越低。同时在基浆降黏切后，让其自然沉淀钻屑，并进行彻底掏罐一次，以尽可能清除有害固相。

（2）加重前，处理剂量要加足，并充分循环和搅拌。

（3）加重时，稀释剂胶液要一次加够，在加重过程中要做到重晶石粉按循环周期加入，保证密度无波动，同时钻具必须起至安全井段，上下活动，要搞好过滤和净化。

（4）钻井液的 pH 值控制在 8.5～10 之间。

（5）加入适量的润滑剂，提高泥饼表面润滑性，降低摩阻系数，改善泥饼质量。

（6）保持钻井液具有一定盐含量或较强的抑制性，以充分发挥处理剂作用，严格控制体系中亚微米粒子含量。

（7）配制过程中严格执行设计的钻井液密度要求，在实际钻进中，各层段的钻井液密度一般不得低于设计密度的下限，也不得高于上限。

（二）超高密度钻井液维护与处理

钻井液的使用以满足井下安全需要、取准地质资料为目的，钻井液维护以控制其抑制性、流变性和悬浮稳定性，保证井壁稳定、井眼净化，达到井壁润滑和保护油气层为目的。由于超高密度钻井液固相含量高，容易受到外界因素的污染，造成流变性难以控制，超高密度钻井液除执行一般钻井液的常规维护措施外，维护的关键在于稀释和护胶，以满足钻井液有良好的流动性，较高的沉降稳定性要求，同时做好润滑防卡、防漏等。

1. 钻井液维护原则

钻进中切实做好返浆性能测定，及时调整钻井液性能和补充新浆；预防或避免地层流体或钻屑对钻井液污染；防止自然条件和人为因素对钻井液性能的破坏；及时清除有害固相，保持钻井液清洁，确保钻井液性能稳定。

2. 现场维护要点

（1）每次进行钻井液维护处理前，均要做好小型实验，以小型实验结果指导钻井液性能维护。

（2）钻进时，随时监测钻井液性能变化，根据实际情况适时补加所需处理剂；若补加处理剂胶液，则必须根据密度变化情况及时加重。

（3）钻井过程中，以细水长流方式加入稀释剂胶液，保证钻井液良好的流动性。

（4）加重时应保证钻井液具有足够的悬浮能力，防止重晶石聚结或沉降。

（5）根据钻遇地层的地质情况，及时补充护胶剂或预水化膨润土浆，维持钻井液的胶体稳定性，保持较低的滤失量。

（6）超高密度钻井液中固相含量高，为保持钻井液良好的性能，所有搅拌机都要正常运转。

（7）保证钻井液具有良好的润滑性，防止黏附卡钻。

（8）钻遇易漏失地层，在保证钻井液性能的前提下，可加入一定量的防漏堵漏材料。

（9）确保所有固控设备都要运转正常。

七、现场应用实例

官渡地区属于国内典型的异常高压地层，在该地区钻探中先后钻遇不同程度的超高压地层，比较典型的有官 3 井[50]、官 7 井和官深 1 井。其中官 3 井在钻至井深 3871.5m 后将钻井液密度调至 2.80~2.85g/cm^3，钻至井深 3973m 完钻，进尺 64m，取得了较好效果；官 7 井在钻至井深 3049.19m 时钻遇高压盐水气层并发生井涌，提高钻井液的密度至 2.64g/cm^3，因井底压力太高无法继续施工，固井封井底 500m，提前完井；而官深 1 井突破了前几口井的技术瓶颈，顺利完井。现结合官 7 井压井和官深 1 井钻井情况介绍超高密度钻井液的应用。

（一）官 7 井

按照配方一组成的超高密度钻井液体系在官 7 井进行了压井作业。官 7 井是在四川盆地南低褶皱带官渡构造带官中茅口区块部署的一口预探井，设计井深 3850m[51]。

在官 7 井钻到嘉一段，井深 3049.19m 时钻遇高压盐水层，发生井涌，立即关井。立压为 22MPa，套压为 22.5MPa，当时的钻井液性能：ρ 为 1.66g/cm^3，FV 为 61s，AV 为 51mPa・s，FL_{API} 为 2.8mL，PV 为 43mPa・s，YP 为 8Pa，立压和套压的数值比较大，井口防喷设备老化，由于地层压力系数的不确定性，与计算数值有误差，在原有钻井液的基础上，进行三次压井，目的是减小井口的压力和更换闸板，但均没有压住。三次压井钻井液密度分别是 2.0、2.5 和 2.6g/cm^3。

为了实施近平衡压井，考虑到井下压力系数的不确定性，尽量减少因钻井液密度过高造成压裂地层的井漏和把井压死，决定用密度为 2.64g/cm^3 超高密度钻井液来进行第四次压井。

1. 密度为 2.64g/cm^3 超高密度钻井液的配制

在室内实验的基础上，取现场井浆严格按照室内配方做小型实验，结合现场的实际情况，经过对现场材料的筛选，确定了密度为 2.64g/cm^3 的钻井液配方：现场浆与分散剂胶液（分散剂：NaOH=6：1，质量分数为 10%）1：2 稀释，以降低老浆的黏度和切力，黏切降到以能悬浮加重剂为准，同时降低膨润土的含量，达到加重前基浆的基本性能。加重剂为密度 4.2g/cm^3 的重晶石。

2. 工艺要点

（1）加重前将基浆中膨润土的含量调整至 10~15g/L，其漏斗黏度 25~30s，静切力 1~2Pa，然后按配方量将 SMP、SMC、LV-CMC 从混合漏斗加入，并充分搅拌和循环。

（2）加重时，将重晶石和质量分数 10% 的分散剂胶液同时加入。当密度达到 2.0g/cm^3 以后，由于钻井液的黏切随密度的增加明显增高，加重会越来越困难。此时更应注意一次加足分散剂，因为若将密度加重到要求的值时，再降黏切将十分困难。

（3）pH 值控制在 8~10 之间。

（4）为了增强体系的抗污染能力，使体系中 Ca^{2+} 的浓度保持在 1000mg/L 以上。

（5）同时要做好护胶，以满足钻井液有良好的流变性和沉降稳定性。

3. 现场维护

（1）压井过程中以细水长流方式补充分散剂胶液，以确保钻井液具有良好的流动性。

（2）在压井过程中盐水不断外溢，高压盐水会在井眼形成大段盐水柱，危及钻井液的稳定性。因此，要及时补充降滤失剂胶液护胶或补充 1% 预水化膨润土浆，以维持钻井液性能稳定。

（3）为保持钻井液具有良好的性能，所有搅拌机要正常运转。

4. 压井过程

压井作业当日 9：40 开始用密度为 2.60~2.64g/cm^3 的钻井液 230m^3 进行第四次压井，压井前立压为 2.5MPa，套压为 6MPa。压井过程中控制立压 18~22MPa，套压最高 9MPa，至 11：40 出口密度 2.60g/cm^3，立压 22MPa，套压为 0。11：42 开井循环，进口密度 2.60~2.64 g/cm^3，出口密度 2.60g/cm^3，立压 18MPa，循环排量 20L/s，表明超高压盐水层已经被压住，说明密度为 2.64g/cm^3 超高密度钻井液确保了正常压井，出口和入口钻井液的性能见表 3-27。

表 3-27　官 7 井超高密度钻井液现场性能

条件	ρ/（g/cm^3）	FV/s	PV/mPa·s	YP/Pa	FL_{API}/mL	K_{API}/mm
入口	2.64	144	92	15	4.0	2
出口	2.62	135	86	12	4.8	2

5. 压井应用效果

（1）钻井液流变性良好。在压井过程中虽然高压盐水不断窜入井眼内，但钻井液性能基本保持稳定，流动性良好，保持了较好的流变性能。

（2）钻井液沉降稳定性良好。钻井液在井眼内处于循环状态的时间较长，大量高压盐水侵入钻井液，形成盐水柱，但钻井液的沉降稳定性良好，静放24h后上下密度差不大于0.06g/cm^3，未发生重晶石沉降现象，沉降稳定性得到控制，确保了正常压井。

（3）钻井液的抗污染能力强。在压井过程中，大量高压盐水侵入钻井液，钻井液的基本性能保持稳定，黏度和切力在进出口前后变化很小，未发生钻井液聚结或沉降现象，保证了压井的顺利进行。

（4）钻井液的维护简单。在压井过程中，用稀胶液进行维护，即可控制钻井液的黏度和切力，同时加强固控设备的使用，最大限度降低有害固相对钻井液性能的影响。

（二）官深1井

按照配方二组成的超高密度钻井液，在官深1井三开井段进行了现场应用试验[52]。官深1井是中国石化部署在四川盆地的一口重点预探井，位于贵州省赤水市。该井设计井深4110m，以下二叠统茅口组为主要目的层，兼顾探索下三叠统嘉陵江组、飞仙关组及上二叠统长兴组，预测地层压力系数2.00~2.40，钻井液设计最高密度为2.40~2.55g/cm^3。

1. 钻井液转换

（1）现场放大试验。为了证实室内配方的可靠性，首先于官深1井现场进行了超高密度钻井液的放大配制试验，试配时采用了部分井浆，井浆数量以控制超高密度体系中膨润土含量在9~11g/L为依据。对现场放大的超高密度钻井液进行评价表明其具有良好的抗盐和抗地层水污染能力，老化前后钻井液性能稳定，无沉淀现象，可以满足现场安全作业要求，其性能见表3-28。

表3-28 2.85g/cm^{3}超高密度钻井液性能

老化情况	ρ/（g/cm^3）	FV/s	FL_{HTHP}/mL	pH值	Gel/Pa/Pa	六速旋转黏度计读数					
						φ_{600}	φ_{300}	φ_{200}	φ_{100}	φ_6	φ_3
室温	2.88	356			22.5/38	—	—	—	184	22	15
120℃/16h	2.88	175	7.6	9.5	11/32.5	—	—	244	143	35	30

（2）超高密度钻井液的转换。结合现场实际情况，首先配制密度大于2.85g/cm^{3}的压井液，以备钻进时用于调节井浆密度和应付复杂情况。配制时控制膨润土含量为9g/L，配制好的压井液密度为2.85~2.90 kg/m^3，钻井液陈化72h后，测得FV为280~360s，FL_{HTHP}为7~9mL。按照：10kg/m^{3}膨润土+1.5kg/m^3 LV–CMC+20kg/m^3 SPNH+25kg/m^3 SRM–2+20kg/m^{3}SMC+15kg/m^{3}RFT–443+10kg/m^{3}SMS–19+5kg/m^{3}SML–4+7.5kg/m^{3}KOH+2kg/m^{3}表面活性剂+20kg/m^3 LRTH–2+密度4.3 g/cm^{3}重晶石430kg/m^{3}的优化配方，配制密度为2.45g/cm^{3}加重钻井液替换原井浆转入三开钻进。

2. 现场施工

官深 1 井三开钻进期间，钻遇了两套比较典型的超高压地层，在钻井过程中将钻井液密度由 2.44g/cm^3 提高至 2.88g/cm^3，并实现了正常钻进。

（1）密度由 2.45g/cm^3 提高至 2.55g/cm^3。

官深 1 井自 2608m 开始进入嘉陵江 5 段，钻至 2864.66m 时结束二开钻进作业，下入 Φ339.7mm 套管封隔上部地层。以 2.45g/cm^3 钻井液替换井筒中 1.70g/cm^3 钻井液开始三开钻进，井深 2867m。钻至 2912.80～2914.11m 钻遇嘉陵江组 2 段，钻时由 117min/m 降至 78min/m；气测全烃值由 1.53% 上升至 16.38%（峰值达到 43.4%）；气侵钻井液密度由 2.44g/cm^3 降低至 2.40g/cm^3；漏斗黏度 67s。关井后套压 1.7MPa，将循环井浆密度直接提高至 2.55g/cm^3 压稳。稳定后的钻井液性能：密度为 2.53g/cm^3；FV 为 69s；$\varphi600$～$\varphi3$ 为 203/126/95/61/19/18；AV 为 101.5mPa·s；PV 为 77；YP 为 24.5Pa；Gel 为 9/18Pa；FL_{API} 为 2.8mL；K 为 1mm；pH 值为 10。

下钻至套管鞋处循环出现后效，当钻至 2927m，下钻到底循环，返出钻井液密度降低至 2.20g/cm^3，漏斗黏度降至 38s。在 2927～2930m 井段（嘉陵江 2 段）钻遇含气水层，钻时由 88min/m 降至 70min/m；气测全烃值由 1.31% 上升至 7.42%，钻井液密度由 2.54g/cm^3 降低至 2.52g/cm^3。节流循环，将密度提高至 2.54～2.55g/cm^3 循环压稳，后效消失。

（2）继续提高密度至 2.85g/cm^3 以上。

当钻进至 2955.42m 时，再次遇高压流体层，钻时由 160min/m 降至 102min/m；气测全烃值由 13.13% 上升至 63.91%；钻井液密度由 2.54g/cm^3 降至 2.38g/cm^3；黏度由 76s 降至 50s。井下有跳钻现象，伴随液面上涨 1.8m^3，电导率有所升高，关井套压稳定于 5MPa，直接用 2.85g/cm^3 储备浆循环压井，然后大循环加重钻井液，将出口密度提高至 2.85g/cm^3，恢复正常钻进，井深 2960m，以密度 2.85g/cm^3 钻井液施工，施工过程中密度最高达到 2.87g/cm^3。最终以 2.75～2.87g/cm^3 钻井液安全钻进 835m，顺利完成整个三开钻进。

官深 1 井不同井深钻井液性能见表 3-29。

表 3-29　官深 1 井不同井深钻井液性能

不同井深	ρ/（g/cm^3）	FV/s	FL_{API}/mL	FL_{HTHP}/mL	pH 值	Gel/Pa/Pa
2916	2.51–2.56	68–76	2		10	9/18
2946	2.55	70	2.8		10	4/29
2955	2.54	73	2.2		9.5	3/25
2969	2.85	371	1.6	7	9.5	7/22
2983	2.85	324	1.6	8	9.5	6.5/24
3014	2.86	264	1.4		11	7/23
3033	2.86	290	1.2		11	7/24
3077	2.85	256	1.2		11	9/28
3112	2.85	267	1.0	9	11	13/31.5
3135	2.86	255	1.4	8.6	11	13/31

超高密度钻井液钻进期间，随着密度升高黏度控制越来越困难。现场采用了不同质量分数的胶液进行维护，胶液中处理剂最低用量为 30kg/m^3，最高时超过 200kg/m^3。低质量分数胶液主要是用于改善体系流动性，而高质量分数胶液是在保持体系胶体稳定性的同时，尽可能减少维护量，以防出现流动性与密度控制的矛盾。钻井液维护处理中可以从如下几点考虑。

（1）保持体系中主处理剂总含量不低于 60kg/m^3；保持体系 pH 值为 10~11，以提高体系接受维护处理的能力；合理使用分散剂 SMS-19，必要时可以采用 SMS-19 配合 KOH 或 NaOH 进行强化分散，以保持钻井液中固相粒子之间较低的聚结力；严格控制高分子聚合物处理剂用量（现场的经验含量是 0.05~0.08kg/m^3），以稳定体系漏斗黏度；加入适量的抑制剂，提高体系的抑制性；合理使用润滑剂，现场维护时润滑剂的有效含量不宜高于 5kg/m^3；保持体系中 CO_3^{2-}、HCO_3^- 总量不高于 1000mg/L，其中 HCO_3^- 则以全部去除为最好。

（2）钻进中根据情况灵活使用 3 台装有不同筛布的振动筛，合理地控制加重材料损耗量。尽量减少胶液补充量，并以补充高浓度胶液为主，通常补充 2.95~2.98g/cm^3 的超高密度压井液维护密度（一般不采取直接加入干料的方式加重），以保持钻井液密度不出现大的波动。

（3）钻进中严格控制膨润土含量，现场维护中，当密度大于 2.50g/cm^3 时控制钻井液中的有效膨润土含量不超过 12g/L，当井浆密度提高至 2.80g/cm^3 以上时，控制膨润土含量不超过 9.2g/L。官深 1 井在以 2.75~2.88g/cm^3 超高密度钻井液钻进期间，由于有效控制了膨润土含量，钻井液流动性和体系胶体稳定性均没有发生明显变化。

（4）钻井全过程做好固相控制，以有效控制钻屑含量。可以通过使用不同筛布组合的振动筛，尽可能提高分离物中低密度固相的比例；适时适量的添加抑制剂，降低黏土、钻屑等的分散程度；合理控制井浆置换速率，一般情况下将钻井液与胶液消耗量保持在 1∶1~1∶1.1 时，对流变性能的调控作用最好，过高或过低均不理想。

尽管官深 1 井钻遇的飞仙关组二段强水敏性软泥岩地层厚达 321m（3166~3487m），但施工时的漏斗黏度始终保持在 180~210s，最低时达到 140~150s。良好的流动性尽管与合理选择和使用分散剂、降滤失剂、抑制剂以及科学的维护处理密不可分，但施工时低密度固相能够得到有效分离也是确保钻井液性能稳定的关键。

3. 应用效果

采用密度为 2.75~2.87g/cm^3 的超高密度钻井液安全钻进 835m，现场应用结果表明，按照配方二所配制的超高密度钻井液体系具有良好的高温稳定性、流变性能、悬浮稳定性，且高温高压滤失量低。尽管在转化为超高密度钻井液初期钻井液漏斗黏度相对较高，但钻井液能够顺利循环，钻井施工顺利，可满足异常高压地区钻井的需要，为超高密度钻井液的研究和应用奠定了基础。

参考文献

[1] 王中华 . 国内外超高温高密度钻井液技术现状及发展趋势 [J] . 石油钻探技术，2011，39(2)：1–7.

[2] Mitchell，RK，Bethke，et al. Design and Application of a High–Temperature Mud System for Hostile Environments [R] .SPE 20436，SPE Annual Technical Conference and Exhibition，23–26 September 1990，New Orleans，Louisiana.

[3] 徐同台 . 八十年代国外深井泥浆的发展状况 [J] . 钻井液与完井液，1991，8 (增刊)：29–45.

[4] M. Mas,T Tapin,R Marquez,et al. A New High–Temperature Oil–Based Drilling Fluid [R] .SPE 53941，Latin American and Caribbean Petroleum Engineering Conference，21–23 April 1999，Caracas，Venezuela.

[5] 王中华 . 钻井液及处理剂新论 [M] . 北京：中国石化出版社，2016.

[6] Dorman J. Chemistry and Field Practice of High–Temperature Drilling Fluids in Hungary [R] .SPE/IADC 21940，SPE/IADC Drilling Conference，11–14 March 1991，Amsterdam，Netherlands.

[7] Thaemlitz CJ，Patel AD，Coffin G, et al. New Environmentally Safe High–Temperature Water–Based Drilling–Fluid System [J] . SPE Drilling & Completion，1999，14 (3)：185–189.

[8] Michal Spooner ，Ken Magee，Michael Otto，et al.The Application of High Temperature Polymer Drilling Fluid on Smackover Operations in Mississippi [C] . //AADE 2004 Drilling Fluids Conference，held at the Radisson Astrodome in Houston，Texas，April 6–7，2004.

[9] 杨泽星，孙金声 . 高温 (220℃) 高密度 (2.3g/cm^3) 水基钻井液技术研究 [J] . 钻井液与完井液，2007，24 (5)：15–17.

[10] 沈丽 . 抗高温钻井液体系的研究与应用 [J] . 精细石油化工进展，2008，9 (4)：5–9.

[11] 艾贵成，田效山，兰祖权，等 . 超高温超高密度有机盐钻井液技术研究 [J] . 西部探矿工程，2010 (9)：47–49.

[12] 张丽君，王旭，胡小燕，等 . 抗温 270℃钻井液聚合物降滤失剂的研制 [J] . 石油化工，2017，46 (1)：121–127.

[13] 胡小燕，王旭，张丽君，等 . 超高温 270℃水基钻井液体系研究 [J] . 精细石油化工进展，2016，17 (6)：8–12.

[14] 王中华 . 国内外钻井液技术进展及对钻井液的有关认识 [J] . 中外能源 .2011，16 (1)：48–60.

[15] Perricone, AC, Enright, et al. Vinyl Sulfonate Copolymers for High–Temperature Filtration Control of Water–Base Muds [R] .SPE 13455，presented at the 1985 Drilling Conference in New Orleans，Louisiana.

[16] Giddings DM，Ries DG, Syrinek AR. Terpolymers for use high temperature fluid loss additive and rheology stabilizer for high pressure，High temperature oil well drilling fluids：US 4502966 [P] .1985–03–05

[17] Dickert JJ, Heilweil IJ. Vinyl sulfonate amide copolymer and terpolymer combinations for control of filtration in water–based drilling fluids at high temperature: US, 4608182 [P] .1986–08–26.

[18] Patel AD. Water–based drilling fluids with high temperature fluid loss control additive：US，5789349

[P].1998-08-04.
[19] Spooner M, Magee K, Otto M, et al. The Application of HTHP Water Based Drilling Fluid On a Blowout Operation [C].// presented at the AADE Drilling Fluids Technology Conference in Houston, Texas. April 1-3, 2003 in Houston.
[20] Tomislav Soric, Robert Huelke, Pavel Marinescu. Uniquely Engineered Water-Base High-Temperature Drill-In Fluid Increases Production, Cuts Costs in Croatia Campaign [R].SPE/IADC 79839, SPE/IADC Drilling Conference, 19-21 February 2003, Amsterdam, Netherlands.
[21] Norfleet, James E, Jarrett, et al. Water based fluids comprising multivalent salts and low molecular weight, low charge cationic polyacrylamide copolymers : US, 6855671 [P].2005-02-15.
[22] 徐同台，赵忠举，冯京海.2005年国外钻井液新技术[J].钻井液与完井液，2007，24(1)：61-70.
[23] Hayes, James R. High performance water-based mud system : US, 7351680 [P].2008-04-01.
[24] 赵晓非，胡振峰，张娟娟，等.磺化苯乙烯-衣康酸共聚物超高温钻井液降粘剂的研制[J].石油天然气学报，2009，31(5)：105-108.
[25] 王中华，王旭，杨小华.超高温钻井液体系研究(Ⅱ)——聚合物降滤失剂的合成与性能评价[J].石油钻探技术，2009，37(4)：1-6.
[26] 杨小华，李家芬，钱晓琳，等.超高温聚合物降滤失剂PFL-1的合成及性能评价[J].石油钻探技术，2010，38(2)：37-42.
[27] 王中华.超高温钻井液降滤失剂P(AMPS-AM-AA)/SMP的研制[J].石油钻探技术，2010，38(3)：8-12.
[28] 王中华，王旭.超高温钻井液体系研究(Ⅲ)抗盐高温高压降滤失剂研制[J].石油钻探技术，2009，37(5)：5-9.
[29] 赵怀珍，薛玉志，李公让，等.抗高温水基钻井液超高温高压流变性研究[J].石油钻探技术，2009，37(1)：5-9.
[30] 赵胜英，鄢捷年，丁彤伟，等.抗高温高密度水基钻井液流变性研究[J].天然气工业，2007，27(5)：78-80.
[31] 杨小华，钱晓琳，王琳，等.抗高温聚合物降滤失剂PFL-L的研制与应用[J].石油钻探技术，2012，40(6)：8-12.
[32] 田璐，李胜，杨小华，等.PFL系列超高温聚合物降滤失剂在徐闻X3井的应用[J].油田化学，2012，29(2)：138-141.
[33] 李建军，王中义.抗高温无固相钻井液技术[J].钻井液与完井液，2017，34(3)：11-15.
[34] 邱正松，黄维安，何振奎，等.超高温水基钻井液技术在超深井泌深1井的应用[J].钻井液与完井液，2009，26(2)：35-36，42.
[35] 孙中伟，何振奎，刘霞，等.泌深1井超高温水基钻井液技术[J].钻井液与完井液，2009，26(3)：9-11，15.
[36] 李公让，薛玉志，刘宝峰，等.胜科1井四开超高温高密度钻井液技术[J].钻井液与完井液，

2009，26（2）：12–15.

［37］宋洵成，王鹏，张宇，等 . 安探 4X 井低固相超高温钻井液技术［J］. 钻井液与完井液，2018，35（2）：40–43.

［38］郑宇轩 . 青海共和干热岩 GR1 井钻井工艺技术［J］. 地质与勘探，2018，54（5）：1038–1045.

［39］刘伟莉，马庆涛，付怀刚 . 干热岩地热开发钻井技术难点与对策［J］. 石油机械，2015，43（8）：24–28.

［40］邓泽穆 . 充气泡沫泥浆在地热钻井中的试验应用［J］. 西部探矿工程，1994，6（6）：69–70.

［41］颜磊，蒋卓，王大勇，等 . 干热岩抗高温钻井液体系研究［J］. 化学与生物工程，2015，32（7）：55–58.

［42］蔡利山，胡新中，刘四海，等 . 高密度钻井液瓶颈技术问题分析及发展趋势探讨［J］. 钻井液与完井液，2007，24（增刊）：38–44.

［43］蔡利山，林永学，田璐，等 . 超高密度钻井液技术进展［J］. 钻井液与完井液，2011，28（5）：70–77.

［44］中国石油化工股份有限公司，中国石化石油工程技术研究院 . 一种超高密度钻井液用分散剂、制备方法及应用：CN，103013459A［P］.2013.04.03.

［45］王琳，林永学，杨小华，等 . 不同加重剂对超高密度钻井液性能的影响［J］. 石油钻探技术，2012，40（3）：48–53.

［46］李公让，赵怀珍，薛玉志，等 . 超高密度高温钻井液流变性影响因素研究［J］. 钻井液与完井液，2009，26（1）：12–14.

［47］刘明华，苏雪霞，周乐海，等 . 超高密度钻井液的室内研究［J］. 石油钻探技术，2008，36（3）：39–41.

［48］林永学，杨小华，蔡利山，等 . 超高密度钻井液技术［J］. 石油钻探技术，2011，39（6）：1–5.

［49］刘伟，李华坤，徐先觉 . 土库曼斯坦阿姆河右岸气田复杂深井超高密度钻井液技术［J］. 石油钻探技术，2016，44（3）：33–38.

［50］胡德云. 超高密度 $\rho>3.00g/cm^3$ 钻井液的研究与应用［J］. 钻井液与完井液，2001，18(1)：6–11.

［51］张东海，马洪会 . 超高密度钻井液在官 7 井的应用［J］. 钻井液与完井液，2006，23（5）：8–11.

［52］蔡利山，林永学，杨小华，等 . 官深 1 井超高密度钻井液技术［J］. 石油学报，2013，34（1）：169–177.

第四章　油基钻井液

由于油基钻井液具有抗高温、抗盐、有利于井壁稳定、润滑性好和对油气层损害程度小等诸多优点，国外早在20世纪60年代，就十分重视油基钻井液技术的开发与应用，已广泛作为深井、超深井、海上钻井、大斜度定向井、水平井和水敏性复杂地层钻井及储层保护的重要手段。国外油基钻井液体系及配套技术已比较成熟，国内在油基钻井液方面尽管早在20世纪80年代就开展了一些研究与应用，由于成本和环境、安全和认识等因素的限制，加之缺少对油基钻井液的需求，应用还比较少，在油基钻井液方面还没有形成成熟配套的处理剂和钻井液体系，并缺乏有关的经验和专用的处理剂产品[1]。2012年以来，随着国内页岩气开发的快速推进，在页岩气水平井钻井中，油基钻井液得到了广泛的应用并引起人们的重视[2]；重点围绕页岩气开发的需要，通过油基钻井液处理剂（乳化剂、降滤失剂、提黏切剂、封堵剂及润湿剂等）的开发与应用，逐渐形成了具有国内特点，能够基本满足现场需要的油基钻井液体系及钻井液回收处理、循环再利用的技术；在油基钻井液高温下流变性、稳定性研究的基础上，提高了对油基钻井液的认识，形成了油基钻井液流变性和稳定性控制方法，不仅使油基钻井液体系得到了发展，也促进了国内页岩气等非常规油气资源的开发步伐。

本章重点介绍全油基钻井液、油包水乳化钻井液和可逆转油包水乳化钻井液组成、性能和应用[3~5]。

第一节　油基钻井液基础

一、油基钻井液的概念

油基钻井液是以油或油包水乳液为液相的钻井液体系，通常包括纯油基钻井液和油包水乳化钻井液。纯油基钻井液，是氧化沥青、有机酸、碱、稳定剂及高闪点柴油或矿物油的混合物，通常只混3%~5%的水；油包水乳化钻井液（也称反相或逆乳化钻井液），通常使用各种添加剂用于使水乳化和保持乳化体系的稳定，一般情况下，这种体系最高含水可达50%。

与水基钻井液相比，油基钻井液在抑制、润滑和高温稳定等方面具有明显的优势。从应用讲，油基钻井液主要用在：①钻强水敏性复杂地层和页岩地层；②钻高温深井；③生产层的钻进和取心；④钻盐层、硬石膏层、杂盐层；⑤钻大斜度井、大位移井和水平井；⑥小井眼的钻井液；⑦钻含 H_2S 和 CO_2 的地层；⑧射孔液和完井液；⑨解卡的浸泡液；⑩封隔液；⑪ 修井液；⑫ 防腐蚀环空保护液。

由于环境要求越来越高，尤其海上钻井作业排放物毒性限制更加严格，过去通常使用的以柴油为基础油的油基钻井液体系不能满足环保要求，所以逐步发展了低毒和无毒油基钻井液，以满足生态环境方面的要求。

油基钻井液的毒性主要来自基础油，即柴油，更确切地讲是来自柴油中的芳香烃，柴油中所含芳香烃的量越多，其毒性越大。芳香烃的含量一般用苯胺点来表示，苯胺点越低，则芳香烃的含量越高，毒性也越大。在环保要求更加严格的地区，使用无芳烃的矿物油配制的油基钻井液，则可以达到完全无毒或低毒。

二、油基钻井液基本组成

传统的油基钻井液通常由基础液（油或油水乳化液）和油基钻井液处理剂、加重剂等组成[3]。

（一）基础液

1. 油

通常称基油，纯油基钻井液采用油作为基础液，而油包水乳化钻井液是以水滴为分散相，油为连续相，并添加适量的乳化剂、润湿剂、亲油胶体和加重剂等所形成的稳定的乳状液体系。

原油、动物油、植物油、柴油、矿物油、合成油等均可作为油相，选用黏度低、闪点高的柴油最为有效和经济。选用柴油时要选闪点 83℃以上，燃点 93℃以上的产品。若需使用原油，则必须对原油预处理，使其不含破乳剂并且要经过充分风化，这是由于没有经过风化的原油含有轻组分，使用时容易挥发，除易于引起火灾之外，还将增加钻井液的维护处理费用并改变钻井液的性能。油相体积一般为 60%~90%，应尽量减少，一方面可节约加重剂，乳状液黏度不会过低，且较经济，可减少着火的机会，甚至可增加钻速，其合适的范围视具体要求而定。海上大多数用白油。

目前，在油包水乳化钻井液中普遍使用柴油（我国常使用零号柴油）和各种低毒矿物油（白油）作连续相。由于柴油中所含的芳烃对钻井设备的橡胶部件有较强的腐蚀作用，因此芳烃含量不宜过高，一般要求柴油的苯胺点在 60℃以上。同时由于柴油中的芳烃对人体有害，从环保的角度讲，应尽可能减少或不用柴油。当选择矿物油时，为了有利于流变性控制和调整，其黏度不宜过高。

2. 盐水

盐水是油包水乳化钻井液的内相，也称水相。淡水、盐水或海水均可用作油基钻井液的水相，为了保证井壁稳定及活度平衡，通常使用含有一定量 $CaCl_2$ 或 NaCl 的盐水，其主要目的在于控制水相的活度，以防止或降低泥页岩地层的水化膨胀，保证井壁稳定。

(二)基本材料

1. 乳化剂

为了形成稳定的油包水乳化钻井液，必须正确地选择和使用乳化剂。一般认为乳化剂的作用机理是在油/水界面形成具有一定强度的吸附膜，降低油水界面张力，增加外相黏度。以上三方面均可阻止分散相液滴聚并变大，从而使乳状液保持稳定。其中又以吸附膜的强度最为重要，是乳状液能否保持稳定的决定性因素。

研究表明，对油水两相形成的乳状液，最好既有水溶的乳化剂，又有油溶的乳化剂，两种乳化剂配合使用，会形成更为结实的混合膜，强度更大，乳状液的稳定性也就更高。

乳化剂使用时，通常将两种作用的乳化剂复配使用，如将第一乳化剂和第二乳化剂按照一定的比例使用。第一乳化剂，或叫主乳化剂，其关键作用是形成膜的骨架；第二乳化剂，或叫辅乳化剂，也叫稳定剂，使第一乳化剂更稳定，油相黏度增加。

一般来说乳化剂的亲水性越强，越有利于形成水包油乳状液，反之，亲油性越强，则越有利于形成油包水乳状液。在油包水乳化钻井液中，常用的乳化剂有：高级脂肪酸的二价金属皂，如硬脂酸钙、烷基磺酸钙、烷基苯磺酸钙；山梨糖醇酐单油酸脂，即斯盘-80（或 span-80）和脂肪酸与多胺反应物或脂肪酸与多胺、多元酸反应物。

此外，国内早期用于油包水乳化钻井液的乳化剂还有：环烷酸钙、石油磺酸铁、油酸、环烷酸酰胺和腐殖酸酰胺等。国外在该类钻井液中使用的乳化剂多用代号表示，如 EZ-Mul、DFL 和 Invermul 等都是常用的乳化剂。

即使是全油基钻井液，仍然需要乳化剂，在全油基钻井液中乳化剂可以起到调节钻井液流变性，保证钻井液悬浮稳定性的作用，并在一定程度上控制钻井液的滤失量。

上述乳化剂均属于工业上通用的乳化剂，对于油基钻井液来讲，这些乳化剂无论是性能还是针对性，均存在一些不足。目前针对工业乳化剂存在的不足发展了油基钻井液专用乳化剂，主要为聚酰胺羧酸类和聚酯酰胺类乳化剂，现场常分为主乳化剂和辅乳化剂。

2. 润湿剂

大多数天然矿物均是亲水的。当重晶石粉和钻屑等亲水的固体颗粒进入 W/O 型钻井液时，它们趋向于与水聚集，引起高黏度和沉降，从而破坏乳状液的稳定性。

为了避免以上情况的发生，在油相中需要添加润湿控制剂，简称润湿剂。润湿剂也是具有两亲结构的表面活性剂，分子中亲水的一端与固体表面有很强的亲合力。当这些分子聚集在油和固体的界面并将亲油端指向油相时，原来亲水的固体表面便转变为亲油，这一过程就是所谓的润湿反转。润湿剂的加入使刚进入钻井液的重晶石和钻屑颗粒表面迅速转变为油润湿，从而保证它们能较好地悬浮在油相中，保证钻井液具有良好的悬浮稳定性。

虽然用作乳化剂的表面活性剂也能够在一定程度上起润湿剂的作用，但其效果有限，不能满足实际需要。较好的润湿剂有季胺盐（如十二烷基三甲基溴化铵）、卵磷脂和石油磺酸盐等。国外常用的润湿剂有 DV-33、DWA 和 EZ-Mul 等，其中 DWA 和 EZ-Mul 可同时兼作乳化剂。

一般要求油包水乳化钻井液中润湿剂的 HLB 值在 7~9 范围内。

3. *亲油胶体*

在油基钻井液中，有机土和氧化沥青属于亲油性胶体，用于调节钻井液的流变性和滤失量。此外，亲油的改性褐煤、二氧化锰、皂类等也可以作为亲油胶体，用作增黏剂和降滤失剂。在亲油胶体中使用最普遍的是有机土，其次是氧化沥青。有机土和氧化沥青是维护和控制油基钻井液性能的关键处理剂。

其中，有机膨润土是由亲水的膨润土与季胺盐类阳离子表面活性剂发生作用而制成的亲油黏土。有机土很容易分散在油中起到提黏和悬浮重晶石的作用，通常在 100mL 油包水乳化钻井液中加入 3g 有机土便可悬浮 200g 左右的重晶石粉。有机土还可在一定程度上增强油包水乳状液的稳定性，起固体乳化剂的作用。有针对性开发的油基钻井液专用有机土更有利于形成热稳定性和悬浮稳定性好的油基钻井液体系。

氧化沥青是一种将普通石油沥青经加热吹气氧化处理后，与一定比例的石灰混合而成的粉剂产品，常用作油包水乳化钻井液的悬浮剂、增黏剂和降滤失剂，同时能够提高体系的高温稳定性和悬浮稳定性。它主要由沥青质和胶质组成，沥青质的含量与软化点有关，是最早使用的油基钻井液处理剂之一。在早期使用的油基钻井液中，氧化沥青的用量较大，它可将油基钻井液的 API 滤失量降低为零，高温高压滤失量控制在 5mL 以下。但是，它最大的缺点是对提高机械钻速不利，因此在目前常用的油基钻井液配方中，国外已尽可能减少或不用。

4. *石灰*

在油基钻井液中一般使用石灰保持体系的 pH 值为 8.5~10.5，以有效地发挥乳化剂的作用，有利于有机膨润土浆的配制，以及克服 H_2S、CO_2 等酸性气体的污染；在 $CaCl_2$ 水相体系中，还有利于防止 $CaCl_2$ 的水解沉淀。在纯油基钻井液中可以吸收进入钻井液中的少量水。

石灰是油基钻井液中的必要组分，其主要作用有以下几方面：①提供的 Ca^{2+} 有利于二元金属皂的生成，从而保证所添加的乳化剂充分发挥作用；②维持油基钻井液的 pH 值在 8.5~10 范围内以利于保持乳状液的稳定性，也可以防止钻具腐蚀；③可有效地防止地层中 CO_2 和 H_2S 等酸性气体对钻井液的污染；④在油基钻井液中，未溶 $Ca(OH)_2$ 的量一般应保持在 0.43~0.72kg/m^3 范围内，当遇到 CO_2 或 H_2S 污染时应适当提高其含量。

5 加重材料

油基钻井液的加重材料以重晶石粉为主，为了保证重晶石较好地分散和悬浮在钻井液中，需要对其粒径提出要求。对于密度小于 1.68g/cm^3 的油基钻井液，也可用碳酸钙作为加重材料，虽然其密度只有 2.7g/cm^3，比重晶石低得多，但它的优点是比重晶石更容易被油所润湿，而且具有酸溶性，可兼作保护油气层的暂堵剂。

6. 封堵剂

为了减少油基钻井液在钻进中的渗透性漏失，需要采用封堵剂，同时还可以起到阻断流体进入地层的通道，控制压力传递，保持井壁稳定。

在钻遇裂缝或缝洞型地层时，为了应对漏失也会用到堵漏剂，由于油基钻井液成本高，堵漏作业消耗大，一般在易漏失地层不推荐使用油基钻井液。

实践表明，一定粒度和粒度分布的水凝胶、膨胀石墨、纤维素或木质素粉等可以作为渗透性地层的有效封堵剂。

第二节　全油基钻井液

全油基钻井液，也称纯油基钻井液，它是以油为分散介质，以有机土、氧化沥青等分散相组成，含水量一般小于 5%。对于全油基钻井液，水是应加以清除的污染物，但一般可以容纳 3%~5% 的水[6]。全油基钻井液具有抗钻屑、抗水污染能力强、润滑性能好、抑制钻屑水化分散能力强及储层保护效果好等特点。与油包水乳化钻井液相比，全油基钻井液更有利于提高机械钻速、井壁稳定和储层保护[7]。

由于全油基钻井液独有的优良特性和对提高机械钻速的贡献，以及国外公司在回收重复使用方面的规范管理，全油基钻井液显示出良好的综合效益。因此，国外使用全油基钻井液较为普遍，市场规模较大，约占钻井液市场份额的 26%，尤其是在委内瑞拉，全油基钻井液使用比例已达到 60%；在墨西哥、阿尔及利亚地区，全油基钻井液使用比例已达到 70%。

与油包水乳化钻井液相比，全油基钻井液不存在乳化失效的危险，能够提高井眼的净化能力和流变性的控制能力，有助于提高钻速，并且有利于降低成本。正是由于以上优点，使全油基钻井液技术在国外得到充分发展并广泛使用。

一、基本配方与性能

（一）基本配方

表 4–1 是国外典型的全油基钻井液配方及性能。表 4–2 是国内典型的全油基钻井液本配方，其性能要求见表 4–3。

表 4-1　国外全油基钻井液配方及性能

材料	加量		项目	性能	
	柴油	矿物油		柴油	矿物油
有机土 / （kg/m^3）	28.53	22.824	密度 / （g/cm^3）	0.9705	1.378
增黏剂 / （kg/m^3）	0.485	0.713	*PV*/mPa · s	13	12
表面活性剂 / （kg/m^3）	1.141	11.412	*YP*/Pa	8.5	5
聚合物降滤失剂 / （kg/m^3）	—	7.133	*Gel*/Pa/Pa	3/4	2.5/3.0
胶质降滤失剂 / （kg/m^3）	14.265	—	$\varphi 6$	9	6
石灰 / （kg/m^3）	5.135	11.412	FL_{HTHP}/mL	12	10（148.9℃）

注：流变参数测试温度 48.9℃。

表 4-2　国内全油基钻井液配方

组分	加量 / （kg/m^3）	组分	加量 / （kg/m^3）
有机土	40～60	润湿剂	0～15
降滤失剂	30～50	生石灰	30～50
主乳化剂	20～40	加重材料	视钻井液密度需要而定
辅乳化剂	15～20		

注：基油为全油（含水量小于 5%）。

表 4-3　全油基钻井液性能

项目	指标	项目	指标
密度 / （g/cm^3）	0.9～2.2	*Gel*/Pa/Pa	（2～8）/（6～12）
漏斗黏度 /s	50～120	FL_{API}/mL	≤ 2
YP/Pa	8～26	FL_{HTHP}/mL	≤ 4
动塑比	0.15～0.45	碱度 / （mg/L）	1.5～2.5

注：HTHP 滤失量（150℃以下）测定，其他性能指标在 60℃ ±2℃条件下测定。

（二）全油基钻井液的特性

1. 流变特性好

与典型的油包水乳化钻井液相比，全油基钻井液显示出更好的流变性能，在低剪切速率范围内可得到相当高的黏度，这更有利于携带岩屑。

当全油型钻井液和油包水乳化钻井液动切力相同时，常规乳化钻井液的塑性黏度要明显高一些。这种差别主要是由于各液体中存在或缺少高的假固相（水）的缘故。

全油基钻井液比典型的油包水乳化钻井液有更好的剪切稀释性能，而且在低剪切速率下可提供更好的流变性能。

实践表明，全油基钻井液有利于提高钻速，并在水平段、斜井段、大直径井内获得显著的井眼清洗效果。

2. 悬浮能力强

全油基钻井液在低剪切速率下具有良好的流变性。它对加重材料及岩屑均具有良好的悬浮性能，静止后非常平缓地形成易于剪切破坏的胶凝状态。在常规乳化钻井液中要得到良好的低剪切速率和胶凝，需要在盐水小滴中掺入完全不变化的交联分子，将可能导致胶凝程度不可控制的升高。相对而言，在采用全油基钻井液时只有固相－固相的相互作用。这种相互作用，在很低或零剪切速率的状态下，当施加较高剪切时易使胶凝状态破坏，即表现出良好的剪切稀释性。其结果是，当钻井泵停泵时，几乎同时发生胶凝产生悬浮作用；当循环重新开始或钻杆起下时，其结构破坏也是同时发生。这些均有利于降低波动和抽汲压力，有利于井壁稳定和防漏。

3. 维护处理简单

由于体系的每一组分只有一种基本功能，因而工艺简单，且所用的处理剂产品对钻井液的特性影响很小。由于缺少水相，性能也更稳定。

在采用乳化液的情况下，黏度主要是靠乳化得到，而且黏度很难降低。而全油基钻井液的黏度靠促进固相－固相的相互作用来提高，而降低黏度则靠破坏这种相互作用，故可以很容易地实现提高和降低黏度。而在油包水乳化钻井液中，其适应性趋向于减小。

由于不需要靠稳定乳化提高体系的稳定性，也就大大减少了全油基钻井液主要成分的加量。表面活性剂只用于浓缩，这种浓缩将会起到对水侵入程度的防护。在特殊情况下有可能遇到水侵入时，需要提高乳化剂加量，而正常情况下表面活性剂的加量很低。

4. 减少产层内的乳化堵塞

用表面活性剂加量少的全油基取心液和打开生产层的钻井液来代替常规油包水乳化液，可成功地把地层损害降至最小。

5. 具有低密度特性

在压力枯竭地区当可能用到低密度钻井液时，比需要用充气钻井液或雾化钻井液来实现压力控制的要求还要高。突出的问题是存在一个密度范围，在这个密度范围内不能配制出具有适当功能的钻井液。由于油的密度比水低，在这个密度范围内油最有条件来提供最小的过平衡。

由于目前可以很容易得到各种油，这便有可能配制出密度低至 0.8148g/cm^3 的钻井液。密度低至 0.8627g/cm^3 的柴油基钻井液已在现场钻井作业中成功应用。

二、配制及维护处理

（一）设备要求

（1）循环罐、储备罐和循环槽应清洁、封闭，并配备防雨、防沙棚。

（2）循环罐和循环槽连接处应密封，搅拌机应运转正常。

（3）钻井泵及净化设备的橡胶密封件应符合相关规定（即保证具有耐油能力）。

（4）振动筛、除砂器、除泥器、离心机应运转正常。

（5）冬季施工，配制罐、储备罐和循环罐和外接管线应具保温功能。

（6）夏季施工，配制罐、储备罐和循环罐应具通风设备。

（二）配制工艺

（1）用清水清洗干净循环系统及上水管线。

（2）按配方在罐内加入基油，开动地面循环，经混合漏斗依次加入所需量的有机土、氧化沥青、石灰粉等，充分循环搅拌 1.5~2h 至全部均匀分散。

（3）然后加入乳化剂、润湿剂充分搅拌 2h 或根据实际情况确定时间。

（4）根据设计要求，加入加重材料以达到所要求的钻井液密度。

（三）维护处理

1. 维护处理的基本要求

（1）高剪切速率下最小的黏度。

（2）有效的环空剪切速率下要有足够的黏度，保证清洗井眼及适当的循环压力。

（3）足够的切力以悬浮重晶石和岩屑。

（4）较低的滤失量。

（5）适当的碱度保证钻井液悬浮稳定性。

（6）合适的黏度以有利于通过细目振动筛，并减少钻井液在岩屑上的吸附。

（7）减少循环滤失与漏失。

2. 维护处理要点

（1）按照钻井液设计性能要求进行性能维护，保持钻井液中有足量的乳化剂和润湿剂，保证固相的油润湿性；也可以根据具体情况加入适量的辅乳化剂，以达到乳化剂最佳的 *HLB* 值。

（2）用石灰维持钻井液合适的碱度范围，并随着井温增加适当提高碱度。

（3）根据钻井液密度变化调整油和加重剂的加量，保持钻井液良好的流变性；降低黏度、切力应加入柴油或白油；提高黏度、切力应加入有机土、氧化沥青或适量的乳化剂。

（4）如发生水污染时，要定时测量钻井液的破乳电压，需要调整钻井液性能时加密测量，若破乳电压有下降趋势，且有破乳倾向时，应补充乳化剂和润湿剂，并视需要补充油。

（5）在需加入重晶石提高钻井液密度时，同时补充润湿剂；需降低密度时，加入配制的未加重基浆。

（6）按配方设计及时补充钻井液，避免因消耗造成钻井液量不足。

如所有化学品一样，若处理不当，油基钻井液可对人体健康造成一定的危害。尤其是用柴油配制全油基钻井液时，由于柴油具有一定毒性，可导致人体皮肤不适。另外，来自油基钻井液的粉尘和蒸汽（尤其是振动筛附近区域）可造成呼吸道不适，必须做好安全作业与防护。

在处理油基钻井液时应时刻谨慎，要配带长橡胶手套，以避免皮肤过敏和烧伤。振动筛及钻井液循环灌区附近有大量蒸汽，导致能见度降低，在此区域工作的人员做好个人防护，并经常换班，以减少直接暴露及对人的伤害。

三、全白油基钻井液

全白油基钻井液是为了克服柴油基钻井液环保性能差而发展的一种低毒油基钻井液体系，它在保持全柴油基钻井液良好性能的同时，环境适应性和安全性有显著提高，属于低毒油基钻井液体系之一。

（一）配方与性能

1. 配方一

基本组成[8]：5 号白油 +3% 有机土 +0.6% 增黏剂 +2.5% 润湿剂 +0.5% 结构剂 +0.5% 氧化钙 +3% 碳酸钙 +0.5% 降滤失剂 + 重晶石。

按照上述配方所配制的全白油基钻井液性能见表 4–4。从表中可见，老化前后钻井液具有良好的流变性和高温稳定性，150℃时的高温高压滤失量为 12.8mL，能够满足现场施工需要。

表 4-4　全白油基钻井液性能

实验条件	ρ/（g/cm^3）	FL/mL	PV/mPa · s	YP/Pa	n	K/mPa · s^n
50℃	1.51	2.4	32	2.0	0.91	63
150℃ /16h	1.50*	2.2	49	22.5	0.61	1061

注：热滚后无沉淀出现，*FL_{HTHP} 为 12.8mL。

2. 配方二

基本组成[9]：白油 +3%有机土 GW–GEL+0.3%激活剂 GW–OGA+ 0.25%降滤失剂 GW–OFL Ⅰ+5%降滤失剂 GW–OFL Ⅱ+0.5% CaO+5% $CaCO_3$+0.1%的增黏提切剂 + 1%润湿剂 GW–WET+ 重晶石（加至密度为 1.55g/cm^3）。

按照上述配方配制的全白油基钻井液经 150℃、16h 老化前、后的性能见表 4–5。从表中可以看出，热滚前后全油基钻井液体系具有良好的流变性及乳化稳定性，表现出良好的热稳定性。

表 4-5　全白油基钻井液室内性能（150℃、16h）

条件	AV/mPa · s	PV/mPa · s	YP/Pa	φ_6	φ_3	Gel/Pa/Pa	ES/V	FL_{HTHP}/mL
老化前	42.5	38.0	4.5	5.0	4.0	4.0/5.5	＞ 2000	
老化后	44.0	38.5	5.5	5.5	3.5	5.0/7.5	＞ 2000	2.8

（二）现场应用

沈 307 井在三开井段（3709~4146m）使用了组成同配方一的全白油基钻井液。该井段钻遇地层为新生界下第三系、沙河街组四段和新生界下第三系房身泡组。其中 3709~4022m 井段地层为深灰色泥岩夹灰色粉砂岩，4022~4030m 井段地层为灰黑色蚀变玄武岩，下层由灰色、深灰色粉砂质泥岩、灰色粉砂岩组成。现场油基钻井液配方：$119m^3$ 白油 +3.9t 有机土 +1.3t 增黏剂 +6.6t 液体增黏剂 +0.65t 结构剂 +2.38t 润湿剂 +0.68t 氧化钙 +3.6t 超细碳酸钙 + 重晶石 +0.68t 主乳化剂 +0.65t 降滤失剂。

现场应用表明，全白油基钻井液具有较好的流变性、高温稳定性、电稳定性及沉降稳定性，钻进过程顺利，满足了施工要求。使用 Φ152mm 钻头的全白油基钻井液比使用 Φ241mm 钻头的有机硅钻井液钻速快，如果考虑到钻头直径及井深对钻速的影响因素，使用全白油基钻井液钻速比水基钻井液钻速要快得多，且钻头磨损减轻，使用寿命延长。

此外，以低毒矿物油为基油，由用作高温高压滤失调节剂的聚合物，以及有机土、乳化剂、润湿剂、加重材料等组成的全油基钻井液在 204℃下性能稳定。实验表明，该体系表现出类似于水基聚合物钻井液的流变性，有较高的动塑比，剪切稀释性好，因而可以提高钻速，减少井漏，改善井眼清洗状况及悬浮性，1999 年该体系已经在 60 多口井应用，密度为 0.83~2.04 g/cm^3，钻进深度最深达到 6309m，井底最高温度 213℃，井斜达到 69°，尤其在大斜度定向井中应用十分成功[10]。

第三节　油包水乳化钻井液

油包水乳化钻井液是以水滴为分散相，油为连续相，并添加适量的乳化剂、润湿剂、亲油胶体和加重剂等所形成的稳定乳状液体系。与纯油基钻井液相比，乳化剂、胶凝剂等对于保持体系的稳定性更为重要，同时受所处环境情况的影响也更大。因此，在油包水乳化钻井液使用中，对乳化剂、润湿剂等的要求比纯油基钻井液要高，由于水的存在，处理剂在高温下的稳定性比油基钻井液差。任何影响乳状液稳定性的因素都会影响油包水乳化钻井液的性能。但由于水的引入，油包水乳化钻井液的安全性和环保性能会比油基钻井液有所提高。近年来，随着专用处理剂的逐步完善，油包水乳化钻井液的性能控制问题已得到解决，围绕环保要求如何发展并全面推广低毒或无毒油包水乳化钻井液将是未来努力的方向。

一、油包水乳化钻井液配制与维护处理

结合一种基本的油基钻井液配方，介绍油基钻井液体系的配制与维护处理要点。

（一）基本配方

表 4-6 是基本的油包水乳化钻井液配方[11]。

表 4-6 油包水乳化钻井液配方

材料名称	功能	用量 /（kg/m^3）	材料名称	功能	用量 /（kg/m^3）
基础油	连续相	700～900L/m^3	辅乳化剂	乳化	20～50
$CaCl_2$ 或 NaCl 盐水	分散相	300～100L/m^3	润湿剂	润湿	6～12
亲油膨润土	形成胶体	30～80	降滤失剂	降滤失	30～50
氧化沥青	增黏、降滤失	20～60	石灰	碱度控制	30～80
主乳化剂	乳化	20～50	重晶石	加重	根据需要

注：$CaCl_2$ 或 NaCl 盐水质量分数根据活度要求确定。

（二）配制与维护处理

1. 钻井液配制

严格按照油包水乳化钻井液配方、配制工艺进行配制，确保配制成的油包水乳化钻井液流变性和悬浮稳定性良好。如果初期检测钻井液电稳定性低、HTHP 滤失量较高，分散相固相颗粒较大，体系出现不稳定现象，主要是由于地面设备剪切不充分，钻井液经过入井循环后性能可以得到改善。具体工艺如下：

（1）按照需要准备好循环罐并清洗干净，各连接处密封，无泡、冒、滴、漏。

（2）在配制罐内配制所需浓度的 $CaCl_2$ 水溶液。

（3）按配方量在罐内加入基油，开动地面循环，经混合漏斗加入所需有机土、氧化沥青、石灰粉，充分循环搅拌 1.5～2h 至全部均匀分散；然后加入乳化剂充分搅拌 2h。

（4）将配制好的 $CaCl_2$ 水溶液缓慢加入油相中，充分搅拌 1.5～2h。

（5）根据设计要求，加入重晶石达到所要求的钻井液密度。

（6）如果老浆再利用，按照小型实验结果确定新浆与老浆的混合比例，然后再进行混合。

2. 油包水乳化钻井液的置换

为更快、干净顶替水基钻井液，置换前大排量循环两周，充分循环清洗井底及破坏水基钻井液结构，为避免混浆使用柴油或盐水作为隔离液，置换时保持钻井泵以最大的排量均匀稳定进行，避免中途停泵。返出的水基钻井液外排放掉，即将返出油包水乳化钻井液时，连续测量钻井液密度以确定置换终点。置换完成后，防止原水基钻井液及钻屑对油包水乳化钻井液污染，快速清洁锥形罐、钻井液槽及相关循环罐。清洁完毕，建立全井循环二周以上，使油包水乳化钻井液充分剪切混合。

3. 维护与处理

钻进过程中根据钻井速度和钻井液消耗量，及时补充新浆或基液，保证施工安全。

钻进中及时检测钻井液各项性能指标，发现异常立即进行维护处理，保证钻井液性能稳定。维护处理要点如下：

（1）密度的调整。提高密度时使用重晶石按循环周均匀加重，同时根据钻井液稳定性变化补充乳化剂等处理剂。钻井过程中钻屑、重浆压钻具水眼引起的密度上升，要及时使用固控设备清除固相，或适当补充基液稀释。

（2）流变性的控制。通过固控设备控制固相，保持钻井液良好的流变性。黏度异常时，首先检测油包水乳化钻井液的油水比、固相含量是否符合要求。根据具体情况调整油相与水相比例，并充分剪切乳化；加重剂、钻屑等固相引起的增黏，使用固控设备及时清除，同时补充乳化剂改变钻井液体系中固相的润湿性，以降低钻井液的黏度。保持钻井液具有适当的剪切速率，防止因钻井液长时间静止而造成的乳液不稳定。

（3）电稳定性。确保乳状液的稳定性是油包水乳化钻井液的核心。要始终保持钻井液的破乳电压大于400V。如出现异常，应考虑油水比、电解质的浓度、钻屑、处理剂、剪切状况、温度等因素影响，分析后有针对性进行调整。

（4）碱度控制。根据消耗及时补充适量石灰，保持体系碱度在1.5~2.5mg/L范围内。

（5）高温高压滤失量控制。钻进中保持钻井液高温高压滤失量小于4mL（宽滤失体系除外），并保证全部是油。如果高温高压滤失量大于4mL，应补充降滤失剂、氧化沥青、有机土或加入封堵剂。

二、低毒矿物油包水乳化钻井液

由于常规的油基钻井液具有很高的芳香烃含量和生物毒性，因此在许多地区应用受到限制，尤其是在环境敏感的近海地区。因此，低芳烃低毒的矿物油钻井液逐步受到重视并得到广泛应用。所谓低毒油基钻井液，是用无芳烃的矿物油代替含芳烃的矿物油形成的油基钻井液体系。无芳烃，即基油中没有可被测量到的芳香烃或芳烃含量小于0.01%。国外大约于1970年开始研制低毒（或称无毒）油基钻井液。1980年初，在美国得克萨斯州的Laredo地区，第一次使用低毒油基钻井液。1998年，在北海的挪威使用了无芳烃基钻井液[12]。近几年来，由于对环境保护更加重视，低毒钻井液体系发展较快，各大钻井液公司均有自己的低毒油基钻井液体系及专利产品。表4–7是国外某公司低毒油基钻井液配方及性能参数。

低毒油包水乳化钻井液已在国内外海洋油气钻探作业中得到广泛的推广应用，并在陆上钻井中逐渐取代柴油钻井液。以北海油田的应用情况为例，Unocal公司曾在位于北海大陆架的荷兰Helder油田使用低毒油包水乳化钻井液成功钻成8口水平井。这些井的共同特点是井壁稳定、井径规则、井眼净化情况良好，由于配合使用了$CaCO_3$等酸溶性桥堵剂，钻井液对产层的损害程度也很小。英国BP石油公司在Magnus和Forties两个海上钻井平台使用矿物油钻井液后，完全克服了在大段泥页岩地层钻进时遇到的复杂情况。与过去所使用的KCl–聚合物抑制性水基钻井液相比，不仅井径规则得多，而且机械

表 4-7 Exxon 公司典型低毒油基钻井液配方及性能参数

项目		Mentor 28 矿物油	Mentor 26 矿物油	Escaid 110 矿物油
配方	油水比	90/10	90/10	90/10
	主乳化剂 /（g/L）	10.0	10.0	10.0
	辅乳化剂 /（g/L）	24.2	24.2	24.2
	润湿剂 /（g/L）	6.28	6.28	6.28
	20%$CaCl_2$ 溶液 /L	11.1	11.1	11.1
	石灰 /（g/L）	28.5	28.5	28.5
	有机土 /（g/L）	20.0	20.0	20.0
	重晶石 /（g/L）	1266.7	1266.7	1266.7
	滤失量控制剂 /（g/L）	28.5	28.5	28.5
性能	密度 /（g/cm^3）	0.92	1.92	1.92
	PV/mPa·s	77	52	40
	YP/Pa	12.9	10.5	7.2
	Gel/Pa/Pa	10.1/14.4	7.7/11.5	4.8/8.6
	ES（50℃）/V	2000	1370	1070
	FL_{HTHP}/mL	3.7	4.1	4.4

注：高温高压滤失量在 180℃、4.5MPa 下测定。

钻速也明显提高。

1985 年，我国开始研制低毒油基钻井液，经多年的室内实验及现场实践，已配制成了满足现场要求的低毒油基钻井液，并生产了相应的低毒系列处理剂产品，其性能与国外同类产品相当，钻井液及产品的毒性符合 API RPI3H LC50/96h 的要求。在南海西部海域钻井作业中应用证明，低毒油基钻井液具有环境安全，井眼稳定，润滑性好，抗污染能力强，对油层损害小，抗腐蚀性好等特点[13]。

近年来，国内将白油基乳化钻井液用于页岩气水平井钻井已相当普遍，如泌页 HF1 井设计三开在页岩层中钻进水平段，水平段设计长度 1000.0m。该井定向段应用水基聚合物钻井液，在接近水平段时钻遇泥岩、页岩地层，并发生严重井壁失稳。为防止页岩水化、分散、垮塌及长水平段易黏卡的问题，在三开水平井段试验应用了白油基钻井液。该体系采用 5 号白油为连续相，质量浓度 28.0g/L 的 $CaCl_2$ 水溶液为水相，配方为：80% 的 5 号白油 +20% 质量浓度 28.0g/L 的 $CaCl_2$ 水溶液 +2.5% 主乳化剂 MUL1+1.5% 辅乳化剂 COAT1+1.5% 润湿剂 +2.5% 有机膨润土 +3.0% 降滤失剂 FLTR1+2%CaO+0.5% 提切剂 +2.0% 树脂封堵剂 +3.0% 乳化封堵剂 +2.0% 纳米封堵剂。该油基钻井液在泌页 HF1 井三开水平段应用，仅用时 6.5d 就钻完实际长达 1044.00m 的水平段。应用表明，钻井液封堵防塌能力强、性能稳定、滤失量低、流变性好，且具有较强的携岩能力[14]。

采用经过脱硫脱芳处理后的新型基础油形成的一种典型的低毒环保型油基钻井液，其配方见表 4-8[15]。

表 4-8　低毒油基钻井液体系配方

材料	用量 /%	材料	用量 /%	材料	用量 /%
改性有机土	3.0	改性橡胶封堵剂	2.0	润湿剂	1.5
主乳化剂	2.0	树脂类降滤失剂	2.0	CaO	1.0
辅乳化剂	2.0	磺化沥青类降滤失剂	1.0	重晶石	根据密度确定

注：基液组成为新型基础油：质量分数 25% 的 $CaCl_2$ 水溶液 =90：10。

VersaClean 低毒油基钻井液是国外开发的一种典型的低毒油基钻井液，它是以无荧光低芳香烃矿物油为连续相，$CaCl_2$ 水溶液为盐水相，与乳化剂、油润湿剂、增黏剂、降滤失剂等亲油胶体及碱度控制剂和加重材料组成。

中国海洋石油总公司在渤海海域蓬莱 19-3 油田的一期开发过程中，使用 VersaClean 低毒油基钻井液钻进生产井段。在南中国海使用该钻井液，当钻屑含油量低于 15% 时，钻屑直接排放入海；在渤海湾使用时，限于内陆海的环境特点，使用钻屑回注技术处理，有利于环境保护[16]。

VersaClean 低毒油基钻井液的基本配方见表 4-9，钻井液的现场使用性能见表 4-10。

表 4-9　钻井液基本配方及材料

钻井液材料	功能	用量	钻井液材料	功能	用量
钻井水	水相	体积分数 30%	Versatrol	高温高压降滤失剂	$5.7kg/m^3$
低毒矿物油	连续相	体积分数 70%	石灰	碱度控制剂	$17.1kg/m^3$
Versamul	主乳化剂	$11.4kg/m^3$	重晶石	加重剂	$231.9kg/m^3$
Versacoat	乳化和润湿	$5.7kg/m^3$	VG-plug	主增黏剂	$20.0kg/m^3$
95% 的 $CaCl_2$	活度控制剂	$92.5kg/m^3$			

表 4-10　钻井液性能

钻井液性能	设计	实际	
		最小值	最大值
密度 / (g/cm^3)	1.14～1.26	1.05	1.12
PV/mPa · s	25～35	18	27
YP/Pa	10.53～16.76	8.61	13.88
Gel^*/Pa	N/A	4.3/8.6/8.6	9.6/13.4/14.4
FL_{HTHP}/mL	＜ 4.0	2.4	3.8
k/mm	N/A	0.79	1.19
油水体积比	70/30	69/31	74/26
固相体积分数 /%	N/A	6.0	8.2
校正后固相体积分数 /%	N/A	4.2	7.0
氯离子含量 / (mg/L)	N/A	36500	51500
碱度（$0.1H_2SO_4$）/mL	N/A	0.9	3.0

续表

钻井液性能	设计	实际	
		最小值	最大值
过量石灰含量 / (kg/m^3)	12.18~20.34	11.64	31.72
水相盐度 / (mg/L)	> 178000	138811	166000
电稳定性 /V	> 600	626	972

注：* 为 10s/10min/30min。

为保证钻井液良好的性能，在现场配制及维护处理时，要控制各种处理剂的量在设计的范围内，以维护钻井液性能稳定。

矿物油和水比控制在 70∶30 左右，既经济又能提高携屑能力。但也可以根据实际需要调整合适的油水比。国外实验证明，油水比为 90∶10 时金属对金属的摩阻比油水比为 62∶38 时低 50%，金属对砂岩的摩阻低 40%，北海地区的实践证明，提高油水比能够大幅度地提高钻井液的润滑性。通常低密度油基钻井液，因总固相含量低，一般选择较低的油水比，一方面可降低成本，另一方面提高钻井液的黏度，但大位移井从降摩阻与扭矩出发，应选择高的油水比。如西江 24-3-A14 大位移井 Φ311mm 井段油基钻井液的油水比为 75∶25。Φ216mm 井段随着井深的增加，为了降低摩擦扭矩和摩擦阻力，将油水比提高到 85∶15，满足了下部井段钻井的要求[17]。

在高温高压滤失不能满足要求时，可以加磺化沥青或 Veratrol 降低滤失量，同时添加乳化剂 Versamul 和 Versacoat，并保持过量石灰在 4.27~7.13kg/m^3 范围内，以提高乳化性能。应控制 $CaCl_2$ 的加量，否则会造成钻井液乳化性能降低，为避免引起重晶石水润湿，$CaCl_2$ 不能和重晶石一起加入。

添加有机土 VG-plug 提高低剪切速率下的黏度，维持 $\varphi3$ 和 $\varphi6$ 的值，以提高携屑能力，降低固相含量。若钻进过程中出现摩阻和扭矩增大的情况，应适当提高油水比或添加磺化沥青，以提高钻井液及滤饼的润滑性，降低摩阻和扭矩。在保持钻井液密度的前提下，尽量控制较低的固相含量。现场使用油基钻井液时，除地层水不可避免地进入循环系统内以及调整钻井液性能时必须加水外，禁止其他类型的水进入循环系统。

为保证钻井液的稳定性，将破乳电压值维持在 400V 以上，高温高压滤失量在 52℃和 121℃时无自由水析出。保持钻井液中的过量石灰含量在 1.43~2.85kg/m^3 范围内。钻进中使用好固控设备，有效清除有害固相。

在渤海海域蓬莱 19-3 油田的应用表明，VersaClean 低毒油基钻井液有效地保护了油层。根据已经投产井的产能情况，其大大提高了油田的采收率。通过合理的完井方法及工艺措施等，单井平均日产量超过 200m^3，是采用水基钻井液钻进、采用常规砾石充填方法完井的油井日产量的 3~4 倍。西江 24-3-A20ERW 大位移井，完钻井深为 8987m，垂直井深为 2851.23m，水平位移为 7825.51m，尾管下至井深为 8984m，该井在 Φ311.1mm 和 Φ215.9mm 井眼使用低毒 VersaClean 油基钻井液体系，钻进中钻井液性能稳定，润滑性好，井眼稳定性强，施工顺利，固井质量优良[18, 19]。由基液（白油：

25%$CaCl_2$ 水溶液 =70：30）、主乳化剂 3.0%、辅乳化剂 0.5%、润湿剂 1.5%、有机土 1.5%、降滤失剂 3% 和碱度调节剂 1%，用 $CaCO_3$ 作密度调节剂组成的低毒深水油基钻井液与 VersaClcan 油基钻井液相近。

三、低固相矿物油基钻井液

针对高压储层的水平井段钻井的需要，以克服常规油基钻井液固相含量高所造成的地层损害，国外钻井液公司使用甲酸铯盐水配制了密度为 1.66g/cm^3 的低固相油包水乳化钻井液体系，该体系与常规的加重钻井液体系相比，由于不含任何固体加重剂且为单离子，因而最大限度地消除了由重晶石引起的井控问题，减少对地层的损害和筛管堵塞。与溴化锌钻井液相比，对环境影响小，更安全，对储层损害也小，钻井液配方和性能如表 4-11 所示。

钻井完井实践证明，甲酸铯盐水为内相的油包水乳化钻井液的使用不仅可以简化操作过程、减少钻井液的浪费，而且还可以消除流体不兼容的问题。钻井液性能很好，表现出很低的当量循环密度，能达到中或高的机械钻速，具有很好的水力特性，良好的井眼净化能力，钻井扭矩和摩阻很低，井壁稳定性良好。完井作业快速稳定，钻出的井显示了较高的生产效率和较低的表皮系数，创下了北海地区最快的高温高压完井记录，是一种能将高温高压井控问题最小化、井产量最大化的有效钻井液体系[20]。

表 4-11　高密度低固相油基钻井液与传统油基钻井液配方和性能对比

组成	高密度低固相油基钻井液	传统油基钻井液	性能	高密度低固相油基钻井液	传统油基钻井液
基油	360L/m^3	500L/m^3	φ600①	117	102
氯化钙盐水		158L/m^3	φ300①	68	60
甲酸铯盐水	590L/m^3		φ200①	50	45
乳化增黏剂	35L/m^3	30L/m^3	φ100①	31	30
石灰	2kg/m^3	15kg/m^3	φ6①	8	10
堵漏材料	3kg/m^3		φ3①	7	9
碳酸钙	30 kg/m^3（体积 1%）		定量滤纸②		1.6mL/30min
重晶石		940kg/m^3	20μm 膜②		3.2mL/30min

注：① 50℃下的流变性；② 115℃下高温高压滤失量。

为了满足挪威中部 Aasgard 油田钻分支井需要，使用高密度的溴化钙盐水作为分散相，用标准矿物油作为连续相，用液态树脂有机物替代天然沥青作为降滤失剂，得到了一种新型低固相矿物油基钻井液（LS OBM），配方见表 4-12。室内评价表明，LS OBM 钻井液体系要达到最佳性能，还应满足以下要求：油水比为 60：40，添加 140kg/m^3 桥堵剂，堵漏颗粒的大小略大于最佳理论值，使用石墨和白云母片作为堵漏材料。与传统的钻井液相比，LS OBM 具有更好的封堵性、热稳定性和更高的渗透率恢复值。

应用表明，LS OBM 能有效地缩短井眼净化时间，且润滑性好，有利于提高钻速。LS OBM 钻井液体系对地层的损害程度远小于其他重晶石加重钻井液体系，减少了井下复杂事故，有效地保护了储层。采用溴化钙基盐水为内相的无黏土相的乳化钻井液在大位移水平井钻井中表现出良好的性能[21]。

表 4-12　LS OBM 钻井液实验配方

材料	用量 /（kg/m^3）	材料	用量 /（kg/m^3）
低芳香族矿物油	423	密度为 $1.7kg/m^3$ 的溴化钙盐水	364
乳化剂	30	石灰	10
液态降滤失剂	10	白云石	120
优质有机土	10	石墨	20
清水	161		

国内介绍了一种低固相油包水乳化钻井液，其配方为[22]：3 号白油 +2%~3%VERSAMUL+2%VERSACOAT+50%HCOOCs 溶液 +1.0%~1.5%GW-VIS+2%GW-OFL+1.5%CaO+3%$CaCO_3$，密度为 0.90~1.58g/cm^3，可调。

对密度为 1.580g/cm^3 的低固相油包水乳化钻井液、全油基钻井液（5 号白油 +3% 有机土 +2% 降滤失剂 +5% 有机褐煤 +0.5% 氧化钙 +3% 超细碳酸钙 +1% 润湿剂 + 重晶石）和常规油包水钻井液（80% 柴油 +2% 有机土 +2% 降滤失剂 +3% 有机褐煤 +2.5% 高温乳化剂 +1% 辅乳化剂 +20%$CaCl_2$ 溶液 +0.5% 氧化钙 +0.5% 润湿剂 + 重晶石）分别在室温（20℃）及低温（-20℃）条件下静置 24h，以 3000r/min 搅拌 20min 后室温下测试性能，如表 4-13 所示，与常规油基钻井液相比，低固相油包水乳化钻井液具有更好的流变性，其表观黏度低，动塑比较高，剪切稀释性强，有利于高效破岩及携带岩屑；尤其是在低温条件下仍保持较好的流变性和触变性，其较快的弱凝胶空间网架结构使切力对时间无依赖性，有利于悬浮钻屑，同时能避免由于重新开泵泵压过高带来的一系列问题。

表 4-13　三种油基钻井液流变性能对比

钻井液类型	实验条件	*AV*/mPa · s	*PV*/mPa · s	*YP*/Pa	*Gel*/Pa/Pa	动塑比
全油基钻井液	室温	51.0	40.0	11.0	5.5/9.0	0.28
	低温	134.0	102.0	32.0	10.5/15.0	0.31
常规油包水乳化钻井液	室温	58.0	45.0	13.0	6.5/9.5	0.29
	低温	152.0	116.0	36.0	12.0/17.5	0.31
低固相油包水乳化钻井液	室温	46.0	33.0	13.0	3.0/5.0	0.39
	低温	68.0	50.0	18.0	6.0/8.0	0.36

将密度为 1.580g/cm^3 的低固相油包水乳化钻井液分别在不同温度下热滚 16h 后测定其流变性及高温高压滤失量，结果表明，随着温度的升高，钻井液塑性黏度和动切力呈现下降趋势，高温高压滤失量呈上升趋势，但整体流变性能良好，黏切适中，滤失量较

低。钻井液被清水污染后，流变性变化不大，破乳电压有下降趋势，即使水侵入量达到20% 时，其破乳电压仍大于 1000V，整体性能稳定。

在钻井液中，随着钻屑混入量的增大，钻井液的塑性黏度略微增加，切力变化不大。当钻屑侵入量达到 25% 时，钻井液仍具有良好的流变性及较低的滤失量。但随着钻屑的侵入量进一步增加，由于塑性黏度受固相体积分数影响更大一些，不利于流变性控制，因此，在施工中必须保证固控设备使用率 100%，以有效地去除钻屑。

钻井液滤液的 *CST* 值及 220℃下滚动 16h 后岩屑（孔径 0.38mm 标准筛）的回收率实验表明，低固相油包水乳化钻井液具有较强的控制泥页岩水化分散的能力，其抑制性能与全油基钻井液相当，优于常规油包水钻井液，这是由于低固相油包水乳化钻井液中水相为强电解质甲酸铯，其抑制性能高于氯化钙所致。实验测得不同储层物性的岩心被污染后的渗透率恢复值均在 90% 以上，表现出良好的储层保护性能。

四、无土相油包水乳化钻井液

实践表明，常规含有机土的油基钻井液暴露出高密度条件下流变性控制困难，当量循环密度高，在起下钻或开泵时激动压力较高，易诱发井漏或井壁失稳等问题。而使用能够代替有机土的油溶性或油溶胀性聚合物等提高钻井液的黏度和切力，通过优化复合型乳化剂而形成的无土相油包水乳化钻井液体系，能够克服含土油基钻井液使用中存在的不足。

以无土相柴油包水乳化钻井液为例，其配方为[23]：300mL 基液 +1.5%~3.0% 增黏提切剂 +3.0%~4.0% 乳化剂 + 3.0%CaO+2.0%~3.0% 降滤失剂 + 重晶石，基液由不同体积比的柴油和 $CaCl_2$ 溶液组成。

按上述无土相油包水乳化钻井液配方配制油水比 80：20、密度 1.6g/cm^3 的无土相油包水乳化钻井液，并在不同温度下老化 16h 后测其性能，如表 4-14 所示，随着老化温度升高，无土相油包水乳化钻井液的表观黏度、塑性黏度、动塑比和 API 滤失量呈现略微降低的趋势，而破乳电压则小幅升高，说明无土相油基钻井液在 80~160℃温度范围内性能稳定，能抗 160℃高温。

配制不同密度的无土相油包水乳化钻井液，在 150℃下老化 16h 后测其性能，随着密度增大，虽然无土相油基钻井液的表观黏度、塑性黏度和切力逐渐增大，但其性能仍然能满足钻井要求。

表 4-14　温度对无土相油包水乳化钻井液性能的影响

老化温度 /℃	*AV*/mPa·s	*PV*/mPa·s	*YP*/Pa	*Gel*/Pa/Pa	动塑比	FL_{API}/mL	*ES*/V
80	63	50	13	6.0/7.5	0.26	2.8	650
110	57	44	13	5.0/6.5	0.30	2.0	770
130	58	46	12	4.5/5.5	0.26	2.0	760
150	55	45	10	3.5/5.0	0.22	1.4	700
160	50	41	9	4.0/5.5	0.22	1.0	820

实验表明，与有土相油包水乳化钻井液相比，无土相油包水乳化钻井液在用重晶石加重之后极压润滑系数无明显变化，说明无土相油包水乳化钻井液的润滑性能更好。

研究表明[24, 25]，油水比是影响无土相油包水乳化钻井液流变性和悬浮稳定性的关键。无土相油包水乳化钻井液塑性黏度和动切力随着油水比的降低而升高。当钻井液密度为2.20g/cm^3，适宜的油水比为80∶20，此时钻井液的塑性黏度和动切力均在合理的范围之内，为防止黏切过高，随着钻井液密度的继续升高，钻井液的油水比应随之升高。

使用3号白油、0号柴油和气质油Saraline 185V作为体系的基础油，测试了采用不同基础油所配制的无土相油包水乳化钻井液性能，如表4-15所示，使用气质油Saraline 185V配制的高密度无土相油包水乳化钻井液塑性黏度、终切力最低，使用柴油配制的高密度无土相油包水乳化钻井液高温高压滤失量和破乳电压均最高。使用3种不同的基础油所配制的钻井液各项性能均在合适的范围内，显然，可以根据需要分别用3种基础油配制不同类型的无土相油包水乳化钻井液。

表4-15　基础油对无土相油基钻井液性能的影响

基础油	密度/(g/cm^3)	*ES*/V	*AV*/mPa·s	*PV*/mPa·s	*YP*/Pa	*Gel*/Pa/Pa	FL_{HTHP}/mL
3号白油	2.20	1220	46	34	12	7.5/13	4.2
0号柴油	2.20	1350	49	36	13	8.5/15	4.0
Saraline 185V	2.20	1180	41	32	9	7/12	4.4

注：无土相油包水乳化钻井液配方为：基础油+16%氯化钙盐水+3.0%复合型乳化剂G326-HEM+2.0%氢氧化钙+4.0%降滤失剂G328+1.0%增黏剂+0.5%提切剂+加重材料。

实验表明，在相同油水比条件下，无土相油包水乳化钻井液的塑性黏度、终切力比含土相油包水乳化钻井液要低，更容易获得良好的钻井液流变性。

柴油基无土相油包水乳化钻井液首先在焦页47-6HF井、焦页68-HF井、焦页68-3HF井和焦页68-2HF井等4口井进行了现场应用试验，平均机械钻速为7.82m/h，与使用有土相油基钻井液的9口邻井相比，机械钻速提高了15.9%。钻进过程中，钻井液性能稳定，润滑、抑制性能优越，携岩能力强，流变性能良好，井眼稳定，通井电测下套管顺利，保证了页岩气水平井的安全快速钻进。以焦页47-6HF井为例，焦页47-6HF井三开钻进中钻井液性能稳定，密度为1.30~1.44g/cm^3，塑性黏度为28~40mPa·s，固相含量13%~25%，破乳电压420~752V，油水比75∶25~83∶17。该井三开井段钻进顺利，平均钻时9min/m，水平段平均钻时7min/m，水平段平均井径扩大率1.1%。

使用有土相油包水乳化钻井液的焦页47- 6HF井三开井段，与使用含土相的油包水乳化钻井液的47-4HF井相比，焦页47-6HF井三开井段的泵压比焦页47-4HF井低，而且焦页47-6HF井三开所使用无土相油包水乳化钻井液的密度比焦页47-4HF井三开所用有土相油包水乳化钻井液高，这充分反映了无土相油包水乳化钻井液具有良好的剪切稀释性，有利于降低循环压耗和提高水功率传递。

白油基无土相油包水乳化钻井液在长宁区块某平台 4 口页岩气水平井进行了应用，结果表明，应用井井壁稳定，无缩径无掉块，起下钻畅通，井眼始终处于良好净化状态，平均机械钻速提高 37.8%，有效地解决了传统高密度油基钻井液因结构强度大而易诱发井漏的问题，满足了长宁、威远区块页岩气水平井安全快速钻井的需要[26]。与有土相油包水乳化钻井液相比，无土相油包水乳化钻井液具有更强的电稳定性和更低的终切力，有利于预防高密度条件下油基钻井液的稠化和复杂地层漏失问题。

采用强封堵型无土相油包水乳化钻井液在 202H3 平台 6 口井的现场应用表明，钻井液具有乳化稳定性强、流变性能优良、封堵性强等特点，能够满足四川页岩地层安全钻井的需要[27]。

五、可逆转油包水乳化钻井液

实践表明，在钻井过程中，采用油基钻井液可产生较薄的滤饼、具有优良的润滑性、较快的钻进速度及优异的井眼稳定性等优点。但其缺点是完井时残留钻井液和滤饼不易清除、海上钻井时带残留油的钻屑不易处理，固井时残余的钻井液若留在井筒、油润湿地层和套管里，导致水润湿地层和套管之间的水泥胶结强度大大下降，严重影响固井质量[28]。可逆转的油包水乳化钻井液既保持了常规油基钻井液和合成基钻井液性能上的各种优点，又可在完钻后及时转化为水包油乳化钻井液，将油湿的岩石表面重新转变为水湿，避免油相渗透率降低，对储层起到有效的保护作用，还便于对滤饼的清洗和清除；在海上钻井中可简化对钻屑的处理程序，减少处理费用，有利于对环境的保护。目前该钻井液体系已在西非、墨西哥湾和中国海上等地区得到了成功的应用[29~34]。

下面简要介绍可逆转的油包水乳化钻井液组成、性能和应用[35]。

（一）组成与性能

可逆转油包水乳化钻井液体系除乳化剂之外，其余处理剂均与常规油基钻井液相同。考虑到可逆转体系转成水包油后的稳定性及流变性，组成体系时应适当降低油水比，以使体系加酸反转后，水相有足够的体积作为外相稳定内相的油，同时也可使水包油状态的乳状液黏度不至于过高，另外，适当降低油水比有助于降低成本，使得油包水钻井液体系更易于获得较高的切力。基于此，选用 5 号白油与质量分数 25% 的氯化钙水溶液组成可逆转油包水乳化钻井液，其配方为：基液（油水比 60：40）+1% 石灰 +2% 可逆转乳化剂 HN408+1.5% 辅乳剂 RSE+1% 降滤失剂 HFR+2% 有机土 +1% 流型调节剂 HSV+ 重晶石加重至密度达 1.2g/cm^3。

按照上述配方配制可逆转油包水乳化钻井液体系，经 120℃高温滚动老化 16h 后，于 50℃温度下测定热滚前后钻井液性能，如表 4-16 所示，可逆转油包水乳化钻井液体系具有良好的流变性、热稳定性及较低的高温高压滤失量。

表 4-16 可逆转油基钻井液基本性能

项目	φ600/φ300	φ200/φ100	φ6/φ3	*AV*/mPa·s	*PV*/mPa·s	*YP*/Pa	动塑比	FL_{API}/mL	FL_{HTHP}/mL	*ES*/V
滚前	85/54	42/27	10/9	42.5	31	11.5	0.37			710
滚后	86/54	42/28	7/5	43	32	11	0.34	0.6	4.4	754

表 4–17 是一种密度 1.19g/cm^3 的可逆转油包水乳化钻井液的典型配方及 65.5℃下测定的钻井液性能。表 4–18 为一种典型的可逆转油包水乳化钻井液的配方及其基本性能参数[36]。

表 4-17 可逆转油基钻井液的典型配方及性能

处理剂	用量 /g	钻井液性能	
基油	166	*PV*/mPa·s	25~27
石灰	1.0	*YP*/Pa	12~14
有机土	3~4	Gel_{10s}/Pa	6~8
可逆的乳化剂	8~12	Gel_{10min}/Pa	5~7
润湿剂	2.0	*ES*/V	550~600
流型改进剂	0~1	FL_{HTHP}/mL（93.3℃）	2~3
质量分数 25% 的 $CaCl_2$ 水溶液	71		
$CaCO_3$	267		

表 4-18 典型的可逆转油基钻井液的配方及性能

处理剂	加量 /（kg/m^3）	钻井液性能	
油	39.733	油水比	60：40
润湿剂	1.132	*ES*/V	200~800
可逆的乳化剂	3.141	转化剂加量 /mL	10~20
石灰	1.132	过剩石灰值 /（kg/m^3）	0.283~1.415
有机土	0.849	*PV*/*YP*/（mPa·s/Pa）	30~40/40~50
$CaCO_3$	22.470	*LSYP*/Pa	6~9
$CaCl_2$	44.516	密度 /（g/cm^3）	1.129

在以上的性能参数中，石灰过量值、电稳定性、可逆转乳化剂的加量是三个关键的参数，酰胺基胺乳化剂的浓度直接决定该体系是否具有可逆转的性质。石灰过量值在可逆转油包水乳化钻井液体系中是一个非常关键的参数，在钻井过程中一般把该钻井液体系的石灰过量值控制在 1.00~1.415kg/m^3。因为当钻井液与低 pH 值的流体（如带有 H_2S 或 CO_2 的流体）接触时会引发可逆表面活性剂的质子化，因此就会导致可逆转油包水乳化钻井液在钻井过程中由油润湿性转化成水润湿性，这样甚至会造成钻井事故。在表征可逆转油包水乳化钻井液的电稳定性时通常还联系到温度，因为电稳定性值被用来间接表征该钻井液体系的整体稳定性，高的电稳定性表明体系具有很强的乳化性，典型的油田用乳状液的电稳定值的范围为 200~800V。

如表 4–19 所示，当老化时间为 16h 时，可逆转油包水乳化钻井液体系在 120~140℃

范围内，老化温度的升高对钻井液性能影响不大，说明该体系具有很强的抗温能力。

表 4-19 可逆转油包水乳化钻井液抗温性能

温度 /℃	φ6/φ3	AV/mPa · s	PV/mPa · s	YP/Pa	动塑比	FL_{API}/mL	FL_{HTHP}/mL	ES/V
室温	10/9	42.5	31	11.5	0.37	—	—	810
120	7/5	43.0	32	11.0	0.34	0.6	4.4	754
130	6/5	45.5	34	11.5	0.34	0.6	5.2	421
140	6/5	15.5	33	12.5	0.38	0.6	4.8	578

注：钻井液配方：基液（5 号白油：质量分数 25% 的氯化钙水溶液 =60：40）+1% 石灰 +2%HN 408 可逆转乳化剂 +1.5% 辅乳剂 +1%HFR 降滤失剂 +2% 有机土 +1%HSV 流型调节剂 + 重晶石，钻井液密度为 1.2g/cm^3。

实验表明，可逆转油包水乳化钻井液具有较好的抗钻屑污染能力，当钻井液中加入钻屑时，随着钻屑加量的增加，体系的黏度和切力逐渐增加，而破乳电压降低，滤失量变化较小，即使钻屑加量达到 20% 时，钻井液的流变性仍然较好。钻井液体系具有很好的抗海水污染能力，即使受 20% 海水污染时，各项指标均未发生较大变化。

将可逆转油包水乳化钻井液体系在 120℃、3.5MPa 条件下做高温高压滤失实验，所得滤饼用 100mL 10%HCl 在 80℃下浸泡 30min，浸泡过程中轻微摇动，滤饼脱落并分散，滤饼失重率为 95.4%。可见，可逆转油包水乳化钻井液体系的滤饼在酸作用下可以很快脱落分散，并表现出水湿性。常规油基钻井液滤饼的清除是依靠清除液的渗透、增溶作用，扩散动力来自清除液的增溶。可逆转油包水乳化钻井液体系所产生的滤饼接触酸后，乳化剂变为水溶性，可以迅速溶解到水相中，同时可逆转体系乳化剂中含有的极性助表面活性剂与水溶性表面活性剂可形成熵推动的热力学稳定的微乳状液，促使滤饼更易于分散。

用标准盐水饱和人造岩心，岩心长度 6.676cm、直径 2.51cm、孔隙度 31.6%，正向用煤油驱测定渗透率 K_0 为 $178.4 \times 10^{-3}\mu m^2$；在 60℃、3.0MPa 条件下反向挤入可逆转油包水乳化钻井液 2PV；正向用煤油测污染后的岩心渗透率 K_d 为 $164.7 \times 10^{-3}\mu m^2$，并计算渗透率恢复值 K_d/K_0 为 92.3%，实验表明可逆转油包水乳化钻井液体系渗透率恢复值在 90% 以上，说明可逆转油包水乳化钻井液体系的储层保护效果很好，渗透率恢复值高。

（二）应用情况

可逆转的乳化钻井液在北海的 Central Graben 地区得到了成功的应用，由于北海地区的地质和沉积原因，既要求钻井液性能又要求提高钻井液的逆转速度，以便于钻屑回注。例如，在某井用可逆转油包水乳化钻井液钻了两段：一段是 Φ406.4mm 的井眼，井深 1100m；另一段是 Φ311.1mm 的井眼，井深为 2637m，最大井斜角 48.6°，原始油水比为 70：30，该段完成时油水比为 75：25。从工艺技术和性能两方面看，施工是成功的，证明该钻井液体系在钻井液性能和岩屑处理方面的优点，最后通过将岩屑的油润性状态变成水润湿状态，增加了钻屑的软化速度，从而减少了井下注入前研磨钻屑所需时间[37]。

在安哥拉 Cabinda 地区，由于复杂的钻井条件和井眼的不规则都要求使用油基钻井液提高钻井效率，降低作业风险，在使用油基钻井液后发现注水能力比预期的低而且很难采取补救措施。于是决定用可逆转油包水乳化钻井液体系钻其余的注水井，在完钻时，利用过滤海水（含有 10% HCl）充满井筒并浸泡 5min，然后在注水前进行回流。通过分析用不同钻井液体系的注水能力，利用可逆转油包水乳化钻井液所钻的两口井的注入水能力是利用常规油基钻井液所钻一口井的注水能力的两倍以上，通过室内实验分析表明，由于常规油基钻井液所形成的滤饼和其他残余物是油润湿性，所以部分堵塞了预充填筛管，而可逆转油包水乳化钻井液可以转化为水润湿性的，因此对流动造成的影响很小。

参 考 文 献

[1] 王中华 . 国内外油基钻井液研究与应用进展［J］. 断块油气田，2011，18（4）：541-544.

[2] 王中华 . 国内页岩气开采技术进展［J］. 中外能源，2013，18（2）：36-42.

[3] 鄢捷年. 钻井液工艺学［M］. 东营：石油大学出版社，2001.

[4] 钻井液技术手册［EB/OL］.https ：//wenku.baidu.com/view/53d9a34eef06eff9aef8941ea76e58fafab045c9.html ？ from=search，2018-08-20/2019-07-26.

[5] 王中华 . 油基钻井液技术［M］. 北京：中国石化出版社，2019.

[6] 鄢捷年. 钻井液工艺学［M］. 山东东营：石油大学出版社，2001.

[7] 王中华 . 国内外油基钻井液研究与应用进展［J］. 断块油气田，2011，18（4）：541-544.

[8] 刘绪全，陈敦辉，陈勉，等 . 环保型全白油基钻井液的研究与应用［J］. 钻井液与完井液，2011，28（2）：10-12.

[9] 李建成，钱志伟，杜兴国，等 . 辽河油田油页岩地层全油基钻井液技术［J］. 钻井液与完井液，2015，32（4）：9-12.

[10] M Mas，T Tapin，R Marquez，et al. A New High-Temperature Oil-Based Drilling Fluid［R］.SPE 53941，Latin American and Caribbean Petroleum Engineering Conference，21-23 April 1999，Caraca，Venezuela.

[11] 中油长城钻井有限责任公司钻井液分公司 . 钻井液技术手册［M］. 北京：石油工业出版社，2005.

[12] A Saasen，M Berntsen，G loklingholm，et al. The Effect of Drilling Fluid Base-Oil Properties on occupational Hygiene and the Marine Environment［J］. SPE Drilling & Completion，2001，16（3）：150-153.

[13] 彭放 . 低毒油基钻井液在南海西部的应用［J］. 钻井液与完井液，1996，13（6）：28-32.

[14] 何振奎 . 泌页 HF1 井油基钻井液技术［J］. 石油钻探技术，2012，40（4）：23-32.

[15] 解宇宁 . 低毒环保型油基钻井液体系室内研究［J］. 石油钻探技术，2017，45（1）：45-50.

[16] 安文忠，张滨海，陈建兵 .VersaClean 低毒油基钻井液技术 [J]. 石油钻探技术，2003，31（6）：33-35.

[17] 刘雨晴 . 低毒油基钻井液［J］. 钻井液与完井液，1992，9（1）：35-39.

[18] 安文忠，张滨海，陈建兵 .VersaClean 低毒油基钻井液技术 [J]. 石油钻探技术，2003，31（6）：33-35.

[19] 黄浩清 . 西江 24-3-A20ERW 大位移井钻井液技术［J］. 钻井液与完井液，2002，19（1）：28-31.

[20] 张艳娜，孙金声，王倩，等 . 国内外钻井液技术新进展［J］. 天然气工业，2011，31（7）：47-54.

[21] Mena Nasrallah，Mohamed Gaber .An Innovative Organophillic Clay-Free Invert Emulsion Fluid OCF-IEF Facilitates the Successful Running of the Longest 6 5/8-in. Liner in the World［R］. SPE 187085，SPE

Annual Technical Conference and Exhibition，9–11 October，San Antonio，Texas，USA.2017.
[22] 王晓军 . 新型低固相油基钻井液研制及性能评价［J］. 断块油气田，2017，24（3）：421–425.
[23] 李振智，孙举，李晓岚，等 . 新型无土相油基钻井液研究与现场试验［J］. 石油钻探技术，2017，45（1）：33–38.
[24] 凡帆，王京光，蔺文洁 . 长宁区块页岩气水平井无土相油基钻井液技术［J］. 石油钻探技术，2016，44（5）：34–39.
[25] 张小平，王京光，杨斌，等 . 低切力高密度无土相油基钻井液的研制［J］. 天然气工业，2014，34（9）：89–92.
[26] 陈在君 . 高密度无土相油基钻井液研究及在四川页岩气水平井的应用［J］. 钻采工艺，2015，38（5）：70–72.
[27] 周峰，张华，李明宗，等 . 强封堵型无土相油基钻井液在四川页岩气井水平段中的应用［J］. 钻采工艺，2016，39（3）：106–109.
[28] 王中华 . 关于加快发展我国油基钻井液体系的几点看法［J］. 中外能源，2012，17（2）：36–42.
[29] M A Dick, C Svoboda, M Jones.Reversible Invert Emulsion System used to Significantly Increase Water Injection Rates in an Open Hole，Stand–Alone Screen Completion in West Africa［R］.SPE 82278，SPE European Formation Damage Conference，13–14 May 2003，The Hague，Netherlands.
[30] Arvind Patel，Syed Ali. New Opportunities for the Drilling Industry Through Innovative Emulsifier Chemistry［R］.SPE 80247，International Symposium on Oilfield Chemistry，5–7 February 2003，Houston，Texas.
[31] A G Jones, M A Luyster，S A Ali，et al.Novel Chemistry Eliminates Post–Cleanup of OBM Filter Cakes From Openhole Laterals［R］.SPE 106703，European Formation Damage Conference，30 May–1 June 2007，Scheveningen，The Netherlands.
[32] C Price–Smith, M Parlar, S Kelkar，et al.Laboratory Development of a Novel，Synthetic Oil–Based Reservoir Drilling and Gravel–Pack Fluid System That Allows Simultaneous Gravel–Packing and Cake–Cleanup in Open–Hole Completions［R］.SPE 64399，SPE Asia Pacific Oil and Gas Conference and Exhibition，16–18 October 2000，Brisbane，Australia.
[33] C Dalmazzone, A Le Follotec, A Audiber–Hayet，et al. Development of an Optimized Formulation for Cleaning Water Injection Wells Drilled With Oil–Based Systems［R］.SPE 107632，European Formation Damage Conference，30 May–1 June 2007，Scheveningen，The Netherlands.
[34] Wayne Frenier，Mark Brady，Salah Al–Harthy，et al.Hot Oil and Gas Wells Can Be Stimulated Without Acids［J］. SPE Production & Facilities，2004，19（4）：189–199.
[35] 华桂友，舒福昌，向兴金，等 . 可逆转油基钻井液体系配制及性能评价［J］. 精细石油化工进展，2009，10（11）：8–11.
[36] 吴满祥，杨斌，卓绿燕，等 . 国外新型可逆乳化钻井液技术发展现状［J］. 内蒙古石油化工，2008，34（9）：47–49.
[37] 苏秀纯，赵庆，马颖洁 . 可逆的逆乳化钻井液——钻井液技术的重大飞跃［J］. 国外油田工程，2001，17（4）：18–22.

第五章　合成基钻井液

合成基钻井液是以合成基液为连续相，盐水为分散相，加上乳化剂、有机土、石灰等组成的合成基乳化钻井液，根据性能要求还需要加入降滤失剂、流变性能调节剂和加重材料等。与油基钻井液相比较，其区别主要在于将油基钻井液中的基础油替换为可生物降解又无毒性的合成基液，并要求合成基液的物理性质应与矿物油相似，且毒性必须很低，无论在需氧或厌氧的条件下均可以生物降解。由于合成基钻井液热稳定性好、对环境无毒，已受到了广泛的关注。20 世纪 80 年代，美国、英国、挪威等国的石油公司相继开展了合成基钻井液的研发与应用工作。20 世纪 90 年代在北海首次应用并获得成功[1, 2]，此后合成基钻井液的种类和应用不断增加，在世界范围内已有上千口井使用了合成基钻井液。合成基钻井液在国内应用比较少，即使应用也多是采用国外的技术。

本章从合成基基液及钻井液特点、烃类合成基、酯类合成基和醚类合成基钻井液等方面，介绍合成基钻井液的组成、性能和应用[3]。

第一节　合成基钻井液基础

一、合成基液

合成基液是组成合成基钻井液的关键材料，合成基钻井液分为一代和二代（国外分为 4 代），第一代主要为酯类、醚类和聚烯烃（PAO）类；第二代主要为线性烯烃（LAO）类、内烯烃（IO）类、线性烷烃（LP）类和线性烷基苯类，以线性烯烃聚合物为主的第二代合成基钻井液与第一代相比，不仅黏度较低，配制成本也较低，而且有更强的生物降解能力，也更适于在高温深井中使用。不同类型合成基液的性能见表 5–1。

表 5-1　合成基液的基本性能

基本性能	第一代合成基液				第二代合成基液			
	酯	PAO	醚	缩醛（羧酸醛）	LAB	LP	LAO	IO
密度 /（g/cm^3）	0.85	0.80	0.83	0.84	0.86	0.77	0.77~0.79	0.77~0.79

续表

基本性能	第一代合成基液				第二代合成基液			
	酯	PAO	醚	缩醛（羧酸醛）	LAB	LP	LAO	IO
运动黏度 /（mm^2/s）	5.0 ~ 6.0	5.0 ~ 6.0	6.0	3.5	4.0	2.5	2.12.7	3.1
闪点 /℃	＞150	＞150	＞150	＞135	＞120	＞100	113 ~ 135	137
倾点 /℃	＜-55	＜-15	＜-40	＜-60	＜-30	＜-10	-14 ~ -2	-24
芳香烃	无	无	无	无	有	无	无	无

二、合成基钻井液的特点

合成基钻井液一般为油包水型乳化液，它既保留了油基钻井液的性能特点，又符合环境保护的要求，也有利于提高钻速，是近年来国外发展较快的一类钻井液。与常规水基钻井液和油基钻井液相比，合成基钻井液主要具有以下特点[4]。

（1）流变性好。

在正常环境下，合成基液的黏度是低毒矿物油黏度的 2 ~ 4 倍，但其黏度受温度影响较大，如温度为 24℃时，酯的黏度为 80mPa · s，醚的黏度为 70mPa · s；温度达 150℃时，黏度均不足 30mPa · s，而低毒矿物油的黏度则受温度影响很小，在相同温度下，其黏度在 20 ~ 25mPa · s 之间，合成基液低温黏度较高的问题，可通过加入乳化剂和流型调节剂来控制。合成基钻井液的流变性特征趋于幂律流体或屈服幂律流体。

（2）热稳定性好。

合成基钻井液具有很强的抗高温能力，室内实验证明，在 218.3℃的温度下热滚动 16h 不会发生热降解，若选用抗高温的乳化剂和流变性调节剂，合成基钻井液可用于 200℃以上的高温高压深井钻井作业。

（3）抑制性和抗污染能力强。

由于合成基钻井液滤液中不含水相，因此具有同油基钻井液一样的抑制黏土水化分散的能力，能降低井壁失稳的可能性。同时，由于合成基钻井液中各组分能有效抑制钻屑的水化分散，使钻井液体系具有较强的抗污染能力。

（4）润滑性好。

合成基钻井液的基液一般是强极性物质，可作为优良的界面润滑剂，其润滑作用完全能够达到钻井要求。例如，酯是强极化物质，可作为优良的界面润滑剂，第二代合成基液的润滑性能更适用于常规钻井。

（5）环保性能好。

合成基钻井液的最大优势是对环境污染小，主要表现在毒性小、可生物降解，符合环保要求。合成基钻井液蒸汽中所含的馏分基本不含芳香化合物，对哺乳动物基本无毒，现场使用后均能达到排放要求。

（6）油气层保护性能好。

合成基钻井液连续相是有机合成基液，和油基钻井液一样，不存在页岩的水化和水敏损害问题。通过调节界面膜厚度和盐水的浓度，甚至还能使页岩脱水。因此，采用合成基钻井液钻井，不会发生泥页岩水化作用产生的井壁坍塌。

（7）综合使用成本低。

由于合成基液市场价格较柴油和低毒矿物油高，因此钻井液单项成本比油基钻井液更加高昂，但提高了钻速和井眼稳定性，节约了用油基钻井液处理钻屑和环境污染的费用，也消除了因使用水基钻井液达不到钻井要求而损失的钻井时间，并能多次重复使用，因此，使用合成基钻井液的综合钻井成本比油基钻井液甚至水基钻井液低。

钻井实践表明，合成基钻井液不仅能够解决水基钻井液无法解决的井下复杂问题，而且避免了油基钻井液对井下涡轮、螺杆和防喷器橡胶部件的损害问题。

三、合成基钻井液性能控制及维护

由于合成基钻井液和油基钻井液的作用原理、性能相似，其性能调控及维护与油基钻井液类似。具体调控方法及维护处理可参考油基钻井液（纯油基钻井液和油包水乳化钻井液）。

此外，在合成基钻井液使用和维护处理过程中，可以针对所用合成基液的性质，参照全油基钻井液安全与防护制定合成基钻井液使用的安全与防护措施，以确保使用安全。

第二节　烃类合成基钻井液

本节重点介绍以线性 α－烯烃、线性石蜡和气制油为基液的不同类型的合成基钻井液组成、性能与应用情况。

一、线性 α－烯烃合成基钻井液

线性 α－烯烃合成基钻井液是指以线性 α－烯烃为基液的一种钻井液体系。线性 α－烯烃（LAO）产品中，LAO 含量不低于 90.9%，不含芳香烃，外观为无色透明液体，有一定的异味，无荧光，闪点为 113～115℃，倾点为 –14～1.1℃，40℃时表观黏度为 1.5mPa·s，密度为 0.77～0.79g/cm^3。

线性 α－烯烃钻井液属第二代合成基钻井液，其优点如下[5~7]：

（1）与矿物油相比，合成基液易于降解，本身毒性较小，有利于环境保护；合成基液的闪点高，发生火灾和爆炸的可能性小；凝固点低，低温可泵送性好，可在寒冷地区使用；液相黏度高，有利于悬浮和携带钻屑；热稳定性高，抗温达 200℃，在高温下仍能满足携屑的要求。

（2）钻井液有较强的抑制性和井眼稳定性以及较好的润滑性和携屑性能，特别适合水平井、大斜度井、大位移井和多底井的钻进。

（3）钻井液的常规性能稳定并易于控制。

（4）对录井影响小，保护油气层效果好。

（5）在环境保护要求严格的地区钻井，由于可以就地处理钻屑而节省处理费用。

（6）对于某些特殊井，钻井综合成本低于油基和水基钻井液。缺点是本身的成本很高。

线性 α－烯烃合成基钻井液配方为：85%线性 α－烯烃 +3.0%辅助乳化剂 +2.5%主乳化剂 +2%润湿剂 +4%有机土 +3.5%降滤失剂 +6%氧化钙 +15%质量分数 10%的 $CaCl_2$ 水溶液。

按照上述配方所配制钻井液性能见表 5–2。

表 5-2 线性 α-烯烃合成基钻井液基本性能

老化条件	*PV*/mPa・s	*YP*/Pa	FL_{API}/mL	*ES*/V
常温	26	12.0	0.8	1121
150℃、16h	24	11.5	0.4	952

一种抗温达 215℃，最高密度为 2.1g/cm^3，最低密度为 0.86g/cm^3 的线性 α－烯烃合成基钻井液性能见表 5–3。从表 5–3 可以看出，低密度和高密度的线性 α－烯烃钻井液在 215℃高温下热滚 16h 后，性能稳定。

表 5-3 钻井液抗温性能

配方	密度 /（g/cm^3）	*PV*/mPa・s	*YP*/Pa	FL_{API}/mL	FL_{HTHP}/mL	*ES*/V	备注
低密度浆	0.89	16.0	4.5	0.6	12.0	1300	常温
	0.89	15.0	2.5	1.4	18.0	1080	热滚后
高密度浆	2.10	100.0	15.0	0	9.0	＞2000	常温
	2.10	72.0	10.0	＜1	7.4	1210	热滚后

注：低密度浆为线性 α－烯烃 +2 0%水 +2.0% CABS+2.0% CABM+3.0%有机土 +1.0% CaO；高密度浆为低密度浆 + 重晶石；热滚条件为 215℃、16h。高温高压滤失量为在 120℃、16h 老化后在 120℃、3.55MPa 下的测定值。

线性 α－烯烃合成基钻井液的应用已经比较普遍。例如，美国休斯敦 EEX 公司采用比例 90：10 的线性 α－烯烃和酯的混合物的合成基，按照 70% 合成基和 30% 水组成的钻井液，在墨西哥湾深水区的 Garden Bank Block 386 区块钻成了一口 8493m 超深井，井底温度 275℃[8]；YC21–1–4 井是在莺琼盆地钻探的一口高温高压井，井深 5250m，井底温度 200℃，该井自井深 4960m 至完钻（井深 5250m）采用以线型 α－烯烃为基油、铁矿粉为加重剂形成的 ULTIDRILL 合成基钻井液体系，实践表明，该合成基钻井液具有良好的抑制性和井壁稳定性能，抗高温能力强、滤失量小，满足了 YC21–1–4 井钻井施工的要求[9]；在墨西哥湾线型 α－烯烃合成基钻井液替代了大部分水基钻井液，实践证明，采用线型 α－烯烃合成基钻井液具有钻速快、通井次数少，卡钻等复杂减少，可以有效地缩短钻井周期，提高钻井效能。

二、线性石蜡合成基钻井液

线性石蜡合成基钻井液是指以线性石蜡烃为基液的合成基钻井液体系。线性石蜡是一种直链的饱和链烃，分子中的碳原子都以单键相连，其余的价键都与氢结合而成的化合物。作为合成基液的线性石蜡密度一般在 0.83g/cm^3（25℃）左右，从安全考虑，并要求其闪点在 150℃左右或更高。

作为第二代合成基钻井液的一种，线型石蜡基钻井液成本低、稳定性好，其环保性能优于普通的油基钻井液。近年来，国外线型石蜡基钻井液已经在现场应用，主要用于海上钻井。

研究表明，由线性石蜡：质量分数 20%$CaCl_2$ 水溶液 =60：40 组成的基液、0.7% 十二烷基苯磺酸钙、0.3%NP−40、1%CaO、2.25% 有机土、0.2%SN−1 乳化剂等组成的线性石蜡基钻井液，不仅配方简单，而且热稳定性好[10, 11]。如表 5−4 所示，老化温度在 200℃以内，随着老化温度的升高钻井液的流变参数趋于降低，滤失量基本稳定，温度超过 200℃后流变参数基本不变，而滤失量增加。即使在 240℃、16h 老化后，钻井液体系的流变性和滤失量仍然保持稳定，能够满足井底温度 200℃以上钻井的需要。

表 5-4　线性石蜡基钻井液热稳定性实验结果

老化条件	*AV*/mPa·s	*PV*/mPa·s	*YP*/Pa	*Gel*/Pa/Pa	FL_{API}/mL
老化前	118	69	49	12/13	2.7
180℃、16h	108.5	89	19.5	6.5/7.5	1.6
200℃、16h	88	72	16	5/6	2.1
220℃、16h	87	72	15	6/7	3.1
240℃、16h	91.5	74	17.5	7/7.5	3.7

注：测试温度为室温，钻井液密度为 0.9g/cm^3。

与柴油基钻井液相比，线性石蜡基钻井液还具有优良的热稳定性、页岩抑制性、润滑性能和储层保护性能，抗温可以达到 220℃以上，可用作深井、超深井及复杂地层钻井。

M−I 钻井液公司研制出一种线性石蜡合成基油包水乳化钻井液，它不仅具有普通油包水乳化钻井液的性能，而且可以排放到田野里作为土壤的增肥剂。这种油包水乳化钻井液被称为肥田合成基钻井液[12]。

肥田合成基乳化钻井液的组分：以 C_{11}～C_{14} 的线形石蜡液作为基液，采用赤铁矿作为加重材料，用亚硝酸盐、醋酸盐或亚硝酸盐与醋酸盐的混合物作为钻井液的内相（醋酸盐本身就可以生物降解，硝酸盐又能够加速这种降解的过程)，用醇（包括乙二醇和丙三醇）和胺类的混合物作为钻井液的乳化剂（这种混合物不但能保证钻井液的性能，而且能使其抗温能力达到148.9℃）。

新西兰对肥田合成基钻井液进行了现场试验，在Watria 2号井用肥田合成基钻井液三次下井，钻进了2135m。用加重剂把钻井液加重到1.6g/cm^3，钻Φ508mm井眼套管鞋以下井段，在钻进过程中没有发生复杂情况，钻速达0.6~3.05m/h，完成了设计井段的30%。对返出钻屑干燥后进行了室内化验，钻屑中含6%的合成基钻井液。分别用100%土壤、土壤钻屑比95∶5、土壤钻屑比75∶25和土壤钻屑比50∶50的土壤和钻屑的混合物进行了3次为期6d的播种试验。在100%土壤中，种子的发芽和成活率均较高，且在3种不同土壤钻屑比的混合物中，种子的发芽和成活率差别不大，说明沾有肥田合成基钻井液的钻屑对植物的成活和生长基本没有影响。试验还说明，肥田合成基钻井液在农田里会迅速降解，达到环保标准。

三、气制油合成基钻井液

气制油合成基钻井液是指以气制油为基液的钻井液体系。通过对第一、第二代合成基液及柴油、矿物油、白油和气制油性能指标的对比分析表明，气制油是性能优良的合成基液，具有较高的闪点和苯胺点、较低的凝点和运动黏度，几乎不含芳香烃，特别是运动黏度低，更适合作为合成基钻井液的基液。正是因为这些特点，近年来，在合成基钻井液中，气制油钻井液越来越受到重视。经测试，气制油在海水中28d内的生物降解率为62%，多环芳烃含量小于0.001%，符合国际生态毒性标准。该钻井液对海藻、鱼类和糠虾的毒性测试结果为无毒。2004~2006年，在马来西亚沙捞越/沙巴州海域，对气制油和内烯烃钻井液钻屑进行直接排放实验结果表明，直接排放气制油钻井液钻屑比直接排放内烯烃钻井液钻屑对环境的影响小。气制油钻井液能达到由美国、英国和荷兰等国共同签署的毒性试行条例要求。在澳大利亚、印度等国家或地区，气制油获准直接排入海中[13]。

（一）配方与性能

1. 配方一

基本配方[14]：气制油+2.5%~3.0%钙皂型表面活性剂RA3+1.0%~2.0% RA7+0.3% SDRM+3%润湿剂+2.5%有机土+质量分数20%的$CaCl_2$水溶液+2.5% CaO+1% SGJ-1+重晶石（根据需要），油水比为70∶30~95∶5。

不同密度的气制油合成基钻井液性能见表5-5。将密度为1.80g/cm^{3}的气制油合成基钻井液，在不同温度下滚动老化16h，如表5-6所示，随着老化温度的升高，合成基钻井液破乳电压先上升后下降，在120℃达到最高；钻井液的切力随着老化温度的升高先增加后降低，塑性黏度和滤失量先降低后增加，即使在200℃老化16h后体系的流变性能和稳定性能仍然维持在一个较好的水平，可以满足实际需要。

表 5-5　不同密度合成基钻井液性能

ρ/（g/cm^3）	条件	*ES*/V	*Gel*/Pa/Pa	*PV*/mPa·s	*YP*/Pa	FL_{API}/mL	FL_{HTHP}/mL
0.88	老化前	780	2.0/5.0	16	7.5	2.0	
	老化后	830	3.0/7.0	18	9	1.5	
1.20	老化前	910	3.0/5.0	23	8	1.5	5.0
	老化后	1120	4.0/8.5	28	8	1.0	4.6
1.50	老化前	1080	3.0/5.0	30	10	0.6	4.5
	老化后	980	4.5/10.5	31	12	0	3.8
1.80	老化前	1160	5.0/9.0	42	10	1.2	4.2
	老化后	1600	6.0/14.0	37	14	0.4	4.0
2.00	老化前	1296	3.0/4.0	38	6	1.0	4.6
	老化后	＞2000	7.0/10.0	47	10.5	0.6	3.4

注：老化条件为 150℃、16h；测试温度 45~55℃；高温高压滤失量测定条件为 3.5MPa、150℃。

表 5-6　合成基钻井液抗温性能

条件	*ES*/V	*Gel*/Pa/Pa	*PV*/mPa·s	*YP*/Pa	FL_{API}/mL
老化前	1500	5.0/9.0	42	10.0	2.0
120℃、16h	＞2000	5.0/12.0	40	11.0	0
150℃、16h	1600	6.0/14.0	37	14.0	0.4
180℃、16h	1000	6.5/15.0	45	15.5	0.8
200℃、16h	800	5.0/8.0	58	8.0	1.0

2. 配方二

采用 Shell GTL Saraline 200 气制油为基础油，分别形成了抗温 120℃、密度为 1.20g/cm^3 及抗温达 150℃、密度为 1.30~2.0g/cm^3 的气制油油包水乳化钻井液，其中，抗温 120℃、密度为 1.20g/cm^3 的气制油油包水钻井液配方为[15]：Saraline 200 气制油 + 质量分数 20% 的 $CaCl_2$ 水溶液 +2% 主乳化剂 +1.0% 辅乳化剂 +1.0% 润湿剂 +2.0% CaO+2.5% 有机土 +0.5% 降滤失剂 +$CaCO_3$。油水比为 70：30 的气制油合成基钻井液在 120℃下热滚 16h 后，在 40℃下测其密度为 1.20g/cm^3、塑性黏度为 30mPa·s、动切力为 12.5Pa、高温高压滤失量为 4.4mL、破乳电压为 812V。抗温 150℃、密度为 1.30~2.0g/cm^3 的气制油油包水钻井液配方为[16]：Saraline 200 气制油 +3%~4% 乳化剂 +0.5% 润湿剂 +1.5%~2.0% 降滤失剂 +2% CaO+2% 有机土 + 质量分数 30% 的 $CaCl_2$ 水溶液 + 重晶石。钻井液性能如表 5-7 所示。

表 5-7 抗温 150℃气制油油包水钻井液的性能

油水比	ρ/（g/cm^3）	PV/mPa·s	YP/Pa	ES/V
80：20	1.2	23	2	942
75：25	1.2	25	4	866
70：30	1.2	28	7	749
65：35	1.2	39	10	539
	1.3	32	7	625
	1.5	38	13	567
	1.8	64	31	781
	2.0	97	43	876

注：实验条件 150℃、16h；测试温度 40℃。

（二）现场应用

国外自 1996 年开始将气制油钻井液用于钻井作业。到目前为止，气制油钻井液在国外应用已经比较普遍。

我国气制油钻井液的应用起步较晚。2005 年中海油田服务股份有限公司油田化学事业部在渤中 25–1 油田开始使用气制油钻井液（组成见配方二），并成功钻完了 3 口井的 Φ215.9mm 井段，取得很好效果；平均机械钻速为 22.8m/h，比邻井相同井段提高了 30%；当量循环密度低，防止井漏、溢流、井塌等井下复杂情况。2008 年该公司又在印尼成功钻完 2 口井，其中印尼 ACl3 井的 Φ215.9mm 井段平均机械钻速为 46.9m/h，AC203 井开窗侧钻井平均机械钻速为 48.8m/h。气制油钻井液对储层岩心污染小，形成的泥饼容易清除，保护储层效果好，岩心渗透率恢复值大于 90%，投产后油井产量高。油基钻井液与全气制油合成基钻井液的 *ECD* 对比表明，密度 1.54g/cm^3 的油基钻井液的 *ECD* 为 1.638～1.667g/cm^3，而同密度的气制油合成基钻井液的 *ECD* 为 1.630～1.637g/cm^3，说明气制油合成基钻井液的循环当量密度比油基钻井液的要小。

按照配方一所形成的气制油合成基钻井液，在稠油地层和强水敏地层进行了应用。如郑 41–平 2 井为滚动式勘探井，主要钻采目的层为沙三段稠油层，水平段长 224m，实际完钻井深为 1655m。该井三开地层主要以稠油胶结砂砾岩为主，含有易水化黏土矿物。使用水基钻井液体系，容易造成黏土矿物水化膨胀堵塞油流通道，不能有效地释放油层；而使用普通油基钻井液体系，容易造成稠油溶解，引起井壁坍塌或钻井液漏失。该区块完钻的郑 370 和郑 41 井使用柴油基钻井液，对稠油溶解性强，井径扩大率大，达到 200%；水泥无法有效填充，固井质量差，注汽窜槽；现场施工气味大，环保性差。为此，在郑 41–平 2 井用气制油合成基钻井液，通过在配方中加入不同粒度的封堵剂、可变形材料和填充粒子形成屏蔽暂堵层，在井壁形成有效的封堵，减少滤失量，确保在保护油气层的同时保证井眼的规则。

曲 8- 侧斜 11 井为一口开窗侧钻井，该井主要钻采目的层为沙四中亚段，开窗点在井深 900m，完钻井深为 1169m。该井目的层沙四段为强水敏地层，为保护油气层，提高采收率，选择气制油合成基钻井液。开窗钻进 20m 后转换成气制油合成基钻井液体系，全井施工顺利。应用井与邻井的对比结果见表 5–8。

表 5-8　井径扩大率和机械钻速对比

体系	钻头尺寸 /mm	井段 /m	钻进时间 /h	平均钻速 /（m/h）	井径扩大率 /%
水基钻井液	118	900～920	8	2.5	47.98
合成基钻井液	118	920～1169	26	9.58	0.14

第三节　酯基钻井液

酯基钻井液是以人工合成的酯基液为连续相，盐水为分散相，通过加入乳化剂、有机土、石灰以及其他添加剂组成的一种油包水乳化钻井液。它在配制工艺以及某些性能上与油基钻井液相似，如具有优良的润滑性和较好的抑制性，并且无毒、无荧光、生物降解速度快、对环境污染小，因此可应用于环保要求比较严格的地区钻井，但该钻井液的热稳定性不如油基钻井液和 α－烯烃类合成基钻井液[17~20]。

与传统的油基钻井液相比，酯基钻井液是通过加入剪切速率流变性调节剂来提高低剪切速率下的切力，降低表观黏度和塑性黏度，因此酯基钻井液具有良好的流变性，在大位移井的钻进过程中，酯基钻井液清洁井眼的效果极佳。在实际钻进过程中，当遭遇酸性气体的侵入或钻井液 pH 值高时，酯会发生水解，水解的难易程度与碳链的长短以及支化程度有关。一般情况下，碳链越长且支化程度越高，水解的难度也越大；而碳链越短，酯的黏度也越低，也就越容易配制出性能优良的钻井液。因此，合理调节酯分子 R_1COOR_2 中 R_1 和 R_2 的长度，可使其具有较高的水解稳定性和较低的黏度。酯基液的热降解温度高于 200℃，由于受钻井液中添加的乳化剂和流变性调节剂的影响，酯基钻井液的热降解温度约为 140℃。酯是强极性物质，它作为界面润滑剂的作用非常显著，所以酯基钻井液具有优良的润滑性。由于酯基钻井液的连续相是有机合成物，与柴油相比，酯基钻井液的页岩抑制性较弱，但与水基钻井液相比，它的页岩抑制性还是相当强的。因此，采用酯基钻井液钻井，不会发生因泥页岩水化而引起的井壁坍塌。适用于大斜度井和水平井钻井。

一、酯基液的基本性质

在实际应用中，酯基钻井液的基液不仅要满足环保要求，还要满足钻井要求，因此除了首先必须考虑芳香烃含量外，基液的黏度、闪点、倾点、密度和降解温度也是应该考虑的因素。表 5–9 给出了酯基液的物理性能。由表 5–9 可见，与柴油相比，酯基液的闪点较高，倾点较低，表明酯不易燃，流动性好，在生产、储存、运输以及应用过程中安全性更高；酯具有较高的黏度，所以在配制钻井液时要求低密度或者高油水比；酯基液中不含芳香烃，具有环境安全性。通常酯基液的降解温度并不对应钻井液的热稳定温度，钻井液的热稳定性还和乳化剂以及其他添加剂的热稳定性有关。

酯基基液在 150℃下热滚 12h 前后的流变性能见表 5–10 所示。从表 5–10 可以看出，酯基基液黏度低，热稳定性好。

表 5-9　基液的典型物理性质

基液	ρ/（g/cm^3）	运动黏度 /10^{-8}m^2 · s			闪点 /℃	倾点 /℃	芳香烃 /%	降解温度 /℃
		0℃	20℃	40℃				
酯	0.86	19	9	6	179	–30	0	171
柴油	0.85	10.8	5.5	3.3	66	–10	25	—

表 5-10　酯基基液的流变性

温度 /℃	*AV*/mPa · s		*PV*/mPa · s	
	热滚前	热滚后	热滚前	热滚后
50	7.5	7.5	6.0	6.0
70	4.5	4.5	4.0	4.0
90	3.0	3.0	2.5	2.5

二、酯基钻井液的配方及性能

国外酯基钻井液体系已日趋成熟，典型的酯基钻井液配方与油基钻井液非常相似，所含物质的量也大致相同。除了合成基液和 $CaCl_2$ 盐水外，体系中还包括有机土、乳化剂、降滤失剂、降黏剂、流变性调节剂、石灰和重晶石。

值得注意的是，大部分酯基钻井液配方中都含有低剪切速率流变性调节剂（LSRM），这种钻井液处理剂具有特殊的作用。它可以提高低速率下合成基钻井液的黏度，增加乳化液的稳定性，同时增加体系的沉降稳定性及对钻屑下沉的抵抗能力，还能减小温度对体系黏度的影响，因而有利于配制高密度（1.99g/cm^3）的钻井液。

LSRM 是一类脂肪酸的齐聚物（由 2、3、4 个分子聚合而成的聚合物），是一种由羧基与脂肪烃基连接而成的饱和脂肪酸，相对分子质量在 1500 以下，分子长度不超过 5×10^{-9}m，易于溶解及蒸馏，可以形成晶体或无定形物质。

一种以植物油脂和一元醇为原料制备的酯作为基液的酯基钻井液配方及常规性能见表 5–11 和表 5–12。

表 5-11 酯基钻井液的配方

组分	加量	组分	加量
酯水比	80/20	石灰	2%
主乳化剂 A	1.7%	固体乳化剂 SN-1	2%
辅助乳化剂 B	0.3%	无水 $CaCl_2$	水相体积的 20%
有机土	2.5%	流变性调节剂 C	酯水体积的 10%

表 5-12 酯基钻井液常规性能

老化情况	密度 /（g/cm^3）	*AV*/mPa·s	*PV*/mPa·s	*YP*/Pa	*Gel*/Pa/Pa	FL_{API}/mL	*ES*/V
老化前	0.9	16.5	14	2.5	1/1.5	7.2	312
50℃老化 16h	0.9	17	15	2	1/1.5	7.8	320
120℃老化 16h	0.9	47	35	12	5/8	7.7	990

注：测试温度 26℃。

在现场使用的全柴油基钻井液研究的基础上，以生物柴油，即油酸甲酯为基液形成了一种生物柴油油包水乳化钻井液，其配方为[21]：生物柴油 +3%有机土 +1.5% SP-80+3%有机褐煤 +1%油酸 +2%油溶性树脂 +$CaCl_2$ 溶液（质量分数为 20%）。

按照上述配方配制的生物柴油乳化钻井液性能见表 5-13。从表 5-13 可见，随着油水比的增大，生物柴油油包水乳化钻井液的黏度、切力略有上升，破乳电压略有下降，但在油水比为 60：40 时仍在 800V 以上，说明生物柴油油包水乳化钻井液的配方简单、性能稳定。

表 5-13 生物柴油油包水钻井液体系的性能

油水比	*AV*/mPa·s	*PV*/mPa·s	*YP*/Pa	FL_{API}/mL	*ES*/V
90：10	45	32	13	0	2047
80：20	51	37	14	0	1980
70：30	52	36	16	0	1548
60：40	55	38	17	0	870

油水比为 80：20 的生物柴油油包水乳化钻井液高温老化 16h 后的性能见表 5-14。从表中可见，生物柴油油包水乳化钻井液具有良好的高温稳定性，高温老化有助于钻井液处理剂的分散、溶解，使钻井液黏度、切力略有升高，且乳液稳定性增加。

用重晶石加重的生物柴油油包水乳化钻井液的性能见表 5-15。从表 5-15 可以看出，随着重晶石加量的增加，钻井液的黏度和切力逐渐上升，而破乳电压逐渐下降，在密度达 1.92g/cm^3 时，钻井液仍具有较好的流动性，且乳液稳定。

表 5-14　不同温度下生物柴油油包水钻井液体系的性能

温度 /℃	*AV*/mPa・s	*PV*/mPa・s	*YP*/Pa	FL_{API}/mL	*ES*/V
30	51	37	14	0	1980
120	53	36	17	0	1982
160	50	33	17	0	1984
180	48	38	10	0	1887

表 5-15　高密度生物柴油油包水钻井液性能

密度 /（g/cm^3）	*AV*/mPa・s	*PV*/mPa・s	*YP*/Pa	FL_{API}/mL	*ES*/V
1.28	58	33	15	0	1678
1.35	60	35	15	0	1423
1.55	67	44	13	0	1127
1.75	82	60	22	0	985
1.92	99	65	34	0	642
2.15	太稠，无法测定				

三、酯基钻井液应用

酯基钻井液最早由 Statiol 公司在北海、挪威区域的 Statfjord 气田使用，先后钻了 10 口井，均获得了良好的效果，提高了钻速，节约了成本。这 10 口井均为定向井，井斜角大于 80° 的有 6 口，其中有 1 口井的水平位移达到了 7290m，斜度在 80° 以上的斜井段有 5470m。

BAROID 公司研制的酯基钻井液在应用中获得了较好的效果。在 Ula 油田与同条件下使用的常规油包水钻井液和水基钻井液进行对比，钻时节约了 13.2d，其毒性水平都在环保允许范围内，已成为常规油包水乳化钻井液的换代体系。

渤页平1–2井是中国石化集团公司部署在济阳坳陷沾化凹陷罗家鼻状构造带的一口深层页岩油水平井，钻探目的为评价罗家地区罗 7 井区沙三下亚段泥页岩储层性能及含油气情况。该井斜深为 3505m，完钻井深为 3542m，垂深为 2970m，水平段长为 371.65m，采用三开井身结构，完井后下入完井管柱进行投产开发。三开井段（2957～3542m）钻遇沙三下亚段泥页岩地层，由于泥页岩易水化膨胀造成井壁不稳定，因此采用生物柴油油包水乳化钻井液。

现场应用表明，生物柴油基钻井液的性能稳定、易于维护，在高密度情况下流变性、携岩效果和抑制性能较好，能保证泥页岩井壁的稳定性，该井三开井段井眼规则，施工过程中起下钻通畅，完井管柱下入顺利。

第四节　醚基钻井液

醚基钻井液是指以醚为基液的一种合成基钻井液。醚类之所以可以作为合成基液，首先是它不含芳香烃，毒性小，而且不论是否在有氧环境中都可生物降解；其次是链具有普通矿物油的特性，但其闪点更高，凝固点更低，可在较寒冷地区和深水海域应用；第三是在水中具有分散性，废弃物可以直接排入海中，降低废弃钻井液的处理费用。尽管醚的可生物降解性不好，但其生物毒性很小，组成的醚基钻井液能够满足上述要求，是具有发展前景的绿色钻井液体系之一[22~24]。

一、醚基基液的特性

醚基基液是由醇类单体缩聚而成，制备时可将等物质量的醇和硫酸共热，控制温度≤150℃；工业上也可以将醇的蒸汽通过加热氧化铝催化剂来制备。醚分子结构中没有活泼羧基，在水溶液中不会电离，性质稳定，因而有较好的抗盐、抗钙能力。醚分子中间的氧活泼性较差，同时受它的相对分子质量和碳骨架上支化度的影响，醚的降解速率低，醚基钻井液也具有高的水解稳定性。有报道称，醚基钻井液在现场使用中出现流变性能异常的温度为75℃。醚基基液的各种物理性能如表5–16所示。从表5–16可以看出，醚基基液的基本物理性能，如闪点、凝固点、密度、芳烃含量等指标均优于矿物油和柴油，并与合成酯性能相近。能够满足合成基钻井液对基液的基本物理性能的要求。

表5-16　醚基基液的物理特性

基液	醚基基液	酯基	矿物油A	矿物油B	柴油
闪点/℃	＞140	179	103	103	66
凝固点/℃	–28	–12	–18	–18	–10
密度/（g/cm^3）	0.91	0.86	0.86	0.82	0.85
运动黏度/（$\times 10^5 m^2/s$）	9.76	6.0	2.9	2.9	3.3
芳香烃质量分数/%	0	0	3.9	3.9	约25

注：密度在20℃下测定；运动黏度在40℃下测定。

醚基液在150℃下热滚12h，其热滚前后的流变性能见表5–17。从表5–17可以看出，醚基基液的黏度低，热稳定性好。

表5-17　醚基基液的流变性

测试温度/℃	*AV*/mPa·s		*PV*/mPa·s	
	老化前	老化后	老化前	老化后
50	7.5	7.5	6.0	6.0
70	4.5	4.5	4.0	4.0
90	3.0	3.0	2.5	2.5

二、醚基钻井液的配方与性能

根据大量文献和室内实验结果，选择醚基基液与饱和 $CaCl_2$ 盐水比为 70∶30，主、辅乳化剂的用量各为 5.0%，润湿剂根据密度来调节，通过优化有机土和增黏剂的加量，可以得到能够满足现场需要的醚基钻井液体系，其配方为：基液（醚基基液：饱和 $CaCl_2$ 盐水 =70∶30）+5.0% 主乳化剂 +5.0% 辅乳化剂 +3.0%~3.5% 有机土 +0.5%~1.0% 增黏剂 +3.0%~4.0% 润湿剂 +0.5%~1.0%CaO。

与其他合成基钻井液一样，有机土在醚基钻井液中也起着提高黏度和切力的作用，并能形成好的滤饼，控制滤失量。在上述基本配方中加入不同量的有机土，配制醚基钻井液，并测定其性能，如表 5-18 所示，随着有机土加量的逐渐增加，醚基钻井液的黏度逐渐升高，滤失量逐渐降低，破乳电压先降低后升高，当有机土加量达 3% 时，各性能趋于稳定。可见，有机土加量为 3.0%~3.5% 较合适。

配方中的增黏剂主要是用来提高醚基钻井液的黏度、动切力和静切力，提高醚基钻井液的携砂能力和悬浮稳定性。如表 5-19 所示，随着增黏剂加量的增加，醚基钻井掖的黏度、动切力和静切力不断提高，破乳电压升高。在实验条件下，增黏剂加量为 0.5%~1.0% 较合适。

表 5-18　有机土加量对醚基钻井液性能的影响

加量 /%	*AV*/mPa·s	*PV*/mPa·s	*YP*/Pa	*ES*/V	FL_{API}/mL	*Gel*/Pa
1.0	40	35	5	184	25.0	2.7
1.5	46	39	7	164	19.0	4.0
2.0	48	41	7	152	16.0	4.5
2.5	54	44	10	128	13.0	5.0
3.0	57.5	47	10.5	186	10.0	5.5
3.5	62.5	50	12.5	208	10.5	6.0
4.0	65.5	53	12.5	200	10.0	6.7

表 5-19　增黏剂加量对醚基钻井液性能的影响（50℃）

加量 /%	*AV*/mPa·s	*PV*/mPa·s	*YP*/Pa	*ES*/V	FL_{API}/mL	*Gel*/Pa
0	41	40	1	136	10.5	2.0
0.5	56	52	4	160	11.0	4.5
1.0	75	65	10	180	11.0	5.0
1.5	80	70	10	160	12.0	4.5
2.0	97	83	14	165	10.5	5.0

三、醚基钻井液的应用

在挪威的 Greater Ekofisk 地区有 7 个海上油气田，最早使用膨润土分散钻井液、低石灰含量钻井液、KCl/PAC 聚合物钻井液和底毒矿物油基钻井液，随后常使用 PAC DMS 钻井液（表面活性剂盐水钻井液）。使用水基钻井液时第三系黏土容易分散到钻井液中，循环钻井液时，固体颗粒因机械粉碎变细，为了使固体颗粒尺寸分布符合要求，必须频繁地对钻井液进行稀释、补充，而受固体颗粒污染的钻井液无法回收利用，只得排放入海。此外，使用水基钻井液还存在井眼坍塌、黏土吸水等问题，按照挪威环保署当时颁布的海上钻井液污染控制法规规定，干钻屑的油含量应低于 65g/kg，最终要求小于 10g/kg，从而限制了油基钻井液的使用。在此情况下，使用醚基钻井液，取得的效果令人满意结果。如表 5-20 所示，使用醚基钻井液后钻速总体上明显提高，醚基钻井液虽然成本高，但由于缩短了钻井时间，钻井液废物及处理费用大幅度降低，因此，钻井总费用明显低于油基钻井液和水基钻井液[25]。

表 5-20　醚基钻井液与水基钻井液比较

井号	井深 /m	钻井液	钻井时间 /d	钻井液费用 / 万美元
W–04	2144.7	PAC–PHPA–KCl	33	60.35
W–05	2214.9	PAC–DMS	21	62.22
W–08	1923.6	PAC–KCl	19	28.18
W–01	1918.5	醚基钻井液	23	89.64
W–02	2779.8	醚基钻井液	12	96.93
W–03	2799.0	醚基钻井液	18	103.22
W–06	2094.3	醚基钻井液	12	74.59
W–07	2200.5	醚基钻井液	11	103.25

参 考 文 献

[1] Park，Sandy，Cullum，et al.The Success of Synthetic–Based Drilling Fluids Offshore Gulf of Mexico：A Field Comparison to Conventional Systems［R］.SPE 26354，SPE Annual Technical Conference and Exhibition，3–6 October 1993，Houston，Texas.

[2] Friedheim J E，Conn H L.Second Generation Synthetic Fluids in the North Sea：Are They Better？［R］. SPE/IADC 35061，SPE/IADC Drilling Conference，12–15 March 1996，New Orleans，Louisiana.

[3] 王中华 . 油基钻井液技术［M］. 北京：中国石化出版社，2019.

[4] 徐同台，赵忠举 .21 世纪国外钻井液和完井液技术［M］. 北京：石油工业出版社，2004.

[5] 孙金声，刘进京，潘小镛，等 . 线性 α – 烯烃钻井液技术研究［J］. 钻井液与完井液，2003，20（3）：27–30.

[6] 隋旭强，唐代绪，侯业贵，等. 一种新型线性 α－烯烃合成基钻井液［J］. 钻井液与完井液，2011，28（1）：30–32.

[7] 刘远翔，黄进军，李巍. 线性 α－烯烃合成基钻井液流变性调控方法［J］. 钻井液与完井液，2005，22（6）：9–12，15.

[8] Prater T.Fluid system key to record sucess［J］. Amer. Oil gas Rep.，1999，42（8）79–84.

[9] 彭放 .YC21－1－4 井钻井液技术［J］. 钻井液与完井液，2000，17（3）：41–43.

[10] 张琰，任丽荣 . 线性石蜡基钻井液的试验研究［J］. 现代地质，2001，15（1）：103–107.

[11] 张琰，任丽荣 . 线性石蜡基钻井液高温高压性能的研究［J］. 探矿工程（岩土钻掘工程），2000（5）：47–49.

[12] 徐同台，赵忠举 . 21 世纪国外钻井液与完井液技术［M］. 北京：石油工业出版社，2004.

[13] 徐同台，彭芳芳，潘小镛，等 . 气制油的性质与气制油钻井液［J］. 钻井液与完井液，2010，27（5）：75–78.

[14] 万绪新，张海青，沈丽，等 . 合成基钻井液技术研究与应用［J］. 钻井液与完井液，2014，31（4）：26–29.

[15] 耿铁，张岩，吴彬，等 . 新型合成基钻井液体系的研制与应用［J］. 石油天然气学报，2009，31（2）：299–300.

[16] 罗健生，莫成孝，刘自明，等 . 气制油合成基钻井液研究与应用［J］. 钻井液与完井液，2009，26（2）：7–11.

[17] 张琰，任丽荣 . 酯基钻井液的性能评价［J］. 探矿工程（岩土钻掘工程），2001（3）：36–39.

[18] 张琰，任丽荣 . 酯基钻井液物性及应用研究［J］. 中国石油大学学报：自然科学版，2001，25（5）：117–119.

[19] Kim Burrows，Joannah Evans，John Hall，et al.New Low Viscosity Ester Is Suitable for Drilling Fluids in Deepwater Applications［R］.SPE 66553，SPE/EPA/DOE Exploration and Production Environmental Conference，26–28 February，San Antonio，Texas.2001.

[20] 许明标，肖兴金 . 酯基钻井液性能研究［J］. 油田化学，2001，18（2）：108–110，100.

[21] 孙明波，乔军，刘宝峰，等 . 生物柴油钻井液研究与应用［J］. 钻井液与完井液，2013，30(4)：15–18.

[22] Lihua Xiao，Cesare Piatti.Biodegradable Invert Oil Emulsion Drilling Fluids For Offshore Operations：A Comprehensive Laboratory Evaluation and Comparison［C］.SPE 29941，International Meeting on Petroleum Engineering，14–17 November，Beijing，China.1995.

[23] F B Growcock，S L Andrews，T P Frederick.Physicochemical Properties of Synthetic Drilling Fluids［C］. SPE 27450，SPE/IADC Drilling Conference，15–18 February，Dallas，Texas.1994.

[24] 向兴金，肖稳发，罗春芝，等 . 醚基钻井液的室内研究［J］. 钻井液与完井液，1998，15（6）：3–6.

[25] 黄晓东 . 环境安全的合成基钻井液［J］. 钻井液与完井液，1995，12(4)：43–45.

第六章　气体和气液混合钻井流体

确保井底处于欠平衡状态是欠平衡钻井技术的核心，而欠平衡钻井流体是实施欠平衡钻井的关键技术之一。国外在欠平衡钻井流体方面应用较多的主要有气体和雾化、泡沫、充气泡沫钻井液等气液混合钻井流体。

气体和气液混合钻井流体包括空气、天然气、氮气、雾状钻井流体、泡沫钻井流体、充气钻井液及微泡钻井液等，不同流体类型的当量循环密度如表 6–1 所示。作为实现欠平衡钻井的一种技术手段，对于保护和发现低压油气层，提高单井产量和采收率具有重要的意义，同时用于严重漏失地层钻井可以有效地防止井漏的发生。

表 6-1　气体钻井环空当量密度

钻井方式	环空当量密度 / (g/cm^3)	钻井方式	环空当量密度 / (g/cm^3)
干气体钻井	0.0012 ~ 0.012	泡沫钻井	0.036 ~ 0.48
雾化钻井	0.012 ~ 0.036	充气钻井	0.48 ~ 1.0

采用气体或气液混合钻井流体钻井，由于钻井过程中钻井流体的液柱压力低于地层压力，故可以减少储层损害，有效地保护油气层；能够实时评价地层，及时发现产层；防止或减少井漏、卡钻；可以显著提高机械钻速；延长钻头使用寿命。

采用气体或气液混合型钻井流体进行欠平衡钻井作业时，必须满足：①地层压力比较清楚，裸眼段地层压力系数相对单一，即地层孔隙压力梯度应基本一致；②地层岩性比较稳定；③地层流体不含硫化氢；④有配套的欠平衡钻井的装备。

本章从气体钻井流体、雾状钻井流体、泡沫钻井液、充气钻井液和微泡钻井液等方面对气体和气液混合型钻井流体的组成、性能和应用进行介绍[1]。

第一节　气体钻井流体

气体钻井是用气体作循环介质的一种低压钻井技术，其工艺过程是以空气或天然气作为循环介质，用气体压缩机等设备作为增压装置，用旋转防喷器作为井口控制设备的一种欠平衡钻井工艺[2]。

气体钻井流体是指空气或天然气、氮气、二氧化碳、防腐剂及干燥剂等组成的循环流体。气体钻井流体的优点是：①可大幅度降低压差，提高机械钻速，延长钻头使用寿命；②减少对敏感地层的损害，保护低压油气层；③可安全钻穿易漏层等。其缺点是钻遇天然气层时易引起井下着火与爆炸，造成井下钻具破坏，所以气体钻井流体选择气体类型很重要。

一、气体钻井流体基础

（一）空气携岩机理

在空气钻井中，循环的空气对钻屑施加一个与钻屑重力方向相反的举升力，当举升力大于重力时，钻屑就沿井眼向上移动，相反钻屑就会沉降。由于钻屑自身重力不受空气流的影响，因而空气使钻屑向上运动有一个临界速度，当空气在环空中的流动速度超过临界速度时，钻屑就向上运动。如果钻屑的自由沉降速度为 V_t，空气沿井眼环空向上的流速为 V_f，那么钻屑向上的运动速度 V_c 可由式（6–1）表示。

$$V_c = V_f - V_t \tag{6–1}$$

由式（6–1）可知，钻屑的自由下沉速度越大，运移钻屑所需的空气流速越大。钻屑的自由下沉速度与钻屑直径、密度、形状和流体密度等因素有关。研究发现，球形微粒的自由下沉速度为：

$$V_c = \left[\frac{4gd_c(\rho_c - \rho_f)}{3000C_d\rho_f}\right]^{1/2} \tag{6–2}$$

式中，d_c 为钻屑直径，mm；C_d 为阻力系数；ρ_c 为钻屑密度，g/cm³；ρ_f 为流体密度，g/cm³。

（二）钻屑形状与下沉速度的关系

携带岩屑的阻力系数与雷诺数有关，可由钻屑在流体中的运动速度确定。研究表明，在空气钻井中，环空中的空气一般为紊流，这时钻屑的阻力系数与流动速度无关，为固定值；但阻力系数受钻屑形状的影响，扁平状钻屑的阻力系数为 1.4，角状及次圆状钻屑的阻力系数为 0.8。结合气体状态方程，可推导出扁平状钻屑的自由下沉速度为：

$$V_t \approx 38.58\times10^{-3}\left(\frac{d_cT\rho_c}{P}\right)^{1/2} \tag{6–3}$$

次圆角状钻屑的自由下沉速度为：

$$V_t \approx 47.68\times10^{-3}\left(\frac{d_cT\rho_c}{P}\right)^{1/2} \tag{6–4}$$

式中，T 为井底温度，K（K=℃ +273.15）；P 为井底压力，MPa。

钻屑的自由下沉速度主要由钻屑直径、形状、井底温度和压力决定，但没有考虑钻屑之间或钻屑与井壁之间的相互作用，而这些作用会引起钻屑下沉速度的降低。从式（6–3）、式（6–4）可以看出，钻屑的自由下沉速度随钻屑直径的增加而加大，钻屑尺寸越大，要带出钻屑所需的空气流速就越大。同时，携带圆球形钻屑所需空气量比扁平状钻屑所需空气量大。

（三）空气注入量的确定

为了有效携带钻屑，需要预测地面空气注入速度，而其与井眼大小、井深、机械钻速等有关。国外研究了多种预测方法，其中多数方法在现场应用时都遇到一个共同问题，即难以提供钻屑的形状和尺寸。

同时还需要知道井眼的几何形状，因为在井径扩大处，环空空气流速会明显下降，携带钻屑的效果也会下降。Angel 提出了一种方法，该方法假设空气冲击每粒钻屑的动能与空气在标准状态下给予钻屑的动能是相同的。目前该方法已广泛成为预测空气注入量的基础。利用 Angel 软件，以某井为例，计算了 Φ311.2mm 井眼与 Φ127mm 钻杆环空、井深为 500m、机械钻速为 8m/h、球形钻屑直径为 3mm 时空气注入量与注入压力、岩屑含量和岩屑运移速度的关系，分别如图 6–1、图 6–2 和图 6–3 所示。

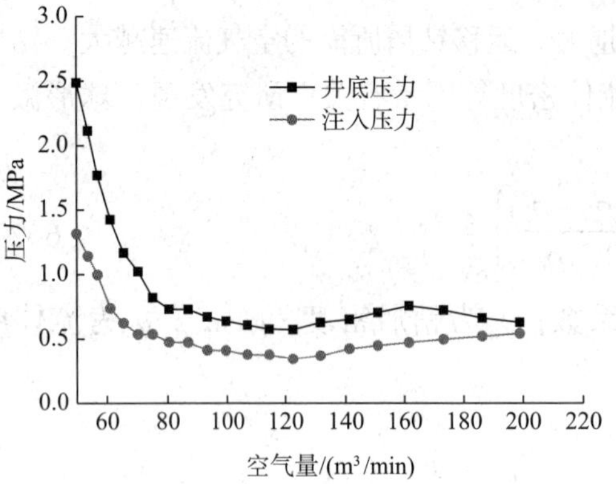

图 6–1　注入压力与空气注入量的关系

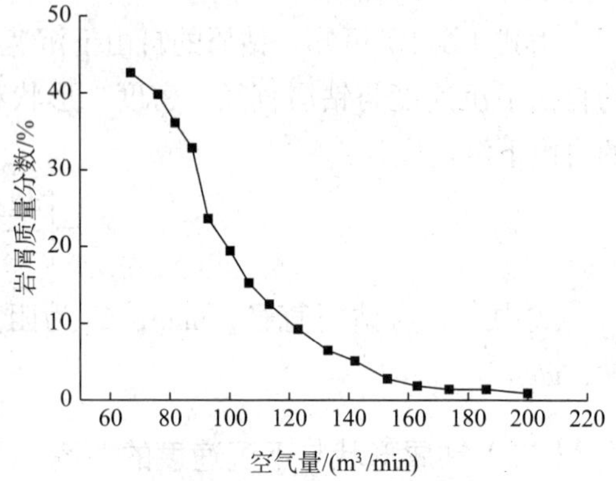

图 6–2　岩屑质量分数与空气注入量的关系

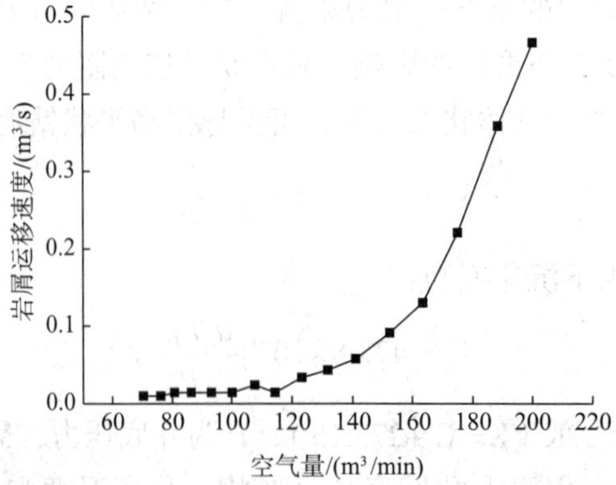

图 6–3　岩屑运移速度与空气注入量的关系

图 6–1 表明，随空气注入量增加，注入压力降低，最终趋于一个比较恒定的值；图 6–2 表明，岩屑含量随空气注入量的增加而下降，当空气注入量达到一定值后，岩屑含量变化趋势减缓；图 6–3 表明，空气注入量增加，岩屑在环空的运移速度增加，当空气注入量达到一定值后，运移速度呈显著上升趋势。空气钻井时，为了有效地携带钻屑，需要确定地面空气注入量。最优环空返速与井眼尺寸、钻具组合、钻速、钻头类型、钻屑形状及大小、井底温度、地层特性、井深等有关。对于 Φ444.5mm、Φ311.2mm、Φ215.9mm 不同尺寸的井眼，一般情况下的注气量分别为 180 ~ 210m^3/min、120 ~ 160m^3/min、80 ~ 120m^3/min。

二、气体钻井工艺

（一）气基流体的循环系统

以空气钻井为例，其流程大致是：空气→空压机→增压机→方钻杆→钻具→钻头→环空→井口→排砂管→排砂池。在空气钻井作业中，需要将压缩机系统的压缩空气输送到钻机的立管管汇，因此就需要连接较大直径（76 ~ 101.6mm）的钢管或软管。这些连接管线的额定压力值应与增压机的最大压力相匹配或更高。

此外，在这些连接管线中应安装相应的单流阀、安全阀和球阀，以保护压缩机和便于泄压。在气体输入的主管线上要连接一根旁通管线（泄压管线），方便在接单根或需要时泄压。旁通管线可以直接导流到排砂管线。另外，在旁通管线与立管之间也需安装一条泄压管线，用以在接单根前放掉立管和钻具内的压缩空气，以便压缩机在接单根期间保持运转。旁通管线和泄压管线的直径一般为 50.8mm。

（二）工艺过程

气体钻井与常规的钻井液钻井有所区别，它是直接用压缩气体作为循环介质来携带岩屑和冷却钻头。不同气体的供气情况如下：

（1）空气供气处理系统：空气→空压机→增压机→高压空气。

（2）氮气供气处理系统：空气→空压机→膜制氮机增压机→高压氮气。

（3）天然气的来源共分为三种，即：①天然气输气管线→高压天然气；②邻井高压天然气→高压天然气；③邻井低压天然气→增压机→高压天然气。

以纯空气钻井为例，其工艺流程：①设备的安装及试压。②组合钻具。空气钻井与常规钻井液钻井所要求的钻具组合基本相似。在钻头上安装一只箭形止回阀，在井口附近的钻具上安装一只活瓣式止回阀。③气举排液。一般采用充气排液法进行。④吹干井筒。气举排液结束后，开动压缩机吹干井筒。⑤试钻。空气正式钻进前，控制机械钻速进行试钻，摸索各种参数的合理匹配。⑥空气钻进。钻进时，要求送钻均匀，并注意立管压力及井下情况，发现立压变化、扭矩变化、蹩跳严重、上提遇卡等井下异常现象时，应立即停钻，活动钻具，循环观察，及时处理。⑦接单根及起钻。起钻或接单根前必须进行充分循环，循环时间长短取决井下情况，具体观察排砂管线出口。

三、适用条件与特点

（一）气体钻井的适用范围

气体钻井一般适用于：不出水的坚硬地层；严重漏失地层；严重缺水地区；所钻地层平缓，地层倾角＜30°，无力学不稳定性应力垮塌、地层坍塌压力低的稳定地层；地层压力低且分布规律清楚的地层；不出水或出水量小于 $5m^3/h$ 的地层无浅层天然气、无膏盐层，以及不含硫化氢地层。

（二）气体钻井的特点

与常规钻井相比，气体钻井具有如下特点：

（1）显著提高机械钻速，缩短钻井周期，降低钻井综合成本。

（2）井底清洗及冷却条件好，可延长钻头的使用寿命，节省钻头用量。

（3）使用空气锤钻头，钻压小，转速低，扭矩小，防斜效果好。

（4）可有效地避免井漏等井下复杂情况的发生。

（5）没有液相侵入地层问题，储层钻井对地层的损害小，有利于发现和保护储层。

（6）钻井作业过程中避免了钻井液造成的污染，工作环境清洁，有利于环境保护。

同时，不同的气体钻井又表现出其特殊性。

（1）干空气钻井。

不能防止井下着火和爆炸，主要用于提高非储层段的机械钻速和处理非储层段井漏上，井底压力当量密度可降低至 $0\sim0.05g/cm^3$，环空返速要求最低为15m/s，要求钻进的井段没有水层或地层出水量较小。

（2）氮气钻井。

可防止井下着火和爆炸，主要用于储层段，井底压力当量密度可降低至 $0\sim0.05g/cm^3$，环空返速要求最低为15m/s，要求钻进的井段没有水层或地层出水量较小。氮气的注入方式主要有三种，一是现场制氮注入，即通过膜制氮装置和增压装置直接注入井内；二是液氮注入，即通过液氮泵车将工厂事先生产并将罐车运至现场的液氮注入井内；三是前两种注入方式的组合。

（3）天然气钻井。

可防止井下着火和爆炸，主要用于储层段，目前已可进行全过程欠平衡钻井，井底压力当量密度可降低至 $0\sim0.04g/cm^3$，环空返速要求最低为15m/s，要求钻进的井段没有水层或地层出水量较小。

（4）柴油机尾气钻井。

以含一氧化碳和二氧化碳为主的柴油机尾气为循环介质，一般不会发生井下着火和井下爆炸现象，主要用于保护储层上。

（三）气体钻井的缺点

气体钻井尽管有许多优点，但仍然存在一些局限性，归纳如下：

（1）空气钻井是欠平衡钻井，因而当遇到地层出水、油气侵显示时便不能平衡地层压力，要立即转换成钻井液钻井方式，所以即使在空气钻井时也要配制好压井钻井液，随时准备转换钻井方式。

（2）由于夹着岩屑的气体对钻柱的冲蚀、地层气体对钻具的损害、钻柱旋转对井壁的碰撞、钻具振动比常规钻井严重、钻具本身的质量问题等均可能使空气钻井过程中发生断钻具事故，钻具丝扣及钻杆本体均可能发生断裂。

（3）空气钻井费用高，空气钻井每天的耗油量是 8~10t。

四、气体钻井的应用

在 20 世纪 60 年代中后期，国内就有一些油田率先组织了空气钻井的实验研究和现场应用，取得了提高机械钻速和及时发现油气层的效果，但这一时期，由于存在大量技术问题，配套装备和安全措施不健全，没有达到应有的效果，因而没有形成一套完善的工艺技术，影响了进一步应用。20 世纪 90 年代，四川、新疆、胜利、长庆、辽河、吐哈等油田相继围绕气体钻井技术开展了攻关研究，加快气体钻井技术的发展，为解决常规钻井无法解决的技术难题提供了手段。21 世纪初期，中原油田形成了成熟的空气、氮气钻井技术，在普光气田试验、推广应用了气体钻井技术，大幅度提高了普光气田及川东北工区上部陆相地层的钻井速度。气体钻井较常规的钻井液钻井提速效果明显，平均机械钻速提高 3~8 倍，单井钻井周期缩短 60~90d，严重漏失、井斜等复杂问题得到较好的控制，技术经济效益显著，成为加快昔光气田及川东北工区开发的核心钻井技术[3]。

天然气钻井在川渝地区、长庆油田等天然气气田产层井段和含有天然气的油气井中应用表明，其能够在提高钻速的同时有效地防止井下燃爆等复杂问题的发生，在保护产层、防止井下燃爆等方面具有突出优点[4]。柴油机尾气钻井在兴 24 井应用，使该井增产近 6 倍[5]。

第二节　雾化钻井流体

雾化或雾状钻井流体是空气、发泡剂、防腐剂和少量水等混合组成的循环流体，其中空气是连续相，雾化液是非连续相。雾化液的主要成分是发泡剂，可以吸附地层水而形成均匀的雾状泡沫，从而达到处理和携带一定量的水和油的目的。同时，雾状流体具有更好地悬浮岩屑颗粒的能力，仍可保持较高的机械钻速，但是雾化钻井时需要比干空气钻井提供多出20%~40%的气体注入量，并且需要较高的注入压力，这主要是为了有效携带混水的岩屑以及所增加的水。资料表明，空气雾化钻井机械钻速比常规钻井液钻井高4~10倍，适用于气体钻井钻遇地层水后无法正常钻进的情况；其优点类似于空气钻井，缺点是需要的空气量比空气钻井多20%~40%，否则井下不安全，且在超深井中，易腐蚀钻具。用雾化钻井流体在老井中进行欠平衡开窗侧钻，可以明显减少地层伤害。例如，国外使用空气/雾化钻井流体在下套管的直井中进行欠平衡开窗侧钻，在钻井过程中，由于套管被挤扁，未钻到设计井深提前完钻。尽管如此，经对侧钻井段的裸眼流动测试，测得的产气量是原直井段综合产气量的10倍，效果显著。中原油田在普光气田进行气体钻井钻遇地层出水的情况下，成功地应用了雾化钻井，与常规钻井液相比机械钻速提高3~5倍。

下面从雾化钻井流体基础、雾化液、雾化流体的性能和应用等不同方面介绍雾化钻井流体及应用情况[6~8]。

一、雾化钻井流体基础

（一）雾化钻井的优点

雾化钻井是将气体和雾化基液混合作为钻井流体，具有一定的携水能力，能防止因地层出水而产生钻头泥包、泥饼环、卡钻以及井壁水敏坍塌等复杂事故，克服了干气体钻井遇水即转的难题；能够提高机械钻速，延长钻头寿命；易于发现和保护油气层，减少对低压储层的损害；可以有效地治理井漏，消除低压漏失层的钻井液漏失、卡钻等。

（二）雾化钻井流体携水机理及能力

雾化钻井能有效解决气体钻井中地层少量出水的难题，它是在气体与雾化液的共同作用下，将地层产出液分散成尺寸很小的液滴，在环空形成雾态稳定流，从而有效地将其带离井底。气流对液体的搅动和冲击作用的强弱程度决定了液滴的分散能力。液滴分散得越小，越易被气流携至地面，但液滴尺寸越小，比表面积就越大，所消耗的功就越多，在充气、雾化钻井中气体动能就会在此方面造成大量能耗，加之气体钻井排量又不能无限制地供应，因此降低表面张力是保证良好携水性的关键因素。雾化液由水及表面活性剂等组成，当其与地层产出液接触后将其乳化，降低了产出液的表面张力，提高了临界值韦伯系数，在与一定排量气体的共同作用下形成稳定的雾状流，从而快速、有效地将地层产出液和钻屑从井底携带出来。在优化气液比的基础上，根据川渝地区地质特征，计算了不同井深、不同井眼尺寸下雾化钻井的极限携水能力，结果如表6–2所示。

表 6-2　不同井眼、井深的雾化携水能力

井深 /m	最大携水量 /（m^3/h）			
	Φ444.5mm	Φ311.2mm	Φ215.9mm	Φ152.4mm
500	14.4	9.6	5.0	0.8
1000	10.2	6.0	3.6	0.6
2000	8.4	4.8	1.2	0.6
3000	6.5	4.0	0.8	0.6

（三）雾化钻井主体设备

雾化钻井的地面配套设备包括空压机、增压机、雾化泵、注入控制管汇、旋转防喷器等。雾化泵为气体钻井专用装置，它为气体钻井中的雾化钻井及泡沫钻井提供高压及指定流量的基液。雾化泵的基液来自混液罐，基液加压后输入高压气体管线，要求对其输出的基液压力及流量进行测量及控制。

二、雾化液基本配方

一种典型的、能够满足现场需要的雾化基液组成如表 6-3 所示。

表 6-3　雾化基液配方

处理剂名称	功用	用量 /%	处理剂名称	功用	用量 /%
表面活性剂	雾化剂	0.1～0.3	生物聚合物	增黏剂	0～0.15
低分子阳离子化合物	抑制剂	0.3～0.7	无机化合物	固结剂	0～1.5
高相对分子质量聚合物	气雾稳定剂	0.05～0.15			

下面是满足不同条件下钻井需要的雾化基液配方。

（1）井壁稳定性好的出水或漏失地层：清水 +0.5%～1.0% 起泡剂 QP–1 或清水 +0.5%～1.0% 起泡剂 QP–Ⅱ。

（2）井壁稳定性差的出水或漏失地层：清水 +0.5%～1.0%QP–Ⅱ+0.2% 稳定剂 WD–1+7% 抑制剂 YZ–1，该配方岩心滚动回收率为 97%，膨胀降低率为 42%。

（3）出油地层：清水 +0.5%～1.0%QP–Ⅱ+0.2%CMC+7%YZ–1，该配方的岩心滚动回收率为 97%，抗油能力为 20%。

在模拟计算的基础上，不同井深、井段雾化钻井优化设计参数如表 6-4 所示。

表 6-4　不同井深、不同井眼尺寸雾化钻井参数

井眼尺寸 /mm	介质	井段 /m	推荐气量 /（m^3/min）	推荐液量 /（L/s）
444.5	雾化	＜1000	150～180	3.0～5.0
		1000～2000	180～260	

续表

井眼尺寸 /mm	介质	井段 /m	推荐气量 /（m^3/min）	推荐液量 /（L/s）
311.2	雾化	＜1000	110～160	2.0～4.5
		1000～2000	150～200	
215.9	雾化	＜1000	70～110	1.5～3.0
		1000～2000	100～140	
152.4	雾化	＜1000	40～65	1.0～2.5
		1000～2000	65～85	
		2000～3000	75～95	

三、现场实施工艺

现场施工工艺包括雾化工艺、转换工艺和现场工程措施。

（一）雾化工艺技术措施

（1）实施雾化钻井时雾化基液排量控制在30～80L/min，基液配方和排量根据钻遇地层岩性、出水量、钻时情况及时进行调整。

（2）在泥岩段钻进时，排砂口钻屑颗粒少、泥多、黏性大，必须抑制钻屑中泥质成分的水化，防止钻屑抱团后形成泥环；进入泥岩段前必须加足防塌剂和雾化剂，钻进过程中防塌剂和雾化剂用量应保持在配方的高限或视具体情况适当提高，防止该段井壁发生掉块、缩径及泥包钻具。

（3）在砂泥岩薄互层、粉砂岩地层、粉砂质泥岩和泥质粉砂岩地层钻进时，以防塌为主，保持雾化液中抑制性防塌剂用量足够多，同时补加具有絮凝包被作用的气雾稳定剂，用量控制在配方加量上限。

（4）在胶结性差的地层钻进时，以防塌为主，可将抑制性防塌剂用量提高到配方上限，同时加入适量的具有胶结固壁作用的防塌剂。

（5）出水量小于1.5m^3/h时，如果排砂口返出液呈稀泥浆状，泥包可能性增加，气流携砂相对困难，此时应减少或停用大分子类处理剂，将雾化基液排量提高至60L/min以上，并保证足够的空气排量；如钻遇易水化泥岩、粉砂质泥岩和泥质粉砂岩地层，应提高小分子抑制性防塌剂和雾化剂用量。

（6）出水量大于8.0m^3/h时，为了避免井眼环空中液相进一步增加，应将雾化基液排量降低至30 L/min内，同时提高雾化基液的浓度。

（7）在钻时小于4min/m时，钻屑量较大，应保持雾化基液排量和空气排量，保证有效携砂；同时提高小分子抑制防塌剂和雾化剂用量，防止泥包。

（8）在开始雾化时和发现钻具附着黏泥时，降低增黏剂和气雾稳定剂用量至配方下限以下，同时增加抑制剂、雾化剂用量至配方上限，并将雾化基液排量控制在50～70L/min

内，用以清除泥环。

（9）如进行测斜、更换钻具作业，在起钻前循环除砂过程中，将注入基液中防塌剂用量增加至配方上限量的1.2倍，同时将基液排量提至80L/min，保证在停钻期间井眼积水中抑制剂的含量。

（二）纯气体钻井方式转换为雾化钻井方式

纯气体钻遇地层水时，如气体流量接近设计最小流量时，则地层水在环空中易形成积液（块状搅拌流），达到携水极限，这时可转换为雾化钻井方式，以提高携水能力。

纯气体钻遇天然气时向雾化钻井方式转换是关键的技术措施之一。雾化钻井防火效果虽不及惰性气体，但有利于局部高温区的水分蒸发而降温。另外，基液在井壁、钻具、岩屑上黏附成膜，可防止岩屑高速碰撞产生火花；另一方面，基液易使泥页岩形成泥饼环，造成闭口系统，存在热自燃的风险。雾化钻井方式转换工艺要点如下。

（1）及时判断地层是否出水、出天然气。出水的充分现象有：返出地层水，返出空气潮湿，返出岩屑潮湿，钻具外表面出现泥饼环。出水的可能现象有：立压升高，扭矩增大，机械钻速变慢，返出岩屑变少，悬重减小，接单根后出现断流。钻遇天然气的充分现象有：地面气体监测仪显示返出天然气，返出天然气被自动点火装置点燃。钻遇天然气的可能现象有：出现回压或回压升高，机械钻速变快，立压波动，悬重减小。

（2）地层出水后，在加强监测立压、扭矩的同时，还应倾听排屑管线中岩屑同管壁撞击的声音频率，以及岩屑、地层水的返出情况来判断钻进是否正常。如出水流量较少，岩屑返出正常，可控制机械钻速继续维持纯气体钻进，此过程可注入适量固体干燥剂。出天然气后，应迅速停止注入空气，如井下已着火，此举措可使井内缺氧而停止燃烧。

（3）如出水流量较大，岩屑返出量减少，立压、扭矩起伏较大，应停止施加钻压，按设计流量迅速向井内注入气体及基液进行雾化循环。雾化钻井所需气体流量比纯气体钻井高出20%~40%，基液中需加入表面活性剂，以降低水滴界面张力，促使其分散得更加细小，从而利于携带。在井身结构、钻具组合一定的情况下，可通过出水流量、机械钻速计算最小注气体流量，再根据设备条件确定实际气体流量，最后计算基液流量，该值应确保进入环空底部的气体含水饱和。如地层出天然气，应根据地层压力、天然气返出流量判断雾化钻井方式转换后的安全性，所需气液流量应结合储层特征及井眼尺寸确定。

气体流量必须达到某一定值时才能携带岩屑及地层水，且其量越大，岩屑及地层水的携带总量越大。在气体流量一定的情况下，携水量同机械钻速成反比，当地层不出水时，机械钻速理论值达到最高；而停止钻进时，携水能力达到最大。

（4）雾化循环过程中，当地层水、岩屑被带出，立压、扭矩稳定后，方可继续钻进。如再次出现携水困难，可降低机械钻速或进一步增大气体流量。如地层出天然气，应在停止空气循环30min后，再按计算气液流量进行雾化钻进，此措施可使井眼中可能发生的燃烧现象停止。

（三）雾化钻井方式转换为其他钻井方式

1. 转换为泡沫钻井

当井深小于1000m时，如出水量大于25m^3/h，排砂口返液呈间断柱塞状喷出，可转换为泡沫钻井，提高携水效率。

当井深大于1000m时，在判断井眼正常的情况下，如出现返砂量减少、钻屑颗粒变小的现象，提高空气排量无明显改观时，可转换为泡沫钻井，以提高携砂效率。

2. 转换为空气钻井

雾化钻井期间，在工程参数稳定、排气正常（环空畅通）的情况下，如出现排砂口出水减少至滴流且返出钻屑在缓冲筒堆积的现象，说明钻遇的水层已基本枯竭，可关闭雾化泵，循环干燥井眼至排砂口出现扬尘，恢复空气钻进。

3. 转换为水基钻井液钻井

钻遇气层，点火、循环观察，如果全烃含量快速上升，气测全烃含量大于3%，停止雾化钻进，将钻具起至套管内，用储备的钻井液注入井筒，重建井内压力平衡后，将钻具下至井底，恢复常规钻进。

如果监测设备发现H_2S气体，应立即停止雾化钻进，用储备的钻井液注入井筒，恢复常规钻进。

出现立压上升、钻盘扭矩增大等异常现象，如判断为地层坍塌，应立即停止雾化钻进，将钻具起至套管内，将储备的钻井液注入井筒，重建井内压力平衡后，将钻具下至井底，恢复常规钻进。

（四）现场施工要点

（1）及时用潜水泵将岩屑池中的雾化液回收至钻井液储备罐中，并保持罐内有一定的液量，以便雾化泵正常供液。

（2）注意观察返出的雾化质量和监测基液罐中的基液性能，及时从基液罐和雾化泵补充发泡剂，保持基液中的发泡剂浓度，以确保雾化钻进效果。

（3）接单根时，应先上提再下划至井底，保持循环3~5min后，上提方钻杆，停止雾化泵注液，保持空气循环2~3min，停气，待立管压力降至0后，开始接单根。单根接好后，按要求的排量供气供液，出口正常后再恢复钻进。

（4）中途进行单点测斜时、起下钻或终止雾化钻井前，应先进行循环携砂洗井，再停止雾化泵注液，增开空压机，以大排量气体将井筒内的雾化液吹出，并适当干燥井眼，尽量减少井内残余液体与水敏性泥页岩的接触时间，以保持井壁稳定。

四、现场应用

经四川龙岗地区大尺寸井眼（Φ444.5mm）5口井的现场应用表明，雾化钻井技术能有效地治理漏失、地层出水，携岩效果好，机械钻速是同井段钻井液的 2.38 倍，平均周期缩短 6d，为气体钻井处理含水层提供了一条有效途径。安页 1 井雾化空气钻井段：一开 32 ~ 380m，进尺 348m，纯钻时间 71.5h，平均机械钻速 4.87m/h；二开 380~1129.93m，进尺 749.93m，纯钻时间 94.25h，平均机械钻速 7.96m/h。同为牙轮钻头，雾化空气钻井相对于常规钻井液钻井，机械钻速提高 230% [9]。

针对川东北地层特点优化的雾化基液（表 6–3）具有较强的防塌和防泥包能力，可满足川东北上部地层空气钻井钻遇水层时实施雾化钻井的需要。根据钻遇地层岩性、出水量、钻时情况，研究形成了雾化钻井技术及相关技术措施：基液配方、基液排量和气体排量根据井径、井深、钻遇地层岩性、出水量、钻时情况进行调整，基液排量一般控制在 35 ~ 80L/min，第 1 次开钻 Φ444.5mm 井眼气体排量控制在 140 ~ 175m^3/min，第 2 次开钻 Φ320mm 井眼气体排量控制在 120 ~ 200m^3/min。应用雾化钻井期间全井钻井参数正常，立管压力、扭矩稳定，使用牙轮和空气锤钻进顺利；携砂、带水效果良好。在普光、大湾等区块 14 口井中应用，钻井速度提高了 5 ~ 6 倍，地层出水量最大达到 40m^3/h 时仍可安全施工，并形成一套完善的气体钻井雾化工艺技术和技术规程 [10]。

徐深 43 井是松辽盆地北部勘探项目的一口预探井，井深为 3990m，在空气钻井过程中遇到地层出水时，即使将空气注入量提高至 160m^3/min，井内仍会存在返屑不畅、钻头泥包等问题。因此，通过对发泡剂、稳泡剂、抑制剂进行筛选，形成了适合徐深 43 井地层条件的雾化液配方。该井使用空气钻进 14m 后遇地层出水，转为雾化钻井流体，进尺为 751m，钻进目的层 395m，气测全烃最高达到 2.9%，稳定基值达到 0.5% ~ 0.7% [11]。

砂质黄土层在地层出水条件下，采用新型“微泡沫基液”体系进行雾化钻井作业。提前按配方（配方：4% 膨润土 +0.1%XC+0.5%SMP–Ⅱ+0.7%QP–2）在循环罐内配制好微泡沫基液，钻进期间，通过钻井泵向井内注入微泡沫基液，同时注气设备向井内注入气体。在二开 Φ333.4mm 井眼 500 ~ 1200m 井段应用了微泡沫基液雾化钻井技术，基液量 3 ~ 6 L/s，注气量 200 ~ 350m^3/min，实现了循环连续钻进，成功解决恶性井漏复杂，钻进期间井壁稳定，纯钻时效提高至 54.7%，仅用 19d 时间顺利钻达固井井深 1200m，取得良好应用效果 [12]。

第三节　泡沫钻井液

泡沫钻井液包括可循环的常规泡沫钻井液和易于实现地面消泡的空气（或氮气）泡沫钻井液，一般通过搅拌、循环系统或注入空气、氮气的方式实现起泡。其中空气泡沫钻井是指在注入压缩空气的同时注入一定量的泡沫液，使之形成蜂窝状泡沫。泡沫液的主要成分是发泡剂、稳泡剂及井壁稳定剂，在高压空气的冲击下形成均匀的泡沫，从而具有良好的举水和携岩效果。实践表明，空气泡沫钻井平均机械钻速比常规钻井液钻井高 4 ~ 8 倍。适用于气体钻井钻遇地层水（出水量高于 10m^3/h）后无法正常钻进、大尺寸井眼使用空气钻井携岩困难又无法实施雾化钻井的情况。

研究表明，稳定泡沫钻井液密度随压力而增加，随温度上升而降低。在一定温度下，稳定泡沫钻井液的密度随压力变化曲线可以分为3段：低压陡直上升段（压力<20MPa）、中间弯曲递增段（压力20~50MPa）和高压平缓直线上升阶段（压力>50MPa）。同时，由模拟实验结果也可看出，温度和压力很高时，钻井液密度变化（增加）也不可忽视[13]。泡沫钻井液的黏度是欠平衡钻井设计中应考虑的主要因素之一，研究表明，泡沫钻井液的黏度随压力的升高先降低后增大，大约在压力为5~10MPa时达到最小值；随温度的升高先增大后减小，黏度极大值出现的温度范围基本在50~70℃之间。从气液表面能和分子间能量变化的角度对温度、压力影响泡沫钻井液黏度的原因分析表明，在低压低温下，表面能是影响钻井液黏度的主要因素；而在高温高压下，分子间能量是影响泡沫钻井液黏度的主要因素[14]。

一、水基泡沫钻井液

（一）水基泡沫钻井液基础

1. 水基泡沫钻井液基本原理

水基泡沫钻井液是利用水或基浆、发泡剂、稳泡剂、页岩抑制剂及其他助剂，通过空气使基液发泡，通过压差的作用和气举的能量，利用泡沫的表面张力达到稳定携岩的效果。同时利用发泡剂易吸水，以及吸水后形成的泡沫密度低、无毒等特性，实现在易漏地层的钻进和保护油气层的目的。

发泡可以通过配浆和循环系统经过搅拌、剪切等实现，也可以通过注入空气或氮气的方式来实现。由于前者可以直接利用配浆系统，不需要额外的设备，易于实施，成本费用相对较低，一般称为常规泡沫钻井液（或可循环泡沫钻井液、硬胶泡沫钻井液）；而后者配制使用时需要压风机和专门的泡沫发生器，成本费用相对较高，一般称为空气或氮气泡沫钻井液。

2. 泡沫钻井液的组成

常规的泡沫钻井液一般泡沫质量分数较小，可以和正常的水基钻井液一样循环使用，对消泡并无要求。对于发泡量大、并能重复利用的空气或氮气泡沫钻井液，则与其他常规泡沫钻井液的要求有所不同，首先它必须易发泡，其次是易消泡。由于是配合机械除泡，除泡效率能满足泵上水的要求。为了使机械除泡效率达到最大，在配制泡沫钻井液时，考虑到温度是一个较明显的变量，因此，采用对温度较敏感的表面活性剂作为发泡剂，以使机械除泡更彻底。稳泡剂分为两类：一类是利用表面活性剂的协同作用，即在发泡剂中添加多种活性物质；另一类是添加增稠剂来提高液相黏度，降低排液量，减缓流动速度，延长泡沫寿命。由于配制的泡沫钻井液为水基泡沫，为了防止地层黏土膨胀，在基液中可以加入适量的黏土稳定剂。

表 6–5 是某一特定配方的泡沫钻井液的性能。表 6–6 是典型的泡沫钻井液配方，其性能要求和施工参数如表 6–7、表 6–8。

表 6-5　泡沫钻井液的性能

温度 /℃	基液			发泡后		
	密度 /（g/cm^3）	黏度 /s	pH 值	密度 /（g/cm^3）	泡沫高度 /mm	半衰期 /min
常温	1.01	46	7	0.68	342	42
70	1.01	31	7	0.25	930	50

注：配方 H_2O+0.03%HCHO+0.3%～0.8% 稳泡剂 +4% 黏土稳定剂 +0.2%～0.4% 发泡剂 + 其他。

表 6-6　空气泡沫基液配方

处理剂名称	用量 /（kg/m^3）	处理剂名称	用量 /（kg/m^3）
阴离子发泡剂	3.0～5.0	小阳离子化合物抑制剂	5.0～12.0
非离子发泡剂	1.0～1.5	可变形植物纤维封堵剂	1.0～4.0
支化高分子聚合物稳泡剂	1.0～1.5	两性离子咪唑啉缓蚀剂	3.0～6.0
线性高分子聚合物稳泡剂	0.1～0.3		

表 6-7　空气泡沫基液性能

项目	指标	项目	指标
密度 /（g/cm^3）	0.01～0.30	发泡倍数	4
pH 值	8～10	半衰期 /min	30～200

表 6-8　推荐空气泡沫施工参数

井眼尺寸 /mm	所需空气量 /（m^3/min）	所需泡沫基液量 /（L/min）	井眼尺寸 /mm	所需空气量 /（m^3/min）	所需泡沫基液量 /（L/min）
660.4	150～200	220～300	311.2	50～100	80～150
609.6	130～170	200～250	215.4	50～100	80～150
444.5	100～140	150～230	152.4	30～50	50～80

3. 泡沫钻井液的特点

由于泡沫黏度高、滤失量少、悬砂性能强、具有良好的助排能力等特性，故在钻井中应用泡沫钻井液具有钻速快，钻头寿命长，井眼规则，对油层伤害小，油气显示明显，安全、可靠和能满足特殊情况下钻井的要求等特点。

4. 配制与维护处理要点——以空气泡沫钻井液为例

（1）设备要求。

配制罐应配有搅拌器，容积应满足现场要求；现场应配备泡沫性能测定装置，即高速搅拌机、密度计、分析天平、精密 pH 值试纸、秒表；空压机、增压机、钻井泵及循环系统应满足现场施工要求。

（2）空气泡沫基液配制。

在配制罐中按配方要求加入所需量的清水或经机械消泡回收的泡沫基液，通过混合漏斗加入所需量处理剂，循环搅拌使其充分溶解；地面循环搅拌，将泡沫基液混合均匀；取样测定空气泡沫基液性能，性能应满足设计要求。

（3）维护与处理。

钻进中，每 4h 测定一次空气泡沫基液性能；补充聚合物稳泡剂时，应将主稳泡剂、辅助稳泡剂等配制成胶液，按均匀加入；每 2h 补充抑制剂，遇易垮塌地层时提高抑制剂的加量至 $12kg/m^3$，保持空气泡沫流体的抑制性；根据空气泡沫流体发泡性能补充发泡剂，遇易吸附泥岩地层时适当提高发泡剂的加量，保持空气泡沫的稳定性。

需要强调的是，当出现气测全烃含量大于 3%、监测发现 H_2S 气体、出现地层坍塌等情况之一时应停止泡沫钻进。

（二）典型的泡沫钻井液与应用

1. 配方一

基本配方[15]：H_2O+0.03%HCHO+0.3%～0.8% 稳泡剂 +4% 黏土稳定剂 +0.2%～0.4% 发泡剂 + 其他材料。

由于循环泡沫钻井液采用的是稳定的泡沫液，因此在配制前，应将地面循环罐槽用清水清洗干净，在钻穿水泥塞前 3m 左右，改换成泡沫钻井液。

在泡沫钻井液现场施工过程中，定时测量出口和进口的钻井液密度，并根据要求适当调节充气量。采用上述配方配制的泡沫钻井液，在辽河的高升地区进行了应用，6 口井现场施工中的钻井液密度情况见表 6-9。

表 6-9 除泡前后钻井液密度对比

井号	除泡前平均密度 / （g/cm^3）	除泡后平均密度 / （g/cm^3）	井号	除泡前平均密度 / （g/cm^3）	除泡后平均密度 / （g/cm^3）
高 3-51-88	0.26	0.80	高 3-31-64	0.27	0.85
高 3-51-64	0.30	0.87	高 3-42-28	0.25	0.85
高 3-32-98	0.29	0.83	高 3-41-94	0.25	0.87

现场试验表明，该泡沫钻井液性能稳定，携岩能力强，流型好，对地层污染小，满足了地质、钻井施工的要求。

2. 配方二

基本配方[16]：

1 号配方：水 +0.6%～1.0%FP-1+0.6%WP-1+0.01%～0.03% 缓蚀剂。

如要求稳泡时间较长，可使用 2 号配方：水 +0.6%WP 1+0.1%～0.2%XC+0.6%～1.0% FP-1+ 0.01%～0.03% 缓蚀剂。

如要求增强井壁稳定能力，可使用 3 号配方：水 +0.6%WP-1+0.1%～0.25%KPAM+

0.6%~1.0%FP-1+0.01%~0.03% 缓蚀剂。

实验测得岩屑在上述 1 号、2 号和 3 号三个配方的泡沫钻井液基液中的滚动回收率（90℃、16h）分别为 85.0%、87.0% 和 92.0%，均大于 85%，具有抑制能力。

实验表明，该泡沫钻井液处理地层水的能力较强，在地层出水的情况下，可以及时将地层水转化成泡沫形式，有利于井壁稳定。在泡沫钻井液中加入 10% 的盐对泡沫钻井液的膨胀率和半衰期影响较小，具有较强的抗盐侵能力。泡沫钻井液还具有一定的抗钻屑污染能力。如表 6-10 所示，该泡沫配方有良好的高温稳定性。

表 6-10　泡沫钻井液抗温实验结果（120℃、8h）

WP-1/%	FP-1/%	XC/%	半衰期 /min	膨胀率 /%	实验现象
0.6	0.6		73	420	泡沫均匀，直径＜1mm
0.6	0.8		76	430	泡沫均匀，直径＜1mm
0.3	0.6	0.1	100	455	泡沫均匀，直径＜1mm
0.3	0.6	0.3	＞600	445	泡沫均匀，直径＜1mm

注：将泡沫液在高温滚子炉中（120℃）滚动 8 h，测定其膨胀率和半衰期

窿 14 井是青西油田窟窿山构造带的一口重点工程探索井。该井为配合在 1358~2670m 井段实施欠平衡空气钻井实验，使用了泡沫欠平衡钻井液技术。应用结果表明，泡沫钻井液抑制性能好，处理地层水能力强，能有效抵抗地层水侵；携带能力强，能有效抵抗钻屑污染，无钻屑沉积；机械钻速高，窿 14 井空气泡沫钻井时的平均机械钻速为 4.16m/h，是邻井窿 10 井对应井段平均机械钻速 1.97m/h 的 2.11 倍；泡沫基液中加入缓蚀剂后（缓蚀剂加量为 0.03%），减缓了钻具的腐蚀程度，空气钻井结束后，在钻铤和钻杆的外壁上只观察到轻微的点蚀。

3. 配方三

一种胺基强抑制泡沫钻井液，它是针对泡沫钻井过程中井壁失稳问题，通过对发泡剂、稳泡剂以及胺类泥页岩抑制剂的优选，筛选出发泡性能优越，抗温、抗污染能力强，且具有强效持久抑制性能的胺类强抑制泡沫钻井液体系[17]，其配方是：0.8% 复合发泡剂 FPH+0.5% 生物聚合物 XC+0.4% 季铵盐聚合物 PPVA+5% 胺类低聚物 DA-1，溶液 pH 值为 9。

由于低分子胺类聚合物能进入黏土晶层，从而阻止水分子进入并抑制黏土水化，而高分子胺类聚合物相对分子质量大，不能有效地进入黏土晶层，因此主要吸附于黏土表面，形成分子保护膜，防止周围流体中水分子的进一步侵入。由于胺类聚合物通过提供多重阳离子吸附于黏土矿物上，因此能保持长久性黏土稳定且不易逆转吸附，从而具备持久抑制性能。

4. 配方四

基本配方[18]：基浆 +0.5%~1.5% 发泡剂 +0.4% 稳泡剂 +0.2% 调节剂 +0.3%~0.5% 降滤失剂 +0.2%~0.4% 增黏剂。

按照上述配方配制的钻井液性能为：密度 0.60~0.99g/cm³，API 滤失量＜ 5mL，塑性黏度 15~35mPa·s，动切力 10~25Pa；稳定时间大于 98h，可抗 120℃的高温。实验表明，泡沫在常温下静止 24h 或在 120℃静态老化 20h 后，再搅拌仍能恢复到原性能，表现出良好的稳定性。

该体系在河坝地区进行了应用，河坝地区井身结构设计及钻井方式见表 6-11。第二次开钻均采用泡沫钻井，用 *Φ*444.5mm 钻头钻进至井深 1500m，下入 *Φ*346.1mm 套管封隔上部易塌、易漏、易出水地层；第三次开钻采用 *Φ*314.1mm 钻头钻进，须家河组以上地层设计采用氮气钻井，实钻过程中上沙溪庙组地层出水，改为泡沫钻井，因井壁垮塌严重，掉块较多，考虑井下安全又改为常规钻井液钻井。

对河坝地区空气泡沫钻井实钻发生的费用和价格与常规钻井设计费用与价格对比表明，空气泡沫钻井单位进尺成本与常规钻井相比降低 72%。使用大尺寸 *Φ*279.4mm 钻铤的塔式钻具组合，能有效施加钻压控制井斜。

表 6-11　河坝地区井身结构设计情况

开钻程序	钻头尺寸 /mm	套管尺寸 /mm	套管下深 /m	钻井方式	备注
第一次开钻	660.4	508.0	0~150	常规钻井	封地表水层
第二次开钻	444.5	346.1	0~2000	泡沫钻井	上沙层以上地层
第三次开钻	314.1	273.1	0~3900	泡沫钻井	封雷口坡组
				常规钻井	（可封过嘉四段）
第四次开钻	241.3	193.7/177.8	0~300/300~6800	常规钻井	有利于井口安装安全阀

二、油基泡沫钻井液

实践表明，油基泡沫钻井液以油相抑制页岩水化膨胀、地层造浆，防止储层发生水敏伤害，以泡沫降低钻井液密度，封堵防漏，以微泡沫为连续相实现泵送，可在枯竭储层、高渗地层和微裂缝地层使用，能够有效地解决泥页岩井壁失稳和水敏性储层伤害问题[19]，从而为页岩气、低压储层和盐膏层低压易漏油气藏的开发提供了技术支撑。基于此，国外开展了油基泡沫钻井液室内评价及有关的现场试验研究，并取得了良好的效果[20~23]。国内围绕油基泡沫钻井液也开展了一些工作，并在现场应用中见到较好的效果[24]。例如，吐哈盆地胜北油田致密油气藏强水敏、低压、低渗储层较为普遍，储层微裂缝发育，压力系数在 0.70 左右，用常规钻井液体系无法实现近 / 欠平衡压力钻井，常因钻井液渗漏及固相、滤液侵入等对储层造成严重污染。为防止滤失和保护油气层，储层段应用可循环油基泡沫钻井液，降低井筒液柱压力和井底压差，阻止和减少钻井流体及滤液进入岩石孔隙，进而保护储层。现场应用表明，该钻井液体系具有密度范围可调，性能易控制，施工工艺简单，且可以多次循环使用，可以满足低压油气井的钻井需要[25]。

油基泡沫钻井液可用纯油基泡沫钻井液发泡，也可以采用油水乳状液发泡。相对于水基泡沫，由于水的表面张力较高，能降低这种高表面张力的发泡剂种类众多；而油的表面张力较低，低表面张力时，能进一步降低表面张力的表面活性剂很少，要使油的表面活性降低并使其发泡难度非常高，同时还存在成本高的问题。实验发现，采用在油水乳状液中发泡的方式，与在纯油中发泡相比要更容易。因此采用油包水乳液发泡，既可以实现易于发泡的目的，也降低了发泡难度，不仅有利于获得性能稳定的油基泡沫钻井液，同时也有利于油基泡沫钻井液的推广应用。在油层钻进时，由于油基泡沫流体无固相、低密度，性能稳定，对油层损害非常小。

（一）纯油基泡沫钻井液

以柴油基泡沫钻井液为例，其配方为[26]：零号柴油 +0.1%~0.3% 含氟碳链的油基泡沫发泡剂 DRI-YF-1+2%~2.5% 油基泡沫稳泡剂 DRI-YW-1。

基于上述配方，在 100mL 柴油中加入 0.1% 发泡剂 DRI-YF-1 和 2% 稳泡剂 DRI-YW-1，搅拌溶解，配成油基泡沫钻井液基液，高温热滚 16h，冷却至室温后测定油基泡沫钻井液的发泡体积和半衰期。如表 6-12 所示，油基泡沫钻井液在 160℃高温热滚后，发泡体积和半衰期变化幅度较小，表现出较强的抗高温性能。

表 6-12　抗温性能评价

实验条件		发泡体积 /mL	半衰期 /s	实验条件		发泡体积 /mL	半衰期 /s
温度 /℃	热滚时间 /h			温度 /℃	热滚时间 /h		
室温	热滚前	500	630	180	16	500	512
160	16	500	605	200	16	490	480

如表 6-13 所示，油基泡沫钻井液在室温和高温时都具有较高的动切力、较低的塑性黏度和较高的动塑比。剪切稀释性增强，表现出较好的流变性和携屑能力。

表 6-13　油基泡沫钻井液流变性能

实验条件		*AV*/mPa · s	*PV*/mPa · s	*YP*/Pa	动塑比
温度 /℃	热滚时间 /h				
室温	0	33.5	17	16.5	0.97
160	16	24	12	12	1
180	16	22	11	11	1
200	16	20	10	11	1.1

实验表明，油基泡沫钻井液抗盐水污染和抗油污染能力很强。即使加入 30% 的质量分数 3.0% 的 NaCl 溶液对油基泡沫钻井流体发泡体积和半衰期也没有多大影响。而随着原油加量增加，油基泡沫钻井液发泡体积和半衰期略有增加，但幅度不大。

采用 0.25~0.38mm 砂床，在 150℃下进行堵漏模拟实验[27]，在回压 0.5 MPa、压差

6MPa 时，钻井液无漏失，表明油基泡沫钻井液具有较强的承压能力，能够有效封堵漏失地层并具有较好的防漏性能。

除上述柴油基泡沫钻井液外，中国发明专利公开了一种白油基泡沫钻井液，其典型的配制方法是取 90 份的白油和 2 份的有机土搅拌 30min，配成基浆；然后依次加入 3 份的顺丁橡胶、2 份的油酸钙、2 份的失水山梨醇油酸酯，搅拌至体系均匀。经测定，该体系发泡体积为 200mL、密度 0.79g/cm^3、泡沫半衰期 20min。向该体系加入 10 份饱和氯化钙盐水，搅拌至体系均匀，测得该体系发泡体积为 210mL、密度 0.80g/cm^3、泡沫半衰期 25min，0.7MPa 条件下未有水分滤失[28]。

（二）油包水乳化泡沫钻井液

以一种由原油、水和发泡剂等组成的可循环油水乳化泡沫钻井液为例，该体系已在现场应用中见到良好的效果[29]，其基本配方为：30% 清水 +2% 膨润土 +70% 原油 +0.5% 油基转化剂 +1%~2% 抗高温降滤失剂 +0.1%~0.7% 油基发泡剂 +0.3%~0.5% 油基稳泡剂。

按照上述配方配制泡沫钻井液进行现场应用。取胜北平 2 井现场油基泡沫钻井液样，进行流变性能测试，如表 6-14 所示，油基泡沫钻井液在室温和高温热滚后都具有较高的动切力、较低的塑性黏度和较高的动塑比，表现出较好的流变性和悬浮携砂能力，能够满足现场钻井作业需要。

表 6-14 胜北平 2 井现场取油基泡沫钻井液流变性能

温度 /℃	实验条件	*PV*/mPa · s	*YP*/Pa	*Gel*/Pa/Pa	动塑比
室温	热滚前	12	8.5	5/9	0.71
80	热滚后	13	10.0	8/15	0.77
100	热滚后	12	9.0	8/15	0.75
120	热滚后	12	9.0	8/16	0.75

注：不同温度下热滚 16h，冷却至 50℃测量性能。

在胜北平 2 井现场取油基泡沫钻井液样，加入不同量的 3.0% 的 NaCl 溶液，即使质量分数 3.0% 的 NaCl 溶液加量为 30% 时，对油基泡沫钻井液的发泡体积和半衰期影响也不大。可见，油基泡沫钻井液具有较强的抗盐水污染能力。

岩心渗透率恢复实验表明，油基泡沫钻井液对强水敏性泥页岩渗透率恢复值可达到 85% 以上，具有良好的储层保护效果。

可循环原油水乳化泡沫钻井液在胜北区块 6 口井应用，现场维护处理措施是，在二开完钻后，充分循环钻井液，利用离心机等四级固控设备清除钻井液中的有害固相，在此基础上，排掉部分井浆，混入 65% 原油，充分循环，转化成油基钻井液。在油基钻井液中加入转化剂，充分循环，将性能调整至要求的范围内。均匀缓慢加入发泡剂和油基稳泡剂，利用加重泵、剪切泵和搅拌器循环搅拌起泡。钻进过程中根据井口返出泡沫钻井液的密度、黏度、切力及泡沫大小，及时对泡沫钻井液进行维护处理。为了便于现场调整密度以维持地层压力，可以通过加入发泡剂、增黏剂来降低钻井液密度，通过降黏和加入消泡剂来提高钻井液密度。

6口井应用表明，可循环原油水乳化泡沫钻井液密度低且范围可调，在钻进油层期间，钻井液密度始终控制在设计范围之内，从而实现了近/欠平衡压力钻进。6口应用井的机械钻速与邻井的平均水平相比，提高了30.54%，且提高了钻井综合效益。应用井段钻井液漏斗黏度为72~98s，动塑比基本保持在0.70以上，能够满足携砂要求；应用井段钻井液性能良好，起下钻畅通无阻，没有出现复杂事故。

第四节　充气钻井液

充气钻井液是将空气或氮气注入常规钻井液中，即气体分散在钻井液中形成的一种低密度钻井流体。它是以气体作为分散相，液体作为连续相，并加入稳定剂而形成的气液混合体系。充气钻井液以液相为主，所以它既属于气体型钻井流体，又属于轻质水基钻井液。充气钻井液是气泡和黏土颗粒为内相，水为外相的多相分散体系，其组成包括：气体（气泡）、黏土、钻井液处理剂和水等。密度较低，一般为0.6~1.0g/cm^3。通常注入的气体主要是空气和氮气，此外还有二氧化碳、天然气、柴油机尾气，但使用的较少。

用充气钻井液钻井时，环空速度要达到0.8~8.0m/s，地面正常工作压力为3.5~8.0MPa。在钻进过程要注意空气的分离和防腐、防冲蚀等问题，要求有配套工艺和地面充气设备。

在加拿大阿尔伯达的Camrose油藏，用充气钻井液钻成了一口水平井，水平段长548.64m，完钻后经测试，其产量是该地区直井产量的2.5~6倍。国内这方面也有尝试。

充气钻井液适用于低压和易漏失地层。由于其滤失量较小，黏度较高，有利于地层的稳定。由于充气钻井液的特殊性，因此具有一定的适用范围。

（1）适用于低压、低渗透以及潜山等块状油气藏。

（2）适用于油层压力系数低于1.0g/cm^3以下低压油藏钻井。

（3）因受其工艺技术装备限制，不宜长时间使用充气钻井方式钻进，故钻进井段不宜太长。

（4）因充气钻井结束后，采用下筛管完井，为防止不同压力层系的油层或水层相互窜漏，故只能打开一层油层。

（5）适用于预计油气层井段较为准确的井。

本节结合具体应用介绍充气钻井液[15]。

一、基本原理

钻开油层时，钻井液密度过高会产生一个较大的正向压差，在这个正向压差的作用下，钻井液中的固相粒子就会侵入油气层，堵塞液体流动通道，从而降低储层渗透率；同时，钻井液滤液进入储层，如与储层不配伍，可能引起黏土水化膨胀、水锁、乳化及化学沉淀，导致对储层的损害。由于充气钻井液密度低，正向压差作用小，从而达到近平衡压力钻井。

充气钻井液是以气体为分散相，液体为连续相，并加入一定量的稳定剂，使之成为气液混合均匀而稳定的体系。由于其基液中无表面活性剂，易充气；而充气钻井液经过地面的除气器后，气体也容易脱离出来，以保证钻井泵的正常工作。充气钻井液的密度可通过气液比进行调整，从而有效地降低液柱压力，满足平衡压力钻井的要求。

充气钻井施工作业工艺流程如下[30]：

空气→空压机→增压机→方钻杆→钻具→钻头→环空→井口→分离器→钻井液返至振动筛回收（气体通过排放管放空）。

柴油机尾气→降温、除尘、除水→空压机→增压机→方钻杆→钻具→钻头→环空→井口→分离器→钻井液返至振动筛回收（气体通过排放管放空）。

二、充气钻井对充气钻井液的要求

（一）充气钻井技术参数

环空循环介质当量密度控制在0.4～1.03g/cm^{3}之间，井探小于3000m。

（二）对充气钻井液的要求

（1）充气钻井液的设计优先考虑保护储层，因此通常选择无固相体系作为充气钻井液的基液。同时，在基液中加入一定量的与地层相配伍的处理剂，以降低滤失、封堵孔喉、稳定井壁。

（2）充气钻井液属塑性流体，随着气液比的增加，塑性黏度及动切力增加，随温度升高，相同气液比下充气钻井液的塑性黏度降低，动切力升高。

（3）充气钻井液应具有良好的流变性，有较合适的n值范围，在不太高的漏斗黏度下，具有较好的携岩、悬岩和井眼净化能力，确保井底清洁、井径规则、施工顺利，确保完井电测一次成功。

（4）基液应具有较好的质量，低切力，气液不分层，气泡均匀稳定，易充气，易脱气，保证基液的反复泵送，满足低压钻井工艺各工序的要求。

三、充气钻井液的组成

如前所述，为了减少固相对油层的伤害，通常选择无固相体系作为充气钻井液的基液。要想能将井底的钻屑携至地面，需加入增黏剂。为了减少滤液对油层的伤害，加入降滤失利和孔喉封堵剂。由于泥页岩被水浸泡，易水化膨胀而垮塌，因此应加入一定量的黏土稳定剂。此外，充气钻井液还必须能满足钻井施工的要求，要有较好的流变参数等。典型的充气钻井液配方如表 6–15 所示，充气钻井液性能要求如表 6–16 所示。

表 6-15　钻井液基本配方

处理剂	加量 /（kg/m^3）	处理剂	加量 /（kg/m^3）
膨润土	0～60	降滤失剂	0.2～0.5
增黏气液稳定剂	0.3～0.5	液体润滑剂	0～1.5
井壁稳定抑制剂	0.3～1	消泡剂	0～1
表面活性剂	0.3～3	抗高温稳定剂	0～3

表 6-16　钻井液性能要求

项目	指标	项目	指标
密度 /（g/cm^3）	0.4～1.0	FL_{API}/mL	≤ 8.0
PV/mPa · s	10～25	温度 /℃	≤ 120
Gel/Pa/Pa	1～5/2～12	综合性能	满足现场施工要求

四、配制和维护处理要点

（一）基浆的配制

充气钻井液基浆可以采用井浆直接转换，也可以新配浆，在新配基浆时，需要注意如下要求：

（1）清空所有地面循环罐，并用清水清洗干净。

（2）分析检测现场水离子浓度，矿化度为普通清水标准即可满足配浆水要求。在地面罐中加入所需量的配浆水。

（3）根据钻井液量要求，按照配方要求加入所需处理剂，在地面循环至处理剂溶解、混合均匀，泵入井筒，替出井内原钻井液，调整性能和液量，以达到充气钻井的开钻要求。

（二）地面设备安装

（1）安装好旋转防喷器及充、混气管汇组、节流管汇，并对其进行试压，合格后方可开钻。

（2）调试空气压缩机、增压机、液气分离器、气体流量控制器，使之能满足充气钻井作业需要。

（3）液气分离器要求按照设计最大气体分离能力选配，安装好点火装置。

（4）充气钻井计算软件根据设计调整，跟踪记录数据的传感器连接到位，保证正常工作，录取数据准确。

（三）性能维护

（1）钻进中，可根据井下情况和钻井液性能要求，对钻井液进行日常维护，为提高处理效率，最好将处理剂配成胶液或复合胶液加入钻井液中。

（2）需要调节密度时，可通过调节泵排量、充气量改变气液比，满足井底循环当量密度要求；钻进过程中要尽量提高固控设备的运转效率，清除固相，控制钻井液密度。

（3）钻井液塑性黏度超过25mPa·s时，液气分离器分离效率变低，可通过调整黏度，降低表面活性剂用量，使充气基液易脱气，重复使用；视井下情况调整钻井液膨润土含量、增加气液稳定剂加量，控制切力。

（4）视井底温度加入适量的高温稳定剂，以提高钻井液的抗温能力。

五、现场应用情况

自20世纪90年代起，我国四川、新疆、胜利、中原和辽河等油田先后研究和应用充气钻井，已经形成成套技术，并逐渐推广应用。钻井实践证明，充气钻井技术可有效解决低压地层的漏失、携带岩屑、钻速慢及井壁失稳等多项技术难题，对保护油气层也有显著效果。

充气钻井液钻井工艺包括充气钻井专用工具、设备安装、管线连接、钻井液配制设备，以辽河高升油田充气钻井技术现场应用为例，基本配制工艺如下。

（一）充气钻井液的配制

开钻前，用清水顶替清洗井筒，并将配浆罐及循环系统清洗干净，然后按配方配制基液，室温下基液性能应符合施工要求。现场性能维护只需随井深增加，按配方要求补充一定量的基液即可。

（二）现场应用效果

高升油田为上有气顶下有底水的稠油油藏，埋藏深度平均为1600m，含油层段有效厚度约60m。经过多年的热采，油层压力系数降至0.5左右，并存在压降不均，油层出砂，气顶气窜和层间干扰等问题，是辽河油田应用充气钻井技术最多的地区，自1986年以来，已应用近60口井。施工过程中，充气钻井液性能见表6–17，部分完成井情况统计见表6–18。

表6-17　现场施工过程中充气钻井液性能

钻井液	密度/（g/cm^3）	FV/s	FL_{API}/mL	pH值	PV/mPa·s	n	k/mPa·s^n
基液	1.01	46	14.0	7	3.3	0.63	1090
充气后	0.60	58	10.0	7	3.7	0.60	550
脱气后	0.99	47	13.5	7	5.4	0.58	1510

表6-18　部分充气钻井液钻井情况

井号	完钻井深/m	时间/d	进尺/m	气液比	当量密度/（g/cm^3）	机械钻速/（m/h）
G3–3–071	1622	7	52	9：1	0.80	17.1
G2–2–041	1662	6	36	10：1	0.77	20.9
G3–4–0121	1575	6	29	19：1	0.60	16.1
G2–2–81	1614	4	43	19：1	0.60	24.0
M5–76–48	620	2	104	10：1	0.89	14.2
C25–47	1372	15	364	13：1	0.75	5.09
T30	2880	32	234	10：1	0.85	10.6

通过实施充气钻井液技术后，部分完成井与常规邻井原油产量对比情况见表6–19[15]。

表6-19　充气钻井液与对比井产量情况

充气钻井液完成的井		对比邻井（常规钻井液）		产量增值/（t/d）	增产百分率/%
井号	产量/（t/d）	口井数	平均产量/（t/d）		
G3–3–更061	7.57	5	2.89	4.68	161.9
G3–3–0103	3.32	1	2.09	1.23	58.9
G3–4–0121	4.08	4	3.69	0.39	10.6
G3–4–新62	5.66	6	3.96	0.39	42.9
G3–5–更0112	7.75	4	4.36	3.39	77.8
G3–4–0111	15.8	8	8.91	6.92	77.7
G2–2–81	7.15	3	5.52	1.63	29.5
G3–3–更0112	5.97	2	2.38	3.59	150.8
G3–2–更71	5.00	6	3.09	1.91	61.8
G3–42–93	9.80	4	6.97	2.83	40.6
G3–42–88	8.28	5	7.06	1.22	17.3

东安1井是一口深探井，二开 Φ311.0mm 井眼，在500~1600m井段发生严重井漏，进行了50多次的堵漏，但由于地层压力系数低（约为0.85），堵漏后用钻井液钻开新地层又发生严重漏失。采用充气钻井工艺技术后降低了井内压力，保持井下正常，钻井液能返出井口，保持液柱压力与地层压力基本平衡，充气量为 $86m^3/min$ 左右，平均机械钻速提高了近50%。三皇2井在 Φ215.9mm 井眼产层充气钻井井段为1000~1500m，压力系数为0.85左右，该井段使用柴油机尾气充气技术，充气量为 $8m^3/min$ 左右，及时发现和保护了油气层，机械钻速提高40%[30]。

此外，在充空气钻井液的基础上，还发展了充氮泡沫钻井液。例如，PDVSA–Intevep公司研制的一种充氮泡沫钻井液[31]，该钻井液在委内瑞拉西部的La Paz油田以近平衡钻井方法钻了一口斜井，目的层是低压裂缝性石灰岩。在整个钻井过程中，虽然会遇到原油和水泥等污染物，但该泡沫钻井液仍能保持稳定。在 Φ311mm 井段，平均机械钻速达36.6m/h。充氮泡沫钻井液最大的特点是黏度较高，因此在低排量下仍具有较好的携屑能力。在 Φ216mm 井段，用新型泡沫钻井液钻至井深1848.61m。在初期所钻的182.88m的井段中为了达到43°的造斜角，使用150kg配制液和 $56.63m^3$ 的氮，使其当量密度保持为 $0.36\sim0.48g/cm^3$。为了测量井下压力和环空压力使用了随钻压力测量仪。在造斜井段，钻完166.73m后井斜角达39°，此时钻速为1.52~6.10m/h。在井深1889.76m处发生井塌，为了防止井塌把当量循环密度提高到 $0.42\sim0.72g/cm^3$，但发生了漏失，由于不能解决漏失问题，只好填井侧钻。在侧钻至井深1920.20m时又出现了井壁垮塌的迹象，由于实在不能解决当量循环密度问题，被迫换用了充氮油基钻井液。

第五节　微泡钻井液

微泡钻井液，即Aphron钻井液，是针对开发枯竭地层的需要而研制的。Aphron钻井液最主要的特性是流变性以及泡沫的存在，具有很高的剪切稀释性，表现出非常高的低剪切速率黏度以及低触变性。钻井液中的表面活性剂将混入的空气转化为非常稳定的泡沫，即Aphrons，空气混入可使用常规钻井液混合设备完成。与靠表面活性剂单分子层达到稳定效果的普通空气泡沫相比，Aphron的外壳由一种非常稳定的表面活性剂三层结构组成（图6–4），内层为被黏性水层包裹着的表面活性剂薄膜，内层外是表面活性剂双层结构，该双层结构使Aphron的这种结构具有稳定性和低渗透性，同时还具有一定的亲油性。在北海等枯竭油层和低压地层应用证明，在易漏失和易发生压差卡钻的低压层和多压力层系中，微泡钻井液是最佳体系。微泡钻井液的特性能减轻钻井液侵入渗透性地层或微裂缝性地层。

微泡钻井液是一种可应用于近平衡钻井的新型钻井液，具有密度低、可循环使用、不影响泵上水及MWD等井下工具使用、不添加空压机等空气注入设备、保护油气层等特点。该体系适用于易发生漏失的低压地层。

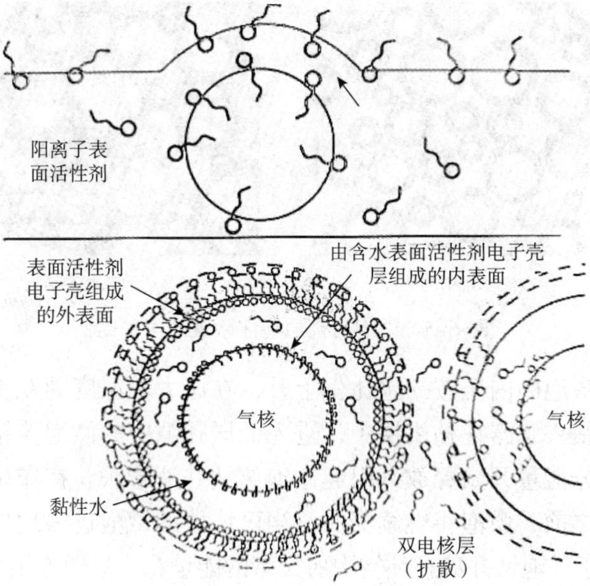

图 6-4　微泡的结构

微泡沫钻井液的配制和维护简单。它是由高动切力的剪切稀释性聚合物和能产生稳定微泡沫钻井液的组分复配而成，微泡沫体积一般能达到 8%~14%。微泡沫钻井液投入循环后很容易维护，而且具有最佳的井眼清洁和钻屑悬浮效果。首次应用微泡沫钻井液是在马拉开波湖 VLA1321 井的油层井段，该井压力梯度为 3.39~6.78kPa/m，Φ339.7mm 套管下至井深 1669.39m 后，将微泡沫钻井液替入井内，钻进油层至井深 2089.40m 取心，取心长 118.87m，岩心收获率大于 91%；该井顺利地下入 Φ244.5mm 套管，在钻井、测井、下套管和固井时没有发生漏失。现场试验成功后，在马拉开波湖的几个油田使用该钻井液，应用范围为：①低压和低破裂压力梯度井段；②破裂和高渗地层；③打开油层；④常压和低压层段。微泡沫钻井液在委内瑞拉和美国加利福尼亚的 Elk Hill 等油田应用成功，在荷兰的北海海域控制枯竭储层的漏失也取得成功[31]。国内在微泡沫钻井液方面也有了广泛应用。

一、结构特点

微泡钻井液流动性良好，其中的微泡具有胶体性质，直径在 25~200μm 之间。微泡外壳与普通空气泡沫外壳明显不同，普通泡沫的外壳很薄，仅由单层表面活性剂分子组成；微泡的外壳结构相对复杂，在内部的表面活性剂层外面还有两层结构，黏性水层和其外部的表面活性剂双层结构，如图 6-5 所示。

如前所述，微泡沫钻井液基本上是一种含空气气核的泡沫，是一种由各种组分组成的壳状微泡，微泡通过加强气核壁的强度提高了气泡的稳定性，这一特点使其与充气钻井液中泡沫的单一壳装气泡效果不同。当含有密封空气气核的微泡沫钻井液循环到井下

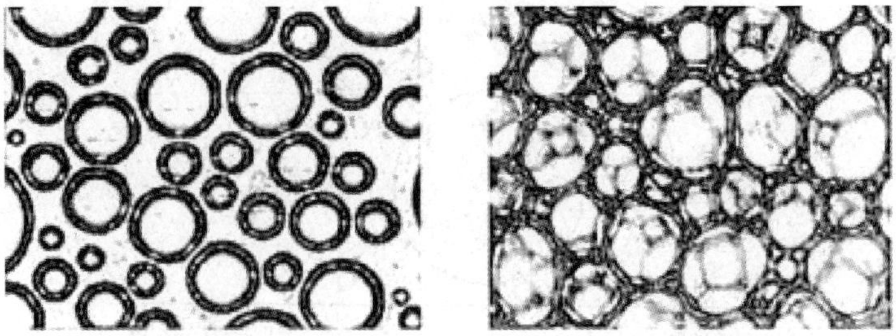

微泡微观结构　　普通泡沫微观结构

图 6–5　微泡与普通泡沫微观结构对比

时受压，在极压下微泡的内压按一定比例上升，在压力和温度的双重作用下，独立的微泡开始增能。一旦钻头暴露在枯竭层中，进入低压孔隙中的微泡沫钻井液立即聚集，储存在微泡沫中的部分能量开始释放，引起微泡沫钻井液膨胀。在作用于微泡沫壁上的内压和外压达到平衡之前，微泡将继续膨胀。当已增能的微泡进入地层的裂隙后，微泡钻井液携带的能量等于气泡钻井液在环空中所携带的能量，一旦微泡钻井液进入地层裂隙，外部的拉普拉斯力明显上升，能引起钻井液的微泡聚集和钻井液内相在低剪切速率下的黏度上升，有助于减轻钻井液的侵入，并且，在施工完成后易返排，有利于储层保护。

此外，微泡钻井液具有高触变性，在低剪切速率下表现出非常高的黏度。当钻遇漏层时，微泡钻井液进入漏层后流动速度下降，可快速形成结构并驻留，防止钻井液继续漏失。

二、配方与性能

中原石油工程公司开发应用的微泡钻井液的基本配方见表 6–20，其性能见表 6–21。

表 6-20　微泡钻井液配方

处理剂	用量 / (kg/m^3)	处理剂	用量 / (kg/m^3)
膨润土	20.0 ~ 50.0	小分子化合物泡沫稳定剂	10.0 ~ 20.0
发泡剂	10.0 ~ 15.0	阳离子化合物杀菌剂	1.0 ~ 3.0
高分子聚合物提黏稳泡剂	3.0 ~ 6.0	碳酸钠	2.0 ~ 5.0
羧甲基纤维素钠盐	5.0 ~ 10.0	消泡剂	0 ~ 3.0
胺基抑制剂	1.0 ~ 3.0		

表 6-21　泡沫钻井液性能

项目	指标	项目	指标
密度 / (g/cm^3)	0.82 ~ 1.00	$G_{初}/G_{终}$/Pa/Pa	5 ~ 15/8 ~ 20
FV/s	100 ~ 500	*FL*/mL	≤ 10
PV/mPa · s	15 ~ 35	pH 值	8 ~ 10
YP/Pa	10 ~ 30		

M–I 钻井液公司在标准微泡钻井液的基础上研制出了一种新型微泡钻井液。标准的微泡钻井液是用聚合物来使钻井液产生独特的流变性和提高微泡的韧性，而新型微泡钻井液体系是使用黏土和聚合物来使钻井液达到理想的流变性和稳定微泡。表 6–22 和表 6–23 分别列出了普通微泡钻井液和新型微泡钻井液的组分。对比表 6–22 和表 6–23 可知，这两种钻井液的相同之处是都含有增黏剂、pH 值控制剂、微泡发生剂、微泡稳定剂和漏失控制剂，主要差别是使用的增黏剂不同[32]。

表 6-22　普通泡沫钻井液配方

组分	作用	含量	组分	作用	含量
淡水 / 盐水	连续相	0.154m^3	杀菌剂	杀菌	1.190L/m^3
纯碱	碱度缓冲剂	8.559kg/m^3	聚合物 / 表面活性剂	微泡稳定剂	2.853kg/m^3
生物聚合物	增黏	14.265 kg/m^3	聚合物	流变性调节剂	2.853kg/m^3
聚合物	滤失量控制、热稳定剂	14.265 kg/m^3	低聚物	消泡	根据需要
碱度控制剂	控制 pH 值	1.4625 kg/m^3	选择性组分		
表面活性剂	微泡发泡剂	5.706 kg/m^3			

表 6-23　新型泡沫钻井液配方

组分	作用	含量	组分	作用	含量
淡水 / 盐水	连续相	0.154m^3	杀菌剂	杀菌	1.190L/m^3
纯碱	碱度缓冲剂	0.7133kg/m^3	聚合物 / 表面活性剂	微泡稳定剂	2.853 kg/m^3
氢氧化钠	碱度控制剂	4.2795kg/m^3	聚合物	流变性调节剂	0.5706kg/m^3
黏土 / 聚合物	增黏	71.325kg/m^3	低聚物	消泡	根据需要
聚合物	滤失量控制、热稳定剂	5.706kg/m^3	选择性组分		
表面活性剂	微泡发泡剂	1.4265kg/m^3			

研究表明，新型微泡钻井液具有如下特征：

（1）流变性。

实验表明，新型微泡钻井液的流变性比标准微泡钻井液略差一些，但其稳定性和滤失量却是标准微泡钻井液的 2 倍，在盐水体系中两者的差别更加显著，新型微泡钻井液剪切流变性比标准微泡钻井液低得多。

（2）滤失性。

在三轴岩心失水测试仪上进行了失水测试，测得标准微泡钻井液和新型微泡钻井液的滤失量分别为 43mL 和 20mL。在配制过程中，施加的高剪切速率使空气进入微泡钻井液，增加了黏土的分散程度。

（3）岩心渗透率恢复率。

用动态渗透率恢复率测试仪对微泡钻井液的岩心渗透率恢复值测定表明，标准微泡钻井液和新型微泡钻井液的岩心渗透率恢复率分别为 80% 和 85%，说明这两种微泡钻井液损害地层的程度均很低。

（4）抗盐性。

用海水配制的新型微泡钻井液在墨西哥湾应用表明，其流变性变化比其他聚合物钻井液小得多，具有很强的井眼清洁能力，而且当量循环密度很低。

三、配制与维护处理

（一）配制

（1）首先将配浆水软化，然后将所需数量的膨润土、水、纯碱在循环罐中搅拌并用泵循环 2~4h，然后将其水化 24h。

（2）按配方在预水化膨润土浆中加入高分子聚合物、羧甲基纤维素钠等处理剂，循环搅拌 2~4h 直至处理剂溶解、混合均匀，然后加入发泡剂。

（3）泵入 10~15m^3 隔离液，替出井内钻井液，将振动筛、除泥器、钻井液枪等设备打开，钻井液在井筒内循环，待钻井液密度达到设计要求的密度时，再加入抑制剂、泡沫增强剂和杀菌剂。

（4）充分循环后测量密度、流变性和滤失量，通过发泡剂、降滤失剂等调整性能至设计要求。

（二）维护与处理

（1）微泡钻井液可以利用振动筛、除泥器、钻井液枪等设备发泡，也可以利用发泡装置。发泡过程中应保证钻井泵有足够的排量。在钻井泵上水口配备灌注泵，以提高钻井泵效率。

（2）按要求测量 pH 值，当 pH 值降低时，加入烧碱水进行维护。

（3）采用加入发泡剂和利用固控设备清除无用固相的方法来降低密度；通过消泡或添加加重剂来提高密度。

（4）以高分子化合物、高黏羧甲基纤维素胶液、预水化膨润土浆提高黏度、切力，以低黏羧甲基纤维素稀胶液降低黏度、切力。同时保证钻井液中杀菌剂浓度，防止体系发酵。

（5）钻井过程中，及时测量钻井液膨润土含量，根据膨润土含量情况确定钻井液流型调整方案。

（6）在需要加入消泡剂时，应按循环周缓慢加入，以防止过度消泡。

四、现场应用实例

（一）吐哈油田可循环微泡沫钻井液

钻井液配方[33]：基浆 +1.5% 发泡剂 SJ-6+0.5%PAC-141+0.5%XC+1.0%～1.5% 流型调节剂 NaHPAN+ 3%～4% 降滤失剂。

按照上述配方配制微泡沫钻井液，在不同温度下滚动 8h 后测钻井液性能，如表 6-24 所示，随着温度的升高，微泡沫钻井液密度变化不大，滤失量略有上升，在 100℃内体系仍有良好的流变性和发泡能力，高温稳定性能够满足现场施工作业需要。

表 6-24　微泡钻井液抗温实验结果

实验条件	密度 / (g/cm^3)	YP/Pa	PV/mPa · s	动塑比	FL_{API}/mL
室温	0.767	16.78	25.4	0.65	6.10
80℃、8h	0.771	16.51	25.1	0.66	5.80
100℃、8h	0.777	16.11	23.2	0.70	6.00

该体系在马 703 井进行了现场应用。应用过程中钻井液维护处理要点如下：

（1）由于该区块条湖组易漏、易塌，钻进中始终保持多元醇的含量在 2% 以上，并加大防塌剂、抑制剂等处理剂的用量，有效地预防易塌地层的坍塌。

（2）泡沫剂以每次 100～200kg 加入，注意随时测量并观察密度、上水等情况。充分利用循环设备，保证配制的泡沫钻井液性能符合设计要求。

（3）pH 值应控制在 8～9 之间，碱液加入时可与其他处理剂复配使用，也可单独加入，但补充时必须细水长流，均匀加入。

（4）充分利用各循环罐中的搅拌器及钻井液枪将微泡沫钻井液中的大泡变成微泡，维持钻井液泵较好的上水效率。

马 703 井三开钻完水泥塞后于井深 2341m 转化为微泡沫钻井液，转化前钻井液性能：密度 1.23g/cm^3，黏度 52s，开离心机降密度至 1.17g/cm^3，并加稳泡剂 PAC-141 及膨润土粉。调整基浆性能为：密度 1.16g/cm^3，黏度 85s。转化时均匀加入 1200kg 发泡剂 SJ-6，钻井液密度从 1.16g/cm^3 降至 1.03g/cm^3，泵压由 11MPa 降至 8MPa，钻井液从里到外产生了一层微小的泡沫，转化后密度稍有不稳，期间共补加发泡剂 600kg，开钻井液枪，补充 PAC-141 胶液维持黏切，之后泡沫稳定。钻进期间微泡沫钻井液密度始终保持在 1.05～1.0g/cm^3 之间，日常以不同浓度的 PAC-141、Na-HPAN、K-PAM 胶液维护，使钻井液性能稳定。

应用表明，该井平均机械钻速为 3.1m/h，平均井径扩大率为 2.2%，岩心收获率达 100%，没有发生漏失，起下钻、电测、下套管和固井顺利，循环性能良好，井下没有发生复杂情况。

（二）胜利油田可循环微泡沫钻井液

钻井液配方[34]：5%膨润土+1%HV-PAC+1%DS-24+0.1%NaOH+0.5%FP-11+0.5%FP-7+0.4%WP-8+0.4%WP-6。

按照上述配方所配制微泡钻井液性能见表6-25。

表6-25 微泡钻井液性能

实验条件	AV/mPa·s	PV/mPa·s	YP/Pa	V/mL	密度/(g/cm³)	FL_{API}/mL
室温	83	55	28	510	0.41	6
120℃	87	54	33	500	0.42	6
140℃	60	38	22	490	0.43	10

该体系在郑7-平2井进行了现场应用。现场应用中微泡沫钻井液现场配置简单，使用常规设备即可满足现场施工要求。因郑7-平2井三开要求进行岩屑录井，只能将二开混油钻井液排放重新配制。配制程序：彻底清罐，钻完技套下部结构后用清水大排量顶替井内二开钻井液；使用混合漏斗均匀加入5%钠膨润土水化24h，然后依次加入1.0%HV-PAC、0.5%DS-24发泡剂、0.1%Na0H、1%按室内配方混配的泡沫复合剂，循环均匀，使性能达到设计及施工要求。

配制过程中曾出现微泡沫变大等不稳定现象，现场加大了HV-PAC用量，提高微泡沫钻井液的黏度、切力，并降低滤失量，微泡沫钻井液体系重新恢复稳定状态。

郑7-平2井三开前微泡沫钻井液性能为：密度为0.82~0.90g/cm³，API滤失量为5mL，塑性黏度为20mPa·s，动切力为12Pa。

郑7-平2井三开钻进过程中虽然FEWD没有伽马信号，但井斜方位信号传输正常，满足了井身轨迹控制的需要。钻至井深1389m后，开始出现部分漏失现象，漏速5~8m³/h，补充预水化膨润土浆、HV-PAC和泡沫复合剂，始终保持钻井液密度在0.78~0.92g/cm³之间。整个钻进过程，返砂正常，短起下钻没有阻卡现象，钻达1567m井深完钻。裸眼井段下入139.7mm筛管顺利交井。三开钻井液性能见表6-26。

表6-26 郑7-平2井三开钻井液性能

井深/m	密度/(g/cm³)	FV/s	PV/mPa·s	YP/Pa	FL_{API}/mL	pH值
1350	0.85	46	15	10	12	9
1408	0.90	52	20	15	10	9
1567	0.91	60	22	14	9	9

（三）乍得潜山地层可循环微泡钻井液

钻井液配方[35]：3%~5%膨润土+0.2%~0.3%纯碱+0.2%~0.5%XC+0.1%~0.2%烧碱+0.5%~0.8%PAC-LV+0.3%~0.5%GWFOM-LS。

为模拟现场实际的使用工况，在钻井液性能测定时，先采用低速（转速 2800r/min）搅拌 10min 后进行，测定结果：密度为 $0.78g/cm^3$、*AV* 为 31mPa · s、*PV* 为 18mPa · s、*YP* 为 13Pa、*Gel*为8/13Pa/Pa、FL_{API} 为 4.5mL、pH 值 9，可见微泡钻井液具有良好的流变性及滤失性能。

对微泡钻井液进行抗温性能评价，如表 6-27 所示，微泡钻井液经过不同温度老化后，钻井液性能变化较小，抗温可达到 130℃。

表 6-27　环微泡钻井液高温性能

温度 /℃	*PV*/mPa · s	*YP*/Pa	FL_{API}/mL	$T_{出液}$/min	$T_{1/2}$/min
80	19	13	4.5	381	600
100	22	12	4.8	345	560
120	21	12	5.2	325	543
130	20	10	5.6	308	510

Baobab C1-13 井是位于乍得 Bongor 盆地 Baobab 区块一口潜山三开油井，井深为 1510m，二开套管下深 1214.5m；三开井段为潜山油层裂缝发育丰富，前期钻至该井段时，极易发生失返性漏失，为克服井漏，使用微泡钻井液。

三开潜山井段钻进施工，配制密度为 $1.02g/cm^3$ 的基浆并加入发泡剂 GWFOM-LS 循环，将钻井液调至入口密度为 $0.82g/cm^3$，出口密度为 $0.77g/cm^3$，黏度为 120s 左右；钻至井深 1269m 因气测值偏高，加入少量 HFX-101 调整钻井液密度至 $0.86g/cm^3$，钻进至井深 1341m 前无漏失。在井深 1341m 出现井漏迹象，漏速为 $4\sim5m^3/h$，此时向循环罐中加入 GWFOM-LS 降低钻井液密度，漏速逐步下降，将钻井液调至入口密度为 $0.72g/cm^3$，出口密度为 $0.69g/cm^3$ 时，黏度为 129s，漏速降为约 $1m^3/h$；继续钻进至井深 1510m 完钻，此时钻井液密度升至 $0.88g/cm^3$，黏度降至 38s。

微泡钻井液在 Baobab C1-13 井潜山油层钻进过程中性能良好，整个潜山段钻井施工和岩屑返出正常，录井监测及取样正常，解决了该地区潜山段恶性漏失带来的安全生产和地质资料录取问题。微泡钻井液密度在 $0.70\sim0.98g/cm^3$ 范围内可调，体系稳定性良好，抗污染、抗温和抗油性能较强，在钻井过程中具有良好的防漏堵漏作用。钻进过程中，井眼清洁效率较高，水马力发挥较好，有利于提高机械钻速，振动筛处不漏钻井液，各项参数均能满足现场要求。

（四）新疆彩南油田微泡沫钻井液的应用

通过对处理剂的筛选，确定了 4 种微泡沫钻井液体系配方[36]，根据地层压力，现场施工中选用 4 号配方。

1号：4% 膨润土 +0.20%Na_2CO_3+0.9% 稳泡剂 +0.5% 起泡剂（新疆产）+0.4% 固泡剂。

2号：4% 膨润土 +0.20%Na_2CO_3+0.9% 稳泡剂 +0.5% 起泡剂（伊朗产）+0.4% 固泡剂。

3 号：4% 膨润土 +0.25%Na_2CO_3+0.9% 稳泡剂 +0.5% 起泡剂（固体，成都产）+0.6%

固泡剂。

4号：4%膨润土+0.25%Na_2CO_3+0.9%稳泡剂+0.5%起泡剂（液体，成都产）+0.6%固泡剂。

如表6-28所示，在相同的试验条件下，1~4号配方均具有较好的稳定性和流变性，稳定时间均大于48h。如表6-29所示，按照4号配方配制的可循环微泡沫钻井液体系具有较好的热稳定性能，在4号配方中，分别加入1%NaCl+0.5%$CaCl_2$和5%NaCl+1.0%$CaCl_2$进行抗污染性能试验，结果表明，微泡沫钻井液体系具有较强的抗污染性能。

表6-28 微泡钻井液性能

配方	密度/（g/cm^3）	*PV*/mPa·s	*YP*/Pa	*Gel*/Pa/Pa	FL_{API}/mL	稳定时间/h
1	0.95	30	31.5	7.5/20.0	11.5	＞48
2	0.90	35	23.5	10.5/21.5	9.5	＞48
3	0.83	45	28.5	10.5/18.0	10.5	＞48
4	0.76	55	25.5	11.5/19.0	9.5	＞48

注：试验温度为28℃，转速为4000r/min。

表6-29 4号配方微泡钻井液抗温性能

温度/℃	密度/（g/cm^3）	*PV*/mPa·s	*YP*/Pa	*Gel*/Pa/Pa	FL_{API}/mL
40	0.75	47	21	9.5/17.0	10.5
60	0.73	41	20	10.0/18.0	11.0
80	0.71	37	15	8.0/15.0	12.5

在C2854井二开应用了微泡沫钻井液。在微泡沫钻井液现场转化配浆及使用过程中不需要特殊脱气及充气设备，常规设备即可满足现场施工要求。

现场配浆设备：3个80m^3循环罐、1个40m^3的沉砂罐，并且每个罐配备3台功率为7.5kW的搅拌器和1个钻井液枪；加料漏斗。

按4号配方从加料漏斗直接加入稳泡剂、起泡剂及固泡剂，通过井眼循环调整性能达到施工要求。

在微泡沫钻井液向聚合物钻井液转化时，先在微泡沫钻井液中加入低浓度降滤失剂溶液稀释，然后加入6%轻质原油，开启所有罐内搅拌器及固控设备除泡。转化前后性能见表6-30。

表6-30 微泡钻井液转化前后性能

转化情况	密度/（g/cm^3）	*FV*/s	FL_{API}/mL	*Gel*/Pa/Pa	*YP*/Pa	*PV*/mPa·s	pH值
转化前	0.86	104	＜7.0	2.0/12.0	12	21.5	9.0
转化后	1.14	57	＜4.5	1.5/2.5	7	12.0	8.5

现场应用表明，在C2854井易漏井段（260~1704m）未发生漏失，起到了防漏效

果，解决了漏失问题。微泡沫钻井液可方便地转化成聚合物钻井液，转化后钻井液密度在 1.10g/cm^3 以上；微泡沫钻井液在施工井段均未发生漏失，表明该钻井液能提高所钻地层的承压能力。微泡沫钻井液携砂和悬浮性能好，每次短程起下钻和起钻换钻头均能下钻到底，井底无沉砂，井壁稳定好，该体系满足了钻井工艺的要求，保证了安全钻井。

（五）吉林乾安易漏井区微泡沫钻井液

适用于乾安易漏井区不同井段的微泡沫钻井液配方如下[37]。

（1）应用于正常井段的钻井液配方：4% 膨润土 +0.5% 纯碱 +1.5% 铵盐 +0.3% 复合金属离子聚合物 +1% 抗复合盐降滤失剂 +0.5%KCl+1% 阳离子沥青粉 +2% 弱荧光井壁稳定剂 +0.3%~0.6% 发泡剂 BZ-MBF-Ⅱ+0.3%~0.6% 稳泡剂 BZ-MBSF。

（2）应用于易掉块井段钻井液配方：4% 膨润土 +0.5% 纯碱 +1.5% 铵盐 +0.3% 复合金属离子聚合物 +1% 抗复合盐降滤失剂 +0.5%KCl+1.0% 阳离子沥青粉 +2% 弱荧光井壁稳定剂 +0.3%~0.6%BZ-MBF-Ⅱ+0.3%~0.6%BZ-MBSF+1% 乳化石蜡。

（3）应用于易漏失井段钻井液配方：4% 膨润土 +0.5% 纯碱 +1.5% 铵盐 +0.3% 复合金属离子聚合物 +1% 抗复合盐降滤失剂 +0.5%KCl+1% 阳离子沥青粉 +2% 弱荧光井壁稳定剂 +0.3%~0.6%BZ-MBF-Ⅱ+0.3%~0.6%BZ-MBSF+1.0% 乳化石蜡 +2%XA 溶胀型随钻堵漏剂 +2% 胶粒堵漏剂。

如表 6-31 所示，微泡沫钻井液高温下稳定性好，具有较强的抗温能力。

表 6-31　不同温度下微泡钻井液稳定性评价

温度 /℃	*PV*/mPa·s	*YP*/Pa	FL_{API}/mL	*B*/mm	pH 值	*Gel*/Pa/Pa	半衰期 /h
20	30	15	3.6	0.2	9	5/9	30
40	31	16	3.5	0.2	9	6/9	32
60	32	17	3.4	0.2	9	6/10	35
80	33	18	3.2	0.2	9	7/10	36
100	34	20	3.0	0.2	9	7/11	37
120	34.5	20.5	2.9	0.2	9	8/11	37
140	35.5	21	2.8	0.2	9	8/12	37

注：泡沫钻井液配方：4% 膨润土 +0.5% 纯碱 +1.5% 铵盐 +0.3% 复合金属离子聚合物 +1% 抗复合盐降滤失剂 +0.5%KCl+1% 阳离子沥青粉 +2% 弱荧光井壁稳定剂 +0.3%BZ-MBF-Ⅱ+0.3%BZ-MBSF+1% 乳化石蜡 +2%XA 溶胀型随钻堵漏剂 +2% 胶粒堵漏剂。

该体系在乾 234-2-2 井进行了应用。乾 234-2-2 井位于乾安县海勃日戈镇，完钻井深 1785m，井底位移 158m。该井二开后，按配方：膨润土 4%+0.5% 纯碱 +1.5% 铵盐 +0.3% 复合金属离子聚合物 +1% 抗复合盐降滤失剂 +0.5%KCl+1% 阳离子沥青粉 +2% 弱荧光井壁稳定剂，依次加入各种处理剂，充分搅拌后，按 1：1 的比例加入消泡剂和稳泡剂。在钻进过程中，根据井深和地层情况，及时补加发泡剂、稳泡剂及防塌、封堵类助剂，有效控制钻井液密度，提高防塌、封堵能力；钻进中不同井深时钻井液性能见表 6-32。

表 6-32　乾 234-2-2 井钻井过程中钻井液性能

井深 /m	密度 /（g/cm^3）	漏斗黏度 /s	PV/mPa · s	YP/Pa	Gel/Pa/Pa	FL_{API}/mL	pH 值
300	1.03	65	24	8	4/12	4.5	9
400	1.03	68	26	9.5	4/12	4.5	9
850	1.01	70	26	10	4.5/12.5	4	9
1200	1.02	70	26	10	4.5/12.5	4	9
1500	1.02	68	25	9	4/11.5	4	9
1750	1.03	72	25	12	5/12.5	4	9

现场应用表明，在乾安易漏井区进行近平衡钻井施工，能够满足钻井要求，保障井下安全，提高钻井速度。如在乾 234-2-2 井钻进过程中，通过合理加入发泡剂，将钻井液密度控制在 1.01～1.03g/cm^3 之间，实现近平衡钻井，由于地层裂缝发育，施工中发生渗漏，漏失钻井液 20m^3；而邻井乾 234 井（距乾 234-2-2 井 100m）1248～1740m 发生井漏 31 次，漏失钻井液 1500m^3，并因井漏引发坍塌卡钻。

参 考 文 献

[1] 王中华 . 钻井液技术员读本 [M]. 北京：中国石化出版社，2017.

[2] 何纶，刘榆，魏武，等 . 气基流体空气钻井的应用技术 [J]. 钻井液与完井液，2007，24（1）：14–17.

[3] 舒尚文，侯树刚，胡群爱，等 . 气体钻井技术提高普光气田钻井速度研究 [J]. 钻采工艺，2007，30（6）：4–5.

[4] 何纶，魏武，徐征，等 . 气基流体天然气在钻井中的应用技术 [J]. 钻井液与完井液，2007，24（s1）：23–25.

[5] 黄桂林，王伯信 . 柴油机尾气负压钻井技术 [J]. 钻采工艺，2000，23（5）：15–16，38.

[6] 马文英，孙举，宋亚静 . 空气钻井雾化技术在高出水地层的应用 [J]. 精细石油化工进展，2009，10（2）：15–18.

[7] 陈若铭，刘伟，屈志伟，等 . 气基流体钻井转换技术研究 [J]. 石油钻采工艺，2010，32(增刊)：58–62.

[8] 周长虹，许期聪，蒲刚，等 . 雾化钻井技术的研究及其在四川龙岗地区的应用 [J]. 钻井液与完井液，2010，27（3）：66–68.

[9] 张涛，李海龙 . 雾化空气钻井技术在安页 1 井的应用 [J]. 科学咨询（科技 · 管理），2016（5）：44–44.

[10] 张克勤，侯树刚 . 普光气田气体钻井集成配套技术新进展 [J]. 天然气工业，2010，30（5）：77–80.

[11] 赵晓竹，何恕，张坤，等.大庆油田雾化/泡沫钻井液的研究与应用[J].钻井液与完井液，2009，26(4)：29-31.

[12] 邓柯，许期聪，邓虎，等.一种微泡沫基液体系在砂质黄土层雾化钻井中的应用[J].钻采工艺，2012，35(5)：94-96.

[13] 邱正松，张锐，徐加放，等.泡沫钻井液高温高压密度特性模拟实验研究[J].石油钻探技术，2002，30(1)：6-8.

[14] 耿宏章，蒋莉，任旭明.泡沫钻井液黏度与温度压力关系特性研究[J].钻井液与完井液，2004，21(4)：18-20.

[15] 宋雪艳.充气、泡沫钻井液在辽河油田的推广应用[C]//中国石油学会99年度钻井液完井液技术研讨会，2007.

[16] 李丽红，杨万成，李玉泉.欠平衡泡沫钻井液技术在窿14井的应用[J].钻井液与完井液，2006，23(3)：8-11.

[17] 舒小波，孟英峰，万里平，等.胺类强抑制泡沫钻井液的研究[J].现代化工，2014，34(3)：86-89.

[18] 邓明杰，朱化蜀，廖忠会.泡沫钻井在河坝地区的应用[J].天然气技术，2010，4(2)：27-29.

[19] Sepulveda J，Falana O，Kakadjian S，et al. Oil-Based Foam and Proper Underbalanced-Drilling Practices Improve Drilling Efficiency in a Deep Gulf Coast Well[R].SPE 115536，SPE Annual Technical Conference and Exhibition，21-24 September，Denver，Colorado，USA.2008.

[20] Tommy F Brookey，Jack C Cowan.Aphron-containing oil base fluids and method of drilling a well therewith：US，6156708[P].2000-12-05.

[21] Sherif T，Ahmed R，Shah S，et al. Rheological correlations for oil-based drilling foams[J]. Journal of Natural Gas Science & Engineering，2016，35：1249-1260.

[22] Kippie David P，Gatlin Larry W.Method for foaming a hydrocarbon drilling fluid and for producing light weight hydrocarbon fluids: US，7767628[P].2010-08-03.

[23] Sarkis R Kakadjian，Olusegun M Falana，Edward Marshall，et al. Enhanced oil-based foam drilling fluid compositions and method for making and using same：US，20100000795[P].2010-01-07.

[24] 王广财，雍富华，曹元平，等.油基泡沫钻井液密度特性研究与应用[J].天然气勘探与开发，2015，38(3)：87-90.

[25] 孙宏亮，罗珺，杨帆，等.胜北地区油基泡沫欠平衡钻井技术研究和应用[J].天然气勘探与开发，2015，38(1)：68-72.

[26] 谈心，孙金声，徐显广，等.油基泡沫钻井流体技术研究[J].石油学报，2010，31(5)：829-833.

[27] 杨鹏，李俊杞，孙延德，等.油基可循环微泡沫钻井液研制及应用探讨[J].天然气工业，2014，34(6)：78-84.

[28] 中国石油化工股份有限公司；中国石油化工股份有限公司上海石油化工研究院.用于低压水敏地层的钻井液：CN，103540299A[P].2014-01-29.

[29] 王广财，熊开俊，曾翔宇，等. 可循环油基泡沫钻井液在胜北油田的应用［J］. 钻井液与完井液，2014，31（6）：17-20.

[30] 魏武. 充气泡沫气体钻井工艺技术［J］. 钻井液与完井液，2002，19（6）：31-33.

[31] 徐同台，赵忠举，袁春. 国外钻井液和完井液技术的新进展［J］. 钻井液与完井液，2004，21（2）：1-10.

[32] 赵忠举，徐同台，卢淑芹. 2004 年国外钻井液技术的新进展（I）［J］. 钻井液与完井液，2005，22（5）：60-67.

[33] 刘登峰，郭建春，张荣志，等. 可循环微泡沫钻井液在吐哈油田马 703 井的应用［J］. 石油钻采工艺，2005，27（6）：34-36.

[34] 郑述培，李文明. 可循环微泡沫钻井液在郑 7- 平 2 井的应用［J］. 钻采工艺，2012，35（4）：107-108.

[35] 罗淮东，石李保，左京杰，等. 可循环微泡钻井液研究及其在乍得潜山地层的应用［J］. 钻井液与完井液，2017，34（5）：8-13.

[36] 张毅，胡辉，高立新，等. 三相可循环微泡沫钻井液的研究及其在彩南油田的应用［J］. 钻井液与完井液，2004，21（1）：11-14.

[37] 王占林，冯水山，王昱涵，等. 可循环微泡沫钻井液技术在易漏失地层钻井施工中的应用［J］. 西部探矿工程，2014，26（11）：69-72.

第七章 海洋深水钻井液

深水钻井一般是指在海上作业水深超过 450～500m 的区域，当水深大于 1500m 时的海上钻井作业称之为超深水钻井。深水环境是决定海底低温的重要因素，在低温条件下进行钻井要求钻井液具有较好的低温稳定性。在深水环境下钻井时温度变化明显，海水温度甚至会低于 5℃，这样的低温环境会使钻井液迅速冷却，特别是会出现钻井液动切力和低剪切速率下的黏度难以控制，甚至产生胶凝现象，由此引发井漏、当量循环密度高和压力控制难等一系列井下复杂情况。

目前世界上深水钻井最活跃的地区主要包括墨西哥湾、西非和巴西。常用的钻井液体系有高盐 / 木质素磺酸盐钻井液体系、高盐 /PHPA（部分水解聚丙烯酰胺）聚合物加聚合醇钻井液体系、油基钻井液体系以及合成基钻井液体系等。其中最常用的钻井液体系有高盐 /PHPA 聚合物加聚合醇钻井液体系和合成基钻井液体系。

本章在概要介绍海洋深水钻井液基本情况的基础上，对深水水基钻井液和合成基钻井液的组成、性能和应用，以及水合物抑制剂进行介绍。

第一节 概述

自 1985 年以来，随着第一批水深在 300m 以上深水油气勘探开发项目的投入建设，国际深水油气勘探开发逐渐增多。最初 10 年的年平均增长速度为 65%，西北欧、巴西、墨西哥湾的勘探开发速度最快，2001 年起墨西哥湾深水区的产量已超过浅水区。据统计，截至 2000 年，水深 500m 的深水油气田有 162 个，遍及世界各海域，尤以美洲的墨西哥湾海域、拉丁美洲的巴西海域及西非海域最多，深水油气田探明油气储量为 22.6×10^8t 油当量，占海上油气田探明总储量的 12%。

目前，深水钻井虽然已经有了大量的应用，但深水钻井还面临着许多难题，对钻井液技术的要求更高，为便于了解，本节在分析深水钻井存在的主要难题的基础上，介绍国外深水钻井液技术现状及发展趋势[1, 2]。

一、深水钻井中存在的问题

与浅水区域相比，深水钻井面临的主要问题有：海底页岩的稳定性差、钻井液用量大、井眼清洗难、浅层天然气与水形成的气体水合物、低温下钻井液的流变性、地层破裂压力窗口窄等。这些问题不仅给钻井作业带来了很多麻烦，同时也对钻井液技术提出了更高的要求，即在保证钻井安全的前提下，兼顾钻井成本和环境效益，将是钻井液设计与应用的关键因素。

（一）海底页岩的稳定性差

在深水区中，由于沉积速度、压实方式以及含水量的不同，海底页岩的活性很大。河水和海水携带细小的沉积物离海岸越来越远，这些沉积物由于缺乏上部压实作用，所以胶结性差。在某些地区，常表现为易于膨胀和分散性高，这将会导致过量的固相或细颗粒分散在钻井液中，从而影响钻井液的性能。如果要通过稀释或者替换钻井液来控制钻井液中低密度固相含量，必将导致钻井作业中需要大量钻井液。目前针对海底页岩稳定性问题，可以在钻井液中加入一定量的页岩稳定剂，如在挪威的深水钻井中所采用的钻井液体系，主要是加入一定量的无机盐（$NaCl$、$CaCl_2$）以平衡活度和加入一定量的具有浊点效应的聚合醇，来达到增强页岩稳定性的目的，也可以采用合成基钻井液。

（二）钻井液用量大

在深水环境下钻井作业所需的钻井液用量将远远大于其他同样地下深度的井，在海洋钻井中需采用隔水管，在深水钻井中，由于水深增加很多，仅隔水管内的体积至少就达约 $300m^3$，再加上平台钻井液循环系统，因此需要的钻井液体积就要比其他同样地下深度的钻井液循环总量要大得多。

此外，考虑到钻井过程中对钻井液需要采取适当的稀释以调控钻井液性能，这也增加了钻井液的用量。在钻井过程中，有效使用固控设备，将钻井液中的钻屑含量控制在适当的范围内，可以节省大量的钻井液费用。深水钻井的经验表明，深水钻井时至少应该配备有三台高频的振动筛，以及大流量的除砂器、除泥器等固控设备。在非加重的钻井液体系中，固相的有效清除率应大于 75%。

（三）井眼清洗难

深水钻井时，由于开孔直径、套管和隔水管的直径都比较大，如果钻井液流速不足就难以达到清洗井眼的目的。因此，对钻井液清洗井眼的能力提出了更高要求。

只要钻井液上返流速足够高，就可以清洗任何尺寸的井眼，但是对大直径的井段，应用常规措施时，钻井液上返流速不足以达到清洗井眼的目的。因此一般采用稠浆清洗、稀浆清洗、联合清洗、增加低剪切速率黏度（LSRV），以及有规律地短程起下钻具等方法来清除钻屑。使用与钻井过程中钻井液黏度不同的钻井液清除钻屑可以取得良好的效果，比如所使用的钻井液本身很稀，那么充分清洗钻屑时就可以采用稠浆。

（四）浅层气与气体水合物

深水钻井遇到的重大潜在危险因素之一是浅层含气砂岩所引起的气体水合物生成问题。对于非深水区钻井，在钻井液管线中发现生物气（沼气）并不算大问题，但是，如果在深水区发现含气砂岩就可能会引起大的问题。由于对砂岩地层来说，浅层一般多是含有重油的非胶结性地层，而深层则是含有气体的低渗透率的硬质地层。在深水钻井作业中，气体水合物的形成不仅是一个经济问题，更是一个安全问题。气体水合物具有类似于冰的结构，主要由气体分子和水分子组成，外观上类似于脏冰，但是它在性质上又不像冰，如果压力足够，它可以在0℃以上形成。在深水钻井作业中，海底较高的静水压力和较低的环境温度增加了生成气体水合物的可能性，在节流管线、钻井隔水导管、防喷器以及海底的井口里，一旦形成气体水合物，就会堵塞气管、导管、隔水管和海底防喷器等，从而造成严重的事故。1987年，Barker和Gomeg发表了两篇关于墨西哥湾水深1078.8m和在美国西海岸水深为350.5m时所钻的两口井在海底防喷器里形成气体水合物的文章。这两例都表明气体水合物的形成阻碍了井控作业时防喷器的操作，拖延了井控时间。因此，有必要在深水钻井液中添加某种处理剂，使它能够抑制正常钻井作业时气体水合物的形成。目前，国外比较通用的方法就是在深水钻井作业过程中使用高含盐的钻井液体系，这种体系一般可以使形成气体水合物的温度比采用淡水钻井液时低-3.5～-2.2℃。另外，为了进一步降低形成天然气水合物的可能性，也可以在钻井液中加入一定量的醇类物质，这样可以使形成气体水合物的温度再降低-12.5～-9.4℃。通过这些措施，最终可以使形成气体水合物的温度总共降低1.7～6.1℃（一定压力条件下）。

（五）温度过低

随着水深的加大，钻井环境的海底海水温度也将越来越低，温度降低将会给钻井以及采油作业带来很多问题，如在低温情况下，钻井液的流变性会发生较大变化，具体表现在黏、切力大幅度上升，而且还可能出现显著的胶凝现象；同时低温情况下也会增加形成天然气水合物的可能性。目前，主要是通过在管汇外加有保温层，这样可以在停止生产期间保持生产设备的热度，从而防止因温度降低而形成水合物。当然也可以采取其他方法来减少钻井液胶凝和形成天然气水合物的可能性。

（六）地层孔隙压力和破裂压力之间“窗口”狭窄

深水区域上覆岩层相当一部分由海水所替代，因此上覆岩层压力与陆地上相比偏低，由于地层具有较低的破裂压力，而孔隙压力没有很大的变化，这就使孔隙压力与破裂压力之差变得非常小。对于相同沉积厚度的地层来说，随着水深的增加，地层的破裂压力梯度降低，致使破裂压力梯度和地层孔隙压力梯度之间的窗口较窄，深海钻井尤其是表层地层容易出现井漏等井下复杂情况。

二、国内外深水钻井液研究及应用情况

目前国内外研究和应用比较成熟的深水钻井液体系主要有两种：水基钻井液体系和合成基钻井液体系[3]。

（一）水基钻井液体系

水基钻井液因其优良的性能和较低的成本，已广泛用于深水钻井作业中。目前深水钻井中应用的水基钻井液均属于高性能水基钻井液体系。该体系主要是采用一种胺基化合物取代传统的处理剂来解决泥页岩地层引发的诸多问题，常应用于泥页岩、环境要求苛刻等特殊要求的井段，其性能可与合成基钻井液（SBM）相媲美。目前，这些体系已经在世界范围内进行了上千口深水井的现场作业，得到了作业者的普遍认可。

在深水钻井液技术研发和服务方面，国外 3 大钻井液服务公司都有属于自己的深水水基钻井液体系。如 Mi-SWACO 公司成熟的 ULTRADRILL 水基聚合物体系，主要由泥页岩抑制剂 ULTRAHIB、包被剂 ULTRACAP 和增速提效剂 ULTRAFREE 等 3 种处理剂组成，该体系最高密度达 2.16g/cm^3，温度为 177.8℃，已经在中国南海海域多口深水钻井中得到应用，在国外深水海域已经应用了上千口井。Baroid 钻井液公司针对深水井泥页岩丰富，水化分散严重的地层开发了一种无土相、强抑制性体系 HYDROGUARD，该体系的主要抑制剂 BORE-HIB 是一种胺类，具有能够有效降低扭矩、环境可接受性好、井壁稳定和机械钻速快等特点，在墨西哥、西非和巴西等深水井得到了成功应用。哈里伯顿贝克休斯钻井液公司的 PERFORMAX 体系也是在聚胺抑制剂的基础上研发而成的，体系 3 大主剂分别是黏土分散抑制剂 MAX-GUARD、钻屑包被剂 NEW-DRILL 和提速剂 PENETREX。

中国在深水钻井液研发方面起步较晚。近年来国内部分学者在深水钻井液方面开展了一些研究，形成了适用于深水水基钻井液的高效处理剂；其中，一种无土相、强抑制、高性能水基钻井液体系——HEM，已于 2013 年首次在中国南海海域 LH26-2-1 井应用成功，之后陆续在中国进行了 24 口深水井的现场作业，最高水深为 1688m，最低泥线温度为 2.6℃，实现了中国深水水基钻井液的新突破。

（二）合成基钻井液体系

合成基钻井液（SBM）是深水，特别是超深水区域常用的钻井液体系，而深水恒流变合成基钻井液体系因其独特的优势深受研究者和作业者的重视。恒流变合成基钻井液体系是指在传统合成基钻井液的基础上通过处理剂的优化和改性发展起来的一种适合深

水钻井的新型钻井液体系。与传统SBM相比，恒流变体系的黏度、切力受温度和压力的影响小，特别是动切力、静切力和低剪切速率下的黏度等参数几乎不随着温度的变化而改变，表现出稳定且优良的流变特性。恒流变合成基钻井液体系的恒流变特性主要通过两种方式实现：①少量有机土配合聚合物类增黏剂。该类聚合物最大的特点就是在低温下呈卷曲状态，而温度升高，它的分子链会不断展开，以补偿温度对黏度的影响。②使用一种温度活化型表面活性剂。该表面活性剂可与低浓度的有机土相互作用形成网状结构，且该网状结构随温度升高结构增强，随温度降低结构减弱，如MI-SAWCO公司的RHELIANT体系中的流型调节剂RHEFLAT。恒流变合成基钻井液体系具有降低循环当量密度、有效防止重晶石沉降、减少漏失等优点。

通过降低有机土的加量，配合使用聚合物增黏剂，同时引入一种温度活化型表面活性剂（流型调节剂），形成的恒流变合成基钻井液体系，已经在墨西哥湾海域、亚洲某些近海海域以及西非和巴西近海得到了应用。为克服墨西哥深水井频繁漏失难题，BP公司开发出了新一代恒流变合成基体系，该体系未使用特种乳化剂，采用活化的有机土作为增黏剂，实现深水作业条件下稳定的流变特性。

还有学者通过在乳状液体系中加入一种复合乳化剂，研发了新一代恒流变钻井液，该复合乳化剂能够有效提高乳化和润湿效果，同时还具有很好的润滑效果。体系最高密度达2.17g/cm^3，抗温达180℃，基本配方为：基础油+0.28%~0.86%有机土+0.57%~1.14%石灰+2.28%~3.42%乳化剂+$CaCl_2$盐水+0.21%~0.43%流型调节剂+0.14%~0.57%降滤失剂+重晶石。按照上述配方所配制钻井液的基本性能见表7-1。

表7-1 恒流变合成基钻井液体系不同温度下的流变性

温度/℃	$\varphi6$	YP/Pa	Gel_{10min}/Pa
4.4	19	15	31
37.8	19	13	27
65.6	18	15	23

传统的油基钻井液和恒流变钻井液通常加入一定量的有机土来提高体系的黏度和切力，而无土相的恒流变合成基钻井液体系主要通过一种特殊的聚合物来实现体系稳定的流变性。国外学者采用一种新型流型调节剂，研发了一种无土相、非温敏型的乳状钻井液，体系由基础油、2.28%~3.14%乳化剂、0.57%降滤失剂、0.57%流型调节剂及重晶石组成；该体系在4.4~65.5℃下表现出几乎相同的动切力，低剪切黏度和凝胶强度，体系的密度范围在1.08~1.90g/cm^3之间。

不论是有土相恒流变合成基钻井液还是无土相恒流变合成基钻井液，研究者仅关注恒流变合成基钻井液体系恒流变性能的评价，如不同温度、压力组合下的动切力和凝胶强度。这些手段虽然适用于室内实验评价和现场应用，但却忽略了对恒流变体系恒流变特性的界定。2015年，英国BP公司对恒流变合成基钻井液体系从性能参数上给予了界定，包括4.4℃、49℃下塑性黏度和动切力的比值，初切（10s）和终切（10min）以及

10min 和 30min 切力的比值，即：PV（4.4℃）<2.5 PV（49℃）；Gel（10min）<1.7Gel（10s）；Gel（30min）<1.3Gel（10min）；YP（4.4℃）<1.2YP（49℃）。虽然这些技术指标尚没有得到业界人士的公认，但它无疑为恒流变合成基钻井液体系的设计提供了一定的指导。

三、深水钻井对钻井液体系的要求

与浅水或陆上钻井相比，深水钻井主要面临钻井液低温流变性差，在浅层存在气体及气体水合物，海底页岩稳定性差，钻井液用量大，井眼清洗困难等问题，因此用于深水环境下的钻井作业的钻井液应满足如下要求。

（1）能够有效地抑制气体水合物的产生。

（2）在大直径井眼（尤其是大位移井）中应具有良好的悬浮和清除钻屑能力。

（3）滤失量较小，抗温抗污染能力强，具有良好的页岩稳定性，能有效稳定弱胶结地层。

（4）切力受温度影响较小，在低温下具有良好的流变特性，与常温条件下流变性差别不大。

（5）具有良好的润滑性，防泥包效果好。

（6）具有较低的当量循环密度（ECD）。

（7）可有效提高机械钻速，综合成本低。

（8）能够满足环保的要求。

对于水基钻井液，钻井液体系配方优化的重点是基于钻井液低温下的流变性，选择合适的水合物抑制剂、增黏剂、降滤失剂和抑制剂等，除实现钻井液保证良好的基本性能外，还解决常规钻井液在低温黏度增大和高温黏度降低的问题，使整个钻井液体系的黏度随温度变化的敏感性降低，达到一种恒流变状态。

第二节　深水水基钻井液

水基钻井液具有成本低及环保性能好等优点，但其在深水钻井作业中面临着复杂地层井壁失稳以及天然气水合物的生成等突出问题。目前主要通过无机盐、高相对分子质量的聚合物、聚合醇以及胺基聚醚等抑制剂抑制海底泥页岩水化分散，通过水合物抑制剂抑制水合物的生成，形成适用于深水钻井的水基钻井液。由于深水水基钻井液优良的性能和较低的成本，已成为国内外广泛用于深水钻井作业的钻井液体系。

本节结合几种常用的水基钻井液体系，对深水水基钻井液体系的组成、性能和应用进行简要介绍。

一、高盐 / 聚合物钻井液体系

高盐 / 聚合物钻井液是一套应用了几十年的深水钻井液体系[4]，其常用处理剂为 NaCl、KCl、PHPA（部分水解聚丙烯酰胺）、聚合醇、乙二醇等。体系中高浓度的无机盐抑制水合物生成，无机盐与聚合物或聚合醇协同防塌。该体系的优点是生物毒性低、生物降解较快，可有效抑制气体水合物的生成且成本低。在使用该体系时，为了确保井眼清洁，并维护钻井液性能稳定，必须经常进行短程起下钻，这将很大程度上减慢钻速，增加钻井时间，从而加大了钻井成本。该体系在 pH 值为中性时抑制岩屑效果最好，盐度可以达到饱和，在高盐环境下使用效果更好，因而适用于活性页岩地层。

（一）配方与性能

由 3% 海水膨润土浆 +20%NaCl+5% 乙二醇 +0.5%PLUS+0.1%XC+2%SMP+2%TEMP 组成的钻井液，重晶石加重至密度为 1.15g/cm^3，测定钻井液的基本性能，如表 7-2、表 7-3 所示，该体系流变性和滤失性良好，适合作为海洋深水钻井液体系[5]

表 7-2　钻井液体系基本性能

条件	*AV*/mPa · s	*PV*/mPa · s	*YP*/Pa	动塑比	φ6/φ3	FL_{API}/mL
滚前	38.5	24	14.5	0.60	11/9	3.4
滚后	36	24	12	0.50	8/6	4.0

注：在 80℃条件下热滚 16h。

表 7-3　深水钻井液体系低温性能

温度 /℃	*AV*/mPa · s	*PV*/mPa · s	*YP*/Pa	动塑比	φ6/φ3
20	34.5	24	10.5	0.44	6/5
15	36	25	11	0.44	7/5
10	40.5	29	11.5	0.4	7/5
4	43.5	30	13.5	0.45	8/6
0	47	32	15	0.47	9/7

实践表明，高盐 /PHPA 钻井液体系也可以初步抑制气体水合物。不过，为了更好地抑制水合物及页岩，可将聚合醇添加到这种钻井液体系中。维持 pH 值呈中性，可以减少 OH^- 对页岩的分散作用，而钻井液的结构黏度又可以减少对井眼的水力冲蚀。

由于该钻井液体系具有良好的剪切稀释性，有助于提高机械钻速。该体系 LC_{50}（半致死率）的值大于 100×10^4mg/L，能够满足环保要求。由于该钻井液体系中含有高浓度的盐类，因此该体系无法获得低于 1.198g/cm^3 的密度。

（二）现场应用

挪威水深837m的深水井，泥线温度低至-1.6℃，静水压力超过11MPa，极易引起水合物生成。该井使用的高盐/聚合物/聚合醇体系中，通过高浓度的NaCl，配合使用KCl、聚合醇和乙二醇来提供足够的水合物抑制性，淀粉和PAC（聚阴离子纤维素）复配控制滤失量，聚合醇与KCl配合使用提供优良的页岩抑制性。目前，高盐/聚合物钻井液常用于无复杂地层情况的深水井中[6]，如中国南海第二口深水井——水深1036m的白云6-1-1井，即在三开领眼和扩眼钻进过程中使用了NaCl/PHPA聚合物体系，整个井段顺利完钻[7, 8]。

二、抑制性胺基聚合物钻井液体系

近年来的实践表明，抑制性胺基聚合物高性能水基钻井液是在深水钻井中应用效果最好的水基钻井液体系，已成功应用于墨西哥湾、中国南海、巴西海域和哥伦比亚海域等地区，取得了较好的效果；该体系是近年来为适应更加严格的环保要求而开发的，主要由页岩抑制剂、包被剂、防聚结剂和降滤失剂等组成。页岩抑制剂是一种胺基多官能分子，完全溶于水并且低毒，其独特的结构使其分子能很好地镶嵌在黏土层间，使黏土层紧密结合在一起，从而降低黏土吸收水分的趋势。包被剂为部分水解聚丙烯酰胺（PHPA），主要用来降低黏土分散的程度，并通过对页岩颗粒的包被作用抑制页岩水化。防聚结剂是由表面活性剂和润滑剂组成的特殊混合物，该处理剂能覆盖在钻屑和金属表面，从而降低黏土水化和在金属表面黏结的趋势，防止水化颗粒聚沉，阻止钻头泥包；还可通过降低摩擦系数来增强钻井液润滑性，降低钻柱的摩阻和扭矩。该钻井液体系抑制性强，可提高机械钻速、减少钻头泥包、减少扭矩和摩阻、减少储层伤害，同时，还具有保护环境和配浆成本较低的特点。

（一）配方与性能

墨西哥湾Lloyd Ridge油田一口井使用的抑制性胺基聚合物钻井液体系的配方组成和性能如表7-4和表7-5所示。

表7-4　高性能水基钻井液体系的配方

组分	含量/（kg/m^3）	组分	含量/（kg/m^3）
水	0.12	页岩抑制剂	40
质量分数20%的NaCl水溶液	191	包被剂	8.5
降滤失剂	7.1	防聚结剂	30
CX	5.7		

表 7-5　高性能水基钻井液体系性能

组分	密度 /（g/m^3）	温度 /℃	PV/mPa·s	YP/Pa	FL_{API}/mL
初始	1.13	49	17	22	3.8
最终	1.14	49	22	28	2.6

表 7-4 中的页岩抑制剂为低分子胺基聚合物（如胺基聚醚），包被剂为阳离子聚合物或部分水解聚丙烯酰胺；防聚结剂为表面活性剂和润滑剂等的混合物，用于防止钻头泥包并起润滑作用，从而提高钻速；降滤失剂为 PAC 和改性淀粉；XC 为生物聚合物，用于增黏剂。通过无机盐或醇类抑制水合物生成，针对不同地层选用 KCl 或铝酸盐络合物协同封堵防塌，必要时选用碳酸钙等作为桥堵剂。

钻井液的强抑制机理为其中的胺基聚醚分子部分解离形成铵基阳离子，中和黏土表面的负电荷，降低黏土水化斥力，同时胺基聚醚可与黏土表面的硅氧烷基形成氢键，吸附在黏土表面。静电引力与氢键共同作用压缩黏土层，减弱黏土水化。胺基聚醚分子链上的聚氧丙烯疏水基覆盖在黏土表面，降低黏土亲水性，阻止水分子的进入，进一步抑制黏土水化膨胀。

实践表明，抑制性胺基钻井液具有极强的抑制页岩分散和黏土水化膨胀，防止钻具泥包的能力，且用量少，可重复使用，符合海洋环保要求并能直接向海上排放，可以大幅减少钻井液废弃物的处理工作，节约成本。

在巴西深水成功应用的抑制性胺基钻井液中，使用可变形胶体在砂岩孔喉和页岩微裂隙中架桥封堵形成内泥饼，阻止或减缓滤液侵入，提高地层强度；KCl 和胺基抑制剂复配使用实现对黏土地层的强抑制作用；体系中的部分铝酸盐络合物，可进入页岩基质，通过 pH 值的降低或与地层流体中高价离子反应而就地沉淀胶结，协同胶粒的物理封堵作用形成选择性渗透膜。该体系已在多口深水定向井中使用，体系组成如表 7-6 所示。

在黑海地区的深水钻井中，其高活性页岩地层经常引起钻井事故。在水深 2018m 的深水井中使用了胺基抑制高性能水基钻井液，顺利钻穿大段活性黏土层，缩短了工时。在东墨西哥湾地区两口水深分别为 2774m、2730m 的深水探井中使用了胺基抑制高性能水基钻井液，钻速可达 156.3m/d。体系中加入 15%～20%NaCl 抑制水合物生成，使用黄原胶提高低剪切速率黏度，胺基聚醚的使用提高了黄原胶的热稳定性，使该体系可在 149℃范围内维持良好的流变性。

表 7-6　抑制性胺基聚合物钻井液体系组成（密度 1.198g/cm^3）

处理剂	加量 /（kg/m^3）	处理剂	加量 /（kg/m^3）
聚胺抑制剂	17.1	黄原胶	2.9
重晶石	114.1	聚合物封堵剂	2.0
KCl	45.7	碳酸钙	28.5
NaCl	108.4	改性淀粉	5.7
PAC-LV	5.7	钻速提高剂	5.7
PAC-R	4.3		

由2.5%海水膨润土浆+0.2%NaOH+0.2%Na_2CO_3+0.5%PLUS+0.3%PF-PAC-LV+2%SM-2+%GBL +2%PF-CMJ+2%PF-TEX（PF-LSF）+0.5%PF-UHIB+10%KCl+0.2%XC+重晶石等组成的抑制性胺基聚合物深水钻井液体系，在100℃下热滚老化16h后的性能见表7-7[9]。从表7-7可见，该体系具有较好的抗温能力和低温流变性，在储层温度条件下体系的流变性能及API滤失量和高温高压滤失量等各项性能稳定，动塑比大于0.5；在热滚后AV（5℃）/AV（25℃）值小于2，低温下钻井液黏度变化不大，流变性问题得到较好的解决，可以满足现场的要求。

表7-7 抑制性胺基聚合物深水钻井液体系抗温性能实验结果

温度/℃	*AV*/mPa·s	*PV*/mPa·s	*YP*/Pa	动塑比	*φ*6/*φ*3	*AV*（5℃）/*AV*（25℃）	FL_{API}/mL	FL_{HTHP}/mL
50	34	21	13	0.62	6/5	1.35	3.8	9.0
25	37	23	14	0.61	7/6			
10	43	27	16	0.57	9/7			
5	50	32	18	0.56	10/8			

注：老化条件100℃、16h。

进一步实验表明，体系具有较强的抗钻屑和抗盐污染能力，同时具有较强的抑制性和储层保护能力。

如表7-8所示，该配方组成的不同密度的钻井液经140℃高温老化前后，均具有较低的黏度和较高的动切力，钻井液的*φ*6读数保持在7~10，具有较高的低剪切速率黏度，有利于井眼清洗。以钻井液在2℃和25℃时的表观黏度比和动切力比来表征钻井液流变性受温度的影响程度，钻井液密度为1.15 g/cm³时，*AV*（2℃）/*AV*（25℃）=1.28，*YP*（2℃）/*YP*（25℃）=1.10；密度为1.50 g/cm³时，*AV*（2℃）/*AV*（25℃）=1.31，*YP*（2℃）/*YP*（25℃）=1.148，表明钻井液流变性受低温影响较小，流变性稳定。此外，钻井液还具有较好的润滑性。

表7-8 钻井液老化前后的性能

密度/（g/cm³）	实验条件	*AV*/mPa·s	*PV*/mPa·s	*YP*/Pa	*Gel*/Pa/Pa	*φ*6	FL_{API}/mL	润滑系数
1.15	25℃（热滚前）	34.0	22.0	12.0	3.0/5.5	7	3.8	0.094
	25℃（热滚后）	38.0	23.0	15.0	3.0/4.0	9	4.6	
	2℃（热滚后）	48.5	32.0	16.5	3.5/5.0	10	4.2	
1.50	25℃（热滚前）	44.0	31.0	13.0	3.0/6.0	9	4.2	0.098
	25℃（热滚后）	41.5	28.0	13.5	3.5/4.5	8	4.3	
	2℃（热滚后）	54.5	39.0	15.5	3.5/6.0	10	4.6	

注：钻井液配方为：2%海水膨润土浆+0.2%XC+0.15%低相对分子质量包被剂Cap+3%聚胺抑制剂SDJA+2%FLC+0.5%PAC-LV+1%HLUB+4%KCl+10%NaCl+0.5%KHI-1。

采用强抑制剂聚胺PF-UHIB、包被剂PF-UCAP、防泥包润滑剂PF-HLUB、降滤失剂PF-FLO、流型调节剂XCH及水合物抑制剂NaCl等形成了一套适合深水钻进的钻井液体系，即 HEM 体系[10]。其基本配方：海水 + 0.2%～0.3% 纯碱 +5%KCl+0.5%～0.8%PF-UCAP+1.5%～2% PF-FLO+0.1%～0.3% XCH+2%～3% PF-UHIB +1%～2%PF-HLUB；现场配方：2% 海水膨润土浆（或海水）+2～3kg/m^3 纯碱 +1～6kg/m^3 PAC+3～9kg/m^3 PF-UCAP+15～20kg/m^3 PF-FLO+30～50kg/m^3 KCl+1～5kg/m^3 XCH+20～30kg/m^3PF-UHIB+10～20kg/m^3 PF-HLUB +30～70kg/m^3NaCl。实验表明，HEM 深水抑制性胺基钻井液在 4～50℃下流变性能稳定，携砂能力、抗盐、抗钙及抗钻屑污染能力强；抑制性强，润滑性好，具有较强的水合物抑制能力。

（二）现场应用

在琼东南盆地深水钻井中使用了抑制性胺基钻井液，即 Ultradril 和 HEM 两种水基钻井液体系。针对琼东南盆地深水钻井实践，水基钻井液应用时需要注意如下事项[11]：

（1）区块井前期作业中，选用较成熟的 Ultradril 水基钻井液体系，根据不同井段需要，钻井液中加入 12%～15%NaCl 盐水 +3%MEG 用于预防水合物生成。开钻前，向井浆中补充加入 1%～2% 细颗粒的 $CaCO_3$（Carb20，Carb40），保持钻井液的随钻封堵能力；钻进过程中，保持边钻进边缓慢向井浆补充含 14.3kg/m^3 的 Carb250 和 G-SeaL 的胶液，提高钻井液的封堵性和防漏能力，根据井下情况将井浆中的封堵材料浓度提高至 3%，达到对地层的随钻封堵效果。

（2）根据井眼状况调整钻井液的密度，保持钻井液的强抑制性；严格控制钻井液的滤失量（中压滤失量 <5mL/30min）和泥饼质量，提高钻井液的护壁性；加入软性可变性粒子 DYFT（沥青质防塌剂），结合加入硬性粒子，如石墨（G-SeaL）、碳酸钙等加强对地层的充填和封堵，提高井壁的稳定性，保证井下安全。

（3）钻井液密度在满足井控的前提下要尽可能低，流变性控制中下限以获得较低的 *ECD* 值，减小压差；充分发挥固控设备的作用，结合胶液稀释控制井浆低密度固相 <4%，以减少劣质固相对储层的污染；严格控制钻井液的滤失量和泥饼质量，减少滤液对储层的侵入；保持胺基抑制剂（ULTRAHIB）浓度 >2%，提高钻井液的抑制性、降低滤液的表面张力和界面张力以降低对储层的水锁损害；根据储层物性资料（孔隙度、渗透率等），优选与地层相匹配的封堵材料（Carb20∶Carb40∶Carb250 = 2∶3∶1），提高钻井液的封堵性等措施，做好储层保护。

Ultradril 水基钻井液体系在使用中，具有极强的抑制性，优质的润滑性，不易形成气体水合物，满足了区块深水钻井的作业需要，但是其整口井的材料和人员费用较高。为了降低单井钻井液成本，满足地区大规模深水钻井勘探的需要，实现水基钻井液强抑制性的目标，应用了如前所述的由一种具有 pH 值缓冲作用的胺基抑制剂、一种低相对分子质量阳离子聚合物包被剂和一种高效防泥包润滑剂为主要成分组成的 HEM 钻井液体系。现场应用中，保持钻井液中 PF-UHIB 加量在 20～50kg/m^3，以提高钻井液的抑制性；使用 5～10kg/m^3 低相对分子质量包被剂 PF-UCAP，避免低温下糊振动筛跑浆；加入一定量的 NaCl 盐水和乙二醇，一方面达到抑制水合物的目的，另一方面起到调节钻井液密度的作用；加入 10~30kg/m^3 的防泥包润滑剂 PF-HLUB，防止泥包钻头、钻具；加入足量的封堵材料 PF-FT-1 及 PF-FPA，以提高地层的承压能力。HEM 体系在该地区多口深水井中的使用，解决了深水低温，裂缝性地层漏失、窄压力窗口等钻井液技术难题，能满足井深 2000m 左右深水钻进，在流花油田 5 口井得到成功应用。

三、深水高温高压钻井液体系

以抗高温降滤失剂 HTFL、抗低温水合物抑剂 NaCl 和甲酸钾为主剂，配合聚磺抗高温降滤失剂 SMPHT 和 SPNH、抑制剂 CP1(组分主要为磺化沥青，由于其中含有磺酸基，水化作用很强，当吸附在泥页岩晶层断面上时，可阻止页岩颗粒的水化分散）和承压封堵剂 CP2（主要由坚果壳和具有较高强度的碳酸盐岩石颗粒搭配而成，通过进入孔隙而起到封堵承压作用），形成了一种抗 180℃、密度 2.1g/cm^3 深水高温高压钻井液体系[12]，钻井液配方见表 7-9，钻井液性能见表 7-10。从表 7-10 可以看出，3 号配方所配制的钻井液体系性能最优，以其作为南海西部陵水区块深水高温高压钻井液体系。

表 7-9 180℃高温高压钻井液体系

体系	海水 /mL	Na_2CO_3/%	NaOH/%	膨润土 /%	PAC-LV/%	HTFL/%	SMP HT/%	SPNH HT/%
1	262	0.2	0.3	1.5	0.2	0.8	4	5
2	262	0.2	0.3	1.5	0.2	—	4	5
3	262	0.2	0.3	1.5	0.2	0.8	3	3
4	262	0.2	0.3	1.5	0.2	0.8	4	5
体系	FT-1/%	Dris Temp/%	NaCl/%	KCOOH/%	CP1/%	CP2/%	重晶石 /g	
1	3	—	5	10	2	5	530	
2	3	0.8	5	10	2	5	530	
3	3	—	5	10	2	5	530	
4	3	—	5	10	2	5	530	

表 7-10 180℃高温高压钻井液体系性能

体系	老化情况	*AV*/mPa·s	*PV*/mPa·s	*YP*/Pa	*Gel*/Pa/Pa	φ6/φ3	FL_{HTHP}/mL	pH 值
1	滚前	41.5	39	2.5	—	2.0/1.5	—	10
	滚后	38.5	34	4.5	0.5/1.5	1.5/1.0	8.0	9
2	滚前	45.5	43	2.5	—	3.5/3.0	—	10
	滚后	53.0	42	11.0	1.5/4.5	4.0/3.0	7.8	9
3	滚前	38.0	35	3.0	—	2.0/1.0	—	10
	滚后	36.5	34	2.5	0.5/2.0	2.0/1.0	9.0	9
4	滚前	64.0	58	6.0	—	4.0/3.0	—	10
	滚后	58.0	55	3.0	1.5/4.5	3.0/2.0	6.4	9

利用Fann77流变仪测定深水高温高压钻井液体系在低温、中温和高温条件下的流变性，如表7-11所示，钻井液体系从低温到高温具有很好的流变特性，随着温度的升高，钻井液体系的黏度趋于平缓，动切力的变化趋势也向好，可满足陵水区块深水高温高压钻井液作业要求。

表7-11　不同温度下深水高温高压钻井液体系的流变性

温度/℃	φ200/φ100	φ6/φ3	*AV*/mPa·s	*PV*/mPa·s	*YP*/Pa
4	41/28	15/14	50.0	43	7.0
8	37/23	9/8	45.0	39	6.5
15	31/18	3/3	38.0	33	5.0
25	26/15	3/3	31.5	28	3.5
50	18/12	3/3	22.5	20	2.5
80	17/12	5/4	19.5	17	2.5
100	19/14	5/4	19.5	15	4.5
120	20/15	7/7	20.0	15	5.0
150	18/13	7/7	20.0	16	4.0
180	16/11	7/7	19.0	16	3.0

实验表明，该钻井液体系加入钙膨润土和岩屑后虽然流变性有所增加，但增加幅度不大，表现出一定的抗污染能力。采用静态沉降评价法测得深水高温高压钻井液体系的沉降因子在0.5左右，具有很好的沉降稳定性。采用JHDS-Ⅱ动失水仪在10MPa、150℃条件下测定深水高温高压钻井液体系高温高压滤失量，从滤失速率曲线可以看出，15min后该钻井液体系的滤失速率趋于平稳，小于0.08mL/min，表明已经在岩心端面形成了高效封堵，阻止固相和滤液进入岩心内部，起到了承压封堵的效果。采用标准盐水对深水高温高压钻井液体系的储层保护效果进行评价，实验岩心样品渗透率恢复值均大于89.3%，说明该钻井液体系具有很好的储层保护效果。井壁掉块浸泡水化抑制评价表明，实验岩样浸泡120h后出现数条裂纹，但岩样依然完整，表明钻井液体系能抑制陵水区块的泥页岩水化，具有防止泥页岩井壁失稳的能力。

南海西部LSX-1井作业水深990m，井底温度151℃，井底压力系数1.94，是一口典型的深水高温高压井，该井储层段使用高温高压钻井液体系，现场钻井液基本配方为：1.4%~1.7%膨润土+0.2%Na_2CO_3+0.3%NaOH+0.2%~0.25%PAC-LV（提黏剂）+0.8%~1.0%HTFL（抗高温降失水剂）+3%SMP HT（抗高温降失水剂）+3%SPNH HT（抗高温降失水剂）+3%FT-1+5%NaCl+10%KCOOH（甲酸钾）+2%PF-CP1（抑制剂）+5%PF-CP2（承压封堵剂）+重晶石。应用表明，钻进中没有发生井漏、溢流等复杂情况。随后该钻井液体系在LSX-2、LSX-3等深水高温高压井进行推广应用，较Woodside同类型深水高温高压井作业时间平均缩短12d，取得了良好经济效益。

四、深水水基钻井液的流变性

钻井液组成和温度、压力均是影响深水水基钻井液流变性的因素，不同因素的影响情况不同[13, 14]。

（一）深水钻井液低温流变性

以海洋钻井中常用的PEM钻井液、小阳离子钻井液、PRD钻井液及KCl/PLUS钻井液等为研究对象，测定低温下流变性能。所用各钻井液组成如下：

小阳离子钻井液：3%海水膨润土浆+1.0% NPAN+0.3% PF-PLUS+0.2% HV-PAC+1.5% PF-TEX+1% TEMP+0.5% JFC+$CaCO_3$（密度1.15g/cm^3）。

PRD钻井液组成：海水+0.15% Na_2CO_3+2% DFD+0.1% NaOH+1% PF-VIS+3% JLX-B+17% KCl（密度1.10g/cm^3）。

KCl/PLUS钻井液：3%海水膨润土浆+3% KCl+0.3% PF-PLUS+0.25% HV-PAC+1.5% PF-TEX+0.5% NPAN+0.1% XC+1% TEMP+$CaCO_3$（密度1.15g/cm^3）。

PEM钻井液：3%海水膨润土浆+0.3%PF-PLUS+0.1% XC+0.25% HV-PAC+1.5% PF-TEX+3% KCl+0.5% NPAN+1.0% TEMP+3.0% JLX+$CaCO_3$（密度1.15g/cm^3）。

实验结果如下：

（1）几种水基钻井液在低温下的表观黏度及切力都存在明显的上升现象。另外，从温度下降到上升过程中钻井液的流变性与时间没有明显的滞后关系。这与钻井液中的黏土含量，黏土颗粒分散度、黏土颗粒的Zate电位、高相对分子质量聚合物类型、高相对分子质量聚合物分子链的舒展程度以及黏土颗粒、高相对分子质量聚合物、水分子之间的相互作用等影响因素有关。

（2）以KCl/PLUS钻井液和小阳离子钻井液作为研究对象，分别加入1%、2%、3%、4%和5%的膨润土后测定低温流变性能。结果表明，膨润土加量不同的钻井液随着温度的降低，其表观黏度和切力均有不同程度的上升。随着膨润土加量的增加，钻井液表观黏度和切力随着温度的降低有明显上升趋势。表明黏土含量是造成钻井液在低温条件下表观黏度和切力上升的重要因素。这主要是由于在低温条件下黏土颗粒表面扩散层的阳离子扩散能力减弱，水化膜变薄，Zate电位下降，水分子渗入黏土内部的能力减弱，黏土颗粒分散度降低，从而导致黏土颗粒之间的摩擦增加，造成钻井液的表观黏度上升；而且黏土颗粒容易以端－端、面－面形式构成较强的网架结构，从而造成钻井液的切力增加。黏度增加程度直接与黏土颗粒之间的摩擦程度有关，因此黏土含量越高，黏土颗粒之间的摩擦程度就越大，表观黏度上升也就越快。因此在现场实际操作过程中，应注意严格使用固控设备，尽量减少固相含量，避免钻井液在低温条件下流变性变化较大。

（3）以PRD无黏土相弱凝胶钻井液作为研究对象，分别加入0.3%、0.5%、0.7%和1%的高相对分子质量的聚合物PF-VIS后测定低温流变性能。结果表明，不同PF-VIS

加量的钻井液随着温度降低，表观黏度和切力均有不同程度上升，且随着 PF-VIS 加量的增加，钻井液随温度的降低表观黏度和切力上升趋势明显，表明高相对分子质量聚合物也是造成钻井液在低温条件下表观黏度和切力上升的重要因素。这主要是由于高相对分子质量聚合物类型以及分子链的舒展程度直接影响钻井液流变性。高相对分子质量聚合物高分子内链段间有不同程度的缠结和内摩擦。当温度下降时，高分子线团间互相缠结几率大大增加，形成缔合或空间网，因而阻碍了流动，同时也束缚了一部分溶剂分子，进而造成钻井液黏度、切力增加。这种增加程度直接与高分子内链段间互相缠结和内摩擦程度有关，因此高相对分子质量聚合物含量越高，高分子内链段间互相缠结和内摩擦程度就越大，表观黏度上升越快。因此，现场实际操作过程中，在满足流变性要求的情况下，应尽量减少高相对分子质量聚合物的加量，以避免低温条件下流变性变化较大。

（二）温度和压力对钻井液流变性的影响

1. 温度对钻井液黏度和动切力的影响

温度对钻井液黏度之所以有很大影响，是因为当温度变化时，会改变固相颗粒吸附水的排列方向。随着温度的降低，钻井液中固相颗粒的动能减少，各种粒子的热运动减弱，流动阻力增大，从而使液体内颗粒的流动更加困难，因此随温度降低，钻井液黏度升高。

一般认为，动切力最初随着温度的上升而降低，当温度超过一定值以后，动切力又有所回升。这一现象可能是因为随温度升高，钻井液中的亲油相阻碍了黏土与处理剂结合形成网架结构，使钻井液动切力降低；当温度升高至一定程度，由于黏土双电层释放离子改变了双电层性能，促使处于亚稳定絮凝状态的黏土发生絮凝，从而增加了钻井液的动切力。

按照如下配方作为研究对象：

1 号配方：海水 +0.3% ZNJ-3（高分子增黏剂）+25% NaCl。

2 号配方：海水基浆 +0.3%ZNJ-1（生物聚合物增黏剂）+0.5%JLS-1（淀粉类降滤失剂）+3% SD-202（腐殖酸降滤失剂）+3% SD-102（树脂类降滤失剂）+15% NaCl+1.5% DY-1（水合物动力学抑制剂）。

研究表明，在实验温度范围内（0~80℃）：

（1）对于钻井液表观黏度和塑性黏度，两套不同配方深水钻井液体系的表观黏度和塑性黏度随温度变化规律基本相同，低于室温时随着温度的降低钻井液黏度迅速增大，而当温度高于室温时，黏度变化则相对较缓。

（2）对于动切力，无固相钻井液与含固相钻井液的动切力随温度变化规律不同，随着温度的增加，无固相钻井液动切力增大，这是因为无固相钻井液的动切力主要由聚合物支链的相互联结或官能团的相互吸附来提供，在所研究温度范围内，随温度增加，聚合物的支链充分伸展、官能团活性增加，聚合物高分子链相互缠绕或吸附从而使动切力增大。而有固相钻井液的动切力主要由膨润土与聚合物以及膨润土内部网架结构来提供，钻井液中使用的聚合物与无固相钻井液也不相同（一般为线性，支链较少），在研究的温度范围内，随着温度的增加分子热运动加剧，膨润土与聚合物之间或膨润土内部网架结构强度减弱，甚至部分被拆散，造成动切力下降。

2. 高压下钻井液流变特性

如表 7-12 所示，钻井液黏度、动切力主要取决于温度的变化，而养护时间和压力变化对水基钻井液黏度、动切力影响不大；含固相钻井液体系黏度、动切力随着温度的降低迅速增大，而无固相钻井液体系黏度受温度影响较小。

表 7-12　深水钻井液高压流变性实验结果

1 号配方					2 号配方				
温度 /℃	压力 /MPa	养护时间 /h	*AV*/mPa · s	*YP*/Pa	温度 /℃	压力 /MPa	养护时间 /h	*AV*/mPa · s	*YP*/Pa
2	0.1	0	16.5	4.5	2	0.1	0	116.5	28.5
2	0.1	24	15	3	2	0.1	24	115.5	29.5
2	0.1	48	15	5	2	0.1	48	117	26
2	0.1	72	15	3	2	0.1	72	116	30
2	0.1	168	15	4	2	0.1	168	116	31
2	15	0	16.5	4.5	2	15	0	117	28
2	30	0	16.5	4.5	2	30	0	118.5	28.5
2	30	48	16	5	25	0.1	0	61	15
2	30	168	15	4	80	0.1	0	20	4
25	0.1	0	12	3	150	7	0	6.5	1.5
80	0.1	0	7.5	2.5	150	7	48	6.5	2.5
80	15	0	7.5	2.5	150	7	168	7	3
80	30	0	7.5	2.5	150	15	0	7	1.5
					150	30	0	7.5	1.5

注：1 号配方：海水 +0.3% ZNJ-3+25% NaCl；2 号配方：海水基浆 +0.3%ZNJ-1（生物聚合物增黏剂）+0.5%JLS-1（淀粉类降滤失剂）+3% SD-202（腐殖酸降滤失剂）+3% SD-102（树脂类降滤失剂）+15% NaCl+1.5% DY-1（水合物动力学抑制剂）。

五、井漏的预防与处理

针对深水井的特点，对于井漏问题，本着“预防为主，处理为辅”的原则，从井身结构设计、钻井液方案优化设计及工程技术措施等方面，制定井漏的预防和处理措施。

1. 随钻封堵

开钻前，向井浆加入 2%~3%$CaCO_3$（Carb20：Carb40：Carb250=2：3：1），保证钻井液具有随钻封堵的能力。钻进过程中，保持以 200~300kg/h 的速度边钻进边加入粗颗粒封堵材料（Carb250、G-Seal），加强钻井液的随钻封堵性，另外，钻进中密切观察井眼状况，如有漏失（<$3m^3/h$），则提高井浆中的封堵材料浓度至 4% 以上，且边钻进边观察封堵效果，然后再决定下步措施；如漏失量 >$5m^3/h$，立即停钻并将堵漏浆打入井底后观察漏失，再根据漏失情况制定相应的堵漏措施。同时应该预先配好 $60m^3$ 的高浓度堵漏浆，加入 14.3kg/m^3Carb20+28.5kg/m^3Carb40+28.5kg/m^3Carb250 +14.3kg/m^3G–SeaL，（其他堵漏材料在使用前根据井漏情况再决定加入的类型和浓度）。

2. 降低压差

钻井液密度在满足井控的前提下尽可能低。流变性控制中下限以获得低 *ECD* 值，减小压差。钻井中需适当地控制钻速，减少环空的钻屑浓度，以获得较低的 *ECD* 值。工程上在产层段控制起下钻（或套管）速度，开泵不宜过猛等避免压力“激动”；同时，在产层段开泵起下钻、井下静止较长时间，下钻时小排量打通、分段循环等措施减小对地层的机械伤害等。

3. 井漏处理

根据漏失量确定堵漏方案：

（1）对于小型漏失，即漏失量 <$3m^3/h$：在 15~$30m^3$ 井浆中加入总浓度为 43kg/m^3 的堵漏材料：14.3kg/m^3 细单向压力封堵剂 +14.3 kg/m^3 细果壳 +14.3kg/m^3 复合堵漏材料。

（2）对于中型漏失，即漏失量 3~$15m^3/h$：在 15~$30m^3$ 井浆中加入总浓度为 143kg/m^3 的堵漏材料：14.3kg/m^3 细云母 +14.3kg/m^3 中云母 +28.5kg/m^3 细果壳 +28.5kg/m^3 复合堵漏材料 +28.5kg/m^3 细单向压力封堵剂 +28.5kg/m^3 中单向压力封堵剂。

（3）对于中到大型漏失，即漏失量 >15 m^3/h：在 15~$30m^3$ 井浆中加入总浓度为 200kg/m^3 的堵漏材料：28.5kg/m^3 细云母 +28.5kg/m^3 中云母 +14.3kg/m^3 粗云母 +28.5kg/m^3 细果壳 +14.3kg/m^3 中粒果壳 +28.5kg/m^3 复合堵漏材料 +28.5kg/m^3 细单向压力封堵剂 +28.5kg/m^3 中单向压力封堵剂。

在中型和中到大型漏失堵漏时，需要起出井内钻具，下入光钻杆至漏失层进行堵漏。如常规堵漏仍无效，则需考虑使用 Form–A–Blok、水泥堵漏、下套管封隔漏层等措施。

Form–A–Blok 高失水高固相塞，是一种高效、高强度的堵漏剂，其用于段塞中，通过迅速脱水或脱油形成高强度的堵漏塞，抗温高达 177℃，酸溶率约为 35%。

第三节 深水合成基钻井液

在墨西哥海湾深水地区的超深小井眼侧钻井中，成功地应用了合成基钻井液体系。在该深水区钻井时，最初选用的是盐水 / 淀粉 / 聚合醇水基钻井液体系，由于不能满足井下安全需要，因此最后选用了合成基钻井液体系，并顺利完成了钻井作业。可见，在深水钻井中合成基钻井液体系的综合性能要优于水基钻井液体系。

合成基钻井液体系具有合适的流变性，能够满足井眼和钻井隔水管之间温差的巨大变化，在深水钻井甚至是进行小井眼侧钻井等复杂井钻进时，均表现出了很好的效果。现场应用表明，深水钻井中使用合成基钻井液的主要优点是钻速快、抑制性好、优异的钻屑悬浮能力、好的润滑性、井壁稳定性好、降低压差卡钻的发生率、性能稳定，便于调控等。但是，使用合成基钻井液也同样存在着一定的局限性，主要表现在本身成本相对较高，容易造成井漏，影响地层评价。

实践证明，使用合成基钻井液可以减少施工的出现率，在 1996~1997 年，阿莫科公司的深水钻井，使用合成基钻井液使施工时间缩短 69%，从而大大减少了钻井时间，尽管与水基钻井相比，其本身的成本高，但是综合计算后，仍然能够降低钻井综合成本达 55%，钻速提高率达 70%。

尽管合成基钻井液具有机械钻速高，井壁稳定性好等优点，但该类钻井液在深水低温环境下会发生严重增黏甚至胶凝。如何实现合成基钻井液低温下良好的流变性，形成满足深水钻井需要的恒流变合成基钻井液，是深水合成基钻井液的关键。本节结合实践，对恒流变合成基钻井液的形成、配方、性能和应用进行介绍。

一、恒流变合成基钻井液的形成

“恒流变”概念是相对于常规油基钻井液提出的，是指钻井液在较大的温度范围内（4.4~65℃）保持相对稳定的 $\varphi 6$ 读数、动切力和 10min 静切力。恒流变钻井液与常规油基或合成基钻井液的主要区别在于流型调节剂（或增黏剂）的改进。早期的恒流变钻井液依靠多种处理剂的共同作用实现“恒流变”，包括两种有机土，一种乳化剂，一种润湿剂和两种流型调节剂，其典型配方见表 7–13。表 7–14 为恒流变合成基钻井液与常规合成基钻井液的性能对比。随着流型调节剂和乳化剂的改进，最新的恒流变体系简化了配方，见表 7–15，其实现“恒流变”的关键处理剂是一种酰胺类温敏聚合物，该聚合物作为流型调节剂，通过与有机土配合使用实现对钻井液流变性的调控。

“恒流变”特性的实现机理为：随温度升高，温敏聚合物分子链末端的活性酰胺基团与钻井液中的固相和胶粒作用并黏附在其表面，形成空间结构，实现增黏；而在低温下（21℃）其活性降低，酰胺基团卷曲，减弱了与其他组分的相互作用而不发生增黏。与之相反，有机土在低温下具有显著的增黏作用，两者配合使用实现了一定温度范围内的“恒流变”。此外，基液也是影响油基或合成基钻井液流变特性的重要因素。在深水钻井中应用最多的合成基液，主要包括线性 α – 烯烃、内烯烃及烯烃与酯类的混合基液等。基于成本和材料来源等方面的考虑，在恒流变合成基钻井液配方中，也可使用低毒矿物油代替合成基液作为钻井液基液，如 MI–SWACO 公司在中国南海深水钻井中成功使用的以精制白油为基液的恒流变油基钻井液。需要指出的是，“恒流变”的定义中并不包括塑性黏度，因为正常情况下恒流变钻井液塑性黏度随温度、压力的变化并不会对当量循环密度的控制、井眼清洗以及重晶石沉降的控制产生负面影响。

表 7-13　第一代恒流变钻井液典型配方

处理剂	加量 / （kg/m^3）	处理剂	加量 / （kg/m^3）
基液	根据设计的油水比确定	$CaCl_2$ 盐水	根据设计的油水比确定
有机土 A	2.9～8.6	流型调节剂 A	2.9～5.7
有机土 B	1.4～2.9	流型调节剂 B	1.4～4.3
石灰	5.7～11.4	流型调节剂 C	0～2.9
乳化剂	20.0～28.5	降滤失剂	1.4～5.7
润湿剂	2.9～8.6	重晶石	根据钻井液密度确定

表 7-14　恒流变合成基钻井液与常规合成基钻井液的性能对比

钻井液类型	温度 /℃	*PV*/mPa · s	*YP*/Pa	φ6/φ3	*Gel*/Pa/Pa	当量循环密度 / （g/cm^3）
常规合成基钻井液	4.4	114	37.3	38/35	16.8/27.3	1.69
	26.7	68	19.1	20/18	8.6/17.7	
	65.6	36	11.5	12/11	5.3/10.5	
恒流变合成基钻井液	4.4	56	12.9	15/14	6.7/17.2	1.66
	26.7	29	12.4	17/15	7.1/17.2	
	65.6	23	12.4	16/15	7.1/15.8	

表 7-15　新型恒流变钻井液的典型配方

处理剂	加量 / （kg/m^3）	处理剂	加量 / （kg/m^3）
基液	根据设计的油水比确定	$CaCl_2$ 盐水	根据设计的油水比确定
有机土	2.9～8.6	流型调节剂	2.1～4.3
石灰	5.7～11.4	降滤失剂	1.4～5.7
乳化剂	22.8～34.2	加重剂	根据钻井液密度确定

恒流变钻井液已成功应用于数百口深水井中[15, 16]，可在大温差范围内保持稳定的切力，改善井眼清洗和悬浮岩屑能力，降低当量循环密度，减少漏失。由于作为连续相的合成基液可以防止水合物的生成，而常用的 $CaCl_2$ 盐水作为分散相时，高浓度的 $CaCl_2$ 可有效抑制水合物在水相中的生成。因此，与水基钻井液相比，合成基钻井液中水合物的生成问题并不突出。2009 年在中国南海完成的水深 1370～1670m 的 5 口深水井中使用了以白油为基液的恒流变钻井液，解决了该地区以往出现的严重漏失情况，节约了大量成本。2010 年在巴西东部海域完成的水深 2160m 的深水井中，存在大段盐岩层和盐泥混层，使用恒流变合成基钻井液顺利完钻。

第 1 代恒流变体系在受到低密度固相污染时会产生过高的 10min 静切力，且其中一种流型调节剂在 121℃时开始失效。新 1 代恒流变体系通过新型乳化包被剂同时提供乳化性能和表面润湿性，新型温敏聚合物维持流变性稳定，钻井液抗温性可达 176.7℃。该体系已在墨西哥湾 1 口深水井中成功试用。

实现钻井液的“恒流变”，可以在低温下兼顾流体的流变性和当量循环密度控制，这样就能保证钻井液在深水低温环境下不会因静置而出现胶凝现象或钻进循环时出现较大的当量循环密度，减少井下复杂[17]。

二、恒流变合成基钻井液配方与性能

以线性 α－烯烃（LAO）为基液组成的一种恒流变合成基钻井液的配方为：240mL LAO+60mL 质量分数 25% $CaCl_2$ 水溶液 +2% 有机土 +2%乳化剂 +2%润湿剂 +2%降滤失剂 +1.5% CaO+ 重晶石（视需要添加）。

按照上述配方配制的密度分别为 1.35g/cm^3、2.0g/cm^3 的钻井液，测量这两组不同密度钻井液的低温流变性；然后加入流型调节剂，将其在 120℃老化 16h，再测量低温流变性，如表 7-16 所示，不同密度的合成基钻井液，加入流型调节剂前，随着测试温度的变化，动切力、终切和 $\varphi6$ 读数均呈明显的阶梯状下降趋势，尤其是在 2.0g/cm^3 的高密度条件下，低温时的切力和终切力已经超出合理的范围，体系的流动性变差；加入流型调节剂老化后，体系的动切力、终切和 $\varphi6$ 读数均调节至合理水平并趋于稳定，重晶石未沉降，明显改善体系的流动性和悬浮性。

如表 7-17 所示，加入缔合物得到的恒流变钻井液具有良好的电稳定性，不同密度的 FR-SBM 体系老化前后破乳电压均大于 500V，能够满足油包水乳化钻井液电稳定性的要求。

表 7-16　不同密度 SBM 体系加入流型调节剂前后的流变性

密度 /（g/cm^3）	温度 /℃	老化前			老化后①		
		YP/Pa	$\varphi6$	Gel_{10min}/Pa	*YP*/Pa	$\varphi6$	Gel_{10min}/Pa
1.35	4	15.3	14	16	7.6	6	7
	20	13.3	11	13	7.6	6	7
	35	8.8	7	9	7.1	5	6
	50	6.1	5	7	7.1	5	6
	65	6.1	4	5	7.1	5	6
2.0	4	24.0	23	30	8.7	10	9
	20	21.5	20	26	8.2	9	8
	35	14.3	15	21	8.2	9	8
	50	8.2	11	16	7.6	9	8
	65	6.1	9	14	7.6	9	8

注：①加入流型调节剂后 120℃、16h 老化后。

表 7-17 不同密度 FR-SBM 在 120℃老化前后的破乳电压

密度 / (g/cm³)	实验条件	*ES*/V
1.35	老化前	550
	120℃、16h	512
1.5	老化前	650
	120℃、16h	530
2.00	老化前	930
	120℃、16h	695

实验表明，由运动黏度低的线性 α－烯烃（LAO）和特种油配制的钻井液在低温时的流动性明显优于酯基合成基钻井液；由特种油配制的合成基钻井液 HMS，与传统合成基钻井液相比，流变性受温度的影响很小，4℃与 65℃情况下的动切力的比值小于 1.15，表现出了良好的恒流变特性，较适合于海洋深水钻井[18]。

如表 7-18 所示，在低温条件下，酯基基液配制的钻井液出现胶凝状，而线性 α－烯烃和特种油配制的钻井液流动性较好；相比较而言，特种油配制的钻井液的 *YP*（4℃）/*YP*（65℃）比值（1.15）明显低于线性 α－烯烃配制的钻井液的 *YP*（4℃）/*YP*（65℃）比值（1.53），表明由特种油配制的合成基钻井液切力随温度变化较小，更具有恒流变特性。

表 7-18 不同基液配制的钻井液在不同温度下的流变性

温度 /℃	特种油		酯基		线性 α－烯烃	
	PV/mPa · s	*YP*/Pa	*PV*/mPa · s	*YP*/Pa	*PV*/mPa · s	*YP*/Pa
4	43	11.5	凝胶状	凝胶状	39	13.0
15	32	11.0	凝胶状	凝胶状	25	11.0
25	29	11.0	凝胶状	凝胶状	21	10.5
35	25	11.0	58	20.0	19	11.5
45	18	11.0	54	16.0	15	11.0
55	16	10.5	52	13.5	14	9.5
65	15	10.5	45	11.5	13	8.5

如表 7-19 所示，与传统的合成基钻井液相比，HMS 合成基钻井液的流变性受温度的影响很小，特别是动切力、静切力（*Gel*）和低剪切速率下的流变参数几乎不随温度的改变而发生变化，表现出了良好的恒流变特性，更适合于海洋深水钻井。

表 7-19　两种合成基钻井液的流变参数对比

钻井液	温度 /℃	*YP*/Pa	*φ*6	*φ*3	*Gel*/Pa/Pa
传统合成基钻井液	4	19	38	35	17/28
	30	10	20	18	11/18
	65	6	12	11	8/11
HMS 合成基钻井液	4	11.5	15	14	17/18
	30	11	17	15	17/18
	65	10.5	16	15	16/17

美国犹他州州立大学测试了美国使用的合成基钻井液部分处理剂的生物毒性，其中，LAO 基液的 LC_{50} 值为 79450mg/L，有机膨润土的 LC_{50} 值 >100000mg/L，重晶石的 LC_{50} 值 >10000mg/L，表明合成基钻井液基液和主要处理剂均是无毒的，能够满足海洋深水钻井的需要。

以 Saraline 185V 气制油为基油，形成了一套适合深水钻井的 FLAT-PRO 深水恒流变合成基钻井液体系，其基本配方为：气制油 280mL+0.8% 主乳化剂 PF-FSEMUL+1.0% 辅助乳化剂 PF-FSCOAT + 1.0% 润湿剂 PF-FSWET+120mL 质量分数 25% 的 $CaCl_2$ 溶液 +2.5% 有机土 PF-FSGEL+0.5% 流型调节剂 PF-FSVIS+3.0% CaO+2.5% 降滤失剂 PF-FSHFR+ 重晶石粉。室内评价表明，该体系在 4~65℃下流变性能稳定，具有恒流变特性，能有效保护储层，其渗透率恢复值大于 90%，能抗 10% 海水、15% 钻屑污染，易降解，可以满足现场需要[19, 20]。

三、合成基钻井液低温高压条件下流变模式

对于深水合成基钻井液，保持钻井液在低温下良好的流变性，对安全快速顺利钻井非常重要，了解钻井液低温高压条件下的流变性对深水钻井液的配制和维护处理具有重要的指导意义[21]。

（一）流变曲线

以气制油合成基钻井液为例，为分析合成基钻井液体系（密度 1.20g/cm^3）低温高压条件下流变参数的变化规律，测定了不同油水比气制油合成基钻井液在 4℃时不同压力条件下的流变参数，结果如图 7-1 和图 7-2 所示。

由图 7-1 和图 7-2 可知，不同油水比的钻井液在低温条件下具有相同的变化规律，即剪切速率相同时，气制油合成基钻井液体系在低温条件下的剪切应力随着压力升高而增大；低剪切速率下剪切应力受压力的影响较小，高剪切速率下剪切应力的增长幅度越来越大；气制油合成基钻井液的剪切应力随着油水比的减小而增大；气制油合成基钻井液的流变曲线不经过原点，且曲线斜率不断升高。

（二）压力对气制油合成基钻井液黏度的影响

根据图 7–1、图 7–2 中的流变数据，绘制不同油水比的气制油合成基钻井液表观黏度与压力的关系曲线，见图 7–3。从图 7–3 可以看出，不同油水比钻井液的表观黏度随着压力的升高而逐渐升高；当压力一定时，随着油水比的增加，钻井液的黏度有所降低，而且不同压力下黏度的降低幅度基本相同。

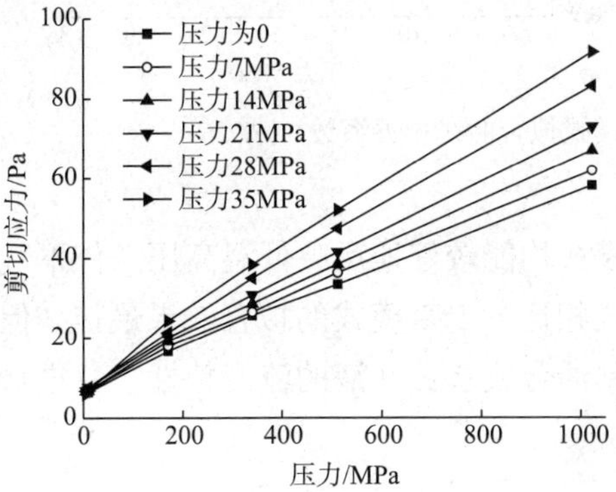

图 7–1　4℃时不同压力下的流变曲线
（油水比为 90∶10）

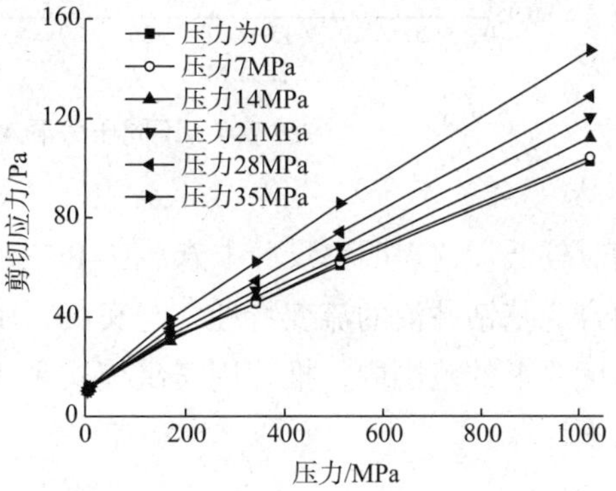

图 7–2　4℃时不同压力下的流变曲线
（油水比为 80∶20）

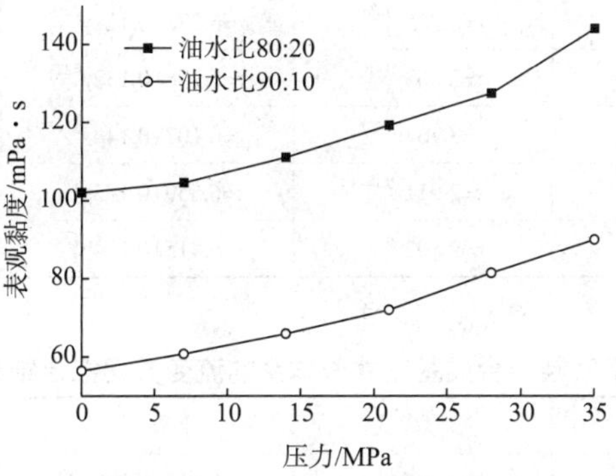

图 7–3　4℃时气制油合成基钻井液表观黏度与压力的关系

（三）流变模式

目前用于表征钻井液流变特性的流变模式主要有以下 4 种：宾汉模式、幂律模式、卡森模式、赫谢尔 – 巴尔克莱模式（H–B 模式）。每一种流变模式用不同的流变方程，且各个参数代表的物理意义也不尽相同。应用最小二乘法和线性回归对低温条件下两种不同油水比的气制油合成基钻井液实验数据进行回归拟合，拟合结果见表 7–20、表 7–21，拟合曲线见图 7–4。从图 7–4 可看出，4 种流变模式的相关系数均在 0.955 以上，其中宾汉、卡森、H–B 三种流变模式的相关系数较高（≥0.994），幂律模式的相关系数

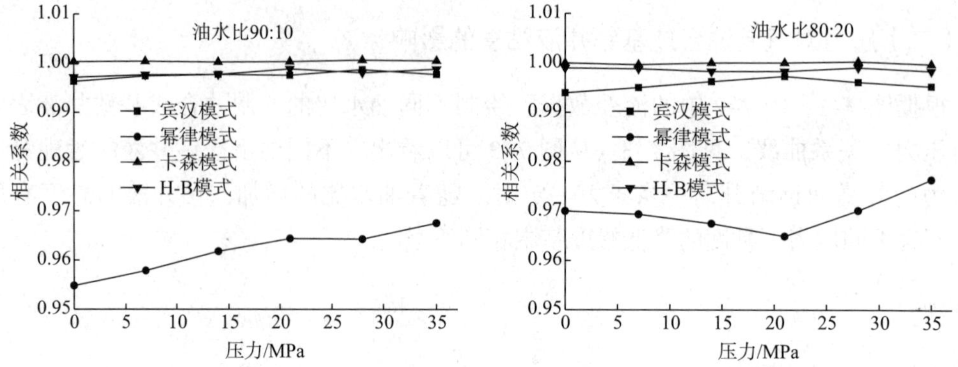

图 7-4　不同压力下 4 种流变模式拟合曲线相关系数

相对较低。这表明宾汉、卡森、H–B 三种流变模式均能较好地反映低温高压条件下气制油合成基钻井液的流变特性，与宾汉、H–B 模式相比，卡森模式的拟合效果最佳。但在精度要求的范围内，推荐用宾汉模式来表征气制油合成基钻井液的流变特性，并进行水力学计算。

表 7-20　不同压力下气制油合成基钻井液体系的流变方程拟合结果（油水比 90：10）

压力	宾汉模式	幂律模式	卡森模式	H–B 模式
0	$\tau=7.614+0.051\gamma$	$\tau=3.039\gamma^{0.388}$	$\tau=6.249+0.120\gamma^{0.876}$	$\tau^{0.5}=4.373^{0.5}+0.029^{0.5}\gamma^{0.5}$
7	$\tau=7.621+0.054\gamma$	$\tau=2.965\gamma^{0.401}$	$\tau=6.278+0.121\gamma^{0.886}$	$\tau^{0.5}=4.279^{0.5}+0.032^{0.5}\gamma^{0.5}$
14	$\tau=7.667+0.060\gamma$	$\tau=2.863\gamma^{0.419}$	$\tau=6.196+0.132\gamma^{0.887}$	$\tau^{0.5}=4.414^{0.5}+0.036^{0.5}\gamma^{0.5}$
21	$\tau=7.723+0.066\gamma$	$\tau=2.764\gamma^{0.437}$	$\tau=6.107+0.146\gamma^{0.887}$	$\tau^{0.5}=4.009^{0.5}+0.041^{0.5}\gamma^{0.5}$
28	$\tau=8.190+0.075\gamma$	$\tau=2.911\gamma^{0.447}$	$\tau=6.559+0.153\gamma^{0.898}$	$\tau^{0.5}=4.187^{0.5}+0.047^{0.5}\gamma^{0.5}$
35	$\tau=8.295+0.083\gamma$	$\tau=2.802\gamma^{0.467}$	$\tau=6.415+0.174\gamma^{0.895}$	$\tau^{0.5}=4.033^{0.5}+0.054^{0.5}\gamma^{0.5}$

表 7-21　不同压力下气制油合成基钻井液体系的流变方程拟合结果（油水比 80：20）

压力	宾汉模式	幂律模式	卡森模式	H–B 模式
0	$\tau=12.925+0.092\gamma$	$\tau=4.592\gamma^{0.417}$	$\tau=9.622+0.278\gamma^{0.841}$	$\tau^{0.5}=6.887^{0.5}+0.055^{0.5}\gamma^{0.5}$
7	$\tau=12.682+0.094\gamma$	$\tau=4.553\gamma^{0.420}$	$\tau=9.741+0.251\gamma^{0.859}$	$\tau^{0.5}=6.764^{0.5}+0.056^{0.5}\gamma^{0.5}$
14	$12.259+0.102\gamma$	$\tau=4.310\gamma^{0.437}$	$\tau=9.434+0.246\gamma^{0.873}$	$\tau^{0.5}=6.330^{0.5}+0.063^{0.5}\gamma^{0.5}$
21	$12.562+0.109\gamma$	$\tau=4.480\gamma^{0.440}$	$\tau=9.971+0.235\gamma^{0.890}$	$\tau^{0.5}=6.498^{0.5}+0.068^{0.5}\gamma^{0.5}$
28	$13.010+0.117\gamma$	$\tau=4.359\gamma^{0.455}$	$\tau=9.682+0.289\gamma^{0.871}$	$\tau^{0.5}=6.415^{0.5}+0.075^{0.5}\gamma^{0.5}$
35	$13.824+0.134\gamma$	$\tau=4.259\gamma^{0.479}$	$\tau=9.512+0.366\gamma^{0.855}$	$\tau^{0.5}=6.369^{0.5}+0.089^{0.5}\gamma^{0.5}$

四、现场应用

恒流变合成基钻井液体系（CR–SBM）已成功应用于墨西哥湾海域，并逐渐应用于亚洲某些近海海域，以及西非近海、巴西近海等地区。在墨西哥湾 Green 凹陷深水海域 A 井在 930m 深水区采用 CR-SBM 体系钻进，当量循环密度比采用传统合成基钻井液降低 0.024g/cm^3，全井未出现重晶石沉降的现象，钻井和下套管作业中钻井液漏失总量降低了 60%，并且井眼稳定性大大提高。与常规合成基钻井液相比，CR-SBM 钻井液配制和性能维护方便。B 井在水深超过 915m 的地层钻进，海底管线平均温度为 15.6~18.3℃，钻井液密度范围为 1.32~1.51g/cm^3。采用传统 SBM 钻进时，岩屑在井底的滞留时间与机械磨损时间较长，井眼清洗能力较差。改用 CR-SBM 体系后，从振动筛处可观察岩屑颗粒的尺寸更大，井眼清洗效果明显提高，岩屑在井底的停留时间显著缩短。C 井在水深 1203m 的地层钻进时，使用传统 SBM 体系时流变性能不稳定，井下漏失极为严重，为此，改用 CR-SBM 继续钻进。钻井数据分析显示，其初始压力平均降低 2.07MPa，当量循环密度降低 0.3g/cm^3，井底漏失总量控制在 9.5m^3 以内（而传统 SBM 井底漏失总量为 445m^3），从而大大缩短了非生产时间，节约了钻井成本，显著提高了钻井效率。

FLAT-PRO 深水合成基钻井液在南海 LS-A 超深水井进行了应用。该井水深为 1699.3m，一开 Φ914.4mm 井段钻进至 1811m，二开 Φ660.4mm 井段钻进至井深 2130m，下 Φ508mm 套管至井深 2123.83m，三开 Φ444.5mm 井段使用 FLAT-PRO 钻井液钻进至井深 2349m，下 Φ339.7mm 套管至井深 2343.03m，四开 Φ311.15mm 井段使用 FLAT-PRO 钻井液钻进至井深 2483m。预测主要目的层温度为 34.6~36℃，Φ508mm 套管鞋处的地层承压能力系数低于 1.14，安全密度窗口窄，控制 *ECD* 值、预防井漏是作业的难点，因此选择密度为 1.03g/cm^3 的 FLAT-PRO 钻井液开钻。钻进过程中，使用 FSVIS 调整流变性，维护黏度在 50~70s，动切力在 8~15Pa，φ6 读数为 7~15，φ3 读数为 6~12，用 2%PF-HFR 控制滤失量，应用井段起下钻顺利，电测顺利，井径规则，没有出现任何复杂情况。应用结果表明，FALT-PRO 深水恒流变合成基钻井液在不同温度下的流变性能稳定，抑制性强，润滑性好，携岩能力强，井眼清洁，钻井液 *ECD* 值较低，满足了窄窗口密度的要求，设计建井周期 28.5d，实际建井周期 19.13d，建井周期明显缩短。

第四节　水合物抑制剂

天然气水合物是水与烃等小分子气体在一定条件下聚结在一起形成的一种笼形晶体化合物，它对油气的开采及储运会产生很大危害，尤其在深海进行油气开采时更易产生大量的天然气水合物[22]。

深水钻井遇到的问题之一是钻遇浅层含气砂岩时气体水合物的形成。深水钻井作业时，在较深地层钻遇含气砂岩时，导管以下地层中所含天然气会在导管内形成气体水合物。由气体分子与水分子组成的气体水合物具有类似冰的结构，如前所述，一旦形成气体水合物，就会妨碍油井的压力监控，限制钻柱活动，导致钻井液的性能变坏，堵塞气管、导管、隔水管和海底防喷器。气体水合物的形成会阻碍井控作业时防喷器的操作，拖延井控时间，从而导致安全问题，因此，在深水钻井液体系中必须添加一些化学剂，以抑制正常钻井时气体水合物的形成，确保安全作业。

水合物抑制剂是指一些能够抑制天然气水合物生成的化学剂。水合物抑制剂按照抑制作用机理不同可分为热力学抑制剂、动力学抑制剂和防聚剂等，其中动力学抑制剂和防聚剂又称低剂量水合物抑制剂，主要有无机化合物和有机化合物抑制剂。

热力学抑制剂在水中的质量分数一般为 10%～60%，常用的热力学抑制剂有甲醇、乙二醇等醇类以及氯化钠、氯化钙等盐类。

动力学抑制剂是一些水溶性或水分散性的含有内酰胺基的聚合物或主链、支链中含有酰胺基的聚合物，其抑制水合物形成的原因可能是：吸附到水合物晶体的表面，阻碍水合物的形成；产生空间位阻，阻止客体分子进入水合物空腔形成水合物。动力学抑制剂加入量很少（在水相中的质量分数通常小于 3%），可减少储存体积和注入容量，也可减少由此产生的污水处理问题。现已开发的性能较好的动力学抑制剂主要有聚乙烯吡咯烷酮（PVP）、聚乙烯基己内酰胺（PNVCL）、PVP–PNVCL–N– 二甲氨基异丁烯酸乙酯的三元共聚物（Gaffix VC–713）以及一些抗冻蛋白系列物质等。最近，人们又开发了具有六元环结构的内酰胺类物质 N– 乙烯基哌啶酮和具有八元环结构的内酰胺类物质 N– 乙烯基氮杂环辛（PVACO）等。

防聚剂是一些聚合物和表面活性剂，常用作防聚剂的表面活性剂大多是一些酰胺类化合物，特别是羟基酰胺、烷氧基二羟基羧酸酰胺和 N– 二羟基酰胺等，以及烷基芳香族磺酸盐、烷基聚苷和溴化物的季铵盐等。比较典型的防聚剂主要有溴化物的季铵盐、烷基芳香族磺酸盐及烷基聚苷等。它们在油水体系中会使油水相乳化，气体与被乳化的小水滴生成的水合物在微乳中难以聚结成块，不会因堵塞管道而影响天然气的运输。防聚剂在油水体系中的质量分数为 0.5%～2%时即可发挥作用，一般适用于油水混合体系，但因其价格较昂贵，因此限制了它的使用。

本节就一些水合物抑制剂的应用效果和常用的水合物抑制剂简要介绍。

一、水合物抑制剂的应用效果

（一）动力学抑制剂

由于水合物动力学抑制剂具有加量小、抑制效果明显、对钻井液性能影响小等特点，而得到较广泛的应用，目前应用于深水钻井液的动力学抑制剂主要有己内酰胺类聚合物（如 DY–1）和吡咯烷酮类聚合物（如 DY–2）。在 4%膨润浆中分别加入 0.5% DY–I 和 0.5% DY–2 以评价其抑制水合物生成的性能，如表 7–22 所示，动力学抑制剂有一定抑制水合物的能力，但在高过冷度条件（过冷度大于 10℃）下，抑制效果会大大减弱[23]。

表 7-22 水合物动力学抑制剂效果评价结果

水合物抑制剂	开始生成水合物的条件		
	温度 /℃	压力 /MPa	时间 /h
空白	2.85	10.90	0.1
0.5%DY-1	2.60	6.30	未生成
	5.00	16.90	2.0
0.5%DY-2	2.55	10.67	1.0

（二）热力学抑制剂

由于热力学抑制剂可最终抑制水合物的生成，因此其在深水钻井液中最为常用。首先对 NaCl 和乙二醇加量进行了正交实验设计，以减少实验量，并形成以下实验配方，结果见表 7-23。

表 7-23 水合物热力学抑制剂效果评价结果

实验配方	水合物生成条件		
	温度 /℃	压力 /MPa	时间 /h
1 号	3.65	15.09	0.04
1 号 +10.0% 聚乙二醇	2.60	14.90	0.60
1 号 +20.0% 聚乙二醇	2.45	14.46	0.90
1 号 +30.0% 聚乙二醇	2.45	14.60	2.10
1 号 +10.0%NaCl	2.25	14.83	未生成
1 号 +15.0%NaCl	2.70	29.58	0.6
1 号 +25.0%NaCl	2.35	29.93	未生成
1 号 +25.0%NaCl+10.0% 聚乙二醇	2.30	30.56	未生成
1 号 +25.0%NaCl+20.0% 聚乙二醇	1.80	28.30	未生成
1 号 +25.0%NaCl+30.0% 聚乙二醇	2.30	29.51	未生成

注：1 号为 4.0% 预水化膨润土浆 +0.4% ZNJ-1+O.4% JLS-1+0.1% ZNJ-2+3.0% SD-202+3.0% SD-102。

从表 7-23 可以看出，随抑制剂加量的增加，水合物形成的温度下降，压力上升，抑制水合物生成的能力增强，热力学抑制剂可有效抑制水合物的形成，NaCl 的抑制效果好于乙二醇。

（三）热力学与动力学水合物抑制剂复配

如表 7-24 所示，聚乙烯基己内酰胺 DY-1 与 NaCl 复配具有很好的协同作用，可以大大提高抑制水合物生成的能力，抑制效果明显好于单独使用；DY-1 加量约 1.5% 时，抑制效果最好。PNVCL 与有机物配合使用时可以获得良好的抑制效果，如使用质量分数 1%PNVCL 与 5% 乙二醇丁醚复配抑制剂时，水合物形成的诱导时间为 430min，采用质量分数 1% PNVCL 和 5% 甲醇复配抑制剂时，水合物形成的诱导时间为 887min [24]。

表 7-24　DY-1 和 NaCl 复配水合物抑制剂效果评价结果

水合物抑制剂加量	水合物生成条件		
	温度 /℃	压力 /MPa	时间 /h
0.5%DY-1	2.1	10.72	0.5
10.0%NaCl	2.45	14.60	2.1
	1.80	13.97	未生成
10.0%NaCl+0.5%DY-1	1.80	17.24	未生成
	1.80	23.81	2.9
10.0%NaCl+1.0%DY-1	2.20	23.67	2.3
10.0%NaCl+1.5%DY-1	2.50	23.52	未生成
10.0%NaCl+2.0%DY-1	2.20	24.74	3.9

注：DY-1 和 NaCl 复配后度加入 4% 的膨润土浆中。

将 NaCl 与 PVP 配伍，也可以获得理想的效果，如表 7-25 所示，使用 20.0% 的 NaCl 可以保证钻井液中长时间内没有天然气水合物生成；10%NaCl 与 0.5% 或 1.0%PVP 配伍使用也可以获得良好的天然气水合物生成抑制效果，能够大幅度降低 NaCl 用量，有利于良好钻井液性能的维护 [25]。

表 7-25　水合物抑制剂性能评价结果

水合物抑制剂	水合物生成时间 /h	水合物生成情况
15.0%NaCl	7.4	少量天然气水合物附着在搅拌杆与式样交界处
20.0%NaCl	＞8.0	无天然气水合物生成
10.0%NaCl+0.5%PVP	＞8.0	无天然气水合物生成
10.0%NaCl+1.0%PVP	＞8.0	无天然气水合物生成

注：采用天然气水合物抑制性能评价装置，模拟海底温度和压力（4.0℃ ±0.2℃，21MPa±0.2 MPa），通过搅拌模拟钻柱的转动。

实验表明，在水基聚合醇钻井液加入 PVP，能够有效抑制甲烷水合物的生成，而 PVP（K90）的抑制效果明显优于 PVP（K30）。在温度为 0℃、初始压力为 18MPa 的条件下，只需向水基聚合醇钻井液中添加 1%的 PVP（K90），就能够确保循环管路中 20h 内不会生成水合物 [26]。

采用 NVP 与 NVCL 按照 1∶1 比例制备的 P（VP-VCL）共聚物具有比均聚物更好的抑制效果。将乙烯基己内酰胺和乙烯基吡咯烷酮加入装有甲醇的反应容器中，升温至 60℃后加入引发剂偶氮二异丁腈；将烯基磺酸的水溶液滴加到反应容器中，再加入 N－取代的丙烯酰胺，反应 10h 后得到反应产物；将产物用己烷沉淀、四氢呋喃溶解，再用己烷沉淀，沉淀物真空干燥，即得到水合物抑制剂 KHI-S。评价表明，加入 1.0% KHI-S 可将膨润土浆中水合物生成诱导时间从 1.0h 延长至 6.7h；在相同加量下，KHI-S 试液中水合物生成诱导时间是 PVCL 的近 2 倍；1.0% KHI–S 与 10%NaCl 配伍使用可使钻井液搅拌 12h 无水合物生成；KHI–S 在深水钻井液中具有良好的配伍性，可满足深水钻井的基本要求[27]。

二、水化物抑制剂

（一）无机化合物

1. NaCl

用作水合物抑制剂，具有较好的抑制效果且优于乙二醇，与有机化合物配合效果更好，如将其与 PVP 配伍，可以获得理想的效果。

2. KCl

用作水合物抑制剂，与有机化合物配合效果更好。

3. $CaCl_2$

用作水合物抑制剂，与有机化合物配合效果更好。

（二）有机化合物

用于水合物抑制剂的有机化合物主要包括一些多元醇和聚合醇，以及乙烯基己内酰胺、乙烯吡咯烷酮等单体的均聚物或共聚物。

1. 乙二醇

乙二醇，别名甘醇、1，2– 亚乙基二醇。无色黏稠液体，凝固点 –11.5℃，沸点 197.6℃，相对密度 1.1135，折光率 1.43063。溶于水、低级醇、甘油、丙酮、乙酸、吡啶、醛类，微溶于醚，几乎不溶于苯、二硫化碳、氯仿和四氯化碳。有甜味，具吸湿性。能与碱金属、酸作用，与氧反应，醇羟基可被卤素取代等。

在钻井液中主要用作天然气的水合物生成抑制剂。

2. 二甘醇

二甘醇，别名二乙二醇、一缩二乙二醇、二乙二醇醚、二（羟乙基）醚等，为无色或淡黄色油状液体，味辛辣并微甜，有吸湿性。凝固点 –6.5℃，沸点 245.8℃，相对密度 1.1164（20℃），折光率 1.4475，闪点 124℃。能与乙醇、乙醚、丙酮和乙二醇混溶，不溶于苯和四氯化碳，溶于水。

在钻井液中用作天然气的水合物生成抑制剂。

3. 聚乙二醇

聚乙二醇，别名乙二醇聚氧乙烯醚、聚氧化乙烯等，为环氧乙烷水解产物的聚合物。依相对分子质量不同而性质不同，从无色无臭黏稠液体至蜡状固体。相对分子质量为 200~600 时常温下是液体，相对分子质量在 600 以上时逐渐变为半固体状，由于平均相对分子质量的不同，在钻井液中的作用不同。随着相对分子质量的增大，其水溶性、蒸汽压、吸湿能力和有机溶剂的溶解度等相应降低，而凝固点、相对密度、闪点和黏度则相应提高。溶于水、乙醇和许多其他有机溶剂，如醇、酮、氯仿、甘油酯和芳香烃等；不溶于大多数脂肪烃类和乙醚。蒸气压低，对热、酸、碱稳定。有良好的吸湿性、润滑性、黏结性和分散性。无毒，无刺激。

对天然气水合物有较好的抑制性，是深水钻井液中常用的添加剂。

4. 聚丙二醇

聚丙二醇，别名丙二醇聚氧乙烯醚、聚氧化丙烯、聚丙烯醇400、丙二醇聚醚等，为无色到淡黄色的黏性液体，不挥发，无腐蚀性。一般商品的相对分子质量为400~2050，较低相对分子质量聚合物能溶于水。较高相对分子质量聚合物仅微溶于水，溶于油类、许多烃以及脂肪族醇、酮、酯等。闪点230℃。具有润滑、增溶、消泡、抗静电性能，分子两端的羟基能酯化生成单酯或双酯。用作酯化、醚化和缩聚反应的中间体，其在钻井液中的作用与聚乙二醇相同。作为深水钻井液水合物抑制剂，能够有效的抑制生成水合物，而不会影响钻井液的流变性和滤失量。

5. 聚醚胺

聚醚胺（PEA），别名多醚胺，端氨基聚醚，聚醚多胺，是一类主链为聚醚结构，末端活性官能团为胺基的聚合物。溶于乙醇、乙二醇醚、酮类、脂肪烃类、芳香烃类等有机溶剂。结构和相对分子质量不同时，其性能略有差别。相对分子质量为230的产品溶于水，相对分子质量为400的产品部分溶于水，相对分子质量为2000的产品不溶于水。由本品组成的钻井液体系可以有效地抑制天然气水合物的形成，可以用于深水钻井。

6. 聚乙烯基己内酰胺

聚N-乙烯基己内酰胺（PNVCL）是一种具有低临界溶液温度（LCST）的温度敏感性（温敏性）聚合物。当其处于生理温度范围内（30~40℃），不仅具有离子型水溶性、热敏感性，而且还具有生物适应性，它的均聚物和系列高聚物在生物、医药材料和日用化学品中有极其广泛的应用前景，作为天然气水合物抑制剂在应用方面表现出良好的性能，是目前水合物抑制剂中效果非常好的几种产品之一。

7. 聚乙烯基吡咯烷酮

聚乙烯基吡咯烷酮（PVP）为无臭、无味、无毒的白色粉末，其平均相对分子质量一般用*K*值表示，*K*值通常分为*K*-15、*K*-30、*K*-60、*K*-90，分别代表1×10^4、4×10^4、16×10^4、36×10^4的相对分子质量范围。PVP的结构中，形成链和吡咯烷酮环的亚甲基是非极性基团，具有亲油性，分子中的内酰胺是强极性基团，具有亲水作用。这种结构特征使PVP能溶于水和许多有机溶剂，如烷烃、醇、羧酸、胺、氯化烃等；不溶于乙醚、丙酮等，能与多数无机盐和多种树脂相容。具有成膜性及吸湿性，加入某些天然或合成的高分子聚合物或有机化合物可有效地调节其吸湿性与柔软性。其内酰胺结构可与许多极性官能团发生络合作用，增强其增稠能力。具有优良的生理惰性与生物相容性，对皮肤、眼睛无刺激或过敏效应。

用作天然气水合物抑制剂，可以与无机物配合使用，对天然气水合物生成具有很好的抑制效果。也可以作为钻井液和油井水泥降滤失剂，具有较强的抗温抗盐能力。

参考文献

[1] 王松，宋明全，刘二平. 国外深水钻井液技术进展[J]. 石油钻探技术，2009，37(3)：8-12.

[2] 胡友林，王建华，张岩，等. 海洋深水钻井的钻井液研究进展[J]. 海洋石油，2004，24(4)：83-86.

[3] 李怀科，罗健生，耿铁，等. 国内外深水钻井液技术进展[J]. 钻井液与完井液，2015，32(6)：85-88.

[4] 罗俊丰，刘科，唐海雄. 海洋深水钻井常用钻井液体系浅析[J]. 长江大学学报(自科版)，2010，7(1)：180-182.

[5] 贾艳秋，张岱，胡友林. 深水水基钻井液研究[J]. 长江大学学报(自科版)，2011，8(8)：50-53.

[6] 邱正松，赵欣. 深水钻井液技术现状与发展趋势[J]. 特种油气藏，2013，20(3)：1-7.

[7] 胡海良，唐海雄，汪顺文，等. 白云6-1-1井深水钻井技术[J]. 石油钻采工艺，2008，30(6)：25-28..

[8] 刘科，蒋世全，李嗣贵，等. 中国南海深水钻井液应用分析研究[C]// 石油钻井院所长会议. 2010.

[9] 郭豫辰，邢希金，赵锋，等. 南海LH油田深水钻井液体系研究[J]. 西部探矿工程，2014，26(12)：49-52.

[10] 罗健生，李自立，李怀科，等. HEM深水聚胺钻井液体系的研究与应用[J]. 钻井液与完井液，2014，31(1)：20-23.

[11] 赵苏文. 琼东南盆地深水钻井关键技术及其实践效果[J]. 探矿工程：岩土钻掘工程，2016，43(11)：26-31.

[12] 方满宗，刘和兴，刘智勤，等. 南海西部深水高温高压钻井液技术研究与应用[J]. 中国海上油气，2017，29(1)：89-94.

[13] 吴彬，向兴金，张岩，等. 深水低温条件下水基钻井液的流变性研究[J]. 钻井液与完井液，2006，23(3)：12-13，19.

[14] 徐加放，邱正松. 水基钻井液低温流变特性研究[J]. 石油钻采工艺，2011，33(4)：42-44.

[15] E van Oort，J Lee，J Friedheim，et al. New Flat-Rheology Synthetic-Based Mud for Improved Deepwater Drilling[R]. SPE 90987，SPE Annual Technical Conference and Exhibition，26-29 September，Houston，Texas. 2004.

[16] Rojas J C，B Daugherty，D Renfrow，et al. Increased Deepwater Drilling Performance Using Constant Rheology Synthetic-based Mud[C]. //AADE-07-NTCE-20，2007 AADE Drilling Fluids Conference，Houston，Texas，10-12 April，2007.

[17] 韩子轩，蒋官澄，李青洋. 适于深水钻井的恒流变合成基钻井液[J]. 钻井液与完井液，2014，31(2)：17-20.

[18] 舒福昌，齐从温，向兴金，等. 深水合成基钻井液恒流变特性研究［J］. 石油天然气学报，2012，34（12）：101-104.

[19] 罗健生，刘刚，李超，等. 深水 FLAT-PRO 合成基钻井液体系研究及应用［J］. 中国海上油气，2017，29（3）：61-66.

[20] 胡文军，向雄，杨洪烈. FLAT-PRO 深水恒流变合成基钻井液及其应用［J］. 钻井液与完井液，2017，34（2）：15-20.

[21] 李怀科，王楠，田荣剑，等. 气制油合成基钻井液低温高压条件下流变模式研究［J］. 石油钻探技术，2011，39（1）：44-47.

[22] 王中华. 钻井液处理剂实用手册［M］. 北京：中国石化出版社，2016.

[23] 邱正松，徐加放，赵欣，等. 深水钻井液关键技术研究［J］. 石油钻探技术，2011，39（2）：27-34.

[24] 郝红，王凯，闫晓艳，等. 复配型水合物抑制剂的制备及其性能研究［J］. 石油化工，2014，43（2）：159-163.

[25] 赵欣，邱正松，高永会，等. 缅甸西海岸深水气田水基钻井液优化设计［J］. 石油钻探技术，2015，46（3）：13-18

[26] 刘天乐，蒋国盛，宁伏龙，等. 含动力学抑制剂的聚合醇钻井液水合物抑制性研究［J］. 地质科技情报，2010，29（1）：116-120.

[27] 刘书杰，李相方，邢希金，等. 新型天然气水合物动力学抑制剂的研制与性能评价［J］. 中国海上油气，2015，27（6）：69-73.